3章 我的第一幅 Cinema 4D 作品
案例效果

11章 灯光
使用IES灯光制作射灯

11章 灯光
利用毛发制作毛毯

7章 造型工具建模
使用【晶格】制作神奇网格球

8章 变形器建模
利用【爆炸】和【包裹】变形器制作栏目片头

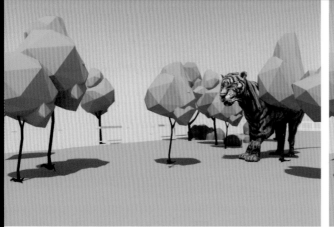
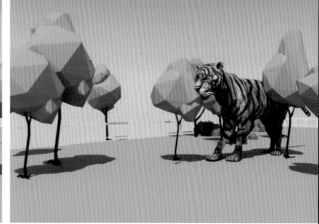

19章 角色
老虎行走动画

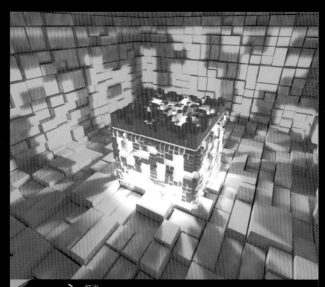

11章 灯光
利用泛光灯制作奇幻空间

11章 灯光
利用区域光制作产品广告

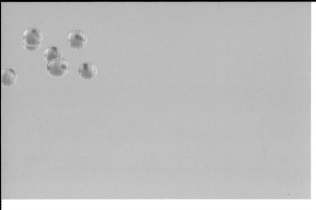
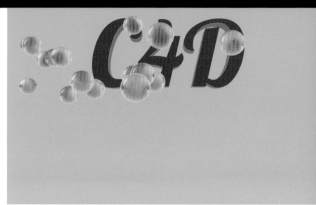

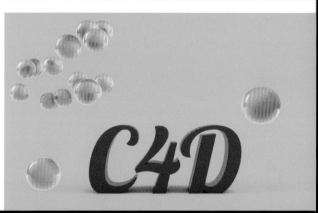

17章 粒子系统和空间扭曲
利用空间扭曲制作动画

18章 毛发
利用毛发制作草地

11章 灯光
利用区域光制作阳光效果

清华社"视频大讲堂"大系

CG技术视频大讲堂

Cinema 4D R19
从入门到精通

亿瑞设计 ◎编著

清华大学出版社

北京

内 容 简 介

本书轻松地讲解了Cinema 4D各部分功能的使用方法，书中实例注重设计感，读者在学习技术的同时，也能提高审美。

全书共分21章，其中第1～13章以基础知识为主，详细介绍了Cinema 4D的基础知识和6种建模方法，以及渲染器、灯光、材质和贴图、摄像机知识；第14～19章为动画章节，主要讲解了与动画相关的内容，包括基础动画、运动图形、动力学和布料、粒子系统和空间扭曲、毛发、角色；第20、21章以2个大型综合实例的形式详细介绍了Cinema 4D在实际项目设计中的应用。另附2章Cinema 4D扩展学习内容，为2个综合实例，可扫描目录中的二维码进行阅读。

本书适合Cinema 4D初学者阅读，同时对具有一定Cinema 4D使用经验的读者也有很好的参考价值，还可作为学校、培训机构的教学用书，以及各类读者自学Cinema 4D的参考用书。

本书具有以下显著特点：

1. 高清同步视频讲解，涵盖全书所有实战案例，让学习更轻松、更高效。

2. 作者系经验丰富的专业设计师和资深讲师，确保图书"实用"和"好学"。

3. 案例操作讲解详细，为的是让读者深入理解、灵活应用。

4. 提供不同类型的案例练习，以便积累实战经验，为工作就业搭桥。

5. 赠送本书全部实例文件；赠送常用贴图400余张，大型背景素材46张；赠送电子书《构图技巧实用手册》《色彩设计搭配手册》《设计&色彩实用手册》；赠送104集 Photoshop新手学视频精讲课堂。

图书在版编目（CIP）数据

Cinema 4D R19从入门到精通 /亿瑞设计编著.--北京：清华大学出版社，2020.1（2023.1重印）

（清华社"视频大讲堂"大系　CG技术视频大讲堂）

ISBN 978-7-302-52328-4

I. ①C… II. ①亿… III. ①三维动画软件 IV. ①TP391.414

中国版本图书馆CIP数据核字（2019）第029086号

责任编辑：贾小红
封面设计：闰江文化
版式设计：楠竹文化
责任校对：马军令
责任印制：刘海龙

出版发行：清华大学出版社
　　　　网　　　址：http://www.tup.com.cn，http://www.wqbook.com
　　　　地　　　址：北京清华大学学研大厦A座　　　　　　　　邮　　编：100084
　　　　社 总 机：010-83470000　　　　　　　　　　　　　邮　　购：010-62786544
　　　　投稿与读者服务：010-62776969，c-service@tup.tsinghua.edu.cn
　　　　质量反馈：010-62772015，zhiliang@tup.tsinghua.edu.cn
印 装 者：北京嘉实印刷有限公司
经　销：全国新华书店
开　本：203mm×260mm　　印　张：28.25　　插　页：2　　字　数：1015 千字
版　次：2020年1月第1版　　　　　　　　　　　　　　印　次：2023年1月第8次印刷
定　价：108.00元

产品编号：079124-01

前　言
Preface

Cinema 4D是由德国Maxon 公司开发的一款三维软件，它以极高的运算速度、强大的渲染功能、令人惊叹的渲染效果著称。近年来，Cinema 4D软件的学习浪潮已经到来，越来越多的行业、公司、个人都开始使用该软件创作广告、影视、工业设计、电商设计等。新手入手快、作品效果好是Cinema 4D给人的第一印象。

本书的实例采用Cinema 4D R19版本制作，读者应该安装该版本进行学习。全书分为21章，其中第1~13章以基础知识为主，详细介绍了Cinema 4D的基础知识和6种建模方法，以及渲染器、灯光、材质和贴图、摄像机知识；第14~19章为动画章节，主要讲解了与动画相关的内容，包括基础动画、运动图形、动力学和布料、粒子系统和空间扭曲、毛发、角色；第20、21章以2个大型综合案例的形式详细介绍了Cinema 4D在实际项目设计中的应用。

本书内容编写特点

1．零起点、入门快

本书以入门者为主要读者对象，通过对基础知识细致入微地介绍，结合中小实例，对常用工具、命令、参数等做了详细的讲解，同时给出了技巧提示，确保读者零起点快速入门。

2．精选知识、内容实用

本书着重挑选最为常用的工具、命令的相关功能进行讲解，内容实用、易学。

3．实例精美、实用

本书的实例均经过精心挑选，确保实例在实用的基础上精美、漂亮，一方面熏陶读者朋友的美感，另一方面让读者在学习中享受美的世界。

4．编写思路符合学习规律

本书在讲解过程中采用了"理论讲解+案例实战+视频陪练+综合案例+技巧提示"的模式，符合轻松易学的学习规律。

本书显著特色

1．同步视频讲解，让学习更轻松、更高效

高清同步视频讲解，涵盖全书所有实战案例，让学习更轻松、更高效。

2．资深讲师编著，让图书质量更有保障

作者系经验丰富的专业设计师和资深讲师，确保图书"实用"和"好学"。

3．精美实战案例，通过动手加深理解

案例操作讲解详细，为的是能让读者深入理解、灵活应用。

4．商业案例，让实战成为终极目的

不同类型的案例练习，以便积累实战经验，为工作就业搭桥。

5．超值学习套餐，让学习更方便、快捷

赠送本书全部实例文件；赠送常用贴图400余张，大型背景素材46张；赠送电子书《构图技巧实用手册》《色彩设计搭配手册》《设计&色彩实用手册》；赠送104集 Photoshop新手学视频精讲课堂。

本书适合人群

本书以入门者为主要读者对象，适合初级专业从业人员、各大院校的专业学生、Cinema 4D爱好者，同时也适合作为高校教材、社会培训教材使用。

关于作者

本书由亿瑞设计组织编写，曹茂鹏和瞿颖健参与了本书的主要编写工作。另外，由于本书工作量巨大，以下人员也参与了本书的编写及资料整理工作，他们是：曹元钢、曹元杰、曹元美、邓霞、邓志云、韩财孝、韩成孝、韩坤潮、韩雷、何玉莲、李晓程、李志瑞、瞿红弟、瞿玲、瞿强业、瞿小艳、瞿秀英、瞿学统、瞿学严、瞿雅婷、瞿玉珍、瞿云芳、石志庆、孙翠莲、唐玉明、王爱花、杨力、尹聚忠、尹文斌、尹玉香、张吉太、张连春、张玉美、张玉秀、仲米华、朱菊芳、朱于凤、储蓄、林钰森、荆爽等，在此一并表示感谢。由于时间仓促，加之水平有限，书中难免存在错误和不妥之处，敬请广大读者批评和指正。

编 者

目 录
Contents

第8章 变形器建模 …………………………… 135

第9章 多边形建模 …………………………… 173

第17章　粒子系统和空间扭曲 …………………… 367

第18章　毛发 …………………………………… 376

第19章　角色 …………………………………… 400

Cinema 4D扩展学习内容

扫码阅读

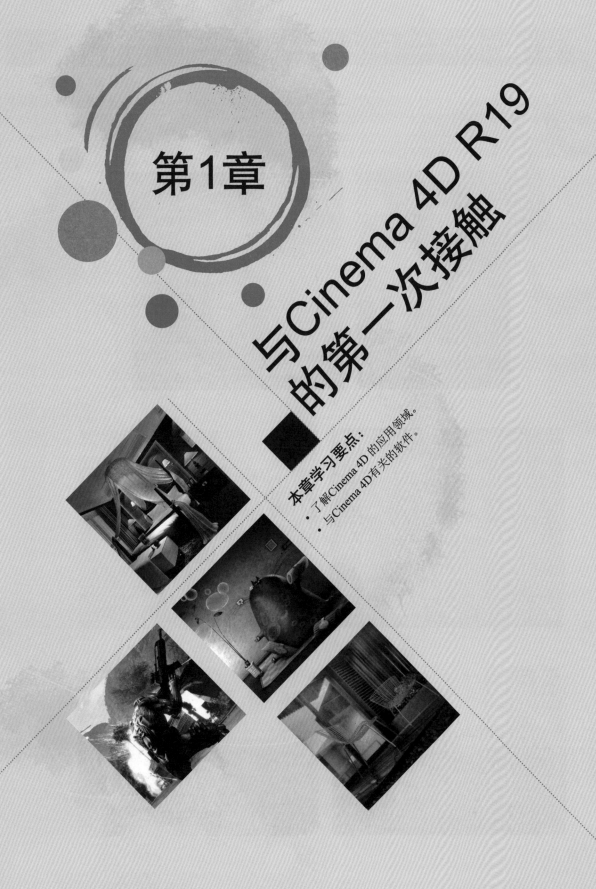

第1章

与Cinema 4D R19 的第一次接触

本章学习要点：

· 了解Cinema 4D 的应用领域。

· 与Cinema 4D有关的软件。

1.1 认识Cinema 4D R19

　　Cinema 4D是世界顶级的三维软件之一，Cinema 4D R19 目前是其最新版本。由于Cinema 4D具有强大的功能、便捷的操作方式、惊叹的渲染效果，使其从诞生以来就一直受到CG艺术家的喜爱。Cinema 4D在模型塑造、场景渲染、动画及特效等方面都能制作出高品质的作品，这也使其在插画、影视动画、游戏、产品造型和效果图等领域占据主导地位，成为全球最受欢迎的三维制作软件之一，如图1-1～图1-5所示为使用Cinema 4D制作的优秀作品。

图　1-1

图　1-2

图　1-3

图　　1-4

图　　1-5

1.2　与Cinema 4D R19相关的软件

由于Cinema 4D应用的领域非常广泛，因此会与其他软件进行结合使用，适当地了解这些软件是十分有必要的。常见的二维软件有Photoshop、Illustrator、CorelDRAW等，常见的三维软件有3ds Max、Maya、ZBrush等，常见的后期软件有After Effects、Combustion、Shake等。

1.2.1　二维软件

Photoshop是Adobe公司旗下最为出名的图像处理软件之一，是集图像扫描、编辑修改、图像制作、广告创意、图像输入与输出于一体的图形图像处理软件，深受广大平面设计人员和电脑美术爱好者的喜爱。Photoshop是与Cinema 4D结合使用最多的软件，例如为Cinema 4D的模型绘制贴图，都会大有用处，Photoshop启动界面如图1-6所示。

Illustrator是Adobe公司推出的专业矢量绘图工具，是出版、多媒体和在线图像的工业标准矢量插画软件。Illustrator是由Adobe公司出品的，Adobe的英文全称是Adobe Systems Inc，始创于1982年，是广告、印刷、出版和Web领域首屈一指的图形设计、出版和成像软件设计公司，同时也是世界上第二大桌面软件公司。公司为图形设计人员、专业出版人员、文档处理机构和Web设计人员，以

图　　1-6

及商业用户和消费者提供了首屈一指的软件。使用 Adobe 的软件，用户可以设计、出版和制作具有精彩视觉效果的图像和文件。通过Illustrator软件绘制的路径可以导入Cinema 4D中使用，非常方便，Illustrator软件的启动界面如图1-7所示。

　　CorelDRAW Graphics Suite是一款由世界顶尖软件公司之一的加拿大Corel公司开发的图形图像软件。其非凡的设计能力广泛地应用于商标设计、标志制作、模型绘制、插图描画、排版及分色输出等诸多领域。其被喜爱的程度可用事实说明，用于商业设计和美术设计的PC电脑上几乎都安装了CorelDRAW。通常可以使用CorelDRAW绘制平面设计图，然后在Cinema 4D中创建模型，CorelDRAW的启动界面如图1-8所示。

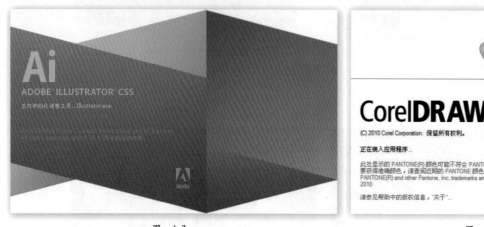

图　1-7　　　　　　　　　　　　　　　　　　　　　　图　1-8

1.2.2　三维软件

　　3ds Max是一款强大的三维软件，具有强大的建模、灯光、材质、动画、渲染等功能，与Cinema 4D软件结合比较紧密。如图1-9所示为3ds Max界面。

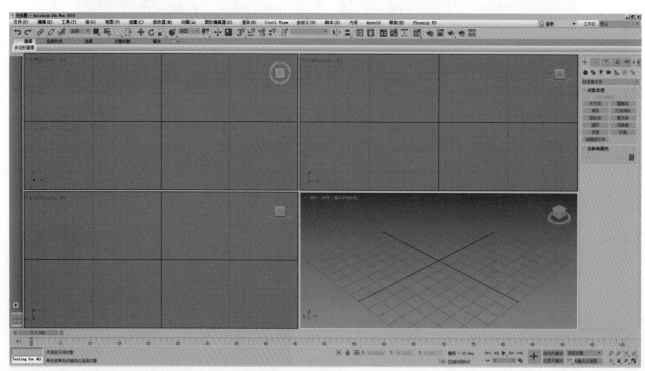

图　1-9

Maya是美国Autodesk公司出品的世界顶级的三维动画软件，应用对象是专业的影视广告、角色动画、电影特技等。Maya功能完善，工作灵活，易学易用，制作效率极高，渲染真实感极强，是电影级别的高端制作软件。Maya和Cinema 4D都是非常强大的三维软件，假如我们需要一个模型，但它是Maya软件格式的，那么就可以通过格式的转换导入Cinema 4D中使用，Maya软件的启动界面如图1-10所示。

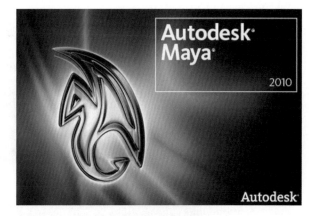

图 1-10

ZBrush 是一个数字雕刻和绘画软件，它以强大的功能和直观的工作流程彻底改变了整个三维行业。在一个简洁的界面中，ZBrush 为当代数字艺术家提供了世界上最先进的工具。以实用的思路开发出的功能组合，在激发艺术家创作力的同时，ZBrush 产生了一种用户感受，在操作时会感到非常的顺畅。ZBrush 能够雕刻高达 10 亿个多边形的模型，所以说，限制只取决于艺术家自身的想象力。通常情况下，可以使用Cinema 4D制作低模，然后进入ZBrush中雕刻精模，并生成法线等贴图，重新在Cinema 4D中渲染使用，如图1-11和图1-12所示。

图 1-11

图 1-12

1.2.3 后期软件

After Effects是Adobe公司推出的一款图形视频处理软件，适用于从事设计和视频特技的机构，包括电视台、动画制作公司、个人后期制作工作室以及多媒体工作室。而在新兴的用户群，如网页设计师和图形设计师中，也开始有越来越多的人在使用After Effects。After Effects属于层类型后期软件，在影视、包装等领域与Cinema 4D的结合非常广泛，如图1-13和图1-14所示。

图　1-13

图　1-14

　　Combustion是一种三维视频特效软件，基于PC或苹果平台的Combustion软件是为视觉特效而设计的一整套尖端工具，包含矢量绘画、粒子、视频效果处理、轨迹动画，以及3D效果合成等五大工具模块。软件提供了大量强大且独特的工具，包括动态图片、三维合成、颜色矫正、图像稳定、矢量绘制和旋转文字特效、短格式编辑、表现、Flash输出等功能，如图1-15所示。

　　Final Cut Pro是一款专业视频非线性编辑软件，相对于其他软件来说，Final Cut Pro的性能较高、功能较全。它为用户提供了绝佳的扩展性、精确的剪辑工具和天衣无缝的工作流程，可以对大多数的输入格式进行编辑，它可以使导入并组织媒体、编辑、添加效果、改善音效、颜色分级以及交付等所有操作都在该应用程序中完成，如图1-16所示。

图　1-15

图　1-16

第2章

Cinema 4D界面和
基础操作

本章学习要点：

- 熟悉Cinema 4D的操作界面。
- 掌握Cinema 4D的常用工具。
- 掌握Cinema 4D文件基本操作。
- 掌握Cinema 4D对象基本操作。

2.1 Cinema 4D 工作界面

安装好Cinema 4D后，可以通过以下两种方法来启动Cinema 4D。

第1种：双击桌面上的快捷方式图标 。

第2种：执行【开始】|【所有程序】|【MAXON】|【Cinema 4D】命令，如图2-1所示。

图 2-1

在启动Cinema 4D的过程中，可以观察到Cinema 4D的启动画面，如图2-2所示，首次启动速度会稍微慢一些。

图 2-2

Cinema 4D的工作界面分为标题栏、菜单栏、工具栏、编辑模式工具栏、视图窗口、动画编辑窗口、材质窗口、坐标窗口、提示栏、对象/场次/内容浏览器/构造面板和属性/层窗口11大部分，如图2-3所示。

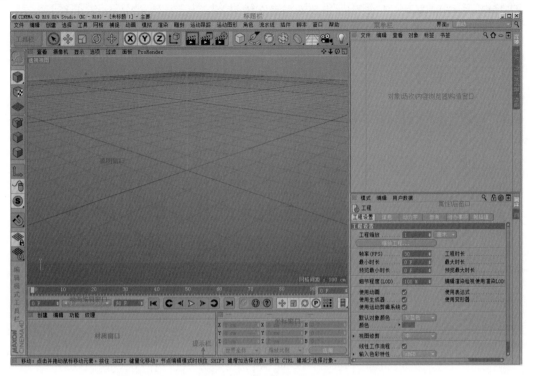

图　2-3

默认状态下，可以将菜单栏中的下拉菜单拖曳出来，如图2-4所示。

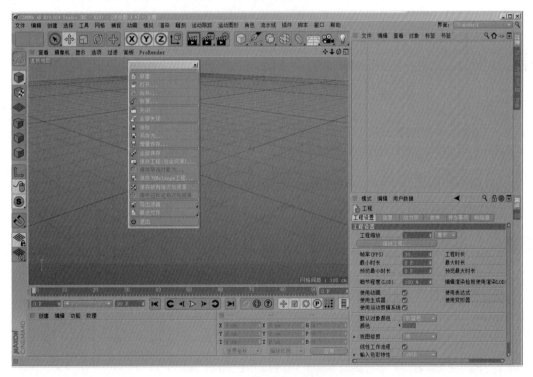

图　2-4

也可以拖曳其他工具窗口到窗口的边缘处，从而调整工具的排列顺序，如图2-5所示。

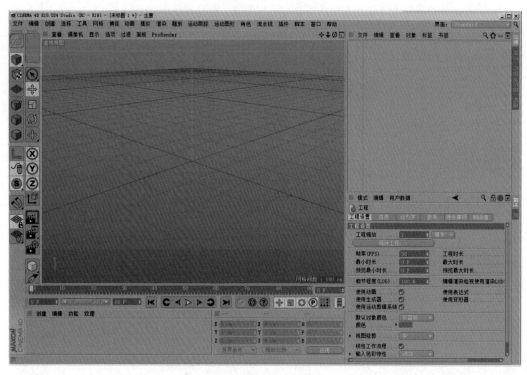

图　2-5

2.1.1　标题栏

Cinema 4D的【标题栏】主要包括3个部分，分别为文件名称、版本信息和界面，如图2-6所示。

图　2-6

1. 文件名称

文件名称用于显示正在操作的3ds Max文件的文件名称，若没有保存过该文件，会显示为【未标题1】，如图2-7所示。若之前保存过该文件，则会显示之前的名称，如图2-8所示。

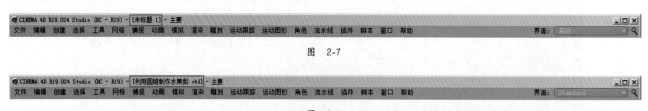

图　2-7

图　2-8

2. 版本信息

版本信息对于Cinema 4D的操作没有任何影响，只是显示正在操作的Cinema 4D是什么版本，例如本书使用的Cinema 4D版本为CINEMA 4D R19，如图2-9所示。

图　2-9

3.界面

可以通过更改工作区的方式设置不同的界面布局，如图2-10所示。

图 2-10

2.1.2 菜单栏

Cinema 4D与其他软件一样，【菜单栏】也位于工作界面的顶端，其中包含19个菜单，分别为【文件】【编辑】【创建】【选择】【工具】【网格】【捕捉】【动画】【模拟】【渲染】【雕刻】【运动跟踪】【运动图形】【角色】【流水线】【插件】【脚本】【窗口】和【帮助】，如图2-11所示。

图 2-11

1.【文件】菜单

【文件】菜单包括18个选项，分别为【新建】【打开】【合并】【恢复】【关闭】【全部关闭】【保存】【另存为】【增量保存】【全部保存】【保存工程（包含资源）】【保存所选对象为】【保存为Melange工程】【保存所有场次与资源】【保存已标记场次与资源】【导出】【最近文件】和【退出】命令，如图2-12所示。

2.【编辑】菜单

【编辑】菜单包括14个选项，分别为【撤销】【重做】【撤销（动作）】【剪切】【复制】【粘贴】【删除】【全部选择】【取消选择】【选择子级】【工程设置】【文档信息】【缩放工程】和【设置】命令，如图2-13所示。

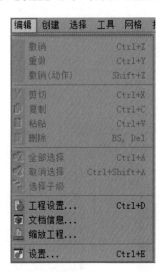

图 2-12　　　　　　　　　图 2-13

技巧提示

这些常用工具都配有快捷键，如【撤销】后面有Ctrl+Z，也就是说执行【编辑】|【撤销】或按快捷键Ctrl+Z都可以对文件进行撤销操作。

3.【创建】菜单

【创建】菜单主要包括对物体进行操作的常用命令，这些命令在【工具栏】中也可以找到并可以直接使用，如图2-14所示。

4.【选择】菜单

使用【选择】菜单中的命令可以对场景中的对象进行选择，可以执行实时选择、框选、套索选择等，如图2-15所示。

5.【工具】菜单

使用【工具】菜单可以对对象进行基本的移动、缩放、旋转等操作，如图2-16所示。

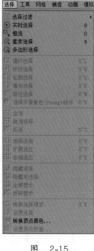

图 2-14　　　　图 2-15　　　　图 2-16

6.【网格】菜单

【网格】菜单中的命令主要用来对样条线进行编辑等操作，如图2-17所示。

7.【捕捉】菜单

【捕捉】菜单主要用于启用捕捉、自动捕捉等操作，如图2-18所示。

8.【动画】菜单

【动画】菜单主要用来制作动画，如设置关键帧、播放等操作，如图2-19所示。

图 2-17

图 2-18　　　　　图 2-19

9.【模拟】菜单

使用【模拟】菜单可以模拟布料、动力学、粒子、毛发等效果，如图2-20所示。

10.【渲染】菜单

【渲染】菜单中的工具主要用于场景文件的渲染，常用的选项有【渲染活动视图】【渲染到图片查看器】和【渲染设置】等，如图2-21所示。

图 2-20

图 2-21

11.【雕刻】菜单

【雕刻】菜单主要用于多边形建模中的雕刻操作，包括选择笔刷方式、设置蒙版等，如图2-22所示。

12.【运动跟踪】菜单

【运动跟踪】菜单主要用于执行运动跟踪技术等操作，如图2-23所示。

13.【运动图形】菜单

【运动图形】菜单主要用于创建效果器、克隆等操作，如图2-24所示。

14.【角色】菜单

【角色】菜单主要用于创建角色，如创建关节、蒙皮、肌肉等，如图2-25所示。

图 2-22

图 2-23

图 2-24

图 2-25

15.【流水线】菜单

　　【流水线】菜单主要用于与其他软件进行整合，包括Substance引擎、Houdini引擎等，如图2-26所示。

16.【插件】菜单

　　【插件】菜单主要用于显示和应用Cinema 4D中安装的插件，如图2-27所示。

17.【脚本】菜单

　　【脚本】菜单包括用户脚本、控制台、脚本记录等命令，如图2-28所示。

图 2-26

图 2-27

图 2-28

18.【窗口】菜单

　　【窗口】菜单用于控制Cinema 4D中的布局方式及窗口的显示和隐藏，如图2-29所示。

图 2-29

19.【帮助】菜单

　　【帮助】菜单中主要包含一些帮助信息，可以供用户参考学习，如图2-30所示。

图 2-30

2.1.3 工具栏

　　Cinema 4D工具栏由很多个按钮组成，每个按钮都有相应的功能，例如可以通过单击【移动】工具按钮 ✛，对物体进行移动，当然工具栏中的大部分按钮都可以在其他位置找到，如菜单栏中。熟练掌握工具栏，会使Cinema 4D操作更顺手、更快捷。Cinema 4D R19 的工具栏如图2-31所示。

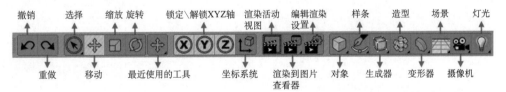

图 2-31

　　当用鼠标左键长时间单击一个按钮时，会出现两种情况：一种是无任何反应；另外一种是出现下拉列表。下拉列表中还包含其他按钮，如图2-32所示。

1.【撤销】工具

　　【撤销】工具 ↩ 主要用于撤销上一步操作。

2.【重做】工具

【重做】工具 ↻ 主要用于还原刚刚撤销的操作。

3.【选择】工具

【选择】工具 ◉ 包含4种，分别是【实时选择】工具 ◉、【框选】工具 ▦、【套索选择】工具 ◔ 和【多边形选择】工具 ◔，如图2-33所示。

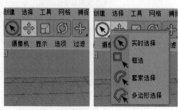 

无【下拉列表】   有【下拉列表】

图　2-32

图　2-33

4.【移动】工具

使用【移动】工具 ✥ 可以将选中的对象移动到任何位置。当将鼠标移动到坐标轴附近时，会看到坐标轴变为白色。如图2-34所示为当将鼠标移动到X轴且X轴变为白色时，左击并拖曳即可只沿X轴移动物体。

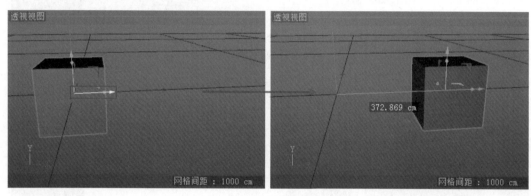

图　2-34

技术专题——如何精确移动对象

为了使操作更加精准，建议大家在移动物体时，最好沿一个轴向或两个轴向进行移动，当然也可以在顶视图、前视图或左视图中沿某一轴向进行移动，如图2-35所示，不要随意移动物体。

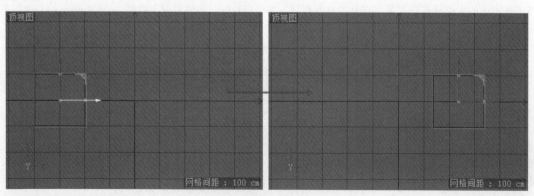

图　2-35

5.【缩放】工具

当【缩放】工具 处于激活状态（选择状态），且按下鼠标左键并拖动时，可以看到缩放的数值。按住键盘上的Shift键可以设置整数缩放值，如图2-36所示。

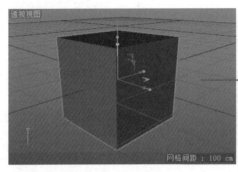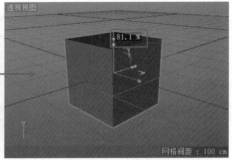

图　2-36

6.【旋转】工具

【旋转】工具 的使用方法与【移动】工具 的使用方法相似，当【旋转】工具 处于激活状态（选择状态）时，被选中的对象可以在X、Y、Z这3个轴上进行旋转，如图2-37所示。

7.【最近使用的】工具

【最近使用的】工具主要显示最近使用过的工具命令，方便再次使用这些工具。

8.【锁定\解锁XYZ轴】工具

【锁定\解锁XYZ轴】工具 用于锁定和解锁轴向。在XYZ都处于激活状态时 选中模型，并在模型以外按住鼠标左键拖动时，可以在3个轴向任意移动，如图2-38所示。

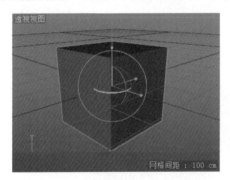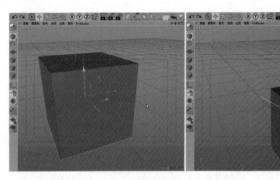

图　2-37　　　　　　　　　　　　　　　　图　2-38

若只激活某一轴向，如X轴，而Y轴和Z轴未激活时 ，选中模型，并在模型以外按住鼠标左键拖动时，则只能被锁定在X轴任意移动，如图2-39所示。

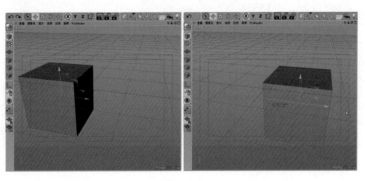

图　2-39

9.【坐标系统】工具

【坐标系统】工具包含全局坐标🌐和对象坐标🌐，通过单击按钮可转换全局坐标和对象坐标。

10.【渲染活动视图】工具

单击【渲染活动视图】工具🖼，即可在当前视图进行渲染。但是要注意，一旦单击或拖动该视图，则自动取消渲染，并且无法保存。如图2-40所示为该工具正在渲染的效果。

11.【渲染到图片查看器】工具

单击【渲染到图片查看器】工具🖼，可在弹出的【图片查看器】中进行渲染，并且可以随时单击💾（另存为）按钮进行保存。如图2-41所示为单击该工具正在渲染的效果。

图　2-40

图　2-41

12.【编辑渲染设置】工具

单击【编辑渲染设置】工具🖼，即可在弹出的【渲染设置】窗口中设置渲染器参数，渲染器的参数直接影响最终渲染的质量和效果，如图2-42所示。

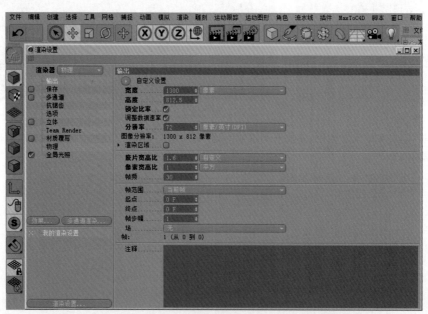

图　2-42

13.【对象】工具

【对象】工具 ⬡ 用于创建三维的Cinema 4D内置模型，如图2-43所示。

14.【样条】工具

【样条】工具 ✎ 用于创建样条线，如图2-44所示。

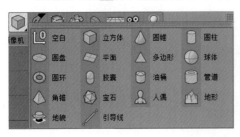

图 2-43

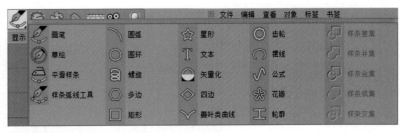

图 2-44

15.【生成器】工具

【生成器】工具 ⬡ 用于创建生成器类型，如图2-45所示。

16.【造型】工具

【造型】工具 ❀ 用于创建各种类型的造型，如图2-46所示。

图 2-45

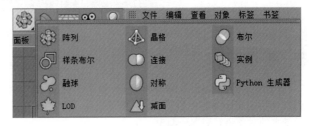

图 2-46

17.【变形器】工具

使用【变形器】工具 ◎ 可以在视图中通过拖曳【操纵器】来编辑修改器、控制器和某些对象的参数，如图2-47所示。

18.【场景】工具

【场景】工具 ▦ 用于创建地面、天空、物理天空等场景，如图2-48所示。

19.【摄像机】工具

【摄像机】工具 🎥 用于创建不同类型的摄像机，如图2-49所示。

20.【灯光】工具

【灯光】工具 💡 用于在场景中创建不同类型的灯光，如图2-50所示。

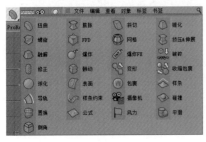

图 2-47

图 2-48

图 2-49

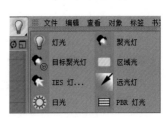

图 2-50

2.1.4　编辑模式工具栏

编辑模式工具栏用于在建模时编辑模型对象。可将三维模型转换为可编辑对象，也可选择▦（点）级别、▦（边）级别、▦（多边形）级别对模型进行细致调整。也可以将二维样条线转换为可编辑对象，并选择▦（点）级别调整顶点位置。还可以在建模时使用▧（启用捕捉）等工具，如图2-51所示。

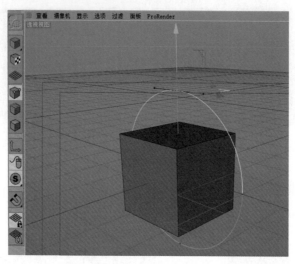

图　2-51

2.1.5　视图窗口

视口区域是操作界面中最大的一个区域，也是Cinema 4D中用于实际操作的区域，默认状态下为单一视图显示，如图2-52所示。通常使用的状态为四视图显示，包括顶视图、左视图、前视图和透视图，如图2-53所示。在这些视图中可以从不同的角度对场景中的对象进行观察和编辑。

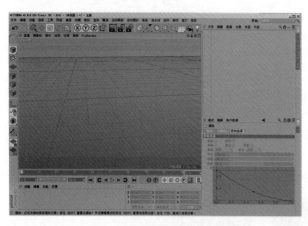

图　2-52

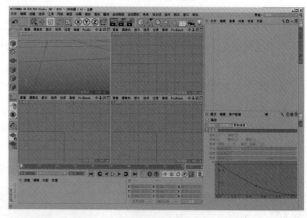

图　2-53

在视图窗口上方有一排编辑视图窗口的工具，分别为【查看】、【摄像机】、【显示】、【选项】、【过滤】、【面板】、ProRender、【平移视图】✥、【缩放视图】↕、【旋转视图】◎、【最大化视口切换】☐，如图2-54所示。

▦ 查看　摄像机　显示　选项　过滤　面板　ProRender　✥↕◎☐

图　2-54

- 查看：单击该按钮，弹出下拉菜单，可以设置对象在视图中的状态，如图2-55所示。
- 摄像机：可以设置与摄像机相关的视图和窗口的视图方向，如图2-56所示。

● 显示：设置物体在窗口中显示的状态，如图2-57所示。

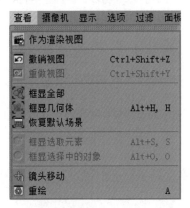

图 2-55　　　　　　　　　　图 2-56　　　　　　　　　　图 2-57

● 选项：可以设置视图场景中的细节级别、立体等选项，如图2-58所示。

● 过滤：可以设置在窗口中显示的对象类型，当选择【无】时，视图窗口中将没有任何对象，如图2-59所示。

● 面板：设置视图窗口的分布排列，如图2-60所示。

● ProRender：GPU渲染器ProRender，用于渲染，如图2-61所示。

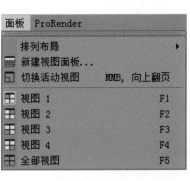

图 2-58　　　　　　　　　　图 2-59　　　　　　　　　　图 2-60　　　　　　　　　　图 2-61

● 平移视图✥/缩放视图⬍/旋转视图⟳：按住按钮可以平移、缩放、旋转视图窗口。

● 最大化视口切换▢：可以在正常大小和全屏大小之间进行切换。

技巧提示

　　初次启动Cinema 4D时显示的是单一视图，可以通过单击界面右下角的【最大化视口切换】按钮▢将单一视图切换为四视图。但是视图的划分及显示在Cinema 4D中是可以调整的，用户可以根据观察对象的需要来改变视图的大小或视图的显示方式等。

　　将光标放置在视图与视图的交界处，当光标变成双向箭头↔时，可以左右调整视图的大小；当光标变成十字箭头✛时，可以上下左右调整视图的大小。

2.1.6 动画编辑窗口

动画编辑窗口包括时间尺和时间设置按钮，【时间尺】包括时间线滑块和轨迹栏两大部分。时间线滑块位于视图的下方，主要用于制定帧，默认的帧数为90帧，具体数值可以根据动画长度来进行修改。拖曳时间线滑块可以在帧之间迅速移动。轨迹栏位于时间线滑块的下方，主要用于显示帧数和选定对象的关键点，在这里可以移动、缩放、旋转关键点以及更改关键点的属性。【时间控制按钮】位于时间尺的下方，主要用于控制动画的播放效果，包括关键点控制和时间控制等，如图2-62所示。

图 2-62

2.1.7 材质窗口

材质窗口用于创建和编辑材质参数，如图2-63所示。

图 2-63

2.1.8 坐标窗口

在对象窗口中选择对象时，可以激活坐标窗口中的位置、尺寸和旋转的数值，如图2-64所示。

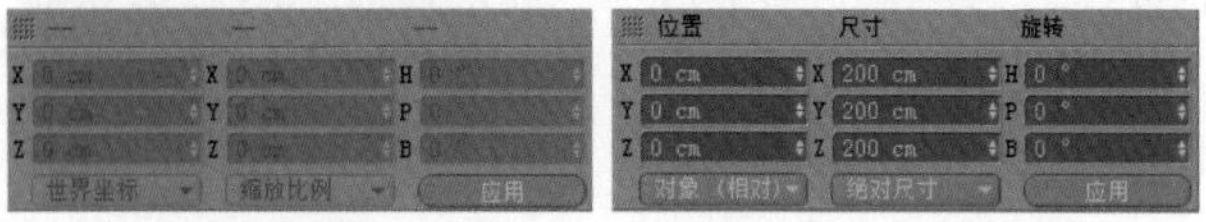

图 2-64

2.1.9 提示栏

提示栏位于材质窗口与坐标窗口的下方，它提供了选定对象的名称信息，并且提示栏可以基于当前光标位置和当前程序活动来提供动态反馈信息，如图2-65所示。

图 2-65

2.1.10 【对象/场次/内容浏览器/ 构造】面板

1.【对象】面板

【对象】面板位于软件界面的右上方，作为Cinema 4D中较为重要的面板，可以用来创建和删除对象，也可以用来查看和编辑场景中所有对象的设置以及与其相关联的对象。该窗口包括菜单区、对象列表区、图层/隐藏/显示区和标签区等功能，如图2-66所示。

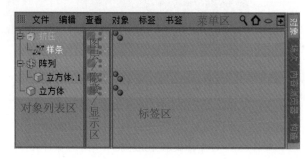

图 2-66

（1）菜单区

位于【对象】面板的顶部，分为【文件】【编辑】【查看】【对象】【标签】【书签】及4个图标，如图2-67所示。

图 2-67

- 文件：可以将面板中的对象进行合并、加载等，如图2-68所示。

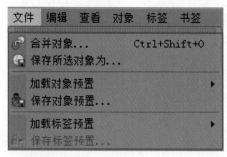

图 2-68

- 编辑：【编辑】下拉菜单中具有撤销、重做、剪切、复制等基础功能，也可以设置选择窗口中对象的方式，如图2-69所示。
- 查看：用于设置窗口面板中的图标尺寸、折叠和对象层次的排列等，如图2-70所示。

图 2-69

图 2-70

● 对象：当未选择场景中的对象模型时，该下拉菜单中只有【工程信息】参数被激活，如图2-71所示；当在场景中选择了一个对象时，将激活菜单中的参数，如图2-72所示。

图 2-71

图 2-72

● 标签：给对象窗口中的模型添加标签。当没有选择对象模型时，会显示【没有选中的对象】，如图2-73所示。当选择对象模型时，增加了标签的选项，可以给物体添加标签，如图2-74所示。

图 2-73   图 2-74

● 书签：【书签】下拉菜单中包含【增加书签】【管理书签】和【默认书签】3种功能，如图2-75所示。

图 2-75

（2）对象列表区

可以看到视图中的对象模型及父子层级的排列。

（3）图层/隐藏/显示区

可以设置对象图层的隐藏和显示效果，上一个点表示在编辑器中可见，下一个点表示在渲染器中可见。默认点为灰色，单击一次呈现绿色为强制显示，再次单击呈现红色为视图中不可见，再一次单击为灰色。后面的对号表示在视图中是否显示对象，同时在【基本】选项栏中启用也会进行改变，如图2-76所示。

图 2-76

（4）标签区

标签区表示对象被赋予的材质或各种效果的标签，如图2-77所示。

图 2-77

2.【场次】面板

【场次】面板用于创建新场次、添加覆写组等，如图2-78所示。

图 2-78

3.【内容浏览器】面板

在【内容浏览器】面板中可以浏览我的电脑中的资源、使用预置等，如图2-79所示。

4.【构造】面板

【构造】面板用于显示对象的点的具体信息，并可以新建数据，如图2-80所示。

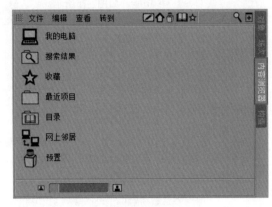

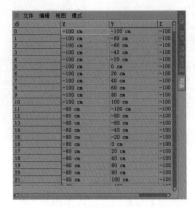

图　2-79

图　2-80

2.1.11　【属性/层】面板

1.【属性】面板

在【属性】面板中可以设置对象的基本参数，大部分的参数设置都是在这里完成的，如图2-81所示。

2.【层】面板

在【层】面板中可以新建层，并对层进行管理，如图2-82所示。

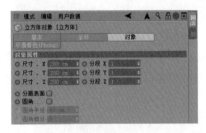

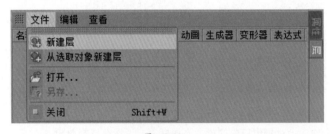

图　2-81

图　2-82

2.2　Cinema 4D文件基本操作

★　实例——打开场景文件

场景文件	场景文件\Chapter02\01.c4d
案例文件	案例文件\Chapter02\实例：打开场景文件.c4d
视频教学	视频教学\Chapter02\实例：打开场景文件.mp4

扫码看视频

实例介绍：

打开场景文件的方法一般有以下5种。

01 直接找到文件，双击鼠标左键，如图2-83所示。

02 直接找到文件，用鼠标左键单击该文件，并将其拖曳到Cinema 4D的图标上，如图2-84所示。

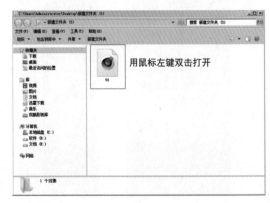

图　2-83

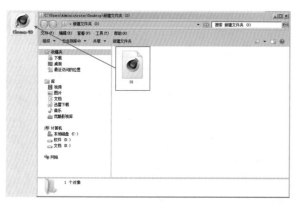

图　2-84

03　启动Cinema 4D，然后选择菜单栏中的【文件】|
【打开】命令，接着在弹出的对话框中选择本书配套资
源包中的【场景文件\Chapter02\01.c4d】文件，最后单击
【打开】按钮，如图2-85所示。打开场景后的效果如图2-86
所示。

图　2-85

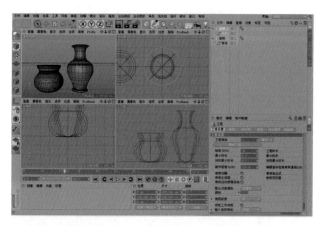

图　2-86

04　启动Cinema 4D，按Ctrl+O快捷键，打开【打开
文件】对话框，然后选择本书配套资源包中的【场景文件\
Chapter02\01.c4d】文件，接着单击【打开】按钮，如图2-87
所示。

图　2-87

05　启动Cinema 4D，选择本书配套资源包中的【场
景文件\Chapter02\01.c4d】文件，然后选择文件，按住鼠标
左键将其拖曳到视口区域，松开鼠标左键，这时文件将在
Cinema 4D中打开，如图2-88所示。

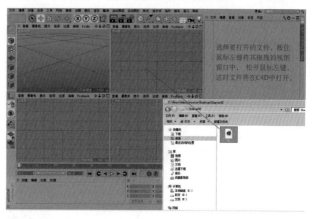

图　2-88

★　**实例——保存场景文件**

场景文件	场景文件\Chapter02\02.c4d
案例文件	案例文件\Chapter02\实例：保存场景文件.c4d
视频教学	视频教学\Chapter02\实例：保存场景文件.mp4

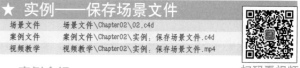

扫码看视频

实例介绍：

当创建完一个场景后，需要对场景进行保存，保存场景
文件的方法共有以下两种。

01　选择菜单栏中的【文件】|【保存】命令，接着在
弹出的【保存文件】对话框中为场景文件进行命名，最后单
击【保存】按钮，如图2-89所示。

02　按Ctrl+S快捷键，打开【保存文件】对话框，然后
为场景文件进行命名，接着单击【保存】按钮，如图2-90
所示。

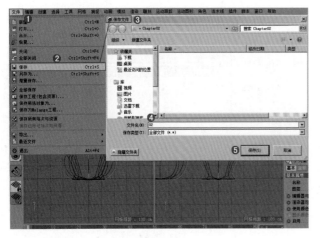

图 2-89

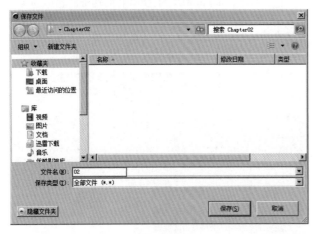

图 2-90

★ 实例——保存渲染图像

场景文件	场景文件\Chapter02\03.c4d
案例文件	案例文件\Chapter02\实例：保存渲染图像.c4d
视频教学	视频教学\Chapter02\实例：保存渲染图像.mp4

扫码看视频

实例介绍：

制作完成一个场景后需要对场景进行渲染，那么在渲染完成后就要将渲染好的图像保存起来。

操作步骤：

01 打开本书配套资源包中的【场景文件\Chapter02\03.c4d】文件，如图2-91所示。

02 单击工具栏中的【渲染到图片查看器】按钮▥或按Shift+R快捷键渲染场景，渲染完成后的图像效果如图2-92所示。

03 在【图片查看器】对话框中单击【另存为】按钮▥，将弹出【保存】对话框，单击【确定】按钮，如图2-93所示，随即弹出【保存对话】对话框，设置文件名和保存类型，最后单击【保存】按钮，如图2-94所示。

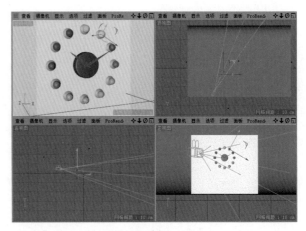

图 2-91

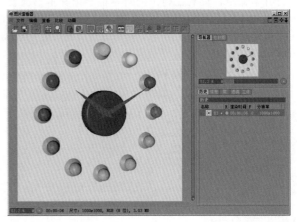

图 2-92

技巧提示

当渲染场景时，系统会弹出【图片查看器】对话框，在该对话框中会显示渲染图像的进度和相关信息。

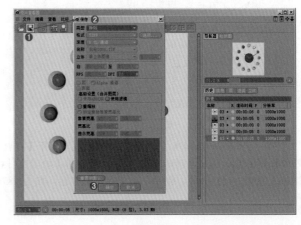

图 2-93

图 2-94

2.3 Cinema 4D对象基本操作

★ 实例——导出场景对象

场景文件	场景文件\Chapter02\04.c4d
案例文件	案例文件\Chapter02\实例：导出场景对象.c4d
视频教学	视频教学\Chapter02\实例：导出场景对象.mp4

扫码看视频

实例介绍：

创建完一个场景后，可以将场景中的所有对象导出为其他格式的文件，也可以将选定的对象导出为其他格式的文件。

操作步骤：

01 打开本书配套资源中的【场景文件\Chapter02\04.c4d】文件，如图2-95所示。

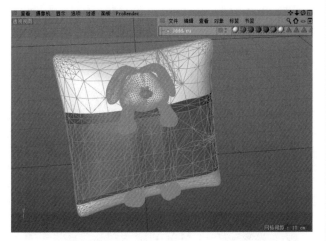

图 2-95

02 选择场景中的抱枕模型，单击【文件】菜单，在弹出的下拉菜单中单击【导出】命令后面的▶按钮，然后选择【Wavefront OBJ】命令，如图2-96所示。接着在弹出的【OBJ导出】对话框中进行导出文件的设置，最后单击【确定】按钮，如图2-97所示。

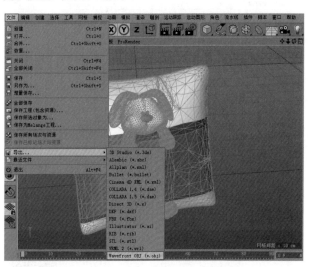

图 2-96

03 在弹出的【保存文件】对话框中，设置文件名，最后单击【保存】按钮，如图2-98所示。

04 此时看到已经导出了【04.OBJ】文件，如图2-99所示。

图 2-97

图 2-98

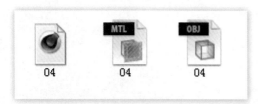

图 2-99

★ 实例——合并场景文件

场景文件	场景文件\Chapter02\05（1）.c4d和05（2）.c4d
案例文件	案例文件\Chapter02\实例：合并场景文件.c4d
视频教学	视频教学\Chapter02\实例：合并场景文件.mp4

实例介绍：

扫码看视频

合并文件就是将外部的文件合并到当前场景中。在合并的过程中可以根据需要选择要合并的几何体、图形、灯光、摄像机等。

操作步骤：

01 打开本书配套资源中的【场景文件\Chapter02\05（1）.c4d】文件，如图2-100所示。

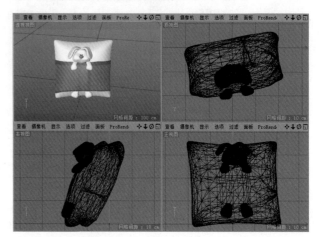

图 2-100

02 选择菜单栏中的【文件】|【合并】命令，接着在弹出的对话框中选择本书配套资源包中的【场景文件\Chapter02\05（2）.c4d】文件，最后单击【打开】按钮，如图2-101所示。

图 2-101

03 执行步骤（2）后两个c4d文件合并在一起了，效果如图2-102所示。

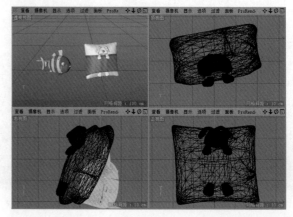

图 2-102

Cinema 4D R19从入门到精通

26

★ 实例——加载背景图像

案例文件	案例文件\Chapter02\实例：加载背景图像.c4d
视频教学	视频教学\Chapter02\实例：加载背景图像.mp4

扫码看视频

实例介绍：

在建模时经常会用到贴图文件来辅助用户进行操作，下面就来讲解如何加载背景图像，如图2-103所示是本例加载背景贴图后的前视图效果。

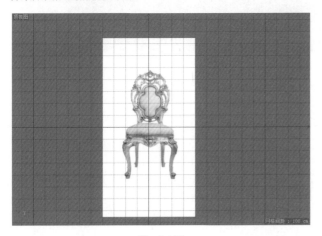

图　2-103

操作步骤：

01 打开Cinema 4D，单击并激活【顶视图】，接着选择视图窗口上方菜单区的【选项】|【配置视图】命令，如图2-104所示。

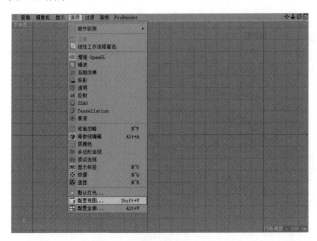

图　2-104

02 选择【属性】面板中的【背景】选项栏，单击图像后面的 ⋯⋯ 按钮，在弹出的【打开文件】对话框中选择本书文件【加载背景贴图.jpg】，接着单击【打开】按钮，如图2-105所示。

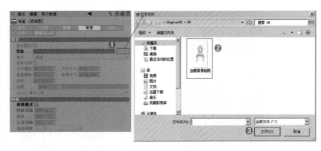

图　2-105

03 此时在【顶视图】中已经有了刚才添加的参考图，而其他视图则没有，如图2-106所示。

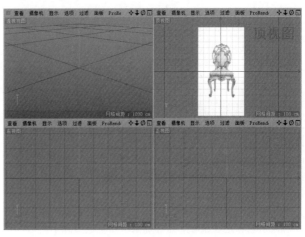

图　2-106

04 当不需要该图片在前视图中显示时，可以在【背景】选项栏中取消选中【显示图片】复选框，如图2-107所示，此时效果如图2-108所示。

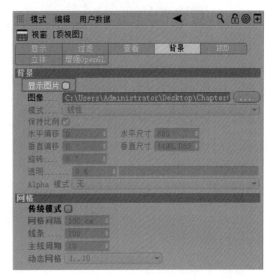

图　2-107

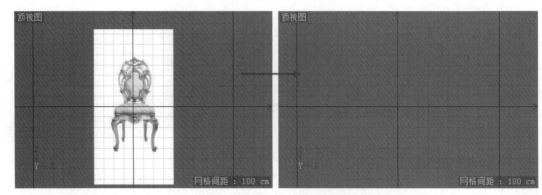

图　2-108

★ 实例——设置文件自动备份

| 案例文件 | 案例文件\Chapter02\实例：设置文件自动备份.c4d |
| 视频教学 | 视频教学\Chapter02\实例：设置文件自动备份.mp4 |

扫码看视频

实例介绍：

　　Cinema 4D在运行过程中对计算机的配置要求比较高，占用系统资源也比较大。在运行Cinema 4D时，由于某些较低的计算机配置和系统性能的不稳定性等原因会导致文件关闭或发生死机现象。当进行较为复杂的计算（如光影追踪渲染）时，一旦出现无法恢复的故障，就会丢失所做的各项操作，造成无法弥补的损失。

　　解决这类问题除了提高计算机硬件的配置外，还可以通过增强系统稳定性来减少死机现象。在一般情况下，可以通过以下3种方法来提高系统的稳定性。

　　（1）要养成经常保存场景的习惯。

　　（2）在运行Cinema 4D时，尽量不要或少启动其他程序，而且硬盘也要留有足够的缓存空间。

　　（3）如果当前文件发生了不可恢复的错误，可以通过备份文件来打开前面自动保存的场景。

　　下面将重点讲解设置自动备份文件的方法。

操作步骤：

　　执行【编辑】|【设置】命令，在弹出的【设置】对话框中选择【文件】选项卡，接着在【自动保存】选项组中选中【保存】选项，再设置【每（分钟）】为5、【到（拷贝）】为10，具体参数设置如图2-109所示。

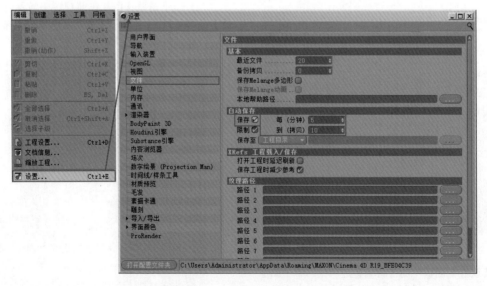

图　2-109

技巧提示

　　如有特殊需要，可以适当加大或减小【每（分钟）】和【到（拷贝）】的数值。

★ **实例——使用【选择工具】选择对象**

案例文件	案例文件\Chapter02\实例：使用【选择工具】选择对象.c4d
视频教学	视频教学\Chapter02\实例：使用【选择工具】选择对象.mp4

实例介绍：

本例将利用不同的【选择工具】来选择场景中的对象。

操作步骤：

01 执行菜单栏中的【创建】|【对象】|【球体】命令，调整球体【分段】为50，单击视图窗口上方的【显示】菜单，选择【光影着色（线条）】命令，如图2-110所示。

02 单击界面左侧的 （转为可编辑对象）按钮，这时看到球体转为了可编辑对象，如图2-111所示。

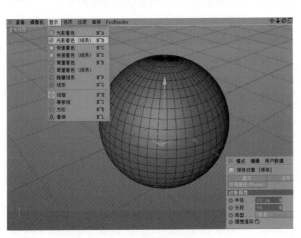

图 2-110

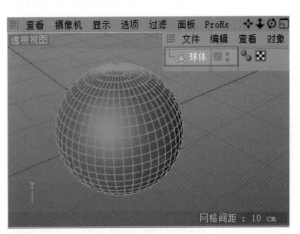

图 2-111

03 单击 （多边形）按钮，在工具栏中单击【实时选择】按钮 ，这时单击选中球体上的面，如图2-112所示。

04 单击 （多边形）按钮，在工具栏中单击【框选】按钮 ，这时按住鼠标左键对球体进行框选，如图2-113所示。

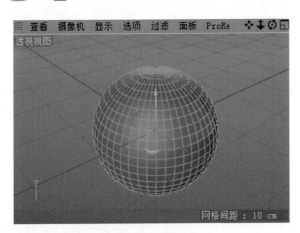

图 2-112

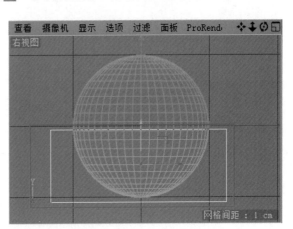

图 2-113

 技巧提示

【实时选择】与【框选】的区别是：【实时选择】只对选择过的地方进行选择，【框选】是将视图中框选过的区域进行全部选择，如图2-114所示。

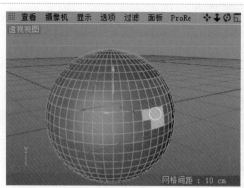

图　2-114

05 单击█（多边形）按钮，在工具栏中单击【套索选择】按钮█，然后在视图中绘制一个形状区域，如图2-115所示。在形状区域内的多边形都将被选择，如图2-116所示。

06 【多边形选择】█与【套索选择】█的用法相似，在视图中绘制多边形，如图2-117所示。在多边形区域内的物体都将被框选，如图2-118所示。

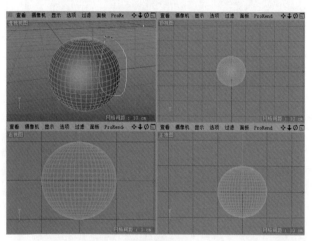

图　2-115

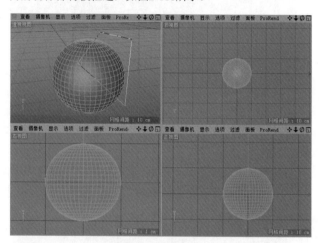

图　2-117

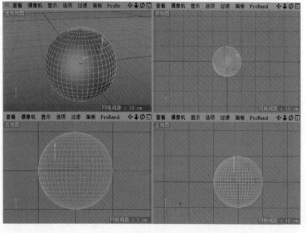

图　2-116

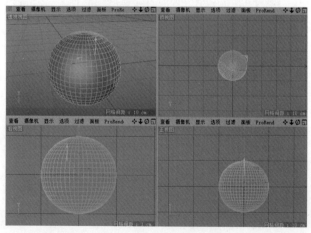

图　2-118

★ 实例——使用【移动工具】制作彩色铅笔

场景文件	场景文件\Chapter02\06.c4d
案例文件	案例文件\Chapter02\实例：使用【移动工具】制作彩色铅笔.c4d
视频教学	视频教学\Chapter02\实例：使用【移动工具】制作彩色铅笔.mp4

实例介绍：

本例使用【移动工具】的移动复制功能制作彩色铅笔的效果，如图2-119所示。

扫码看视频

图　2-119

操作步骤：

01 打开本书配套资源中的【场景文件\Chapter02\06.c4d】文件，如图2-120所示。

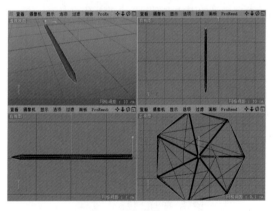

图　2-120

02 选择铅笔模型，在【工具栏】中单击【移动】按钮✛，然后按住Ctrl键的同时在顶视图中将铅笔沿X轴向右进行拖曳复制，如图2-121所示。

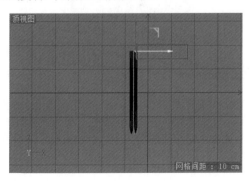

图　2-121

03 此时透视图中的效果如图2-122所示。接着使用同样的方法再次在顶视图沿X轴方向复制多支铅笔，最终效果如图2-123所示。

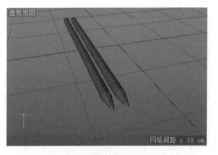

图　2-122

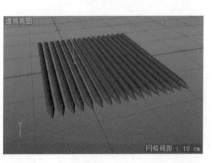

图　2-123

★ 实例——使用【缩放工具】调整花瓶的形状

场景文件	场景文件\Chapter02\07.c4d
案例文件	案例文件\Chapter02\实例：使用【缩放工具】调整花瓶的形状.c4d
视频教学	视频教学\Chapter02\实例：使用【缩放工具】调整花瓶的形状.mp4

实例介绍：

本例将使用【缩放工具】来调整花瓶的形状，要熟练掌握该工具的使用方法。

扫码看视频

操作步骤：

01 打开本书配套资源包中的【场景文件\Chapter02\07.c4d】文件，如图2-124所示。

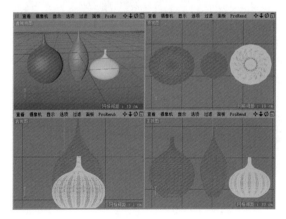

图　2-124

02 在【工具栏】中单击【缩放】按钮▣，然后选择最左边的模型，接着在正视图中将刚刚选中的左侧模型进行均匀缩放，如图2-125所示，完成后的效果如图2-126所示。

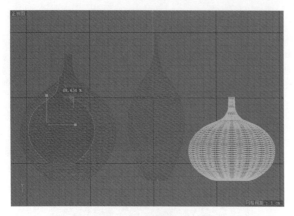

图 2-125

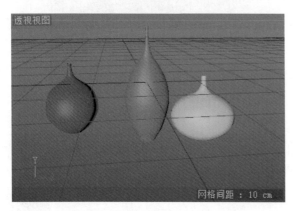

图 2-126

03 在【工具栏】中单击【缩放】按钮▣，然后选择中间的模型，接着在透视图中沿Y轴正方向进行缩放，如图2-127和图2-128所示。

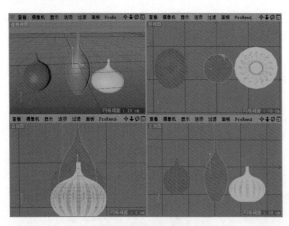

图 2-127

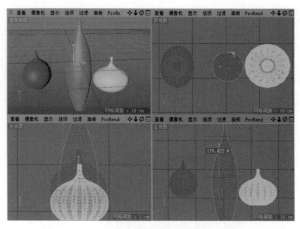

图 2-128

★ 实例——自定义界面颜色

| 案例文件 | 案例文件\Chapter02\实例：自定义界面颜色.c4d |
| 视频教学 | 视频教学\Chapter02\实例：自定义界面颜色.mp4 |

扫码看视频

实例介绍：

通常情况下，首次安装并启动Cinema 4D时，界面是由多种不同的灰色构成的。如果用户不习惯系统预置的颜色，可以通过自定义的方式来更改界面的颜色。

操作步骤：

01 在菜单栏中执行【编辑】|【设置】命令，如图2-129所示。在弹出的【设置】对话框左侧选择【界面颜色】，可以看到【毛发颜色】【界面颜色】【编辑颜色】3种情况，如图2-130所示。

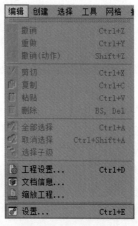

图 2-129

02 选择【毛发颜色】，看到右侧出现【毛发颜色】对象框，可以设置相关毛发属性的颜色，可通过调整H、S、V的数值或者滑动后面的滑块来调节相关属性的颜色，如图2-131所示。

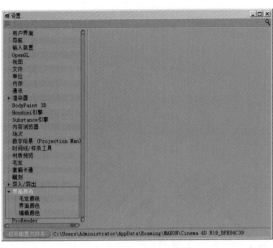

图 2-130

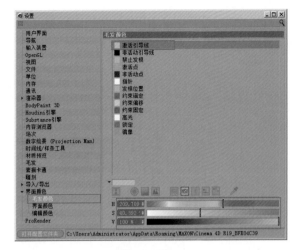

图 2-131

03 【界面颜色】和【编辑颜色】的设置方法与【毛发颜色】是相同的，如图2-132所示。

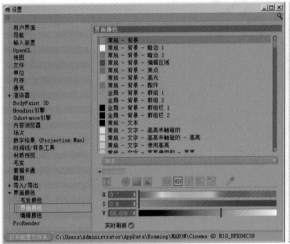

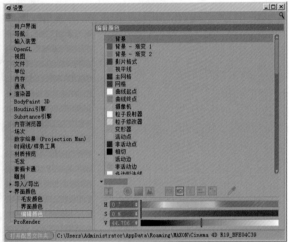

图 2-132

第3章

我的第一幅 Cinema 4D作品

本章学习要点:
- 用Cinema 4D创建作品的常见步骤。
- 建模、渲染器、灯光、材质、摄影机的创建方法。

3.1 第一步：建模

扫码看视频

01 在菜单栏中执行【运动图形】|【文本】命令，如图3-1所示。在【对象】选项卡中，设置【深度】为100cm，【文本】为ERAY，【字体】为Arial，Bold Italic，【对齐】为【左】，【高度】为478.331cm；单击【封顶】选项卡，设置【顶端】为【圆角封顶】，【半径】为11.958cm，【平滑着色（Phong）角度】为60°，如图3-2所示。

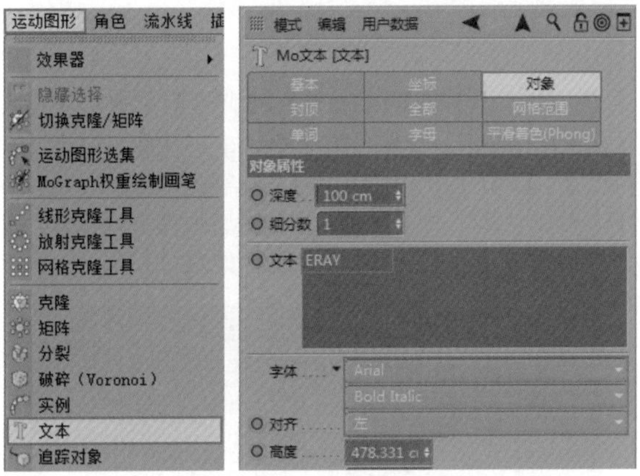

图 3-1

图 3-2

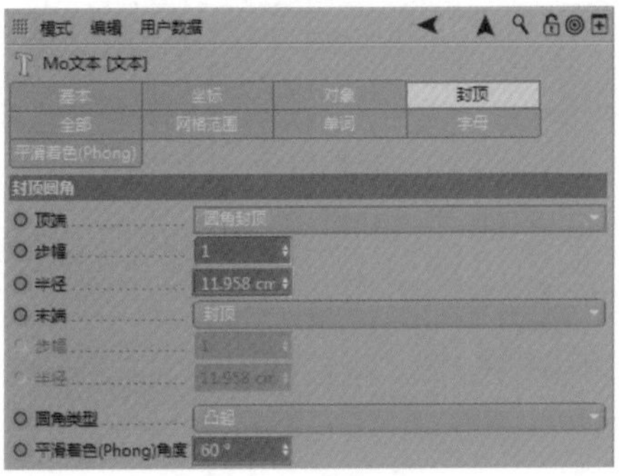

02 单击【平滑着色（Phong）】选项卡，设置【平滑着色（Phong）角度】为60°，如图3-3所示，设置完成后的效果如图3-4所示。

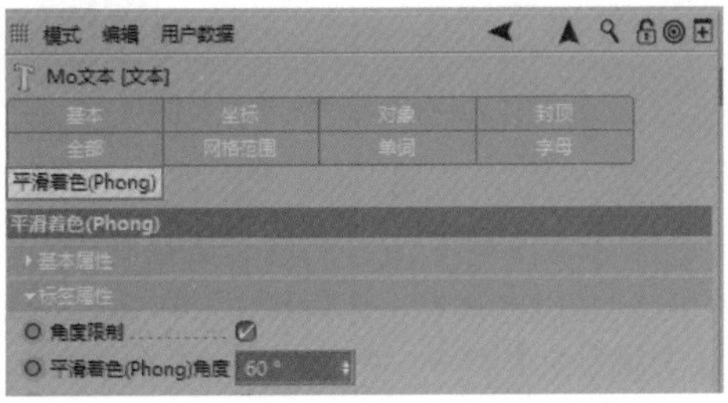

图 3-3

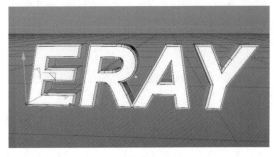

图 3-4

03 在菜单栏中执行【创建】|【对象】|【球体】命令，如图3-5所示。在视图中创建一个球体模型，如图3-6所示。

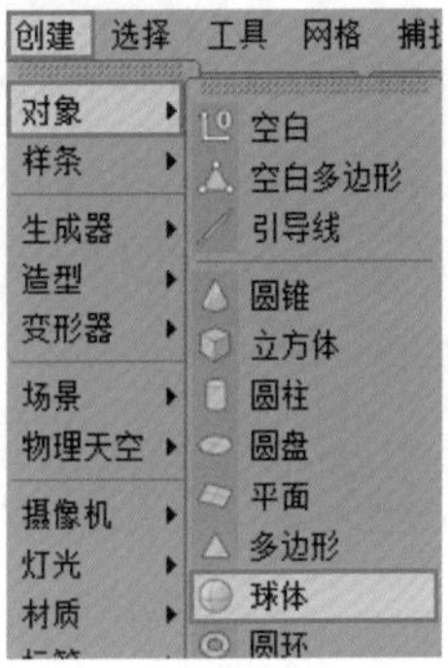

图 3-5

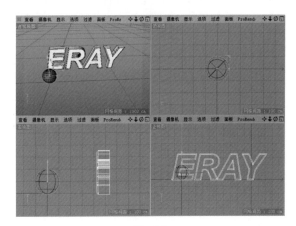

图 3-6

04 参照步骤（2）中创建球体对象的方法，创建6个球体对象，分别设置它们的半径，设置【球体.1】【球体.3】和【球体.5】的【半径】为53cm，设置【球体.2】的【半径】为30cm，设置【球体.4】的【半径】为24cm，设置【球体.6】的【半径】为62cm，在顶视图分别调整它们的位置，如图3-7所示。

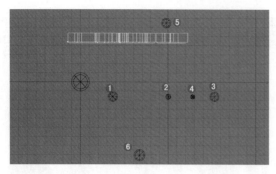

图 3-7

05 在菜单栏中执行【创建】|【场景】|【地面】命令，在对象窗口中将其命名为Floor，在【属性】窗口中选择【坐标】选项卡，设置【S.X】为7.68，【S.Z】为5.89，这时会看到地面面积变大，如图3-8所示。

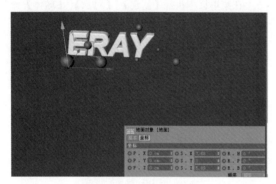

图 3-8

06 在【对象/场次/内容浏览器/构造】面板中选择Floor，选择对象窗口上方的菜单区，执行【标签】|【CINEMA 4D标签】|【合成】命令，如图3-9所示。在属性面板的【标签】中取消选中【本体投影】复选框，然后选中【合成背景】复选框，如图3-10所示。

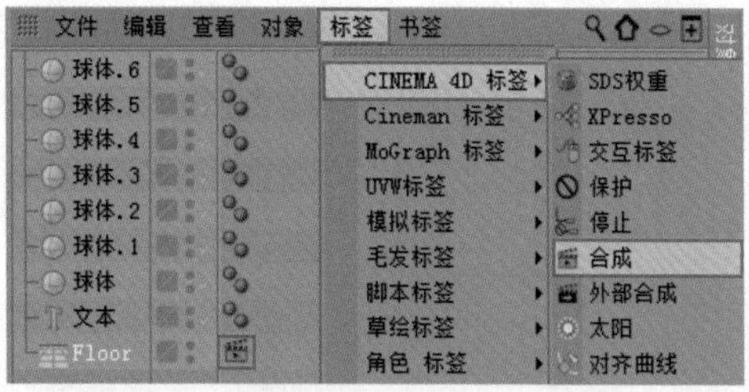

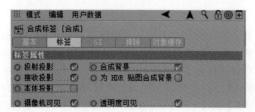

图 3-9

图 3-10

07 设置完成后，场景中的模型如图3-11所示。

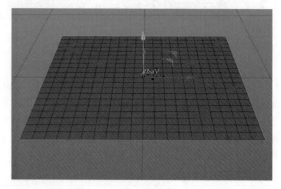

图 3-11

08 执行【创建】|【场景】|【背景】命令，并将其命名为Background，接着选择对象窗口上方的菜单区，执行【标签】|【CINEMA 4D标签】|【合成】命令，如图3-12所示。在属性面板的【合成】中取消选中【本体投影】复选框，然后选中【合成背景】复选框，如图3-13所示。

图 3-12

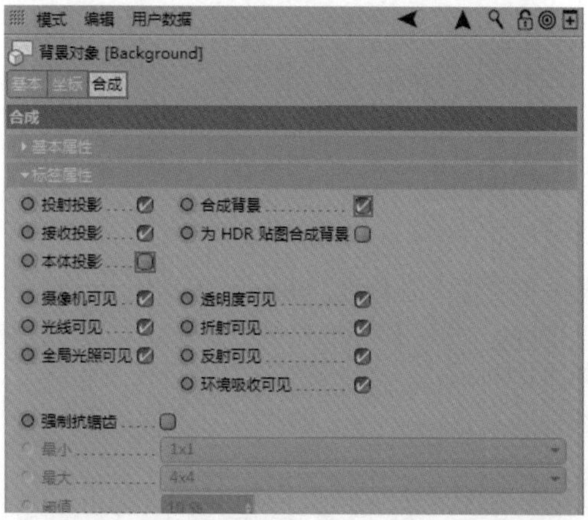

图 3-13

09 在右侧的【对象/场次/内容浏览器/构造】面板中加选刚刚创建的地面、背景，然后右击，在弹出的快捷菜单中执行【群组对象】命令，将其编组，并命名为FLOOR & BACKGROUND。

3.2 第二步：设置渲染器

01 单击工具栏中的 ![icon]（编辑渲染设置）按钮，打开【渲染设置】对话框。单击【输出】，设置输出尺寸【宽度】为800，【高度】为600，【起点】为2F，【终点】为2F，如图3-14所示。

02 单击 效果... 按钮，添加【全局光照】，接着在右侧选择【预设】为【自定义】，设置【二次反弹算法】为【辐照缓存】，如图3-15所示。

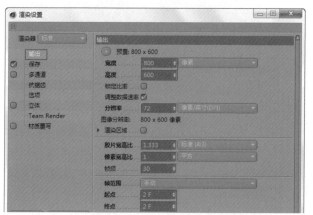

图 3-14

图 3-15

03 再次单击 效果... 按钮，添加【环境吸收】，并将其命名为Ambient Occlusion，如图3-16所示。

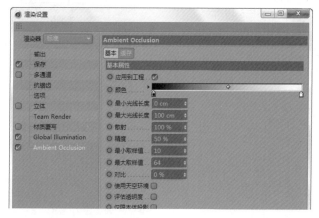

图 3-16

3.3 第三步：灯光

1. 灯光一

01 在菜单栏中执行【创建】|【灯光】|【区域光】命令，将其命名为Light。

02 在属性面板中选择【基本】选项卡，设置【编辑器可见】为【开启】，如图3-17所示。选择【常规】选项卡，设置【强度】为70%，【投影】为【区域】，如图3-18所示。

图　3-17

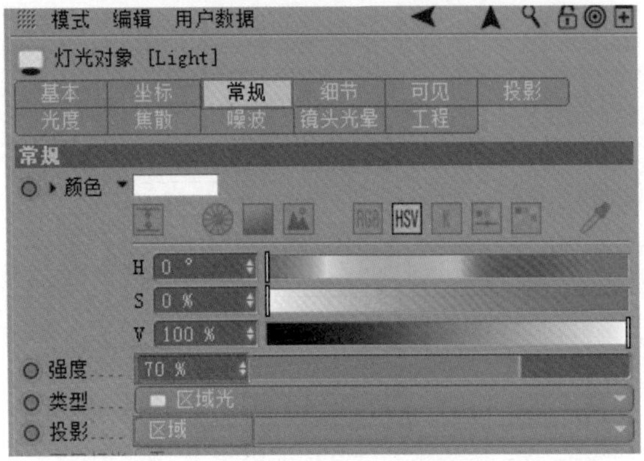

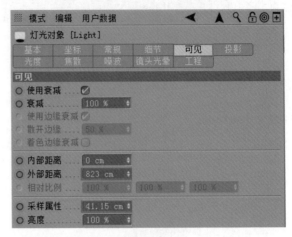

图　3-18

03　选择【细节】选项卡，设置【外部半径】为750cm，【水平尺寸】为1500cm，【垂直尺寸】为1500cm，【采样】为50，设置【衰减】为【倒数立方限制】，【半径衰减】为1000cm，选中【仅限纵深方向】复选框，如图3-19所示。

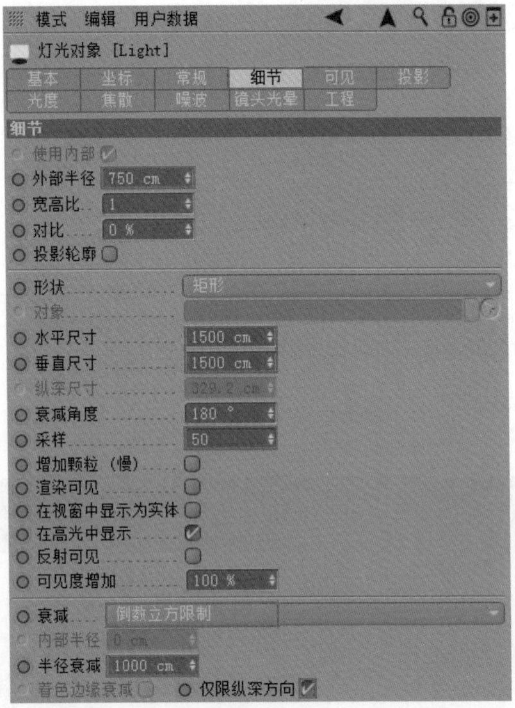

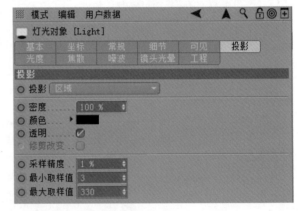

图　3-19

04　选择【可见】选项卡，设置【外部距离】为823cm，【采样属性】为41.15cm，如3-20所示。

图　3-20

05　选择【投影】选项卡，设置【采样精度】为1%，【最小取样值】为3，【最大取样值】为330，如图3-21所示。

图　3-21

06　参数设置完成后将灯光调整到合适的位置，如图3-22所示。

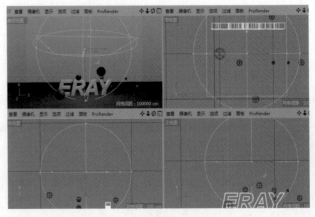

图　3-22

07 在工具栏中单击 ![]（渲染到图片查看器）按钮，如图3-23所示。

图 3-23

08 执行【创建】|【对象】|【平面】命令，在视图中创建一个平面，并将其命名为Softbox，接着选择【对象】选项卡，设置【宽度】为1500cm，【高度】为1500cm，【方向】为-Y，如图3-24所示。设置完成后将其摆放在合适的位置，如图3-25所示。

图 3-24

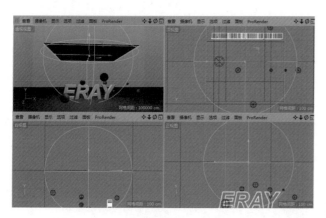

图 3-25

09 创建完成后将Light拖曳到Softbox下方，当出现向下图标↓时，松开鼠标左键，如图3-26所示。接着在右侧的【对象/场次/内容浏览器/构造】面板中加选灯光和平面，右击，在弹出的快捷菜单中执行【群组对象】命令，将其编组并命名为OverHead Softbox，如图3-27所示。

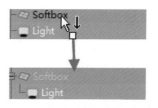

图 3-26

图 3-27

技巧提示

创建平面的目的是在为平面添加贴图后，使光照效果更加强烈与明显。

2. 灯光二

01 在菜单栏中执行【创建】|【灯光】|【区域光】命令，将其命名为Light，在属性窗口中选择【基本】选项卡，设置【编辑器可见】为【开启】，如图3-28所示。选择【常规】选项卡，设置【强度】为70%，【投影】为【区域】，如图3-29所示。

图 3-28

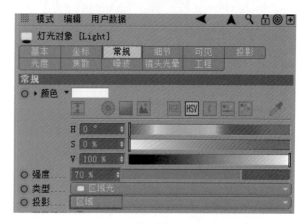

图 3-29

02 选择【细节】选项卡，设置【外部半径】为200cm，【水平尺寸】为400cm，【垂直尺寸】为400cm，【采样】为40，设置【衰减】为【倒数立方限制】，【半径衰减】为800cm，选中【仅限纵深方向】复选框，如图3-30所示。

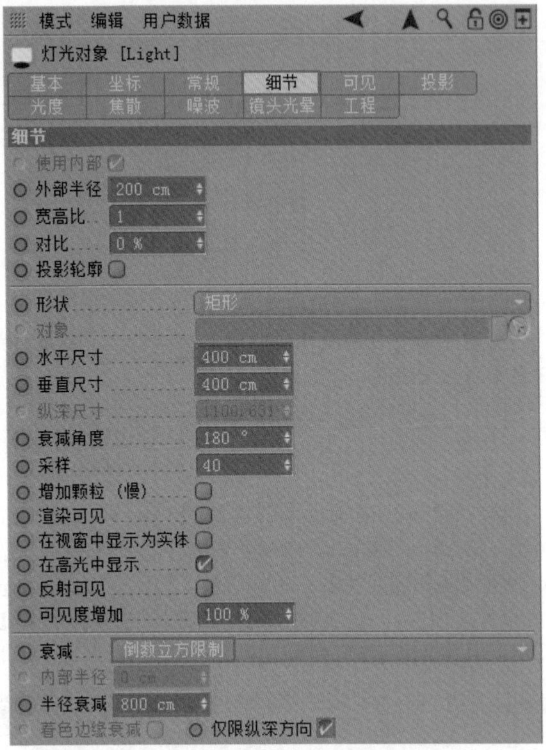

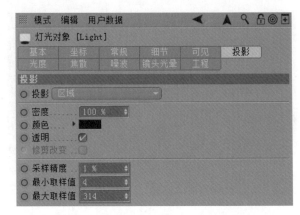

图 3-30

03 选择【可见】选项卡，设置【内部距离】【外部距离】均为7.991cm，【采样属性】为99.886cm，如图3-31所示。

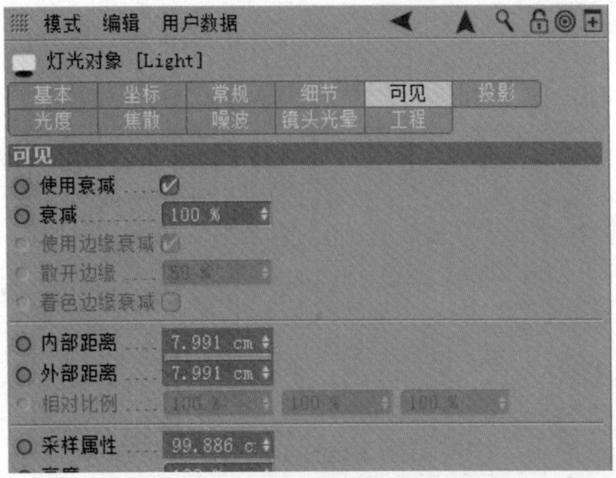

图 3-31

04 选择【投影】选项卡，设置【采样精度】为1%，【最小取样值】为4，【最大取样值】为314，如图3-32所示。

图 3-32

05 参数设置完成后将灯光调整到合适的位置，如图3-33所示。

图 3-33

06 执行【创建】|【对象】|【平面】命令，在视图中创建一个平面，并将其命名为Front Of Softbox.1。接着选择【对象】选项卡，设置【宽度】为400cm，【高度】为400cm，【方向】为+Z，如图3-34所示。设置完成后将其摆放在合适的位置，如图3-35所示。

图 3-34

图 3-35

07 创建完成后将Light拖曳到Softbox下方，当出现向下图标↓时，松开鼠标左键，如图3-36所示。接着在右侧的【对象/场次/内容浏览器/构造】面板中加选灯光和平面，右击，在弹出的快捷菜单中执行【群组对象】命令，将其编组并命名为Softbox，如图3-37所示。

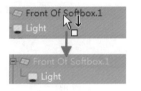

图 3-36   图 3-37

08 在工具栏中单击（渲染到图片查看器）按钮，如图3-38所示。

图 3-38

3. 灯光三

01 在【对象/场次/内容浏览器/构造】面板中，选择刚创建的灯光和平面并进行复制，复制完成后分别调整灯光和平面的位置，如图3-39所示。

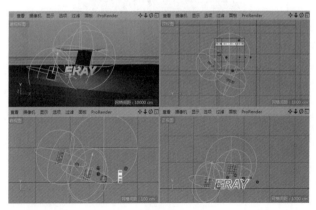

图 3-39

02 在工具栏中单击（渲染到图片查看器）按钮，如图3-40所示。

图 3-40

3.4 第四步：材质

01 在材质管理器面板中执行【创建】|【新材质】命令，如图3-41所示。在材质管理器面板的空白区域出现一个材质球，如图3-42所示。

02 双击刚创建的材质球，在打开的【材质编辑器】对话框中设置名称为Mat.1，选择【颜色】，设置H为0°，S为0%，V为80%。接着单击【纹理】后方的按钮，选择【渐变】，接着单击【色块】，如图3-43所示。进入【基本】选项卡，设置名称为Gradient，如图3-44所示。

新PBR材质 Ctrl+Shift+N	
新材质 Ctrl+N	
着色器 ▶	
加载材质... Ctrl+Shift+O	
另存材质...	
另存全部材质...	
加载材质预置 ▶	
保存材质预置	
创建 编辑 功能 纹理	

图 3-41

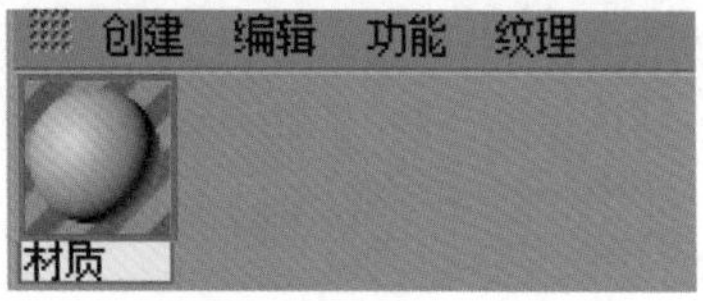

图 3-42

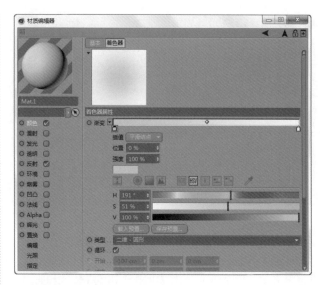

图 3-45

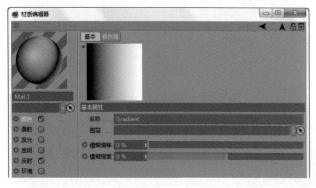

图 3-43

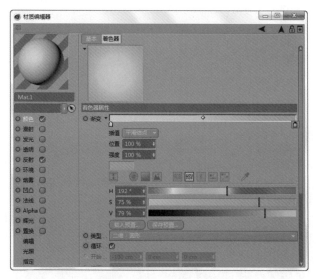

图 3-46

04 设置完成后将材质赋予场景中的模型，如图3-47所示。接着将该材质球赋予平面和背景，如图3-48所示。

图 3-44

03 进入【着色器】，单击【渐变】后方的▶按钮，设置H为191°，S为51%，V为100%。设置【类型】为【二维-图形】，如图3-45所示。选择后方的色块，设置H为192°，S为75%，V为79%，设置【类型】为【二维-图形】，如图3-46所示。

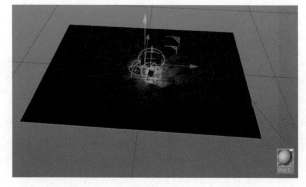

图 3-47

图 3-48

05 再次创建一个材质球，双击该材质球打开【材质编辑器】，接着将其命名为MercyMP，单击选择【颜色】，设置H为52°，S为100%，V为100%，如图3-49所示。选择【发光】，设置H为28°，S为100%，V为100%，【亮度】为60%，如图3-50所示。

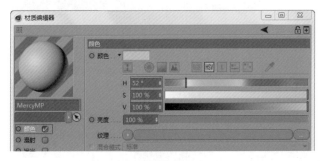

图 3-49

图 3-50

06 选择【反射】，单击  按钮，选择【反射（传统）】，双击 层1 将其命名为【默认反射】，设置【高光强度】为0%，【亮度】为20%，如图3-51所示。选择【默认高光】，设置【类型】为【高光-Phong（传统）】，【宽度】为74%，【衰减】为0%，【内部宽度】为0%，【高光强度】为30%，【凹凸强度】为100%，【亮度】为100%，如图3-52所示。

图 3-51

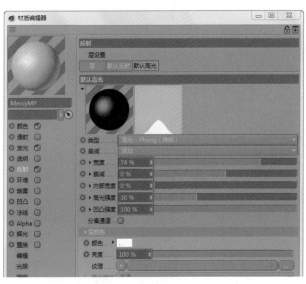

图 3-52

技巧提示

设置完成后可以在【材质编辑器】左上角的缩略图处右击，来更改缩略模型的形态，例如，本案例选择【Object（Anim）】，选择完成后缩略图变成如图3-53所示的形状。

图 3-53

07 设置完成后将材质赋予场景中的模型，如图3-54所示。

08 再次创建一个材质球，双击该材质球，将其命名为Softbox Texture，取消【颜色】选项，并选择【发光】，设置【亮度】为180%，单击【纹理】后方的 按钮，选择

【渐变】，设置【混合模式】为【正片叠底】，如图3-55
所示。单击渐变色块，进入【基本】，设置【名称】为
【Gradient】，如图3-56所示。

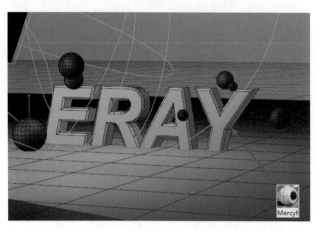

图　3-54

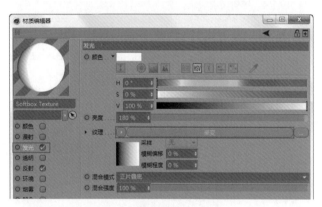

图　3-55

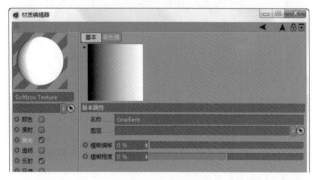

图　3-56

09 进入【着色器】，单击渐变后方的 ▶ 按钮，并单击
色块，设置【插值】为【立方结点】，H为191°，S为0%，
V为100%，【类型】为【二维-圆形】，如图3-57所示。在
渐变色条上单击添加色块，设置【位置】为53.37%，H为
191°，S为0%，V为72.043%，【类型】为【二维-圆形】，
如图3-58所示。

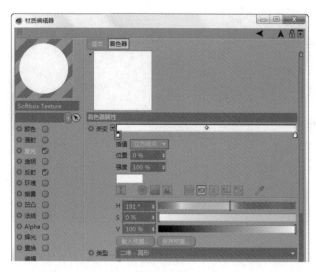

图　3-57

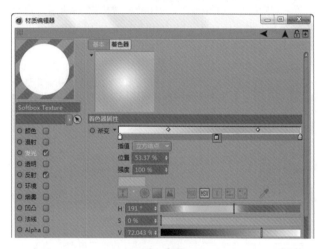

图　3-58

10 选择后方的色块，设置【位置】为95.22%，H为
191°，S为0%，V为21.505%，如图3-59所示。

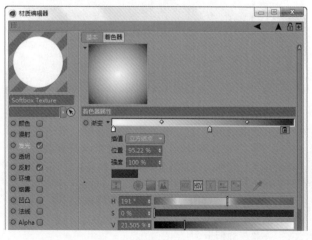

图　3-59

11 设置完成后在右侧的属性栏中选择【标签】选项卡，设置【侧面】为【正面】，如图3-60所示。

图 3-60

12 设置完成后将材质赋予场景中的模型，如图3-61所示。

图 3-61

13 用同样的方法继续创建材质球并赋予相应的模型，效果如图3-62所示。

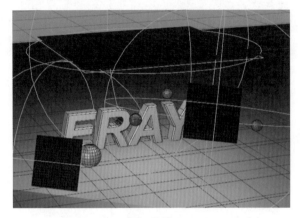

图 3-62

3.5 第五步：摄像机

01 为画面添加摄像机。在工具栏中按住【摄像机】按钮 ，在弹出的下拉面板中选择【摄像机】选项，如图3-63所示。在画面中创建一个摄像机并将其命名为【Camera】，创建完成后在右下方的属性面板中选择【对象】选项卡，设置【焦距】为100，【视野（垂直）】为15.377°，如图3-64所示。

图 3-63

图 3-64

02 将摄像机放置在合适的位置，如图3-65所示。

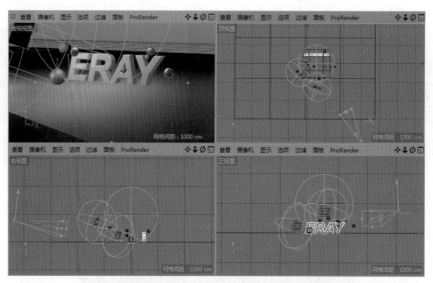

图　3-65

03 单击工具栏中的【渲染到图片查看器】按钮，渲染完成后案例的最终效果如图3-66所示。

图　3-66

第4章

参数化建模

本章学习要点：

- 建模的概念。
- 参数化建模的模型类型。
- 参数化模型的使用方法。

4.1 什么是建模

　　建模就是通过适合的方法进行模型建立。建模的方式有很多，而且知识点相对分散、琐碎，因此在学习时应多注意养成清晰的制作思路。建模的重要性犹如盖楼房中的地基，只有地基打得稳，后面的步骤才会进行得更加顺利。本章将主要讲解Cinema 4D中最简单、最常用的建模方法——参数化建模。

4.1.1　建模的概念

　　Cinema 4D建模通俗来讲就是通过三维制作软件，通过虚拟三维空间构建出具有三维数据的模型，即建立模型的过程。常用建模方法分为参数化建模、样条线建模、NURBS建模、造型工具组建模、变形器建模、多边形建模等。如图4-1所示为优秀的建模作品。

图　4-1

4.1.2　为什么要建模

　　对于Cinema 4D初学者来说，建模是学习中的第一个步骤，也是基础。只有模型做得扎实、准确，在后面渲染的步骤中才不会重复修改建模时出现的错误。

4.1.3　建模的常用方法

　　建模的方法有很多，主要包括参数化建模、样条线建模、NURBS建模、造型工具组建模、变形器建模、多边形建模等。其中参数化建模、样条线建模、变形器建模、多边形建模应用最为广泛。在后面的章节会对每种建模方式进行详细讲解。

1. 参数化建模

　　参数化建模是Cinema 4D中自带的18种常用的基本模型，我们可以使用这些模型进行创建，并将其参数进行合理的设置，最后调整模型的位置即可。如图4-2所示为使用参数化建模方式制作的模型。

图　4-2

2. 样条线建模

使用【样条线】可以快速地绘制复杂的图形，利用该图形可以将其修改为三维模型，并可以使用绘制图形，通过添加修改器将其快速转化为复杂的模型。如图4-3所示为使用样条线建模制作的自行车模型。

图　4-3

3. NURBS建模

NURBS是一种非常优秀的建模方式，在高级三维软件中都支持这种建模方式。NURBS能够比传统的建模方式更好地控制物体表面的曲线度，从而创建出更逼真、生动的造型。如图4-4所示为使用NURBS建模制作的音响模型。

图　4-4

4. 造型工具建模

通过对模型应用造型工具，使其产生特殊的模型变化，如晶格、布尔、融球等，如图4-5所示。

图　4-5

5. 变形器建模

Cinema 4D中的变形器类型有很多，使用变形器建模可以快速修改模型的整体效果，以达到我们所需的模型效果。如图4-6所示为使用变形器建模制作的模型。

图　4-6

6. 多边形建模

【多边形建模】是最为常用的建模方式之一，主要包括【顶点】【边】【边界】【多边形】和【元素】5个层级级别，参数比较多，因此可以制作出多种模型效果，这也是后面章节中重点讲解的一种建模类型。如图4-7所示为使用多边形建模制作的摩托车模型。

图 4-7

4.2 参数化建模

参数化建模包括18种类型，按住（立方体）按钮，即可展开所有的模型类型，分别为【空白】【立方体】【圆锥】【圆柱】【圆盘】【平面】【多边形】【球体】【圆环】【胶囊】【油桶】【管道】【角锥】【宝石】【人偶】【地形】【地貌】【引导线】，如图4-8所示。

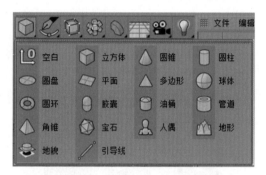

图 4-8

4.2.1 空白

【空白】对象是用于创建组的操作。如图4-9所示为组的参数，如图4-10所示为创建的组。

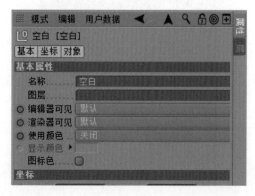

图 4-9

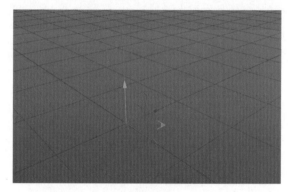

图 4-10

1. 创建组和使用组的方法

01 按住（立方体）按钮，选择【空白】，如图4-11所示。

图 4-11

02 此时在【对象/场次/内容浏览器/构造】面板中出现了【空白】，如图4-12所示。

图 4-12

03 创建【圆锥】和【立方体】两个模型。选中【对象/场次/内容浏览器/构造】面板中的【圆锥】和【立方体】，并将其拖动到【空白】位置，当出现向下图标↓时，松开鼠标左键，如图4-13所示。

图　4-13

04 此时两个模型已经出现在【空白】的下方，如图4-14所示。

图　4-14

05 选中【对象/场次/内容浏览器/构造】面板中的【空白】，在视图中进行移动，会发现可以同时移动两个模型，如图4-15和图4-16所示。若单独选中【对象/场次/内容浏览器/构造】面板中的【圆锥】或【立方体】，然后在视图中进行移动，则只可移动当前选择的一个模型，如图4-17和图4-18所示。

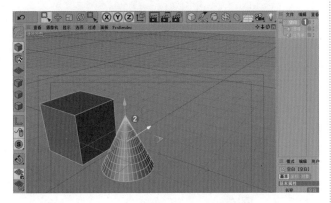

图　4-15

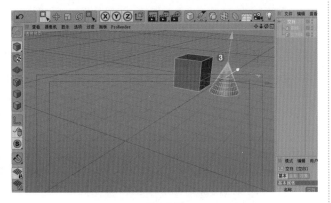

图　4-16

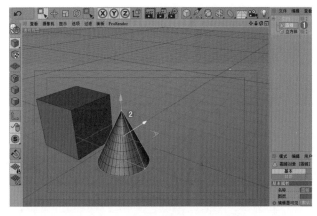

图　4-17

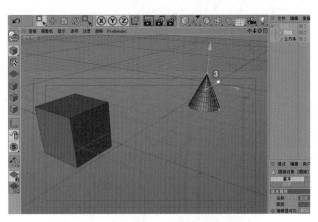

图　4-18

2. 使用快捷键成组

除此之外，还可以选中创建的模型，然后按快捷键Alt+G，即可快速将当前选中的模型成组，如图4-19和图4-20所示。

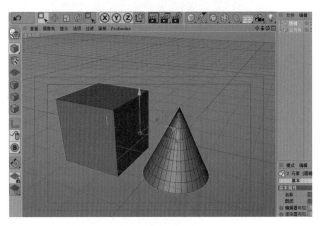

图　4-19

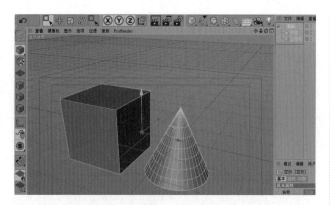

图 4-20

4.2.2 立方体

　　【立方体】是最常用的标准基本体。使用【立方体】可以制作长度（X）、高度（Y）、宽度（Z）不同的立方体。立方体的参数比较简单，包括【尺寸】【分段】等，如图4-21和图4-22所示。

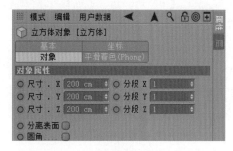

图 4-21

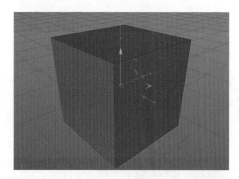

图 4-22

重点参数讲解：

- 尺寸. X/尺寸. Y/尺寸. Z：设置立方体对象的长度、高度和宽度。

- 分段X/分段Y/分段Z：设置X/Y/Z轴的分段数量。

- 分离表面：选中该复选框，并将该模型转为可编辑对象后，在移动模型的面时，会产生分离的效果。

- 圆角：选中该复选框，可产生圆角的效果。

- 圆角半径：设置圆角的半径大小。

- 圆角细分：设置圆角的分段数。

技巧提示：具有圆角的立方体

　　选中【圆角】参数，即可使原本尖锐的立方体变成四周均匀圆滑的效果，如图4-23和图4-24所示。

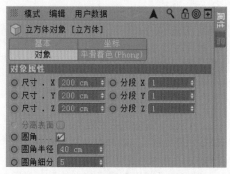

图 4-23

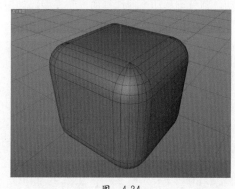

图 4-24

4.2.3 圆锥

　　【圆锥体】可以产生完整或部分圆锥体模型，如图4-25和图4-26所示。

图 4-25

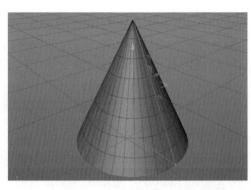

图 4-26

重点参数讲解：

1. 对象属性

- 顶部半径/底部半径：设置圆锥体的顶部半径和底部半径数值。当顶部半径为0时，圆锥顶部为尖锐的。
- 高度：设置圆锥体的高度。
- 高度分段：设置圆锥体的高度分段数量。
- 旋转分段：设置圆锥体的旋转分段数量。
- 方向：设置创建圆锥体的方向。

2. 封顶

- 封顶：设置圆锥体是否产生闭合效果，如图4-27和图4-28所示分别为选中和取消选中该选项的对比效果。

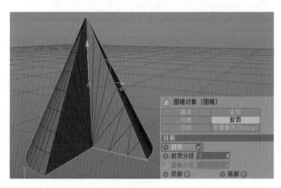

图 4-27

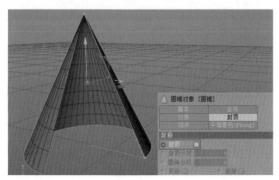

图 4-28

- 封顶分段：设置圆锥体顶部的分段数。
- 圆角分段：设置圆角的分段数量，数值越大越圆滑。需注意该选项需要在选中【顶部】或【底部】复选框时使用。
- 顶部/底部：控制顶部/底部的圆滑效果。需注意在【顶部半径】和【底部半径】不为0时使用，如图4-29所示。

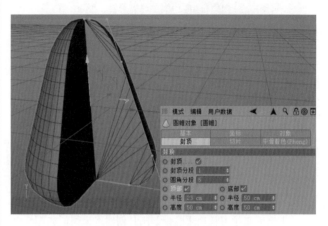

图 4-29

- 半径/高度：控制顶部/底部的半径/高度。

3. 切片

- 切片：选中该选项，可以使模型产生一半或一部分的模型效果，如图4-30所示。

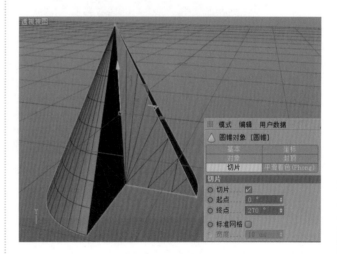

图 4-30

- 起点/终点：设置产生一半或一部分模型的起点和终点位置。
- 标准网格：控制模型位置产生的网格状态，如4-31所示。
- 宽度：设置【标准网格】中网格的大小尺寸。

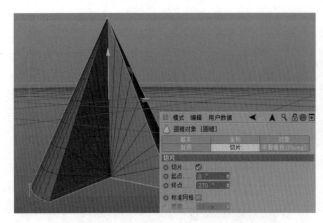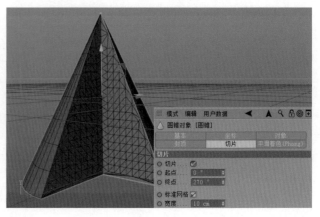

图　4-31

★ **实例——利用圆锥制作水果梨**

案例文件	案例文件\Chapter04\实例：利用圆锥制作水果梨.c4d
视频教学	视频教学\Chapter04\实例：利用圆锥制作水果梨.mp4

扫码看视频

实例介绍：

本例就来学习使用【圆锥】工具创建水果梨，如图4-32所示。

水果梨模型建模流程如图4-33所示。

图　4-32

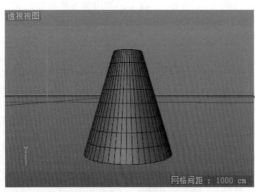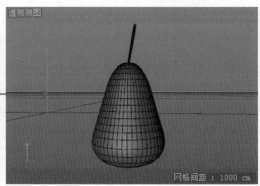

图　4-33

操作步骤：

01 在菜单栏中执行【创建】|【对象】|【圆锥】命令，设置【顶部半径】为30cm，【底部半径】为90cm，【高度】为200cm，【旋转分段】为50，如图4-34所示。

02 选择【圆锥】中的【封顶】选项卡，选中【封顶】复选框，设置【封顶分段】为1，【圆角分段】为6。选中【顶部】复选框，设置【半径】为23cm，【高度】为46cm。选中【底部】复选框，设置【半径】为70cm，【高度】为60cm，如图4-35所示。

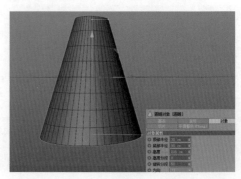

图　4-34

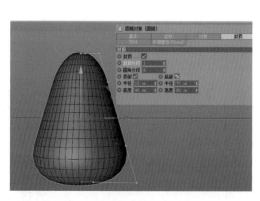

图　4-35

03 在菜单栏中执行【创建】|【对象】|【圆锥】命令，设置【顶部半径】为3cm，【底部半径】为1.6cm，【高度】为80cm，适当进行旋转，调整其位置，如图4-36所示。

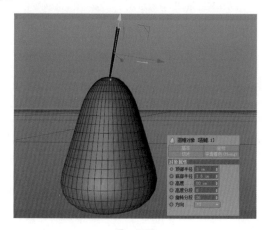

图　4-36

04 选择【圆锥.1】中的【封顶】选项卡，选中【封顶】复选框，设置【封顶分段】为1，【圆角分段】为5。选中【顶部】复选框，设置【半径】为1cm，【高度】为40cm。选中【底部】复选框，设置【半径】为1.6cm，【高度】为40cm。调整其位置，如图4-37所示。

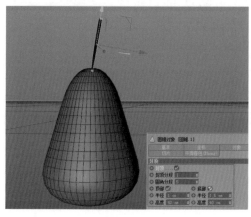

图　4-37

05 最终模型效果如图4-38所示。

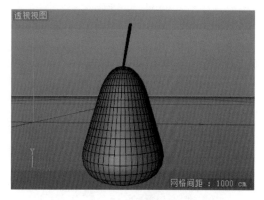

图　4-38

4.2.4　圆柱

使用【圆柱体】可以创建完整或部分圆柱体，如图4-39和图4-40所示。

图　4-39

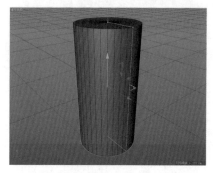

图　4-40

重点参数讲解：

◉ 半径：设置圆柱体的半径。

◉ 高度：设置圆柱体的高度。

◉ 高度分段：设置沿着圆柱体高度的分段数量。

● 旋转分段：设置沿着圆柱体旋转方向的分段数量。

4.2.5 圆盘

　　【圆盘】工具用于创建圆形的面状模型，可设置圆盘的中间闭合或镂空，如图4-41和图4-42所示。

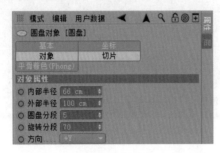

图　4-41

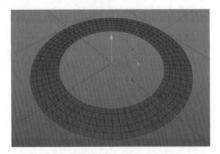

图　4-42

　　重点参数讲解：

● 内部半径：设置圆盘模型的内部半径大小。当数值为0时，产生封闭效果，如图4-43所示。

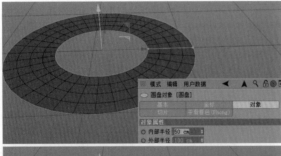

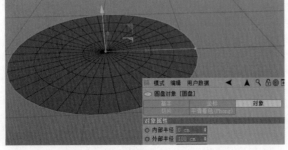

图　4-43

● 外部半径：设置圆盘模型的外部半径大小。
● 圆盘分段：设置圆盘的分段数量。
● 旋转分段：设置沿着圆盘旋转方向的分段数量。

4.2.6 平面

　　使用【平面】可以创建平面模型，并可设置宽度、高度、分段、方向参数，如图4-44和图4-45所示。

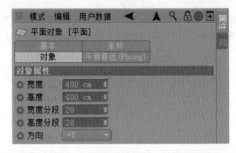

图　4-44

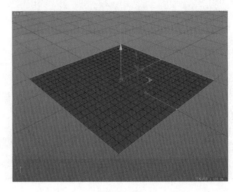

图　4-45

　　重点参数讲解：

● 宽度/高度：设置平面的宽度和高度数值。
● 宽度分段/高度分段：设置宽度/高度轴向的分段数量。

4.2.7 多边形

　　使用【多边形】工具可以创建四角平面模型或三角形模型，如图4-46和图4-47所示。

图　4-46

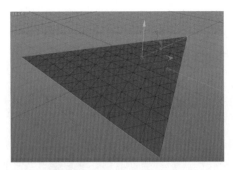

图 4-47

重点参数讲解：

- 宽度/高度：设置多边形的宽度和高度数值。
- 分段：设置模型的分段数量。
- 三角形：选中该选项则出现三角形模型。

4.2.8 球体

使用【球体】工具可以制作完整的球体，如图4-48和图4-49所示。

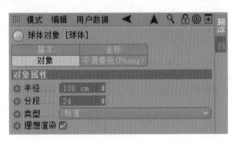

图 4-48

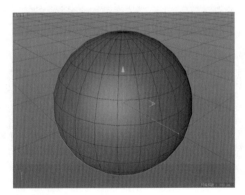

图 4-49

重点参数讲解：

- 半径：设置球体的半径。
- 分段：设置球体多边形分段的数目。
- 类型：可选择球体的类型，包括【标准】【四面体】【六面体】【八面体】【二十面体】和【半球体】。

★ **实例——利用球体创建手链**

| 案例文件 | 案例文件\Chapter04\实例：利用球体创建手链.c4d |
| 视频教学 | 视频教学\Chapter04\实例：利用球体创建手链.mp4 |

扫码看视频

实例介绍：

通过本例来学习使用【球体】工具创建手链，如图4-50所示。

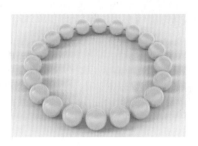

图 4-50

手链模型的建模流程如图4-51所示。

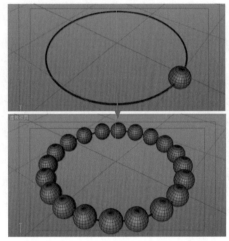

图 4-51

操作步骤：

01 执行【创建】|【对象】|【圆环】命令，在视图中创建一个圆环，接着在右侧的属性面板中选择【对象】，设置【圆环半径】为100cm，【导管半径】为1cm，如图4-52所示。

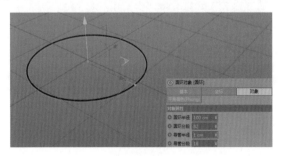

图 4-52

02 执行【创建】|【对象】|【球体】命令，在视图中创建一个球体，接着在右侧的属性面板中选择【对象】，设置该球体的【半径】为14cm。设置完成后将其摆放在合适的位置，如图4-53所示。

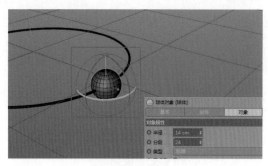

图 4-53

03 进入顶视图，选择刚刚创建的球体，按住Ctrl键并按住鼠标左键将其沿X轴向左移动并复制，如图4-54所示。

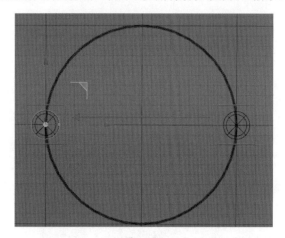

图 4-54

04 按住Shift键加选顶视图中的两个球体，接着单击工具栏中的【旋转】按钮，按住Ctrl键将球体沿Y轴复制并旋转17.9°，如图4-55所示。

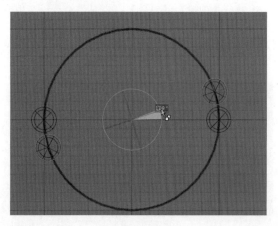

图 4-55

05 使用同样的方法继续复制球体，案例最终效果如图4-56所示。

图 4-56

4.2.9 圆环

使用【圆环】可以创建完整或部分圆环模型，如图4-57和图4-58所示。

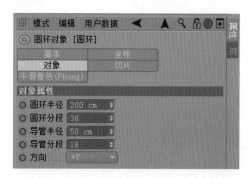

图 4-57

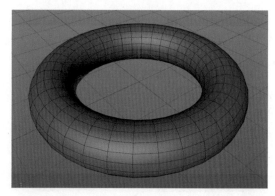

图 4-58

重点参数讲解：

- 圆环半径：设置圆环模型的半径数值。
- 圆环分段：设置圆环模型的分段。
- 导管半径：设置圆环横截面的半径大小。
- 导管分段：设置圆环中导管方向的分段数量。

★ 实例——利用圆环制作框架

案例文件	案例文件\Chapter04\实例：利用圆环制作框架.c4d
视频教学	视频教学\Chapter04\实例：利用圆环制作框架.mp4

扫码看视频

实例介绍：

通过本例来学习使用【圆环】和【圆柱】工具创建框架，如图4-59所示。

图 4-59

框架模型建模流程如图4-60所示。

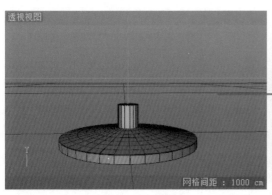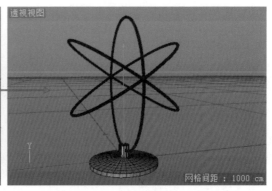

图 4-60

操作步骤：

01 在菜单栏中执行【创建】|【对象】|【圆柱】命令，调整【半径】为100cm，【高度】为10cm，如图4-61所示。

02 在菜单栏中执行【创建】|【对象】|【圆锥】命令，调整【高度】为15cm，单击 ✛（移动）按钮进行移动，放置在步骤（1）中创建的圆柱体上方，如图4-62所示。

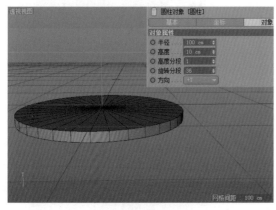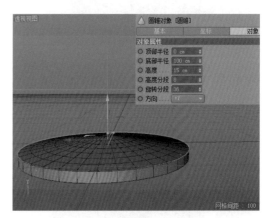

图 4-61   图 4-62

03 在菜单栏中执行【创建】|【对象】|【圆柱】命令，设置【半径】为15cm，【高度】为40cm，如图4-63所示。

04 在菜单栏中执行【创建】|【对象】|【圆环】命令，设置【半径】为180cm，【导管半径】为3cm，单击 ◎（旋转）按钮将圆环旋转90°，调整其位置，如图4-64所示。

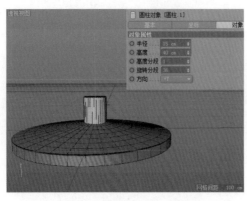

图 4-63

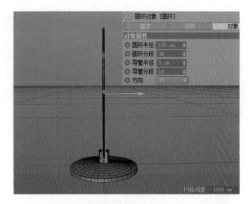

图 4-64

05 在【对象/场次/内容浏览器/构造】面板中，选中【圆环】，按快捷键Ctrl+C和Ctrl+V，将其复制两份，得到【圆环.1】和【圆环.2】，调整其位置，如图4-65所示。

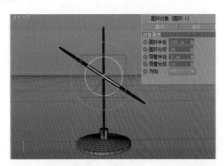

图 4-65

06 在【对象/场次/内容浏览器/构造】面板中，选择【圆环.1】并向左旋转45°，设置【圆环半径】为176cm，如图4-66所示。

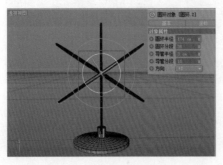

图 4-66

07 在【对象/场次/内容浏览器/构造】面板中，选择【圆环.2】并向右旋转45°，设置【圆环半径】为174cm，如图4-67所示。

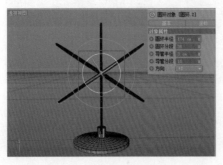

图 4-67

08 最终模型效果如图4-68所示。

图 4-68

4.2.10 胶囊

使用【胶囊】可以创建完整或部分胶囊模型，如图4-69和图4-70所示。

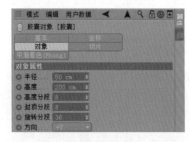

图 4-69

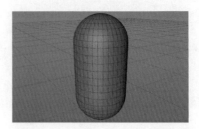

图 4-70

重点参数讲解：

● 半径：设置胶囊模型的半径大小。

- 高度：设置胶囊高度的数值。
- 高度分段/封顶分段/旋转分段：设置胶囊在高度/封顶/旋转方向的分段数量。

4.2.11 油桶

使用【油桶】工具可以创建类似油罐的模型，如图4-71和图4-72所示。

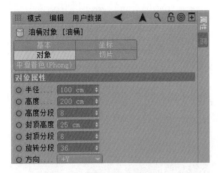

图　4-71

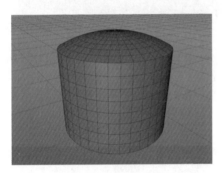

图　4-72

重点参数讲解：

- 半径：设置油桶的半径数值。
- 高度：设置油桶的高度数值。
- 高度分段：设置油桶模型的高度分段数值。
- 封顶高度：设置封顶部分的高度，如图4-73和图4-74所示。

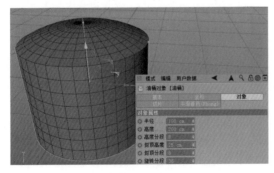

图　4-73

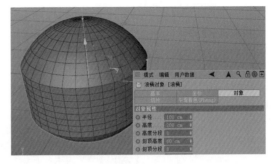

图　4-74

- 封顶分段：设置封顶部分的分段数值。
- 旋转分段：设置沿着油桶旋转方向的分段数量。

4.2.12 管道

使用【管道】工具可以创建中间镂空的管道模型，如图4-75和图4-76所示。

图　4-75

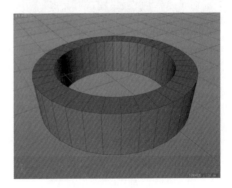

图　4-76

重点参数讲解：

- 内部半径/外部半径：用于设置管道的内部/外部半径数值。
- 旋转分段/封顶分段：用于设置管道的旋转分段数量和封顶分段数量。

- 高度：设置管道的高度数值。
- 高度分段：设置管道高度方向的分段数量。
- 圆角：选中该选项可使模型边缘产生圆角效果。
- 分段：设置圆角的分段数量。
- 半径：设置圆角的半径大小。

★ 实例——利用管道制作台灯

| 案例文件 | 案例文件\Chapter04\实例：利用管道制作台灯.c4d |
| 视频教学 | 视频教学\Chapter04\实例：利用管道制作台灯.mp4 |

扫码看视频

实例介绍：

通过本例来学习使用【管道】【立方体】和【圆柱】工具创建台灯，如图4-77所示。

图 4-77

台灯模型建模流程如图4-78所示。

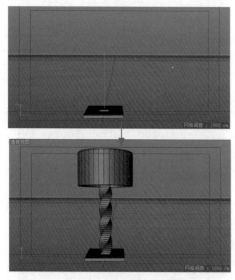

图 4-78

操作步骤：

01 执行【创建】|【对象】|【立方体】命令，在视图中创建一个立方体，接着在右侧的属性面板中选择【对象】，设置【尺寸.X】为205cm，【尺寸.Y】为15cm，【尺寸.Z】为205cm，如图4-79所示。

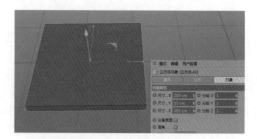

图 4-79

02 再次创建一个立方体，设置该立方体的【尺寸.X】为50cm，【尺寸.Y】为10cm，【尺寸.Z】为50cm。设置完成后将其放置在合适的位置，如图4-80所示。

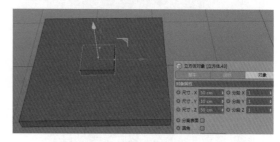

图 4-80

03 选中刚刚创建的立方体，按住Ctrl键并按住鼠标左键将其沿Y轴向上移动并复制，如图4-81所示。接着在工具栏中单击【旋转】按钮，选择刚刚复制的立方体，按住Shift键并按住鼠标左键将其沿X轴逆时针方向旋转10°，如图4-82所示。

图 4-81

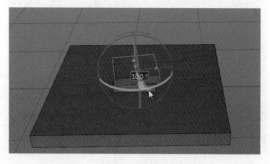

图 4-82

04 使用同样的方法继续复制并旋转立方体，效果如图4-83所示。

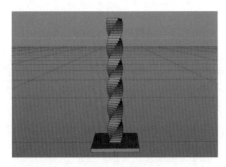

图 4-83

05 执行【创建】|【对象】|【管道】命令，在视图中创建一个管道，接着在右侧的属性面板中选择【对象】，设置【内部半径】为130cm，【外部半径】为150cm，【高度】为170cm，如图4-84所示。

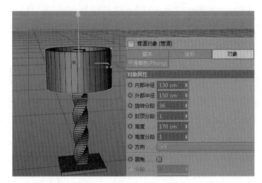

图 4-84

06 执行【创建】|【对象】|【圆柱】命令，在视图中创建一个圆柱，接着在右侧的属性面板中设置该圆柱的【半径】为150cm，【高度】为5cm。设置完成后将其摆放在合适的位置，案例最终效果如图4-85所示。

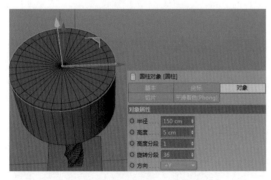

图 4-85

4.2.13 角锥

使用【角锥】可以创建底部为方形的四棱锥模型，如图4-86和图4-87所示。

图 4-86

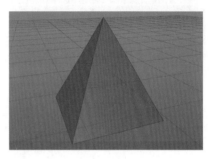

图 4-87

重点参数讲解：

- 尺寸：设置角锥模型的长度、高度、宽度参数。
- 分段：设置角锥的分段数值。

4.2.14 宝石

使用【宝石】工具可以创建四面、六面、八面、十二面、二十面和碳原子6种类型的宝石模型，如图4-88和图4-89所示。

图 4-88

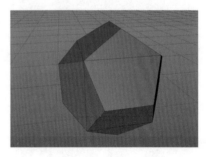

图 4-89

重点参数讲解：

- 半径：设置宝石模型的半径数值。

- 分段：设置宝石模型的分段数量。
- 类型：设置宝石的类型。包括四面、六面、八面、十二面、二十面和碳原子，如图4-90所示。

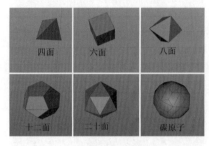

图 4-90

实例介绍：

通过本例来学习使用【宝石】工具创建戒指，如图4-91所示。

图 4-91

戒指模型的建模流程如图4-92所示。

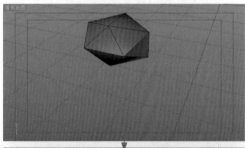

图 4-92

操作步骤：

01 执行【创建】|【对象】|【宝石】命令，在视图中创建一个宝石。在右侧的属性面板中设置【半径】为15cm，【类型】为【二十面】，如图4-93所示。

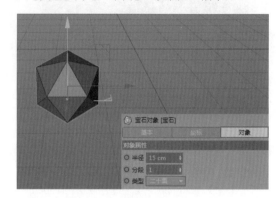

图 4-93

02 单击右侧的【转为可编辑对象】按钮 ，接着选择工具栏中的【缩放】按钮 ，将宝石模型沿Y轴进行缩放，如图4-94所示。

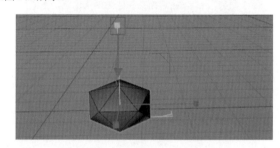

图 4-94

03 执行【创建】|【对象】|【管道】命令，在视图中创建一个管道模型，接着在右侧的属性面板中选择【对象】级别，设置【内部半径】为11cm，【外部半径】为19cm，【高度】为5cm，选中【圆角】复选框，设置【分段】为5，【半径】为0.5cm，如图4-95所示。

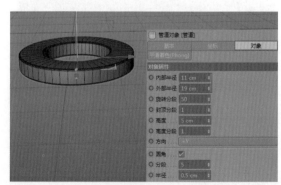

图 4-95

04 将宝石模型移动到管道的中央位置，如图4-96所示。

Cinema 4D R19从入门到精通

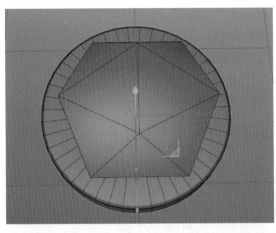

图 4-96

05 再次创建一个管道,接着在右侧的属性面板中选择【对象】,设置【内部半径】为22cm,【外部半径】为24cm,【高度】为9cm,选中【圆角】复选框,设置【半径】为0.5cm,如图4-97所示。

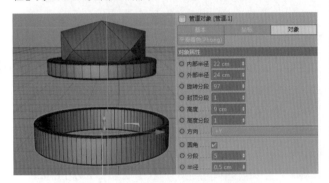

图 4-97

06 单击工具栏中的【旋转】按钮 ◎ ,选择刚刚创建的管道模型,按住Shift键并按住鼠标左键将其沿Z轴旋转90°,案例最终效果如图4-98所示。

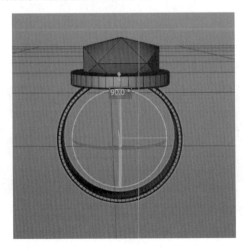

图 4-98

4.2.15 人偶

使用【人偶】工具可以创建简易人偶模型,如图4-99和图4-100所示。

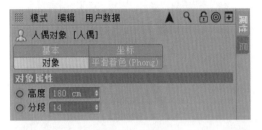

图 4-99

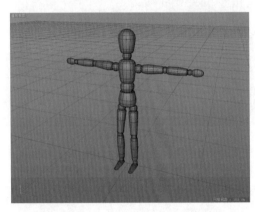

图 4-100

重点参数讲解:

● 高度:设置人偶的高度。

● 分段:设置人偶的分段数量。

4.2.16 地形

【地形】工具用于创建真实的山峰、海面等地形地貌模型,如图4-101和图4-102所示。

图 4-101

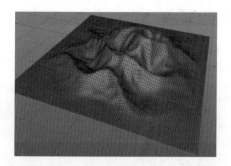

图 4-102

重点参数讲解：

- 尺寸：设置长度、高度、宽度的数值。
- 宽度分段/深度分段：设置两个轴向的分段数量。
- 粗糙皱褶：控制地形上较为粗糙的皱褶是否明显，数值越大越明显，如图4-103所示。

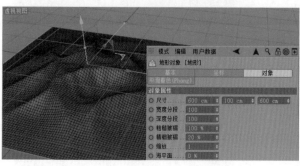
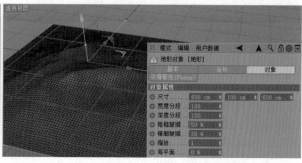

图 4-103

- 精细皱褶：控制地形上较为精细的皱褶是否明显，数值越大越明显，如图4-104所示。

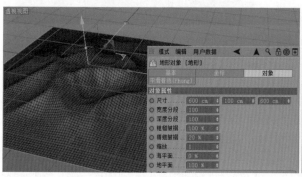
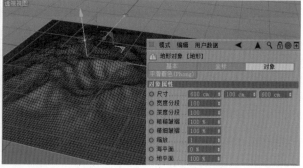

图 4-104

- 缩放：设置地形中起伏的缩小次数，数值越大起伏越多，如图4-105所示。

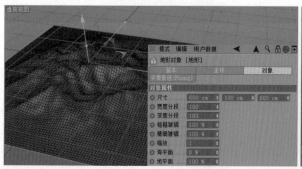
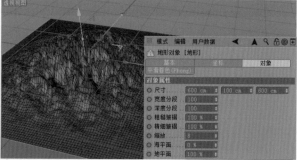

图 4-105

- 海平面：设置该数值可以产生海平面效果，如图4-106所示。

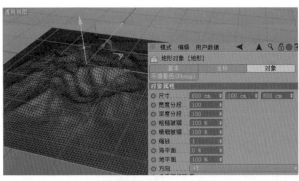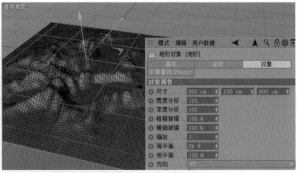

图　4-106

- 地平面：该数值用于设置地面的高度。
- 多重不规则：选中该参数，则产生不规则的起伏效果；取消选中该参数，则出现更规则起伏效果。
- 随机：设置一个随机数值，产生随机的起伏样式。
- 限于海平面：选中该选项会将地形限制在海平面的样式。
- 球状：选中该选项会出现球体的地形，如图4-107所示。

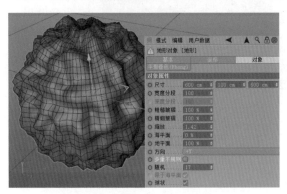

图　4-107

4.2.17　地貌

使用【地貌】工具，可以通过添加一张纹理贴图，从而使起伏按照该贴图产生，如图4-108和图4-109所示。

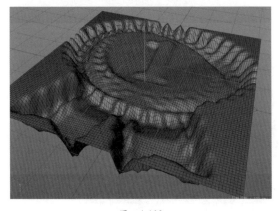

图　4-108

图　4-109

重点参数讲解：

- 纹理：单击 ▢▢▢ 按钮，即可添加一张贴图。
- 尺寸：设置该地貌模型的长度、高度、宽度尺寸。
- 宽度分段/深度分段：设置宽度和深度的分段数值。
- 底部级别/顶部级别：控制模型底部下降的程度和顶部上升的程度。
- 球状：选中该选项会出现球体的地貌。

4.2.18　引导线

【引导线】用于在场景中确定空间位置，它不会被渲染出来，参数如图4-110所示。

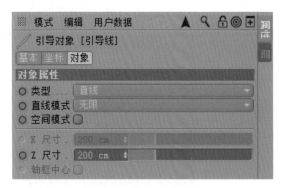

图　4-110

如图4-111和图4-112所示为设置【类型】为【直线】和【平面】的对比效果。

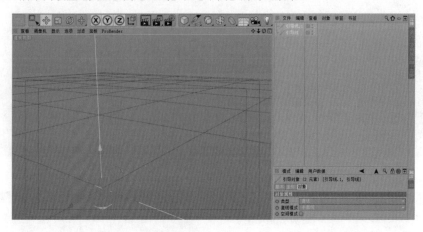

图　4-111

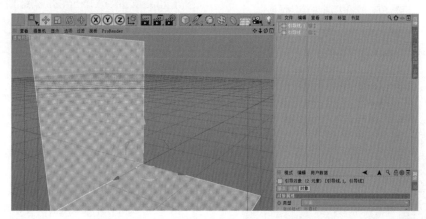

图　4-112

★ 实例——利用对象模型创建石膏几何体

案例文件	案例文件\Chapter04\实例：利用对象模型创建石膏几何体.c4d
视频教学	视频教学\Chapter04\实例：利用对象模型创建石膏几何体.mp4

扫码看视频

实例介绍：

通过本例来学习使用【球体】【圆锥】【圆柱】【宝石】和【立方体】工具创建石膏几何体组合的方法，如图4-113所示。

石膏几何体模型的建模流程如图4-114所示。

图　4-113

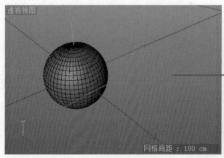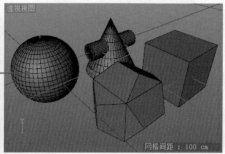

图　4-114

操作步骤：

01 在菜单栏中执行【创建】|【对象】|【球体】命令，并设置该球体的【半径】为100cm，【分段】为50，如图4-115所示。

02 在菜单栏中执行【创建】|【对象】|【圆锥】命令，单击 ✛（移动）按钮使其沿Z轴进行移动，调整圆锥所在的位置，如图4-116所示。

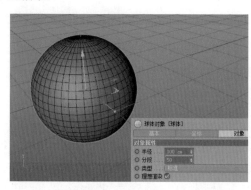

图 4-115   图 4-116

03 在菜单栏中执行【创建】|【对象】|【圆柱】命令，设置【半径】为30cm，单击 ◎（旋转）按钮，按住Shift键沿着Y轴旋转90°。最后单击 ✛（移动）按钮，使其沿着Z轴进行移动，如图4-117所示。

04 在菜单栏中执行【创建】|【对象】|【宝石】命令，设置【类型】为【十二面】，单击 ✛（移动）按钮调整宝石模型的位置，如图4-118所示。

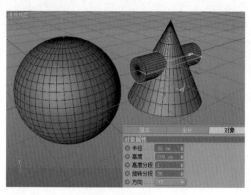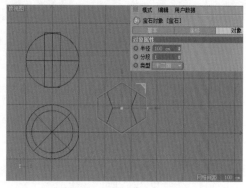

图 4-117   图 4-118

05 在菜单栏中执行【创建】|【对象】|【立方体】命令，设置【尺寸X/Y/Z】均为150cm。单击 ✛（移动）按钮调整立方体位置，如图4-119所示。

06 最终模型效果如图4-120所示。

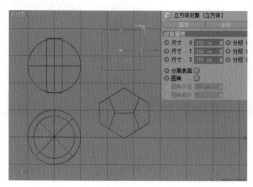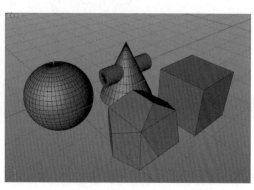

图 4-119   图 4-120

★ 实例——利用对象工具制作九宫格玩具

案例文件	案例文件\Chapter04\实例：利用对象工具制作九宫格玩具.c4d
视频教学	视频教学\Chapter04\实例：利用对象工具制作九宫格玩具.mp4

扫码看视频

图 4-121

实例介绍：

通过本例来学习使用【立方体】和【圆盘】等工具创建九宫格玩具的方法，如图4-121所示。

九宫格玩具模型的建模流程如图4-122所示。

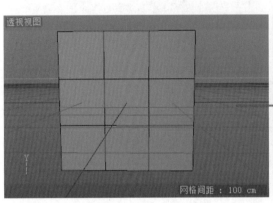
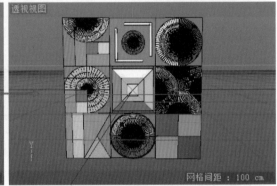

图 4-122

操作步骤：

01 在菜单栏中执行【创建】|【对象】|【立方体】命令，设置【尺寸.X】为300cm，【尺寸.Y】为300cm，【尺寸.Z】为5cm，【分段X/Y/Z】均为3，如图4-123所示。

02 在菜单栏中执行【创建】|【对象】|【圆盘】命令，设置【内部半径】为0cm，【外部半径】为50cm，【旋转分段】为50，【方向】为+Z，同时调整位置，如图4-124所示。

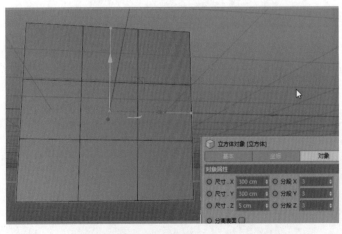
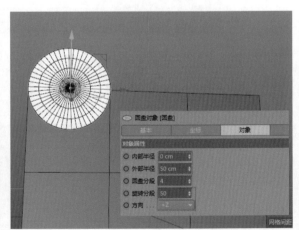

图 4-123   图 4-124

03 进入【圆盘】下的【切片】属性，选中【切片】复选框，设置【起点】为0°，【终点】为180°，如图4-125所示。

04 在菜单栏中执行【创建】|【对象】|【立方体】命令，设置【尺寸.X】为25cm，【尺寸.Y】为100cm，【尺寸.Z】为3cm，如图4-126所示。

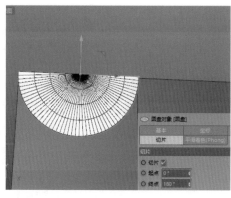

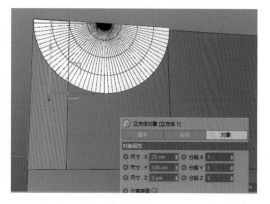

图 4-125　　　　　　　　　　　　　　图 4-126

　技巧提示：如何更改对象的颜色？

对象创建完成后，在【属性】面板下单击选择【基本】，将【使用颜色】改为【开启】，如图4-127所示。接着单击【显示颜色】后方的▶按钮，即可出现调节颜色的色条，如图4-128所示；或者直接单击色块，在弹出的【颜色拾取器】对话框中进行颜色的修改，如图4-129所示。

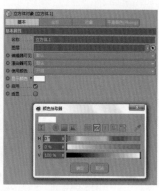

图 4-127　　　　　　　　　图 4-128　　　　　　　　　图 4-129

05　在【对象/场次/内容浏览器/构造】面板中选择【立方体.1】，然后按Ctrl+C快捷键进行复制，按Ctrl+V快捷键进行粘贴5次，分别调整其位置，如图4-130所示。

06　依照上述方法，继续创建其他区域的模型，最终效果如图4-131所示。

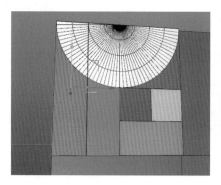

图 4-130　　　　　　　　　　　　　　图 4-131

第5章

样条线建模

本章学习要点：
- 创建不同的样条线。
- 样条线的布尔运算。
- 编辑样条线操作。

5.1 什么是样条线

在Cinema 4D中除了可以创建三维模型外，还可以创建二维的样条线。二维样条线具有更灵活的可控性，可以绘制并编辑多种多样的形态。而且通过为样条线添加生成器，可使其变为三维模型。如图5-1所示为优秀的样条线建模作品。

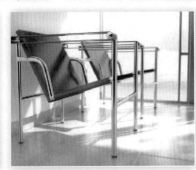
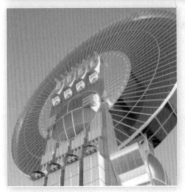

图 5-1

5.2 创建样条线

按住 ✎（画笔）按钮，即可出现20余种样条线工具，如图5-2所示。

图 5-2

5.2.1 自由绘制工具

【自由绘制工具】包括4种常用类型，分别是【画笔】【草绘】【平滑样条】和【样条弧线工具】，使用这些工具可以快速绘制更自由的图形，如图5-3所示。

样条线建模

1. 画笔

使用【画笔】工具可以允许用户任意地绘制图形，类似于Photoshop中的钢笔工具。按Esc键可结束创建，如图5-4所示为绘制的图形。

图 5-3

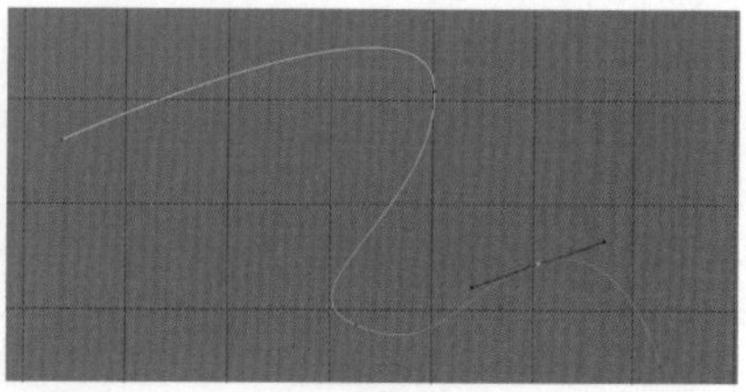

图 5-4

技巧提示：绘制不同样式的线

（1）绘制尖锐转折的线。

使用【线】工具，在顶视图中单击可以确定线的第1个顶点，然后移动鼠标位置，再次单击即可确定第2个顶点，继续执行同样的操作步骤。当绘制完成后，只需按Esc键即可完成绘制，如图5-5所示。

（2）绘制过渡平滑的曲线。

按下鼠标左键并拖动鼠标，即可绘制过渡平滑的曲线，如图5-6所示。

（3）绘制闭合的线。

在绘制线时，若从某点开始绘制，在结束时也在该点，则会将该图形闭合（该方式不需要按Esc键），如图5-7所示。

图 5-5

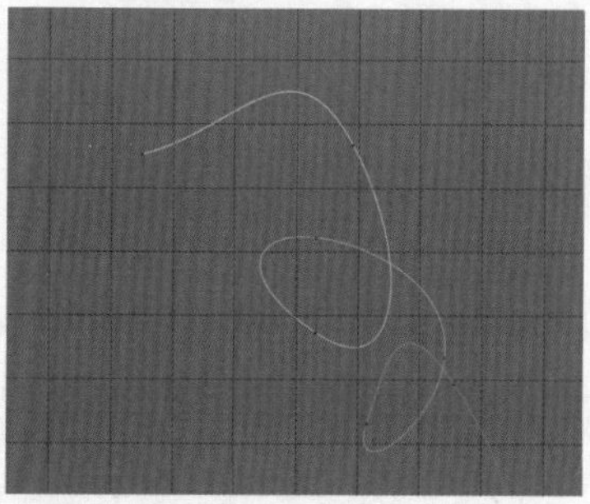

图 5-6

图 5-7

---

2. 草绘

使用【草绘】工具允许用户像使用画笔一样自由绘制线条，该方式适合更复杂图形的绘制，如图5-8所示。

3. 平滑样条

使用【平滑样条】工具可将当前选中的样条线平滑处理，只需按住鼠标左键并拖动即可进行平滑处理，如图5-9所示。

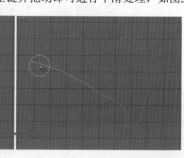

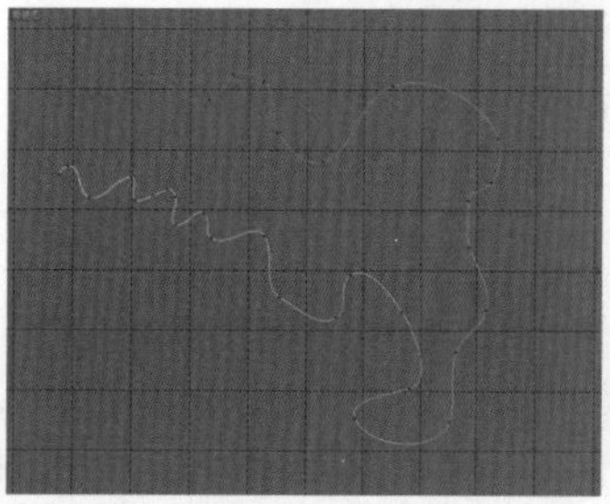

图 5-8

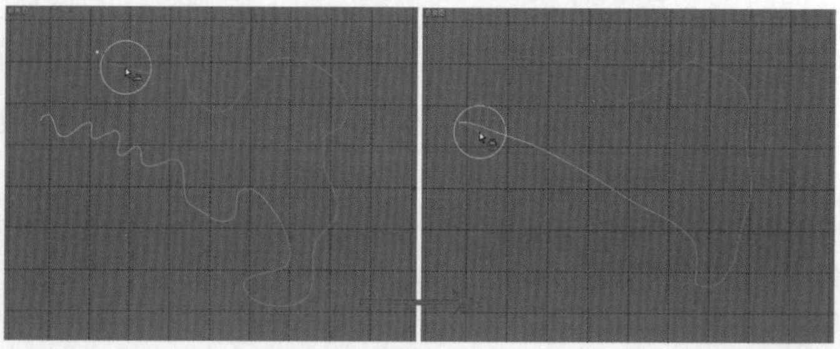

图 5-9

4. 样条弧线工具

可以在选中样条线时使用【样条弧线工具】，可将鼠标移动到线的任意位置，按下鼠标左键并拖动，即可使该位置的线段变成弧线，如图5-10所示。

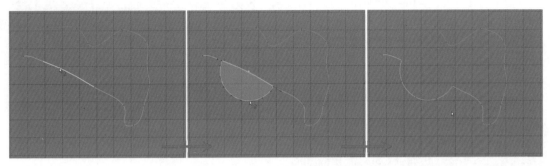

图 5-10

5.2.2 内置样条线

【内置样条线】中包括15种Cinema 4D内置的样条线类型，如【圆弧】【圆环】【螺旋】【矩形】【星形】【文本】等，如图5-11所示。

1. 圆弧

【圆弧】工具用于创建圆形的弧线，如图5-12所示。

图 5-11

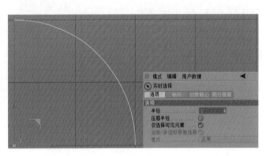

图 5-12

重点参数讲解：

○ 类型：设置不同的类型，包括圆弧、扇区、分段、环状，如图5-13所示。

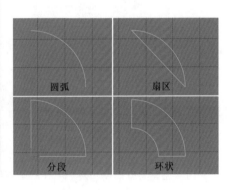

图 5-13

重点参数讲解：

● 半径：设置半径的大小。

● 内部半径：当设置【环状】类型时，可使用该选项，控制内部的半径大小。

● 开始角度/结束角度：设置圆弧的开始和结束位置。

2. 圆环

使用【圆环】工具可创建椭圆、圆环等效果，如图5-14所示。

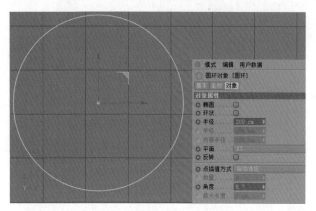

图　5-14

重点参数讲解：

● 椭圆：选中该复选框后可通过设置【半径】参数修改为椭圆形效果。

● 环状：选中该复选框后会产生环状的圆环图形，如图5-15所示。

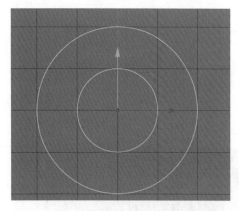

图　5-15

● 半径：设置半径大小。

● 内部半径：设置圆环的内部半径参数。

3. 螺旋

【螺旋】工具用于创建具有高度和两个半径的螺旋图形，如图5-16所示。

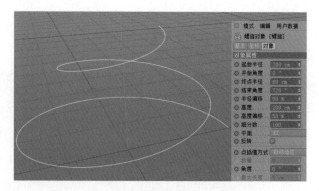

图　5-16

重点参数讲解：

● 起始半径：设置螺旋底部的半径。

● 开始角度：设置螺旋底部的位置。

● 终点半径：设置螺旋顶部的半径。

● 结束角度：设置螺旋顶部的位置，数值越大，螺旋的圈数越多。

● 半径偏移：设置半径的偏移数值。

● 高度：设置螺旋图形的高度数值。

● 高度偏移：设置螺旋图形的高度偏移数值。

● 细分数：数值越大，图形越光滑。

4. 多边

【多边】图形用于创建多边形，可通过修改侧边参数设置三角形、四边形、五边形、六边形和圆形灯，如图5-17所示。

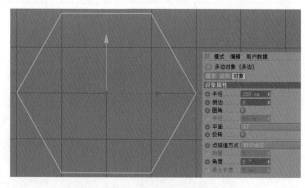

图　5-17

重点参数讲解：

● 半径：设置多边形的半径大小。

● 侧边：设置多边图形的边数，数值越大图形越圆滑。

● 圆角：选中该复选框，图形的转角处会出现圆角效果。

● 半径：选中【圆角】复选框时，该选项可用。用于设置圆角处的半径大小。

5. 矩形

使用【矩形】工具可以创建正方形、长方形、圆角矩形效果，如图5-18所示。

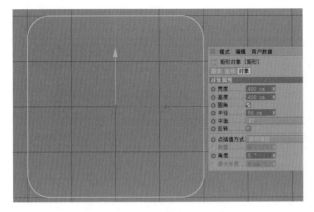

图 5-18

重点参数讲解：

- 宽度：设置矩形的宽度数值。
- 高度：设置矩形的高度数值。
- 圆角：设置矩形的转角处的圆角效果。
- 半径：设置圆角半径大小。

6. 星形

【星形】工具用于创建星形效果，如图5-19所示。

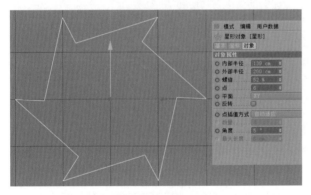

图 5-19

重点参数讲解：

- 内部半径：设置星形图形中内部的半径大小。
- 外部半径：设置星形图形中外部的半径大小。
- 螺旋：设置星形内部产生的螺旋旋转效果。
- 点：设置星形的点的个数。

7. 文本

【文本】工具用于创建文字，并且可以设置文字的字体、对齐、间隔等参数，如图5-20所示。

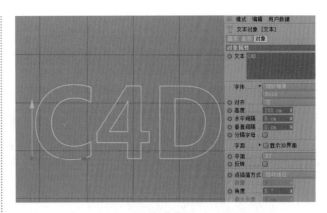

图 5-20

重点参数讲解：

- 文本：在此可输入文字内容。
- 字体：可以选择字体类型。
- 对齐：设置文字的对齐方式，包括左、中对齐、右。
- 高度：设置文字的高度数值。
- 水平间隔：设置每个文字之间的水平间隔距离。
- 垂直间隔：设置段落文字之间的垂直间隔距离。
- 字距：用于控制字距相关参数，包括字距、跟随、缩放等。
- 显示3D界面：在文字的四周显示3D界面样式。

8. 矢量化

使用【矢量化】工具可通过一张图像自动创建图形，如图5-21和图5-22所示。

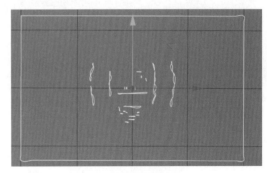

图 5-21

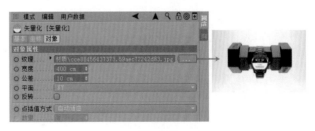

图 5-22

重点参数讲解：

- 纹理：单击 ■■■■■ 按钮，可以添加一张贴图，该贴图用于创建图形。

- 宽度：设置该图形的尺寸大小。

- 公差：设置图形的精准度，数值越小越细致，数值越大越粗糙，如图5-23所示。

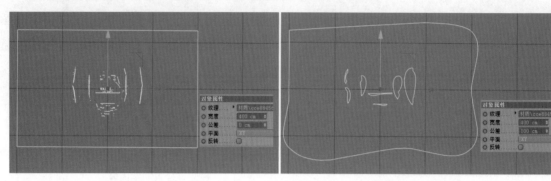

图　5-23

9. 四边

使用【四边】工具可设置菱形、风筝、平行四边形和梯形，如图5-24所示。

重点参数讲解：

- 类型：设置图形的类型，包括菱形、风筝、平行四边形和梯形。

- A：设置菱形图形的宽度数值。

- B：设置菱形图形的高度数值。

- 角度：当设置方式为【平行四边形】和【梯形】时，该选项可用。

10. 蔓叶类曲线

【蔓叶类曲线】工具可用于创建蔓叶、双扭、环索图形，如图5-25所示。

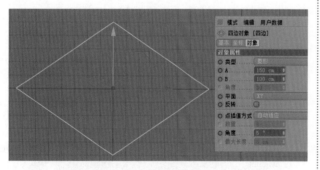

图　5-24

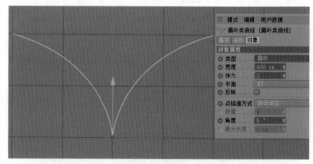

图　5-25

重点参数讲解：

- 类型：设置蔓叶类的类型，包括蔓叶、双扭、环索。

- 宽度：设置图形的宽度大小。

- 张力：设置图形的张力大小。

11. 齿轮

使用【齿轮】工具可以创建具有不同齿轮个数的齿轮图形，如图5-26所示。

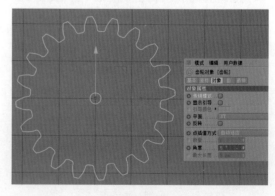

图　5-26

重点参数讲解：

- 传统模式：选中该复选框后，则可启用很多功能，如齿、内部半径、中间半径、外部半径、斜角，如图5-27所示。如图5-28所示为设置【齿】分别为5和20的对比效果。
- 显示引导：选中该复选框则可出现引导线。
- 引导颜色：设置引导线的颜色。

图 5-27

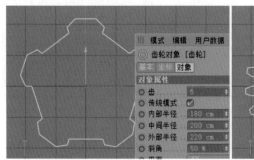

图 5-28

12. 摆线

使用【摆线】工具可以模拟摆线效果，非常有趣，如图5-29所示为其参数。

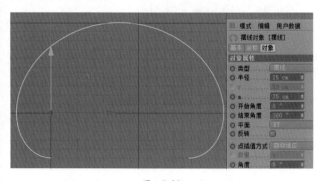

图 5-29

通过设置参数，可以制作不同的摆线效果，如图5-30和图5-31所示。

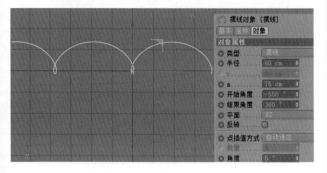

图 5-30

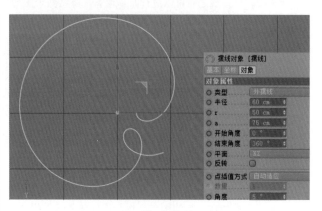

图 5-31

13. 公式

使用【公式】工具，可以通过输入公式产生具有一定规律的图形效果，其参数如图5-32所示。

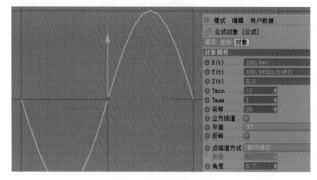

图 5-32

79

14. 花瓣

【花瓣】工具可以用于创建花瓣图形，可设置花瓣的内部半径、外部半径，还可设置花瓣的个数，其参数如图5-33所示。

15. 轮廓

【轮廓】用于创建多种类型的轮廓效果，包括H形状、L形状、T形状、U形状、Z形状，其参数如图5-34所示。

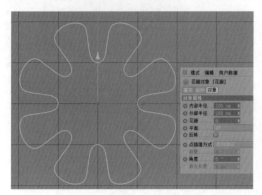 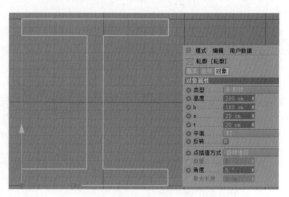

图 5-33 　　　　　　　　　　　　　　　　　图 5-34

5.2.3 样条线的布尔运算

样条线和样条线之间可以进行布尔运算，可将两个图形进行合并、交集等操作。需要同时选中两个图形时，该工具才可以使用，如图5-35所示。

图 5-35

1. 样条差集

选中两个叠加在一起的图形，执行【样条差集】操作，即可将两个图形进行差集处理，只保留一部分图形，如图5-36所示。

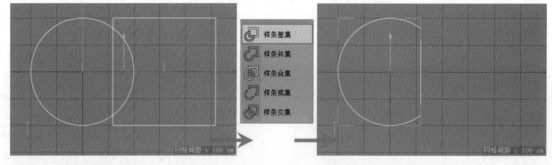

图 5-36

2. 样条并集

选中两个叠加在一起的图形，执行【样条并集】操作，即可将两个图形进行并集处理，呈现出完整的图形轮廓，如图5-37所示。

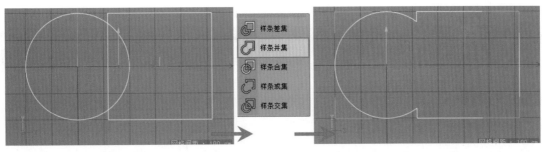

图 5-37

3. 样条合集

选中两个叠加在一起的图形，执行【样条合集】操作，即可将两个图形进行合集处理，只保留一部分图形，如图5-38所示。

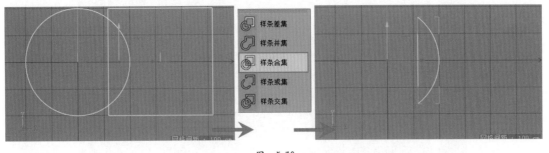

图 5-38

4. 样条或集

选中两个叠加在一起的图形，执行【样条或集】操作，即可将两个图形进行或集处理，如图5-39所示。

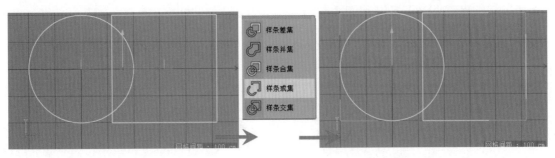

图 5-39

5. 样条交集

选中两个叠加在一起的图形，执行【样条交集】操作，即可将两个图形进行交集处理，如图5-40所示。

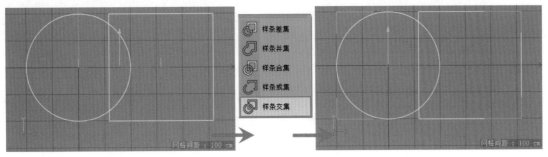

图 5-40

Cinema 4D R19从入门到精通

在创建完样条线之后，可以更改其基本参数，如半径等。除此之外，还可将样条线转换为可以进行编辑的对象。

5.3.1 将样条线转为可编辑对象

（1）例如，创建一个圆环，如图5-41所示，该图形是有很多参数可以修改的，例如【半径】。

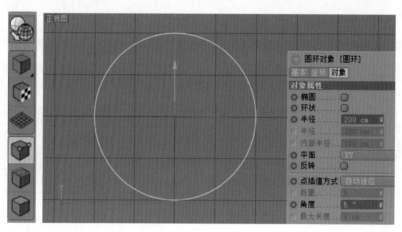

图 5-41

（2）在界面左上角单击 (转为可编辑对象) 按钮。

（3）此时图形上出现了四个点，而且刚才的【半径】等参数已经消失了，如图5-42所示。

（4）单击界面左侧的 (点) 按钮，如图5-43所示。

（5）此时即可选中【点】，并进行移动，使当前的图形产生形态变化。因此我们可以更清晰地明白，将样条线转为可编辑对象后，可以更方便、更灵活地调整其效果，如图5-44所示。

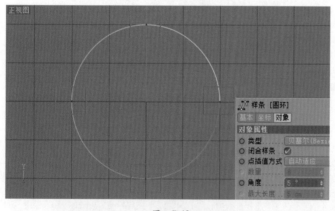

图 5-42

图 5-43

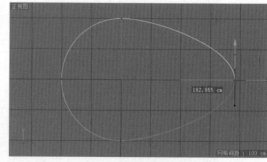

图 5-44

5.3.2 编辑对象

对转为可编辑对象后的图形，单击界面左侧的【点】按钮 并右击，会出现一个包括很多工具的菜单，如图5-45所示。

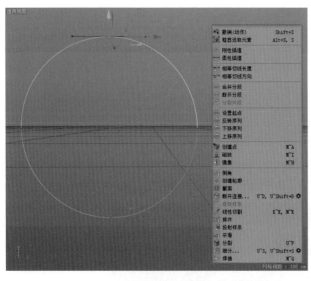
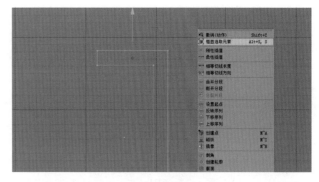

图　5-45

图　5-46

图　5-47

重点参数讲解：

● 撤销（动作）：撤销返回到上一步操作。

● 框显选取元素：最大化显示当前选中的点，如图5-46和图5-47所示。

● 刚性插值：选择【刚性插值】则可将当前选择的点变为更尖锐的方式，如图5-48所示。

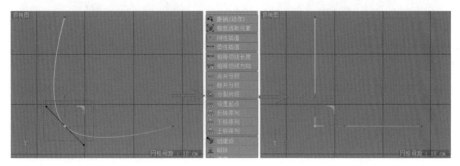

图　5-48

● 柔性插值：选择【柔性插值】则可将当前选择的点变为更圆滑的方式，如图5-49所示。

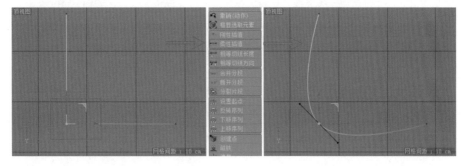

图　5-49

● 断开分段：可以将分段断开，如图5-50所示。

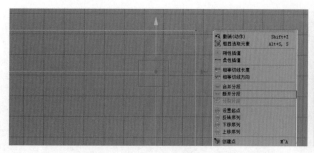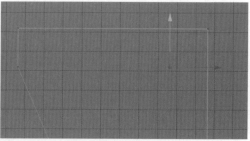

图 5-50

- 创建点：选中 🔲（点）级别，右击，选择【创建点】工具，然后在样条线上单击即可添加点，如图5-51所示。

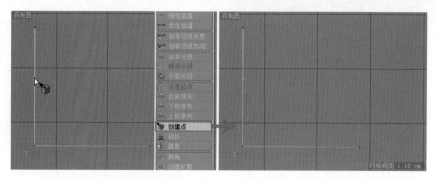

图 5-51

- 磁铁：选择点，使用【磁铁】即可出现圆形的范围，将鼠标移到顶点附近即可将其移动，如图5-52所示。

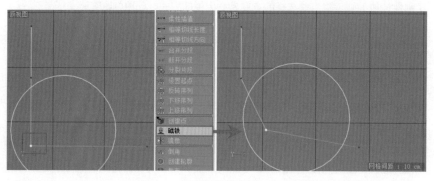

图 5-52

- 镜像：可以将选中的点进行镜像处理。选择点，然后右击，在弹出的快捷菜中选择【镜像】工具，如图5-53所示。接着按住鼠标左键拖动鼠标，此时出现一条竖线，松开鼠标左键即可完成镜像操作，如图5-54所示。

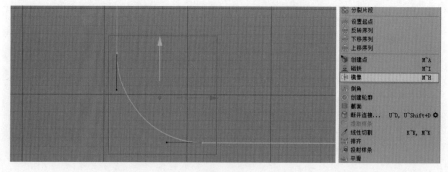

图 5-53

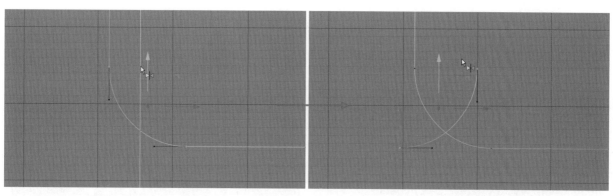

图 5-54

● 倒角：选择点，右击，在弹出的快捷菜单中选择【倒角】工具，然后按住鼠标左键并拖动即可产生倒角效果，如图5-55所示。

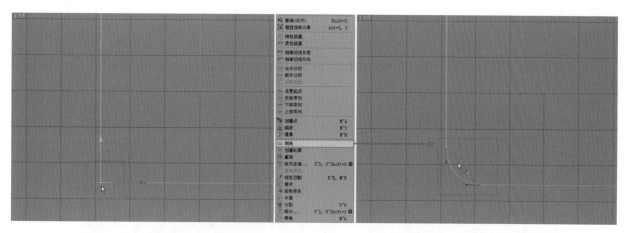

图 5-55

● 创建轮廓：选择点级别，右击，在弹出的快捷菜单中选择【创建轮廓】工具，然后按住鼠标左键并拖动样条线即可产生轮廓效果，如图5-56所示。

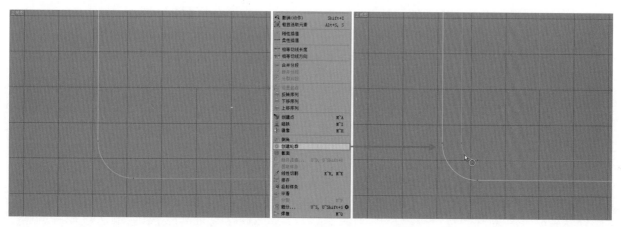

图 5-56

● 断开连接：使用该工具可以将一个点断开变成两个点，如图5-57所示。单击 ✛ （移动）工具，选中一个顶点，右击，在弹出的快捷菜单中执行【断开连接】命令，即可将一个点变为两个点，再次使用 ✛ （移动）工具，单击顶点，并将其移动，即可看到已经成功断开，如图5-58所示。

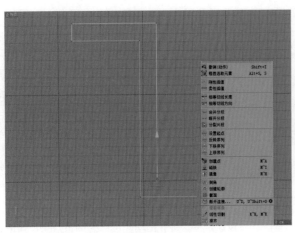

图 5-57　　　　　　　　　　　　　　　　　　图 5-58

技巧提示：快速连接两个点

单击选择右上角的点，按住Ctrl键并单击左下方的点，如图5-59所示。此时在两个点之间连接出了一条线，如图5-60所示。

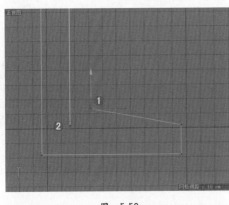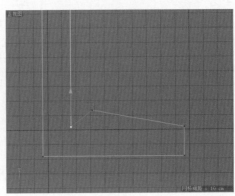

图 5-59　　　　　　　　　　　　　　　　　　图 5-60

● 焊接：选中两个未闭合的点，右击，在弹出的快捷菜单中执行【焊接】命令，然后单击，完成焊接，如图5-61所示。

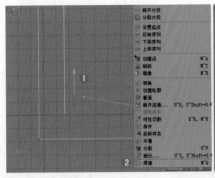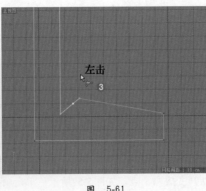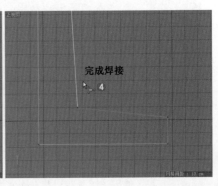

图 5-61

5.4 样条线建模实例

★ 实例——利用样条线制作书架

案例文件	案例文件\Chapter05\实例：利用样条线制作书架.c4d
视频教学	视频教学\Chapter05\实例：利用样条线制作书架.mp4

扫码看视频

实例介绍：

利用本例来学习使用【画笔】工具绘制图形，使用【挤压】制作三维效果，如图5-62所示。

图 5-62

书架模型的建模流程如图5-63所示。

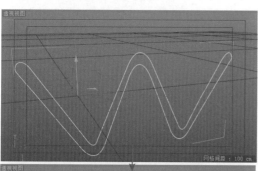

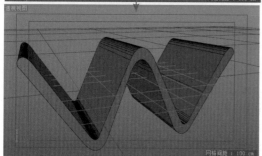

图 5-63

操作步骤：

01 执行【创建】|【样条】|【画笔】命令，在视图中绘制一个闭合的图形，如图5-64所示。

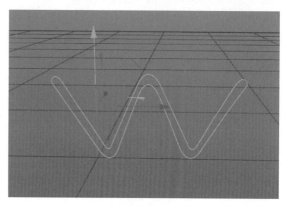

图 5-64

02 执行【创建】|【生成器】|【挤压】命令，接着在【对象/场次/内容浏览器/构造】面板中，将【样条】拖到【挤压】位置上，当出现向下图标 ↓ 时，松开鼠标左键，如图5-65所示。

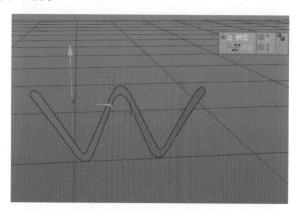

图 5-65

03 在【对象/场次/内容浏览器/构造】面板中选择【挤压】，在属性面板中选择【对象】，设置【移动】为500cm，案例最终效果如图5-66所示。

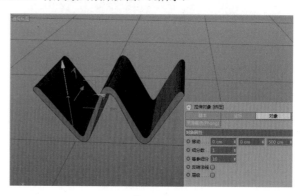

图 5-66

★ 实例——使用样条线制作文本

| 案例文件 | 案例文件\Chapter05\实例：使用样条线制作文本.c4d |
| 视频教学 | 视频教学\Chapter05\实例：使用样条线制作文本.mp4 |

扫码看视频

实例介绍：

利用本例来学习使用【文本】和【挤压】工具创建三维文字，如图5-67所示。

图 5-67

三维文字模型的建模流程如图5-68所示。

图 5-68

操作步骤：

01 执行【创建】|【样条】|【文本】命令，在右侧的属性面板中选择【对象】，设置【文本】为ERAY，【字体】为Arial Black，【高度】为250cm，【水平间隔】为-25cm，如图5-69所示。

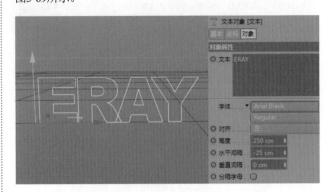

图 5-69

02 执行【创建】|【生成器】|【挤压】命令，在【对象/场次/内容浏览器/构造】面板中将【文本】拖到【挤压】位置上，当出现向下图标↓时，松开鼠标左键，如图5-70所示。接着在右侧的属性面板中选择【对象】选项卡，设置【移动】为【0cm，0cm，100cm】，如图5-71所示。

图 5-70

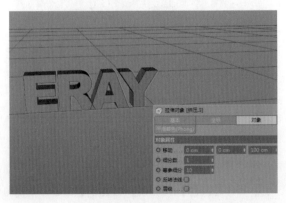

图 5-71

03 使用同样的方法继续创建两组文字，如图5-72和图5-73所示。

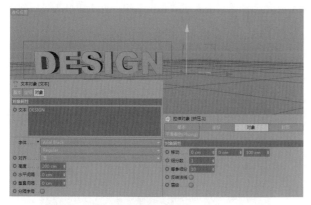

图 5-72

图 5-73

04 创建完成后将文字调整到合适的位置和角度，案例最终效果如图5-74所示。

图 5-74

★ 实例——使用样条线制作缠绕三维线模型

案例文件	案例文件\Chapter05\实例：使用样条线制作缠绕三维线模型.c4d
视频教学	视频教学\Chapter05\实例：使用样条线制作缠绕三维线模型.mp4

实例介绍：

利用本例来学习使用【画笔】工具、【花瓣】工具绘制图形，并使用【扫描】创建三维线模型，如图5-75所示。

扫码看视频

图 5-75

三维线模型的建模流程如图5-76所示。

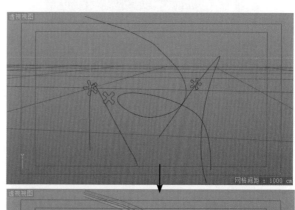

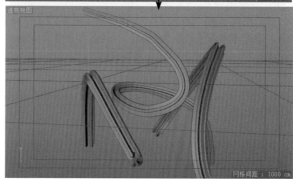

图 5-76

操作步骤：

01 在菜单栏中执行【创建】|【样条】|【画笔】命令，在正视图中描绘出一条样条线，按Esc键结束绘制，如图5-77所示。

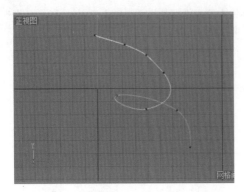

图 5-77

02 单击界面左侧的 ▧（点）按钮，在透视图中调整样条线上点的位置，呈现出立体的效果，如图5-78所示。

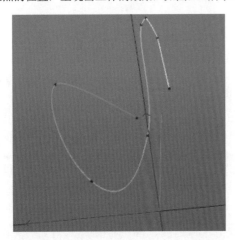

图 5-78

03 在菜单栏中执行【创建】|【样条】|【花瓣】命令，设置【内部半径】为15cm，【外部半径】为45cm，【花瓣】为4，【角度】为5°，如图5-79所示。

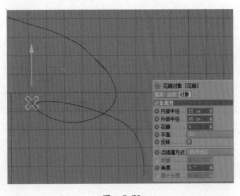

图 5-79

04 在菜单栏中执行【创建】|【生成器】|【扫描】命令，在【对象/场次/内容浏览器/构造】面板中，将花瓣和样条拖到【扫描】位置上，当出现向下图标↓时，松开鼠标左键，如图5-80所示。

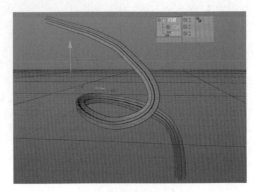

图 5-80

05 创建另外两条样条线，按照相同的方法进行制作，最终效果如图5-81所示。

图 5-81

★ 实例——利用样条线制作书模型

案例文件	案例文件\Chapter05\实例：利用样条线制作书模型.c4d
视频教学	视频教学\Chapter05\实例：利用样条线制作书模型.mp4

实例介绍：

利用本例来学习使用【矩形】和【画笔】工具绘制图形，使用【挤压】创建书的厚度，如图5-82所示。

扫码看视频

图 5-82

书模型的建模流程如图5-83所示。

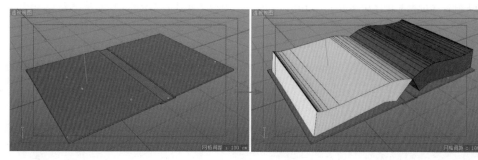

图 5-83

操作步骤：

01 在菜单栏中执行【创建】|【样条】|【矩形】命令，设置【宽度】为210cm，【高度】为297cm，如图5-84所示。

02 在菜单栏中执行【创建】|【生成器】|【挤压】命令，设置【移动】为3cm。在【对象/场次/内容浏览器/构造】面板中，单击选择【矩形】，并将其拖动到【挤压】位置上，当出现向下图标↓时，松开鼠标左键。然后单击◎（旋转）按钮，按住Shift键，沿着X轴旋转90°，如图5-85所示。

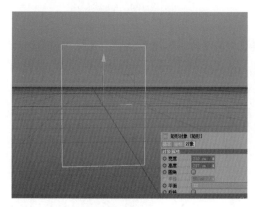

图 5-84

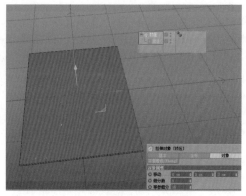

图 5-85

03 在【对象/场次/内容浏览器/构造】面板中选择【挤压】，单击✛（移动）按钮的同时按住Ctrl键，向右移动240cm，复制出一份，如图5-86所示。

04 在菜单栏中执行【创建】|【样条】|【矩形】命令，设置【宽度】为42cm，【高度】为297cm。在菜单栏中执行【创建】|【生成器】|【挤压】命令，设置【移动】为3cm。在【对象/场次/内容浏览器/构造】面板中，单击选择【矩形】，并将其拖动到【挤压】位置上，当出现向下图标↓时，松开鼠标左键。同时单击◎（旋转）按钮，按住Shift键，沿着X轴旋转90°，调整其位置，如图5-87所示。

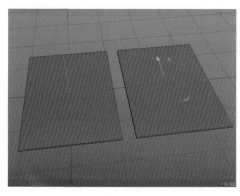

图 5-86

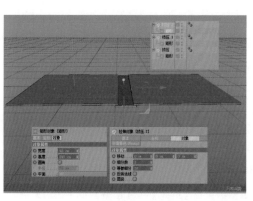

图 5-87

05 在菜单栏中执行【创建】|【样条】|【画笔】命令，在正视图中画出书页形状的样条线，如图5-88所示。

06 在菜单栏中执行【创建】|【生成器】|【挤压】命令，设置【移动】为277cm。在【对象/场次/内容浏览器/构造】面板中，单击选择【样条】，并将其拖动到【挤压】位置上，当出现向下图标↓时，松开鼠标左键，同时调整其位置，如图5-89所示。

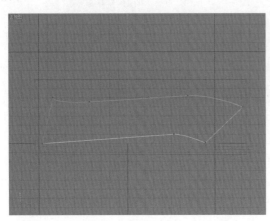

图 5-88

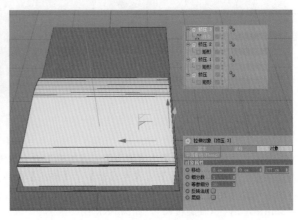

图 5-89

07 在菜单栏中执行【创建】|【样条】|【画笔】命令，在正视图中画出书页形状的样条线，如图5-90所示。

08 在菜单栏中执行【创建】|【生成器】|【挤压】命令，设置【移动】为277cm。在【对象/场次/内容浏览器/构造】面板中，单击选择【样条】，并将其拖动到【挤压】位置上，当出现向下图标↓时，松开鼠标左键，同时调整其位置，如图5-91所示。

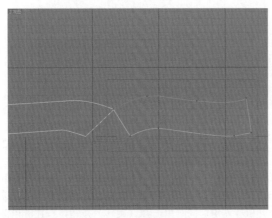

图 5-90

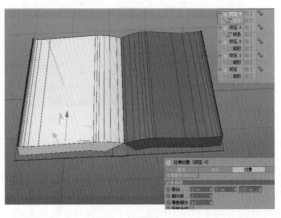

图 5-91

★ 实例——利用样条线制作618促销活动

案例文件	案例文件\Chapter05\实例：利用样条线制作618促销活动.c4d
视频教学	视频教学\Chapter05\实例：利用样条线制作618促销活动.mp4

实例介绍：

利用本例来学习使用【多边】和【文本】工具绘制图形，使用【挤压】制作三维效果，创建618促销活动模型，如图5-92所示。

618促销活动模型的建模流程如图5-93所示。

扫码看视频

操作步骤：

01 在菜单栏中执行【创建】|【样条】|【多边】命令，设置【半径】为200cm，【侧边】为8，如图5-94所示。

图 5-92

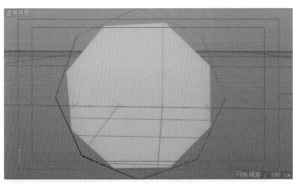

图 5-93

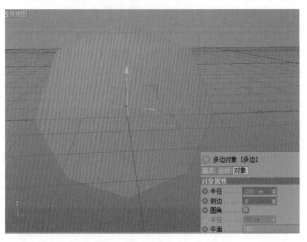

图 5-94

02 在菜单栏中执行【创建】|【生成器】|【挤压】命令，在【对象/场次/内容浏览器/构造】面板中，选择多边并将其拖到【挤压】位置上，当出现向下图标↓时，松开鼠标左键。选择【挤压】，并设置【移动】为5cm，如图5-95所示。

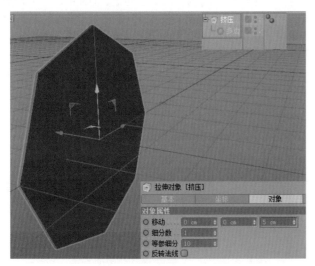

图 5-95

03 选择【挤压】下的【封顶】属性，设置【顶端】为无，【末端】为无，如图5-96所示。

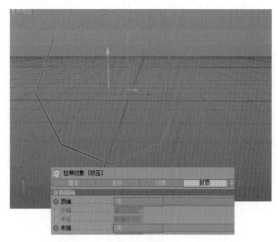

图 5-96

04 在菜单栏中执行【创建】|【样条】|【多边】命令，设置【半径】为180cm，【侧边】为8，如图5-97所示。

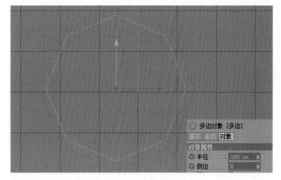

图 5-97

05 在菜单栏中执行【创建】|【生成器】|【挤压】命令，在【对象/场次/内容浏览器/构造】面板中，选择【多边】并将其拖到【挤压】位置上，当出现向下图标↓时，松开鼠标左键。选择【挤压.1】，设置【移动】为5cm，如图5-98所示。

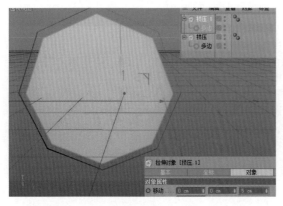

图 5-98

06 在【对象/场次/内容浏览器/构造】面板中，选择【挤压.1】下的子级【多边】，在正视图中单击 ◎（旋转）按钮，按住Shift键沿着Z轴旋转20°，如图5-99所示。

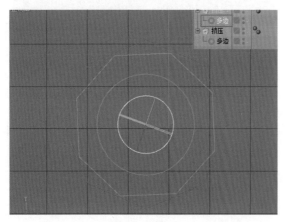

图 5-99

07 在【对象/场次/内容浏览器/构造】面板中选择【挤压.1】，按Ctrl+C快捷键复制，按Ctrl+V快捷键粘贴，将其复制1份。选择【挤压.2】下的子级【多边】，设置多边的【半径】为160cm，【侧边】为8。在正视图中单击 ◎（旋转）按钮，按住Shift键沿着Z轴旋转20°，如图5-100所示。

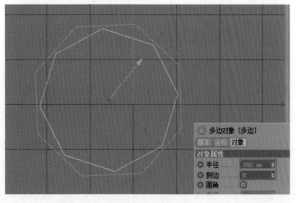

图 5-100

08 选择顶视图，在【对象/场次/内容浏览器/构造】面板中选择【挤压.2】，单击 ✛（移动）按钮将其向下移动，如图5-101所示。

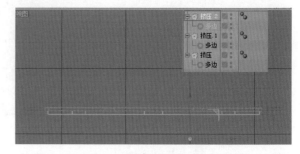

图 5-101

09 在菜单栏中执行【创建】|【样条】|【文本】命令，并修改【文本】内容为618，设置【字体】为Arial，设置【高度】为200cm，调整其位置，并将其命名为618，如图5-102所示。

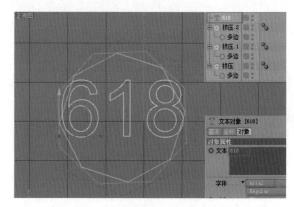

图 5-102

10 在菜单栏中执行【创建】|【生成器】|【挤压】命令，在【对象/场次/内容浏览器/构造】面板中，选择文本【618】，并将其拖曳到【挤压.3】位置上，当出现向下图标 ↓ 时，松开鼠标左键。选择【挤压.3】，设置【移动】为5cm，如图5-103所示。

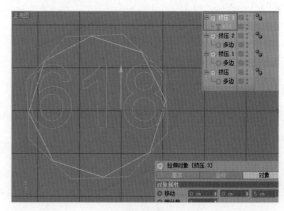

图 5-103

11 选择顶视图，在【对象/场次/内容浏览器/构造】面板中选择【挤压.3】，然后单击➕（移动）按钮将其向下移动，如图5-104所示。

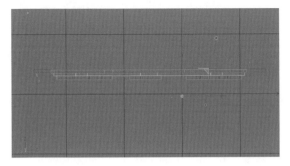

图 5-104

12 使用相同的方法制作【促销热卖】和【全国包邮】，如图5-105所示。

图 5-105

★ 实例——使用样条线制作霓虹灯

| 案例文件 | 案例文件\Chapter05\实例：使用样条线制作霓虹灯.c4d |
| 视频教学 | 视频教学\Chapter05\实例：使用样条线制作霓虹灯.mp4 |

实例介绍：

利用本例来学习使用【矩形】和【文本】工具绘制图形，使用【挤压】制作三维厚度。使用【画笔】和【圆环】工具绘制图形，使用【扫描】制作三维效果。从而创建霓虹灯模型，如图5-106所示。

扫码看视频

图 5-106

霓虹灯模型的建模流程如图5-107所示。

图 5-107

操作步骤：

01 在菜单栏中执行【创建】|【样条】|【矩形】命令，设置【宽度】为2300cm，【高度】为1500cm，如图5-108所示。

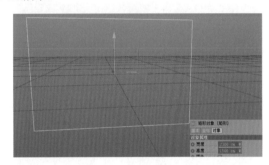

图 5-108

02 在菜单栏中执行【创建】|【生成器】|【挤压】，设置【移动】为50cm。在【对象/场次/内容浏览器/构造】面板中，单击选择【矩形】，并将其拖动到【挤压】位置上，当出现向下图标⬇时，松开鼠标左键，如图5-109所示。

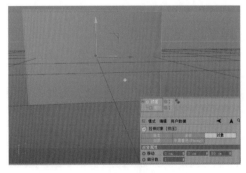

图 5-109

03 在菜单栏中执行【创建】|【样条】|【文本】命令，并修改【文本】内容为SWEET GARDEN，设置【字体】为Arial Black，设置【对齐】为【中对齐】，【高度】为300cm，【水平间隔】为49cm，【垂直间隔】为10cm，调整其位置，如图5-110所示。

图 5-110

04 在菜单栏中执行【创建】|【生成器】|【挤压】命令，设置【移动】为50cm。在【对象/场次/内容浏览器/构造】面板中，单击选择【文本】，并将其拖动到【挤压.1】位置上，当出现向下图标↓时，松开鼠标左键。最后对其位置进行移动，如图5-111所示。

图 5-111

05 在菜单栏中执行【创建】|【样条】|【画笔】命令，在正视图中的文字内部绘制出多个文字的样条线，如图5-112所示。

图 5-112

06 在菜单栏中执行【创建】|【样条】|【圆环】命令，设置【半径】为6cm，如图5-113所示。

图 5-113

07 在菜单栏中执行【创建】|【生成器】|【扫描】命令，将其命名为【灯管外部】，在【对象/场次/内容浏览器/构造】面板中，将圆环和样条拖到【灯管外部】位置上，当出现向下图标↓时，松开鼠标左键。在【基本】选项卡下选中【透显】复选框，最后移动灯管模型的位置，如图5-114所示。

图 5-114

08 在【对象/场次/内容浏览器/构造】面板中，选择【灯光外部】并复制1份，命名为【灯光内部】，设置【圆环半径】为3cm，选择【基本】选项卡，取消选中【透显】复选框，将如图5-115所示。

图 5-115

09 在菜单栏中执行【创建】|【样条】|【矩形】命令，在【对象】选项栏中设置【宽度】为21cm，【高度】为24cm，接着单击 （转化为可编辑对象）按钮，将矩形转换为可编辑对象。在点层级下框选下方的两个点，右击，在弹出的快捷菜单中选择【倒角】工具，如图5-116所示。设置倒角的【半径】为11cm，效果如图5-117所示。

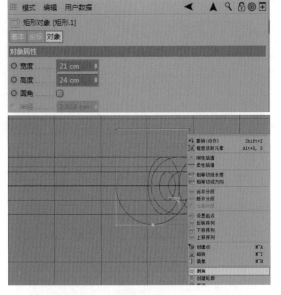

图 5-116

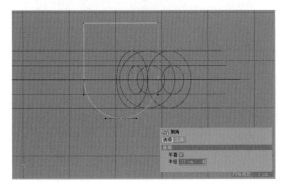

图 5-117

10 在菜单栏中执行【创建】|【样条】|【圆环】命令，设置【半径】为2cm，如图5-118所示。

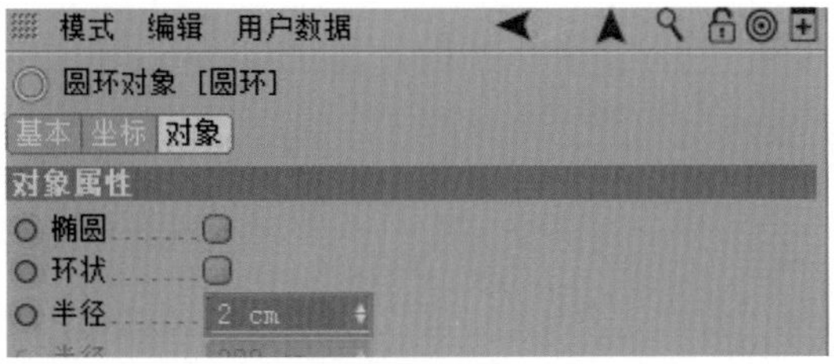

图 5-118

11 在菜单栏中执行【创建】|【生成器】|【扫描】命令，在【对象/场次/内容浏览器/构造】面板中，将圆环和矩形样条拖到【扫描】位置上，当出现向下图标↓时，松开鼠标左键，如图5-119所示。

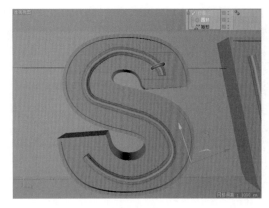

图 5-119

12 在【对象/场次/内容浏览器/构造】面板中，将【扫描】复制多份并调整其位置，将灯管进行固定，如图5-120所示。选择所有灯扣，按住Alt+G快捷键将复制的灯扣进行编组，将其命名为【灯管上的扣】，如图5-121所示。

图 5-120

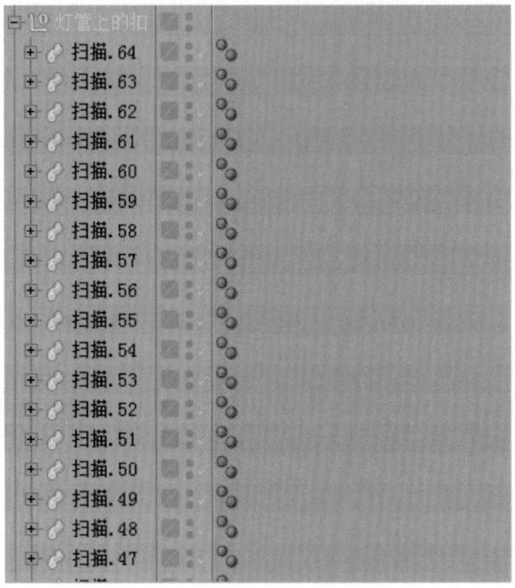

图 5-121

13 在菜单栏中执行【创建】|【样条】|【矩形】命令，设置【宽度】为1600cm，【高度】为50cm，选中【圆角】复选框，设置【半径】为25cm，调整位置如图5-122所示。

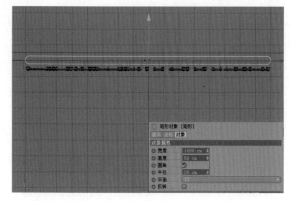

图 5-122

14 在菜单栏中执行【创建】|【样条】|【圆环】命令，设置【半径】为5cm，如图5-123所示。

图 5-123

15 在菜单栏中执行【创建】|【生成器】|【扫描】命令，在【对象/场次/内容浏览器/构造】面板中，将圆环和矩形样条拖到【扫描】位置上，当出现向下图标↓时，松开鼠标左键，如图5-124所示。

图 5-124

16 在【对象/场次/内容浏览器/构造】面板中，将【扫描】复制多份，调整矩形的长度，调整其位置，如图5-125所示，按住Alt+G快捷键将复制的灯扣进行编组，并将其命名为【墙上的管】，如图5-126所示。

图 5-125

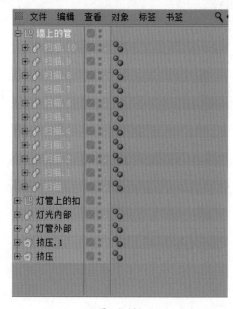

图 5-126

第6章

NURBS建模

本章学习要点：

- 了解NURBS基础知识。
- NURBS的类型。

6.1 NURBS基础知识

NURBS即Non-Uniform Rational B-Spline（非均匀有理B样条曲线），是三维软件中的一种高级的建模方式，NURBS建模方式更适合创建一些复杂的弯曲曲面模型，主要包括细分曲面、挤压、旋转、放样、扫描和贝赛尔6种方式。

6.1.1 认识NURBS建模

在菜单栏中执行【创建】|【生成器】命令，可以选择相应的NURBS建模，如图6-1所示。或者用鼠标左键按住工具栏中的（细分曲面）按钮，即可出现NURBS类型的列表，如图6-2所示。

图 6-1   图 6-2

6.1.2 创建NURBS模型的流程

使用NURBS模型，需要最终使模型或图形对象与NURBS工具在层级上具有特定的要求，即模型或图形为NURBS工具的子级别。如果不设置两者之间的层级关系，创建NURBS工具将不会产生该有的效果。

方法1：

01 在菜单栏中执行【创建】|【对象】|【立方体】命令，如图6-3所示。

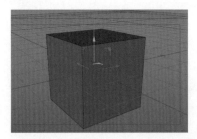

图 6-3

02 按住（细分曲面）按钮，选择【细分曲面】，如图6-4所示。

03 在【对象/场次/内容浏览器/构造】面板中单击，选择【立方体】，并将其拖动到【细分曲面】位置上，当出现向下图标↓时，松开鼠标左键，如图6-5所示。此时的模型变得光滑了，如图6-6所示。

图 6-4   图 6-5

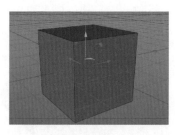

图 6-6

方法2：

01 在菜单栏中执行【创建】|【对象】|【立方体】命令，如图6-7所示。

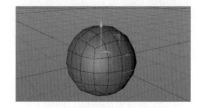

图 6-7

02 在【对象/场次/内容浏览器/构造】面板中选择【立方体】，然后按住Alt键，并按住（细分曲面）按钮，如图6-8所示。这时会发现【立方体】成了【细分曲面】的子对象。

图 6-8

03 此时的模型变得光滑了，如图6-9所示。

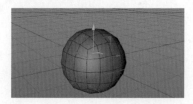

图 6-9

6.2 NURBS类型

在Cinema 4D中有6种 NURBS类型，分别是细分曲面、挤压、旋转、放样、扫描和贝赛尔。其中挤压、旋转、扫描是较为常用的NURBS建模。

6.2.1 细分曲面

【细分曲面】可将尖锐的模型的边缘变得更圆滑。

1.【基本】属性

在【基本】属性中可以设置细分曲面的名称、图层、编辑器可见、渲染器可见等基本参数，如图6-10所示。

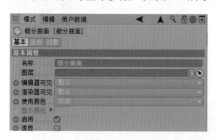

图 6-10

2.【坐标】属性

使用【坐标】属性可以设置对象在X、Y、Z轴上的位移、旋转和缩放的数值，与参数化建模中的坐标属性相同，如图6-11所示。

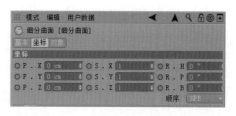

图 6-11

3.【对象】属性

使用【对象】属性可以设置细分曲面的类型、编辑器细分、渲染器细分和细分UV，如图6-12所示。

图 6-12

重点参数讲解：

- 类型：选择不同的细分类型，会产生不同的光滑效果，如图6-13所示。

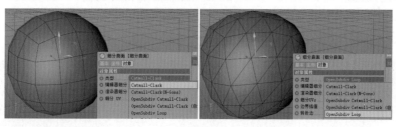

图 6-13

- 编辑器细分：设置视图中模型的细分数。数值越大，视图中模型呈现的效果会越光滑、精细，但是会占用更多的内存，如图6-14所示。

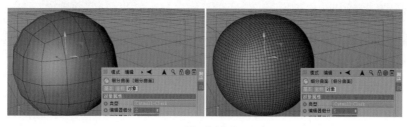

图 6-14

- 渲染器细分：设置渲染器渲染的模型细分。当渲染器细分大于编辑器细分时，渲染的结果以渲染细分为准。
- 细分UV：分为标准、边界和边3种方式。

6.2.2 挤压

通过【挤压】命令将深度添加到图形中，并使其由二维的样条线变成三维模型，如图6-15所示。

1.【对象】属性

在【对象】属性中可以设置挤压的厚度、细分数等参数，如图6-16所示。

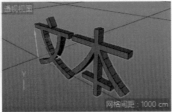

图 6-15　　　　　　　　　　　　　　　　　图 6-16

重点参数讲解：

- 移动：设置X、Y、Z轴上的挤出数量。通常最常用的是Z轴的挤出数量，如图6-17所示。

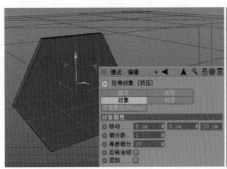
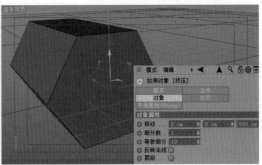

图 6-17

- 细分数：设置挤出的细分数。数量越大，模型的分段越多，如图6-18所示。

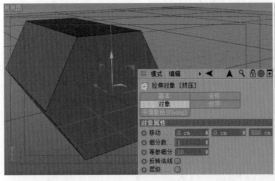
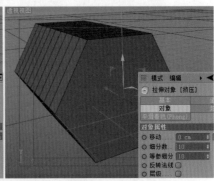

图 6-18

- 反转法线：将法线进行反转处理。

2.【封顶】属性

【封顶】属性用于设置顶端、末端等参数，如图6-19所示。

图　6-19

重点参数讲解：

● 顶端/末端：设置顶面和底面的封闭模式，分为封顶、无、圆角和圆角封顶，如图6-20所示。

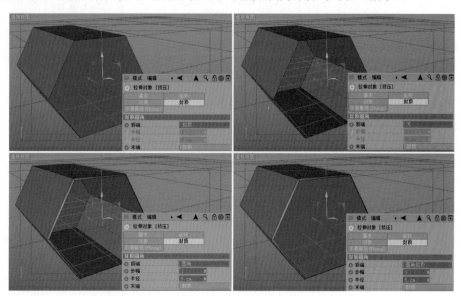

图　6-20

● 步幅：设置圆角位置的分段数量，数值越大越光滑，如图6-21所示。

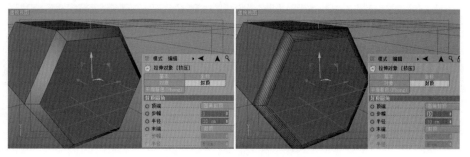

图　6-21

- 半径：设置圆角的半径数值。数值越大，圆角的范围越大。
- 圆角类型：当顶端和末端类型为圆角或圆角封顶时可以使用，分为线性、凸起、凹陷、半圆、1步幅、3步幅和雕刻7种类型。如图6-22所示为设置不同圆角类型的效果。

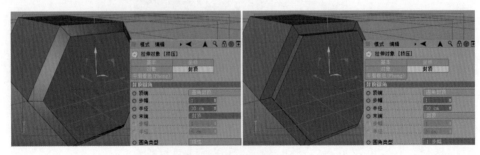

图 6-22

- 外壳向内：挤压出的外壳是否出现向内挤压效果。
- 穿孔向内：当挤压图形的内部有穿孔时，设置挤压的内部是否出现向内挤压效果。
- 约束：保证了样条线的外形，挤压的程度不会超过样条线轮廓。
- 类型：设置挤出面的网格方式，分为三角形、四边形和N-gons 3种类型。
- 标准网格：当类型为三角形和四边形时，才能激活该参数。
- 宽度：选中【标准网格】复选框后，才可以设置该数值，数值越小，网格越密集。

3. 【平滑着色（Phong）】属性

【平滑着色（Phong）】用于设置名称、图层、角度限制等参数，如图6-23所示。

图 6-23

★ 实例——使用【挤压】命令制作促销广告文字

| 案例文件 | 案例文件\Chapter06\实例：使用【挤压】命令制作促销广告文字.c4d |
| 视频教学 | 视频教学\Chapter06\实例：使用【挤压】命令制作促销广告文字.mp4 |

扫码看视频

实例介绍：

本例就来学习使用【画笔】工具绘制文字图案，使用【挤压】命令制作三维效果，使用【立方体】制作点缀元素，创建促销广告文字，如图6-24所示。

促销广告文字模型的建模流程如图6-25所示。

图 6-24

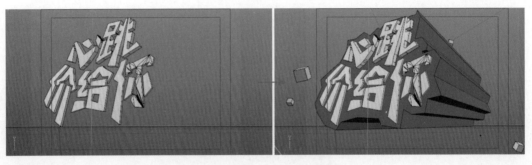

图 6-25

操作步骤：

01 执行【创建】|【样条】|【画笔】命令，在视图中合适的位置绘制闭合路径，效果如图6-26所示。

图 6-26

02 执行【创建】|【生成器】|【挤压】命令。创建完成后将【样条】拖曳到【挤压】位置上，当出现向下图标↓时，松开鼠标左键，接着在右侧的属性面板中选择【对象】，设置【移动】为【0cm, 0cm, 10cm】，【细分数】为1，如图6-27所示。

图 6-27

03 使用同样的方法继续创建下方的文字，如图6-28所示。

图 6-28

04 再次执行【创建】|【样条】|【画笔】命令，在文字后方沿着文字的边缘绘制封闭的路径，如图6-29所示。接着执行【创建】|【生成器】|【挤压】命令，创建完成后将【样条】拖曳到【挤压】位置上，当出现向下图标↓时，松开鼠标左键，此时效果如图6-30所示。

图 6-29

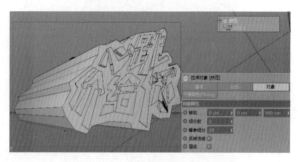

图 6-30

05 执行【创建】|【对象】|【立方体】命令，在文字的周围创建大小合适的立方体，效果如图6-31所示。

图 6-31

6.2.3 旋转

使用【旋转】可将样条线沿着Y轴进行旋转，从而变成三维对象模型，如图6-32所示。

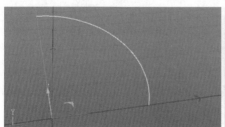

图 6-32

【旋转】的参数面板如图6-33所示。

重点参数讲解：

- 角度：设置样条线旋转的角度，如图6-34所示。
- 细分数：设置旋转出的模型的细分数。
- 网格细分：设置物体上的网格细分数。
- 移动：设置旋转出来的模型沿着Y轴移动的距离，如图6-35所示。
- 比例：对旋转出来的模型进行特殊缩放，如图6-36所示。

图 6-33

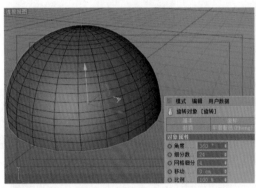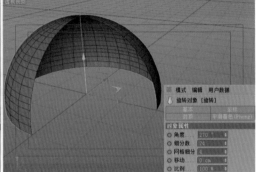

图 6-34

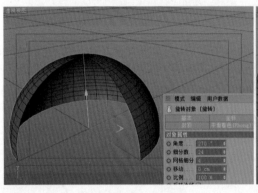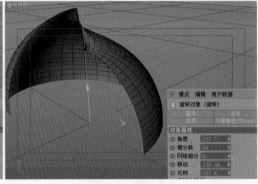

图 6-35

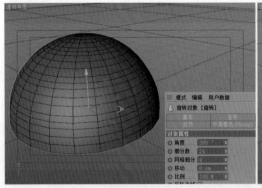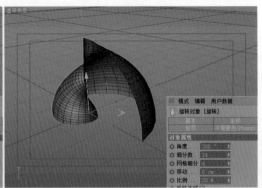

图 6-36

★ 实例——利用【旋转】建模创建花瓶模型

案例文件	案例文件\Chapter06\实例：利用【旋转】建模创建花瓶模型.c4d
视频教学	视频教学\Chapter06\实例：利用【旋转】建模创建花瓶模型.mp4

扫码看视频

实例介绍：

本例就来学习使用【画笔】工具绘制图案，使用【旋转】制作三维效果，如图6-37所示。

花瓶模型的建模流程如图6-38所示。

图 6-37

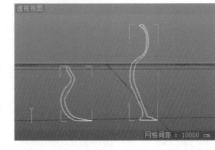

图 6-38

操作步骤：

01 在菜单栏中执行【创建】|【样条】|【画笔】命令，在正视图中使用画笔画出一个罐子的剖面，如图6-39所示。

02 在菜单栏中执行【创建】|【生成器】|【旋转】命令，在【对象/场次/内容浏览器/构造】面板中单击选择【样条】，并将其拖动到【旋转】位置上，当出现向下图标↓时，松开鼠标左键，如图6-40所示。

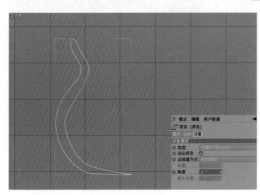

图 6-39

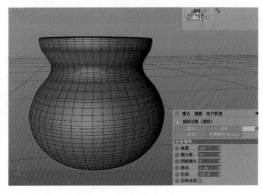

图 6-40

03 在菜单栏中执行【创建】|【样条】|【画笔】命令，在正视图中使用画笔画出一个花瓶的剖面，如图6-41所示。

04 在菜单栏中执行【创建】|【生成器】|【旋转】命令，在【对象/场次/内容浏览器/构造】面板中单击选择【样条】，并将其拖动到【旋转】位置上，当出现向下图标↓时，松开鼠标左键，如图6-42所示。

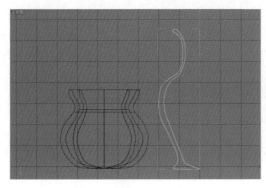

图 6-41

图 6-42

6.2.4 放样

使用【放样】命令可通过将多个样条线作为横截面并进行连接，从而出现三维模型。

操作步骤：

01 创建4个圆环，具体的摆放位置如图6-43所示。

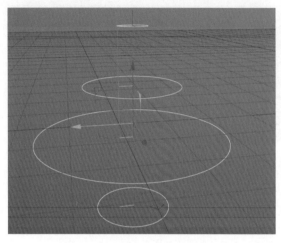

图 6-43

02 按住 (细分曲面)按钮，选择【放样】，如图6-44所示。

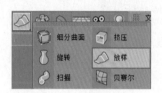

图 6-44

03 在【对象/场次/内容浏览器/构造】面板中，选中这4个圆环，并将其拖动到【放样】位置上，当出现向下图标 时，松开鼠标左键，如图6-45所示。

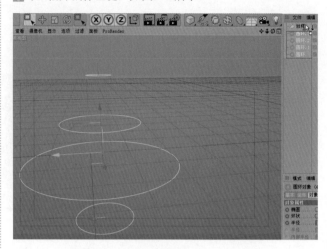

图 6-45

04 此时出现了类似蘑菇的模型，如图6-46所示。

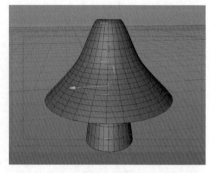

图 6-46

重点参数讲解：

● 网孔细分U/V：设置网格的细分精度。数值越大，细分越多，如图6-47所示。

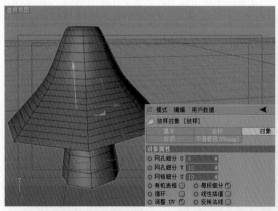
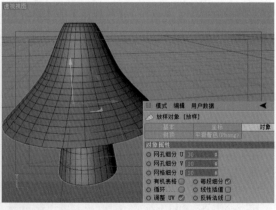

图 6-47

⊙ 每段细分：将放样出的面进行均匀细分。如图6-48所示为取消和选中该复选框的对比效果。

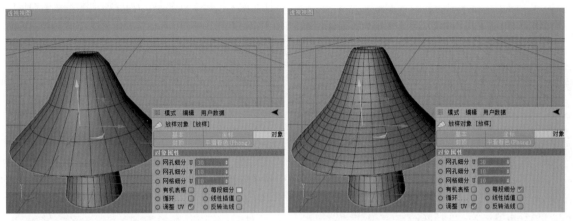

图 6-48

⊙ 循环：选中该复选框后，放样的物体两端的横切面会消失。如图6-49所示为取消和选中该复选框的对比效果。

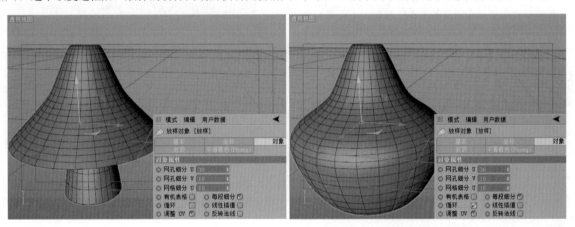

图 6-49

★ 实例——利用【放样】制作花瓣效果文字

| 案例文件 | 案例文件\Chapter06\实例：利用【放样】制作花瓣效果文字.c4d |
| 视频教学 | 视频教学\Chapter06\实例：利用【放样】制作花瓣效果文字.mp4 |

扫码看视频

实例介绍：

本例就来学习使用【文本】和【花瓣】工具绘制图案，使用【放样】和【样条约束】制作三维效果，如图6-50所示。花瓣效果文字模型的建模流程如图6-51所示。

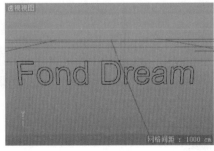

图 6-50   图 6-51

操作步骤：

01 在菜单栏中执行【创建】|【样条】|【文本】命令，设置【文本】为Fond Dream，【字体】为Arial，如图6-52所示。

图　6-52

02 在菜单栏中执行【创建】|【样条】|【花瓣】命令，设置【内部半径】为3cm，【外部半径】为13cm，【花瓣】为5，如图6-53所示。

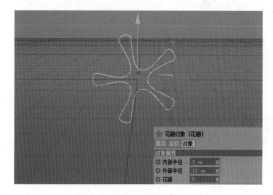

图　6-53

03 在【对象/场次/内容浏览器/构造】面板中选择【花瓣】，按Ctrl+C快捷键复制，按Ctrl+V快捷键粘贴，将其复制1份。使用 ✛（移动）按钮，沿着Z轴移动1300cm，如图6-54所示。

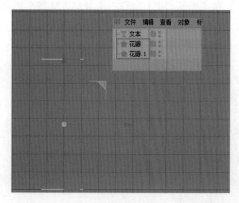

图　6-54

04 在菜单栏中执行【创建】|【生成器】|【放样】命令，在【对象/场次/内容浏览器/构造】面板中，选择【花瓣】和【花瓣.1】，将其拖到【放样】位置上，当出现向下图标 ↓ 时，松开鼠标左键，如图6-55所示。

图　6-55

05 在【对象/场次/内容浏览器/构造】面板中，选择【放样】，在【对象】属性下，设置【网孔细分U】为300，【网孔细分V】为50，如图6-56所示。

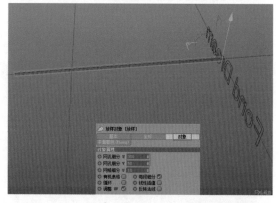

图　6-56

06 在【对象/场次/内容浏览器/构造】面板中，选中【放样】及子层级，按住快捷键Alt+G进行编组，如图6-57所示。

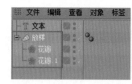

图　6-57

07 在菜单栏中执行【创建】|【变形器】|【样条约束】命令，将其拖到【放样】位置上，当出现向左图标 ← 时，松开鼠标左键，如图6-58所示。

图　6-58

08 在【对象/场次/内容浏览器/构造】面板中选中【样条约束】，将【文本】拖曳到【样条约束】对象属性下的【样条】后的通道上。设置【轴向】为+Z，如图6-59所示。

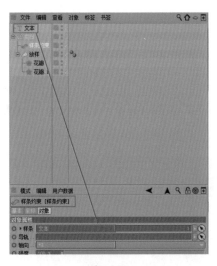

图 6-59

09 最终效果如图6-60所示。

图 6-60

6.2.5 扫描

使用【扫描】命令可将界面曲线沿着路径曲线进行移动，形成一个三维图形。

操作步骤：

01 创建一个圆环和一个星形，如图6-61所示。

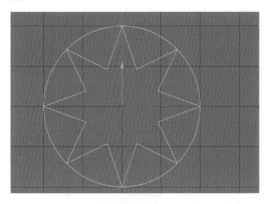

图 6-61

02 按住 ⬜（细分曲面）按钮，选择【扫描】，如图6-62所示。

03 在【对象/场次/内容浏览器/构造】面板中选择【圆环】和【星形】（注意，圆环在上，星形在下），并将其拖到【扫描】位置上，当出现向下图标↓时，松开鼠标左键，如图6-63所示。

图 6-62

图 6-63

04 选择【扫描】，进入【对象】，设置【平面】为【XY】，如图6-64示。

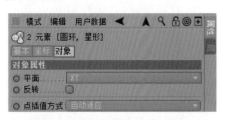

图 6-64

05 此时的模型变成了三维效果，如图6-65所示。

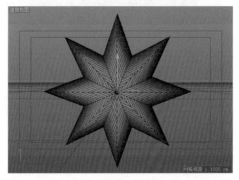

图 6-65

【扫描】的参数如图6-66所示。

图 6-66

重点参数讲解：

○ 网格细分：设置网格的细分数值。

○ 终点缩放：设置扫描模型在路径终点的缩放比例。

○ 结束旋转：设置扫描模型在路径终点的旋转角度。

○ 开始生长/结束生长：设置扫描时的终点与起点的位置。如图6-67所示为设置不同的【开始生长】参数的对比效果。

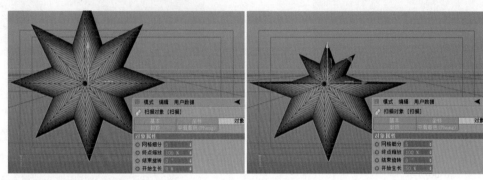

图　6-67

○ 恒定截面：该选项用于控制恒定截面的效果。如图6-68所示为选中和取消选中该复选框的对比效果。

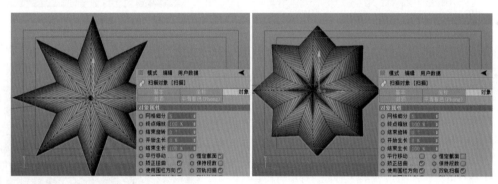

图　6-68

○ 细节：通过曲线来控制缩放与旋转。

技巧提示：【圆环】和【星形】的位置很重要

设置【扫描】后，模型变为了三维效果。假如改变【圆环】和【星形】的位置，会发现产生的三维效果是不同的，如图6-69所示。

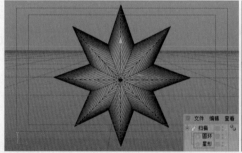
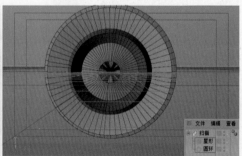

图　6-69

★ 实例——使用【扫描】命令制作窗帘

案例文件	案例文件\Chapter06\实例：使用【扫描】制作窗帘.c4d
视频教学	视频教学\Chapter06\实例：使用【扫描】制作窗帘.mp4

实例介绍：

本例就来学习使用【公式】和【画笔】工具绘制图形，使用【扫描】创建三维效果的窗帘，如图6-70所示。
窗帘模型的建模流程如图6-71所示。

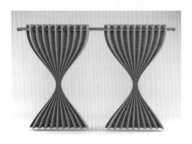

图　6-70

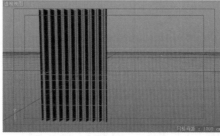 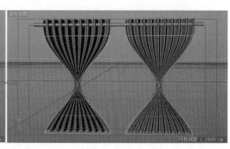

图　6-71

操作步骤：

01 在菜单栏中执行【创建】|【样条】|【公式】命令，设置【Tmin】为-10，【Tmax】为15，【采样】为200，如图6-72所示。

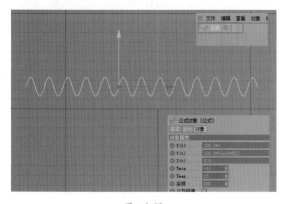

图　6-72

02 单击 ⊘（旋转）按钮，沿着Z轴旋转90°，如图6-73所示。

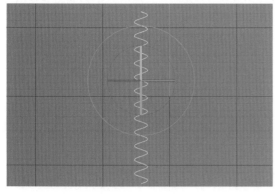

图　6-73

03 在菜单栏中执行【创建】|【样条】|【画笔】命令，在合适的位置绘制样条线。在右侧的属性面板中单击选择【对象】，设置【类型】为【线性】，【点插值方式】为【统一】，如图6-74所示。

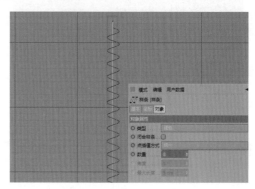

图　6-74

04 在菜单栏中执行【创建】|【生成器】|【扫描】命令，将【公式】和【样条】拖曳到【扫描】的下方，当出现向下图标↓时，松开鼠标左键，并将其调整到合适的位置。接着在属性面板中设置【网格细分】为2，如图6-75所示。

图　6-75

05 执行【创建】|【变形器】|【膨胀】命令，在右侧的属性面板中选择【对象】，设置【尺寸】为【2000cm，2800cm，250cm】，【强度】为-100%，【弯曲】为50%，并选中【圆角】复选框，如图6-76所示。

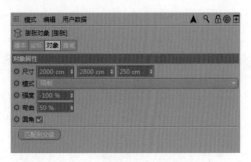

图 6-76

06 在右侧的【对象/场次/内容浏览器/构造】面板中将【膨胀】拖曳到【样条】的下方，当出现←图标时，松开鼠标，效果如图6-77所示。

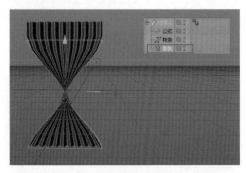

图 6-77

07 执行【创建】|【生成器】|【细分曲面】命令，将【扫描】拖曳到【细分曲面】下方，当出现向下图标↓时，松开鼠标左键，如图6-78所示。

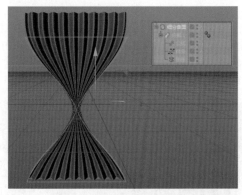

图 6-78

08 执行【创建】|【对象】|【圆柱】命令，在视图中创建一个圆柱体，接着在右侧的属性面板中选择【对象】，设置该圆柱体的【半径】为50cm，【高度】为2500cm。设置完成后，将其调整到合适的角度和位置，如图6-79所示。

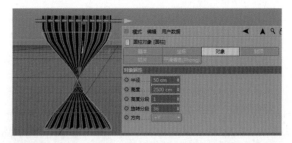

图 6-79

09 执行【创建】|【造型】|【布尔】命令，将【布尔】拖曳到【细分曲面】下方，当出现向下图标↓时，松开鼠标左键，如图6-80所示。将【扫描.1】拖曳到【布尔】的下方，当出现向下图标↓时，松开鼠标左键，如图6-81所示。单击【扫描.1】前方的—图标，当图标变成➕时，将【圆柱】拖曳到【扫描.1】的下方，当出现图标←时，松开鼠标左键，如图6-82所示，此时效果如图6-83所示。

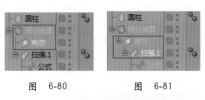

图 6-80　　　图 6-81　　　图 6-82

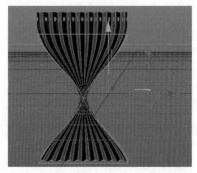

图 6-83

10 在右侧的【对象/场次/内容浏览器/构造】面板中加选所有的模型，然后按住Ctrl+C快捷键将其复制，再按住Ctrl+V快捷键将其粘贴，并在视图中将其调整到合适的位置，如图6-84所示。

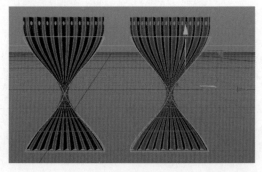

图 6-84

11 执行【创建】|【对象】|【圆柱】命令，再次创建一个圆柱体，接着在右侧的属性面板中选择【对象】，设置该圆柱体的【半径】为50cm，【高度】为5000cm，如图6-85所示。

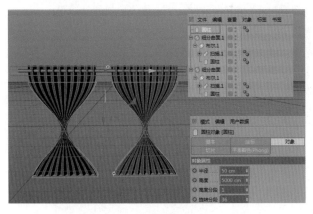

图 6-85

6.2.6 贝赛尔

使用【贝赛尔】可以在视图中快速创建出一个曲面，通过改变【点】层级的位置，从而制作过渡光滑的曲面效果。

操作步骤：

01 按住 ![icon]（细分曲面）按钮，选择【贝赛尔】，如图6-86所示，创建的贝赛尔模型如图6-87所示。

图 6-86

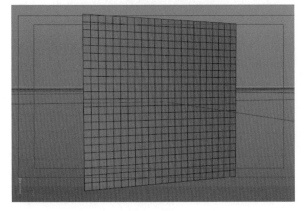

图 6-87

02 单击界面左侧的 ![icon]（点）按钮，选择模型上面的点，如图6-88所示。

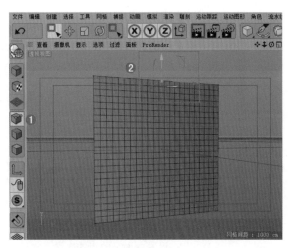

图 6-88

03 移动点的位置，发现模型非常光滑，如图6-89所示。

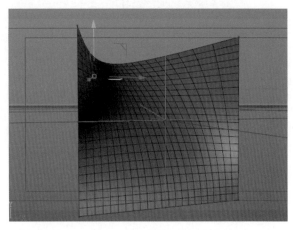

图 6-89

【贝赛尔】的参数如图6-90所示。

图 6-90

重点参数讲解：

● 水平细分/垂直细分：设置曲面上的网格细分精度。如图6-91所示为设置更少和更多细分的对比效果。

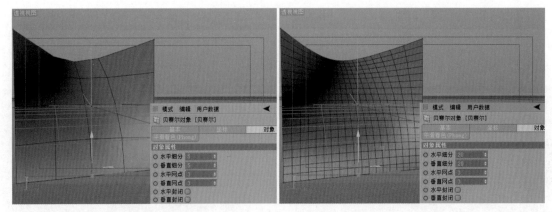

图 6-91

● 水平网点/垂直网点：设置曲面上的点的数量。如图6-92所示为设置网点为3和10的对比效果。

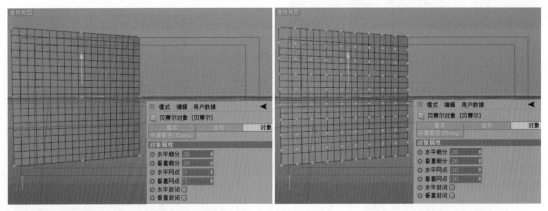

图 6-92

设置了更多的网点，就可以调节曲面上更细微的部分，如图6-93所示可以选择几个网点，并移动它们的位置，使其产生柔和的起伏。

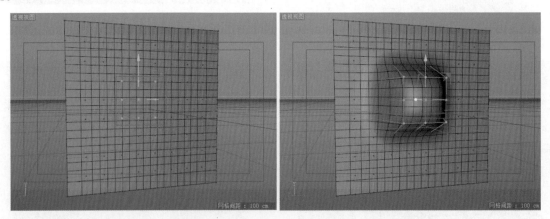

图 6-93

● 水平封闭/垂直封闭：选中【水平封闭/垂直封闭】复选框后，可以使曲面呈现出循环的效果。

第7章

造型工具建模

本章学习要点：

· 造型工具类型介绍。

· 使用不同造型工具创建模型。

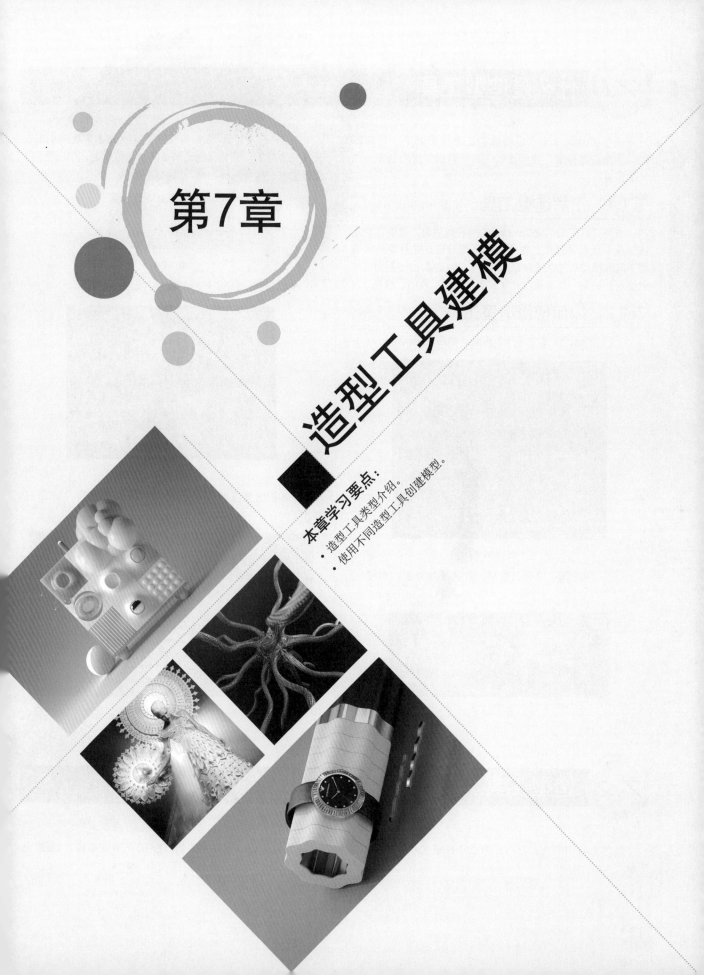

7.1 什么是造型工具

造型工具组用于产生特殊的造型模型效果,例如阵列、晶格、对称等。使用这些工具可以更方便地创建一些复杂模型。

7.1.1 了解造型工具

造型工具用于创建Cinema 4D的特殊效果,需要注意这些工具不能单独使用,需要配合模型对象。并且要注意造型工具和模型对象在【对象/场次/内容浏览器/构造】面板中的位置和关系,通常模型对象应该是造型工具的子级别。

7.1.2 如何使用造型工具

(1)创建一个【立方体】模型,如图7-1所示。

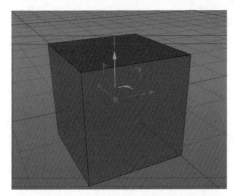

图 7-1

(2)按住 ⚙(阵列)按钮,选择【阵列】,如图7-2所示。

(3)在【对象/场次/内容浏览器/构造】面板中单击选择【立方体】,并将其拖动到【阵列】位置上,当出现向下图标↓时,松开鼠标左键,如图7-3所示。

图 7-3

(4)此时出现了阵列的效果,如图7-4所示。

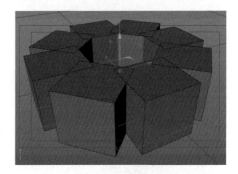

图 7-4

(5)选择【阵列】,此时即可修改参数,如图7-5所示。

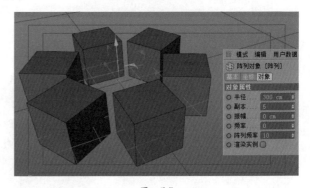

图 7-5

7.2 造型工具

造型工具由阵列、晶格、布尔、样条布尔、连接、实例、融球、对称、Python生成器、LOD、减面组成,如图7-6所示。

图　7-6

7.2.1　阵列

使用【阵列】造型工具可将模型围绕中心产生阵列旋转复制，如图7-7所示为阵列参数。

图　7-7

重点参数讲解：

- 半径：设置阵列范围的半径大小，数值越大，阵列的物体越向外扩散分布。如图7-8所示为设置半径为200cm和300cm的对比效果。

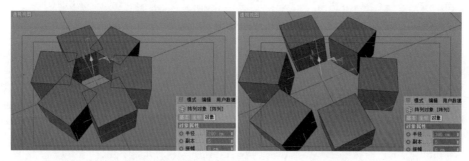

图　7-8

- 副本：设置复制阵列模型的数量。如图7-9所示为设置副本为5和10的对比效果。

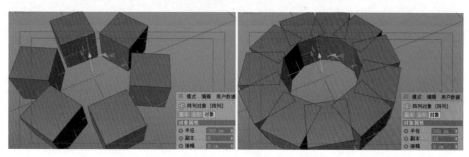

图　7-9

- 振幅：设置模型上下振动的范围幅度。如图7-10所示为设置振幅为0cm和200cm的对比效果。

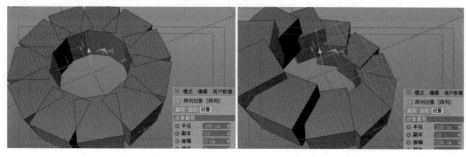

图　7-10

・ 频率：该参数需要配合【振幅】参数使用，将【振幅】
设置一定的数值后，修改【频率】参数，如图7-11所
示。并单击界面下方的 ▷（向前播放）按钮，如图7-12
所示。此时即可看到产生了非常有趣的、有规律的、有
节奏的摆动动画，如图7-13所示。

・ 阵列频率：设置阵列的波动范围，【阵列频率】需要与
【振幅】相互配合使用，可产生不同的波动效果，如图
7-14所示。

图 7-11　　　　图 7-12

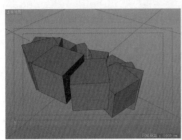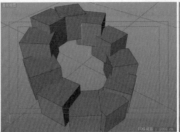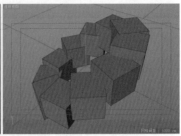

图　7-13

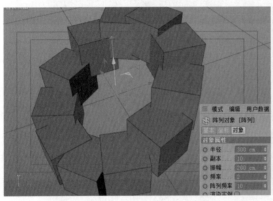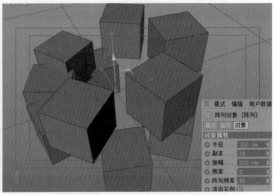

图　7-14

★ 实例——利用【阵列】制作花瓣效果

| 案例文件 | 案例文件\Chapter07\实例：利用【阵列】制作花瓣效果.c4d |
| 视频教学 | 视频教学\Chapter07\实例：利用【阵列】制作花瓣效果.mp4 |

扫码看视频

实例介绍：

本例就来学习利用【阵列】造型工具制作旋转花瓣效果，如图7-15所示。
花瓣效果模型的建模流程如图7-16所示。

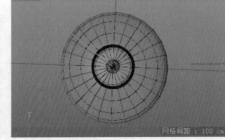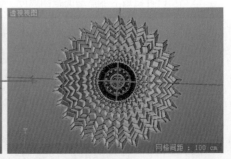

图　7-15　　　　　　　　图　7-16

Cinema 4D R19从入门到精通

120

操作步骤：

01 在菜单栏中执行【创建】|【对象】|【球体】命令，设置【半径】为5cm，如图7-17所示。

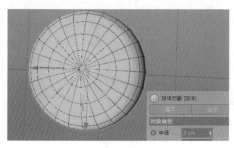

图 7-17

02 在菜单栏中执行【创建】|【对象】|【圆环】命令，设置【圆环半径】为15cm，【导管半径】为1cm，如图7-18所示。

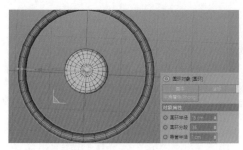

图 7-18

03 在菜单栏中执行【创建】|【对象】|【球体】命令，设置【半径】为50cm，调整其位置，如图7-19所示。

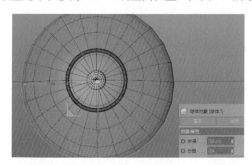

图 7-19

04 在菜单栏中执行【创建】|【对象】|【宝石】命令，设置【半径】为3cm，【分段】为1，【类型】为【四面】，如图7-20所示。

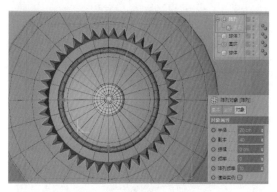

图 7-20

05 在菜单栏中执行【创建】|【造型】|【阵列】命令，在【对象/场次/内容浏览器/构造】面板中选择【宝石】并拖曳到【阵列】上，当出现↓时松开鼠标左键。在【阵列】的对象属性下，设置【半径】为20cm，【副本】为40，如图7-21所示。

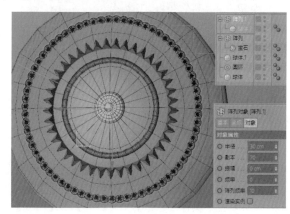

图 7-21

06 在菜单栏中执行【创建】|【对象】|【球体】命令，设置【半径】为2cm，如图7-22所示。

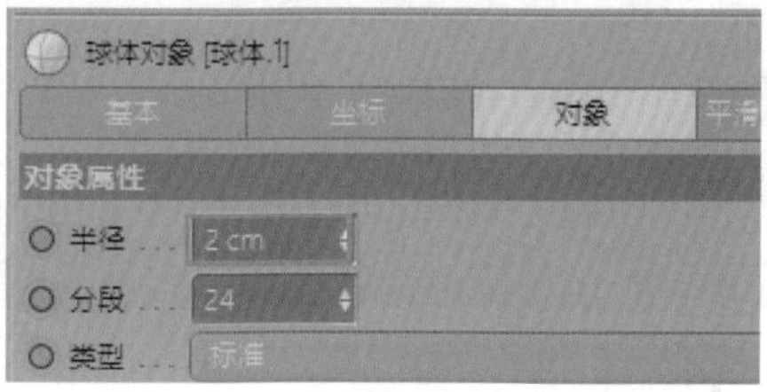

图 7-22

07 在菜单栏中执行【创建】|【造型】|【阵列】命令，在【对象/场次/内容浏览器/构造】面板中选择【球体.1】并拖曳到【阵列.1】上，当出现↓时松开鼠标左键。在【阵列】的对象属性下，设置【半径】为30cm，【副本】为70，如图7-23所示。

图 7-23

08 在【对象/场次/内容浏览器/构造】面板中将【阵列.1】复制1份，在阵列的【对象】属性中，设置【半径】

为35cm，【副本】为60，如图7-24所示。

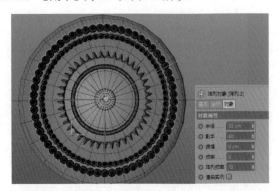

图　7-24

09 依照上述方法创建两个模型，如图7-25所示。

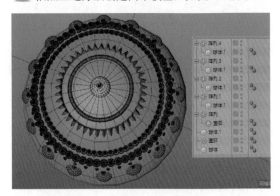

图　7-25

10 在菜单栏中执行【创建】|【对象】|【圆环】命令，设置【圆环半径】为47cm，【导管半径】为1cm，调整其位置，如图7-26所示。

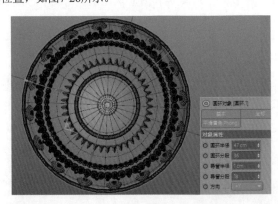

图　7-26

11 在菜单栏中执行【创建】|【对象】|【宝石】命令，设置【半径】为5cm，【分段】为1，【类型】为【四面】。在菜单栏中执行【创建】|【造型】|【阵列】命令，将刚创建的【宝石】拖曳到【阵列.5】上，当出现↓时松开鼠标左键。在【阵列】的对象属性下，设置【半径】为53cm，【副本】为60，如图7-27所示。

图　7-27

12 在【对象/场次/内容浏览器/构造】面板中选择【阵列.5】，进行多次复制，调整【宝石】和【阵列】的位置，最终效果如图7-28所示。

图　7-28

7.2.2 晶格

使用【晶格】造型工具可将物体变成由圆柱与球体连接的空心物体。

操作步骤：

01 创建一个【宝石】模型，如图7-29所示。

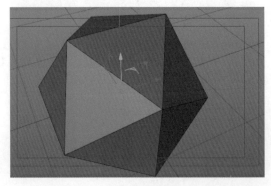

图　7-29

02 按住 ▦ （阵列）按钮，选择【晶格】，如图7-30所示。

图 7-30

03 在【对象/场次/内容浏览器/构造】面板中，单击选择【宝石】，并将其拖动到【晶格】位置上，当出现向下图标 ↓ 时，松开鼠标左键，如图7-31所示。

图 7-31

04 此时出现了晶格的效果，如图7-32所示。

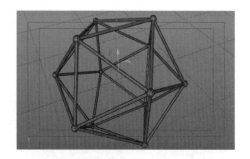

图 7-32

【晶格】参数如图7-33所示。

图 7-33

重点参数讲解：

◉ 圆柱半径：设置各个连接部分圆柱的半径。如图7-34所示为设置【圆柱半径】分别为2cm和5cm的对比效果。

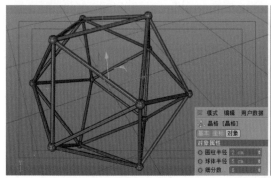
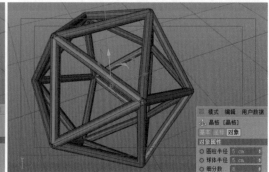

图 7-34

◉ 球体半径：设置各个连接节点的球体半径。如图7-35所示为设置【球体半径】分别为8cm和20cm的对比效果。

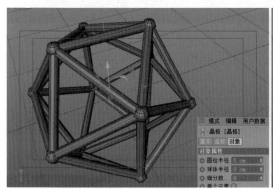
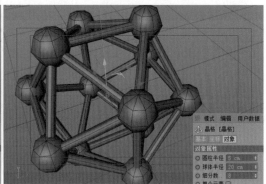

图 7-35

○ 细分数：设置圆柱与球体的细分数，细分数越大，模型越圆滑。如图7-36所示为设置【细分数】分别为4和20的对比效果。

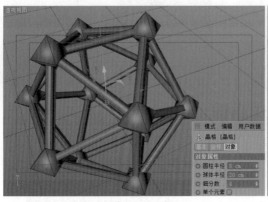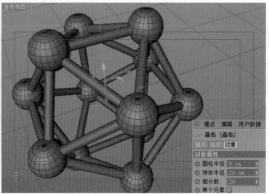

图 7-36

○ 单个元素：选中该复选框后，将此晶格物体转为可编辑对象，这时会根据晶格模型本身的结构进行分离成组，分离成独立的圆柱体和球体，如图7-37所示。

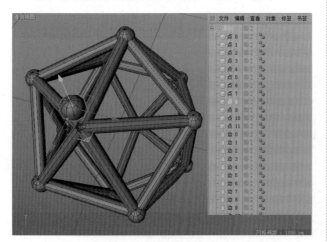

图 7-37

★ 实例——使用【晶格】制作神奇网格球

案例文件	案例文件\Chapter07\实例：使用【晶格】制作神奇网格球.c4d
视频教学	视频教学\Chapter07\实例：使用【晶格】制作神奇网格球.mp4

扫码看视频

实例介绍：

本例就来学习使用【球体】工具和【晶格】工具创建神奇网格球，如图7-38所示。

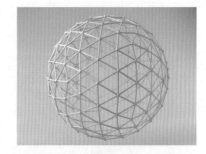

图 7-38

神奇网格球模型的建模流程如图7-39所示。

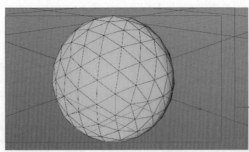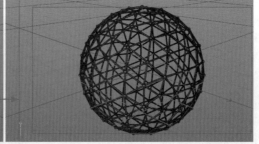

图 7-39

操作步骤：

01 在菜单栏中执行【创建】|【对象】|【球体】命令，设置【半径】为200cm，如图7-40所示。

02 选择球体，设置【类型】为【二十面体】，如图7-41所示。

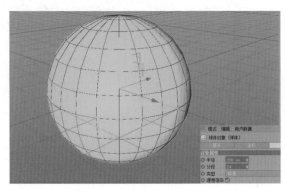

图 7-40

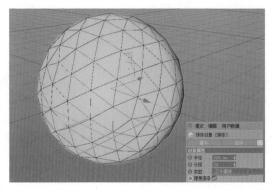

图 7-41

03 在菜单栏中执行【创建】|【造型】|【晶格】命令，在【对象/场次/内容浏览器/构造】面板中选择【球体】，将其拖到【晶格】位置上，当出现向下图标↓时，松开鼠标左键，如图7-42所示。

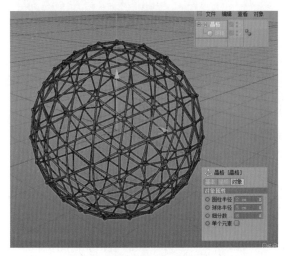

图 7-42

★ 实例——利用【晶格】制作骨架文字

案例文件	案例文件\Chapter07\实例：利用【晶格】制作骨架文字.c4d
视频教学	视频教学\Chapter07\实例：利用【晶格】制作骨架文字.mp4

实例介绍：

本例就来学习使用【文本】工具创建文字，使用【挤压】制作三维效果，使用【晶格】制作晶状结构，如图7-43所示。

扫码看视频

图 7-43

骨架文字模型的建模流程如图7-44所示。

图 7-44

操作步骤：

01 在菜单栏中执行【创建】|【样条】|【文本】命令，将【文本】内容改为CINEMA，设置字体为Arial，如图7-45所示。

图　7-45

02 在菜单栏中执行【创建】|【生成器】|【挤压】命令，在【对象/场次/内容浏览器/构造】面板中选择文本，将其拖到【挤压】位置上，当出现向下图标↓时，松开鼠标左键。设置【移动】为50cm，如图7-46所示。

图　7-46

03 在【对象/场次/内容浏览器/构造】面板中，选择文本，将【点插值方式】改为【统一】，如图7-47所示。

图　7-47

04 在【对象/场次/内容浏览器/构造】面板中选择【挤压】，选择【封顶】属性，将【类型】改为【三角形】，选中【标准网格】复选框，如图7-48所示。

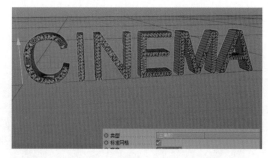

图　7-48

05 在菜单栏中执行【创建】|【造型】|【晶格】命令，在【对象/场次/内容浏览器/构造】面板中选择【挤压】，将其拖到【晶格】位置上，当出现向下图标↓时，松开鼠标左键，如图7-49所示。

图　7-49

06 在【对象/场次/内容浏览器/构造】面板中，选择【晶格】，设置【圆柱半径】为0.3cm，【球体半径】为2cm，【细分数】为5，如图7-50所示。

图　7-50

07 最终效果如图7-51所示。

图　7-51

7.2.3 布尔

【布尔】是通过对两个以上的物体进行并集、差集、交集运算，从而得到新的物体形态。系统提供了4种布尔运算方式，分别是【A加B】【A减B】【AB交集】和【AB补集】。

操作步骤：

01 创建一个立方体和一个圆柱体，注意在【对象/场次/内容浏览器/构造】面板中设置两者的上下顺序，如图7-52所示。

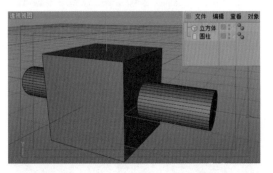

图 7-52

02 按住 ▦ （阵列）按钮，选择【布尔】，如图7-53所示。

图 7-53

03 在【对象/场次/内容浏览器/构造】面板中，选中【立方体】和【圆柱】，并将其拖动到【布尔】位置上，当出现向下图标↓时，松开鼠标左键，如图7-54所示。

图 7-54

04 此时出现了布尔的效果，即在立方体中间抠除了一个圆柱体的效果，如图7-55所示。

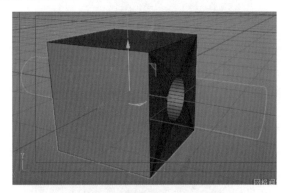

图 7-55

05 如果需要更改布尔的方式，可以单击【布尔】，并修改适合的【布尔类型】，如图7-56所示。

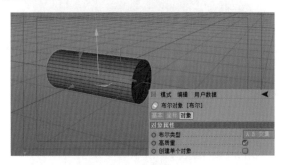

图 7-56

技巧提示：使用【布尔】命令时需要特别注意两个模型的上下顺序

如果将两个模型的上下顺序更换一下，即圆柱在上、立方体在下，如图7-57所示。那么系统会认为圆柱为A、立方体为B。默认的【布尔类型】为【A减B】，则会出现如图7-58所示的效果。

图 7-57

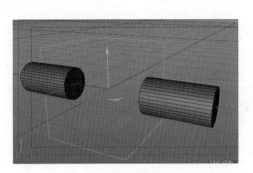

图 7-58

如图7-59所示为【布尔】参数。

图 7-59

重点参数讲解：

○ 布尔类型：单击该按钮可以在场景中选择另一个运算物体来完成【布尔】运算。

○ A加B：将两个对象合并，相交的部分将被删除，运算完成后两个物体将合并为一个物体，如图7-60所示。

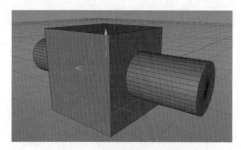

图 7-60

○ A减B：在A物体中减去与B物体重合的部分，如图7-61所示。

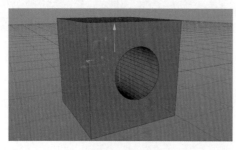

图 7-61

○ AB交集：将两个对象相交的部分保留下来，删除不相交的部分，如7-62所示。

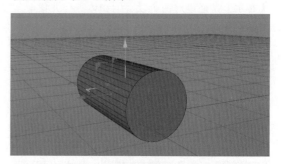

图 7-62

○ AB补集：A物体和B物体产生补集效果，最终模型内部镂空，如图7-63所示。

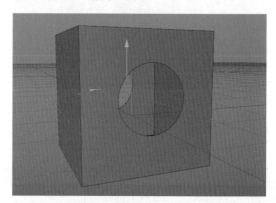

图 7-63

○ 高质量：选中该复选框后，会设置更加详细的参数。

○ 创建单个对象：选中该复选框后，布尔计算后得到的物体会是一个封闭的模型。

○ 隐藏新的边：可以隐藏布尔计算得出的新边线，如图7-64所示。

○ 交叉处创建平滑着色（Phong）分割：设置交汇处的平滑程度。

○ 优化点：选中【创建单个对象】复选框后，才会激活该参数，可以优化两个物体之间相交的点。

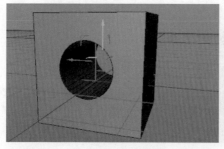
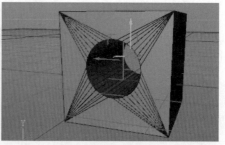

（a）选中隐藏新的边　　　　　　（b）取消选中隐藏新的边

图 7-64

技巧提示

在【对象/场次/内容浏览器/构造】面板中，变形器顺序的不同会产生不同的变化效果，如图7-65所示。

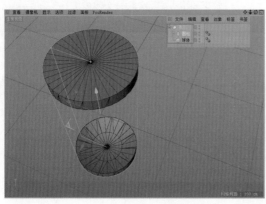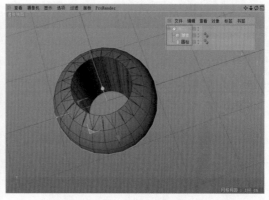

图　7-65

★ 实例——利用【布尔】制作骰子

案例文件	案例文件\Chapter07\实例：利用【布尔】制作骰子.c4d
视频教学	视频教学\Chapter07\实例：利用【布尔】制作骰子.mp4

实例介绍：

本例就来学习使用【立方体】和【球体】工具创建模型，使用【布尔】制作骰子模型，如图7-66所示。

扫码看视频

筛子模型的建模流程如图7-67所示。

操作步骤：

01 执行【创建】|【对象】|【立方体】命令，在视图中创建一个立方体。接着在右侧的属性面板中设置【尺寸.X】为200cm，【尺寸.Y】为200cm，【尺寸.Z】为200cm，接着选中【圆角】复选框，设置【圆角半径】为5cm，【圆角细分】为5，如图7-68所示。

02 执行【创建】|【对象】|【球体】命令，在视图中创建一个球体。接着在右侧的属性面板中选择【对象】，设置【半径】为25cm。设置完成后将其摆放在合适的位置，如图7-69所示。

图　7-66

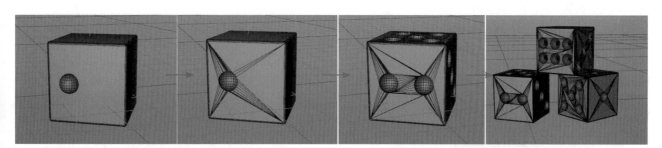

图　7-67

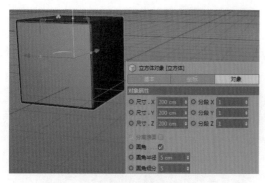

图　7-68

图　7-69

03 执行【创建】|【造型】|【布尔】命令，接着在右侧的【对象/场次/内容浏览器/构造】面板中调整顺序，如图7-70所示。

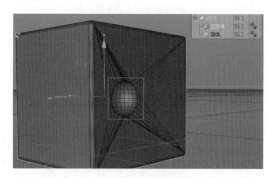

图　7-70

04 选择球体模型，按住Ctrl键并按住鼠标左键，将其沿Z轴向右移动并复制，接着在右侧的【对象/场次/内容浏览器/构造】面板中调整顺序，如图7-71所示。

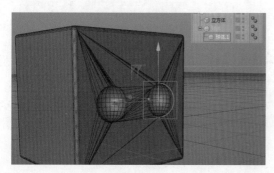

图　7-71

05 使用同样的方法继续复制球体并放置在合适的位置，筛子效果如图7-72所示。

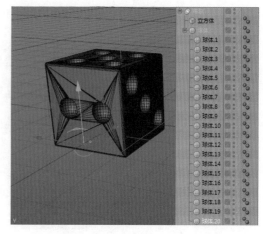

图　7-72

06 将筛子模型复制两份并摆放在合适的位置。案例最终效果如图7-73所示。

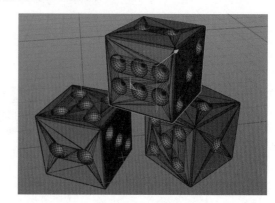

图　7-73

7.2.4　样条布尔

【样条布尔】是通过对两个以上的线条进行并集、差集、交集运算，从而得到新的物体形态，如图7-74所示。系统提供了4种布尔运算方式，参数设置面板如图7-75所示。

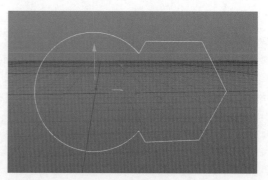

图　7-74

图 7-75

重点参数讲解：

◎ 模式：可以分为【合集】【A减B】【B减A】【与】【或】和【交集】。

◎ 轴向：沿着不同的轴向进行线条布尔运算。

◎ 创建封盖：可以使样条线变成一个平面。

7.2.5 连接

使用【连接】造型工具可在一定范围内将两个物体进行连接，参数面板如图7-76所示。

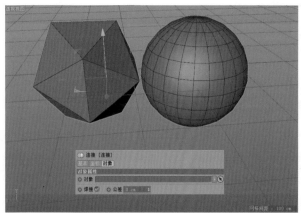

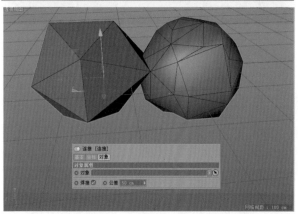

图 7-77

例如当公差为0cm时，两个物体之间没有连接效果；当公差为50cm时，两个物体之间出现了连接效果，如图7-77所示。

图 7-76

重点参数讲解：

◎ 对象：设置连接对象目标。

◎ 焊接：选中该复选框后，两个物体才会连接在一起。

◎ 公差：在设置范围内，可以使在公差范围的两个物体进行连接。

◎ 平滑着色（Phong）模式：设置物体表面的平滑程度。

◎ 居中轴心：选中该复选框后，将连接模型移动到中心坐标轴。

7.2.6 实例

使用【实例】造型工具可将模型进行复制，复制出来的模型具有原模型的特征，通过调整原始模型的参数，复制出来的模型也会同时改变，如图7-78所示。

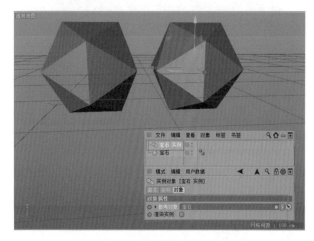

图 7-78

◎ 参考对象：后面的通道为参考的对象名称。

技巧提示

单击参考对象前面的▼按钮，可以看到参考对象的详细参数，通过修改模型的基本参数来调整模型的形状，如图7-79和图7-80所示。

图　7-79

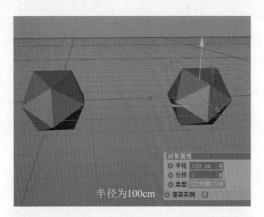

半径为100cm

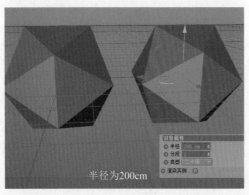

半径为200cm

图　7-80

7.2.7　融球

【融球】造型工具可以使多个模型进行融合，如图7-81和图7-82所示。

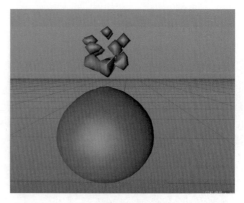

图　7-81

图　7-82

重点参数讲解：

◯ 外壳数值：设置融球的融合大小，数值越大，融合效果越明显。

◯ 编辑器细分：设置融合后模型的细分，细分值越大，模型棱角越硬。

◯ 渲染器细分：设置渲染时的细分。

◯ 指数衰减：选中复选框后，融球的模型会变小。

 技巧提示

通过【编辑器细分】可以在窗口视图中观察到模型的细分，而【渲染器细分】是在【渲染到图片】查看器中使用的，渲染器细分的数值越小，模型越圆滑。

7.2.8　对称

使用【对称】造型工具可以快速地创建出模型的另外一部分，因此在制作角色模型、人物模型、家具模型等对称模型时，可以先制作模型的一半，然后使用【对称】修改器制作另外一半，如图7-83和图7-84所示。

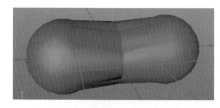

图　7-83

图　7-84

重点参数讲解：

◆ 镜像平面：设置对称的对称轴，分为XY、XY、XZ 3个
对称轴。

◆ 焊接点：选中该复选框后，可以将对称模型进行焊接。
选中该复选框后，才可以激活公差、对称等参数。

◆ 公差：调节该数值可以连接两个物体。

◆ 对称：选中该复选框后，焊接线会出现在对称位置，如
图7-85所示。

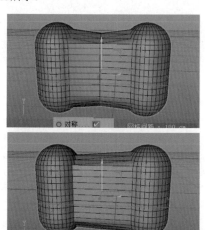

图　7-85

◆ 在轴心上限制点：选中该复选框，可以激活删除轴心上
的多边形参数。

7.2.9　Python生成器

使用【Python生成器】造型工具可以通过编写代码进行
模型的创建，如图7-86和图7-87所示。

图　7-86

图　7-87

7.2.10　LOD

LOD（细节级别）用于最大程度地提高视窗和渲染速
度，并为游戏工作流程准备资源，参数如图7-88所示。

图　7-88

7.2.11　减面

使用【减面】造型工具可以减少物体的面数，其参数面
板如图7-89所示。

图　7-89

重点参数讲解：

- 减面强度：设置减面的强度，强度越大，变化越大，强度越小，变化越小，如图7-90所示。
- 三角数量：设置模型的三角数量。
- 顶点数量：设置物体的顶点数量。
- 剩余边：设置剩余边的数量。

操作步骤：

01 创建一个【地形】模型，如图7-91所示。

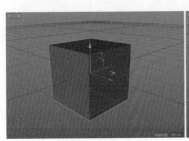

（a）减面强度为0%

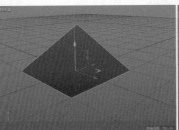

（b）减面强度为50%

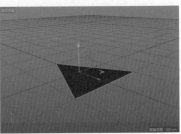

（c）减面强度为90%

图　7-90

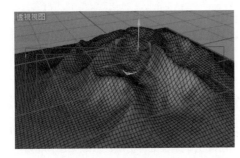

图　7-91

02 按住 ▦（阵列）按钮，选择【减面】，如图7-92所示。

图　7-92

03 在【对象/场次/内容浏览器/构造】面板中选中【地形】，并将其拖动到【减面】位置上，当出现向下图标 ↓ 时，松开鼠标左键，如图7-93所示。

图　7-93

04 此时的地形模型已经被减面了，模型的多边形变少了，模型变粗糙了，如图7-94所示。

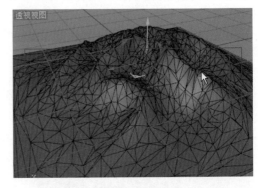

图　7-94

05 选择【减面】，设置参数即可，如图7-95所示。

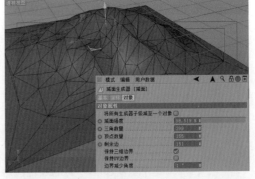

图　7-95

第8章

变形器建模

本章学习要点：
- 了解变形器。
- 变形器的类型。
- 使用变形器制作模型。

在已有基本模型的基础上，在工具栏中长按 按钮添加相应的变形器，将模型进行塑形或编辑。通过这种方法可以快速地打造特殊的模型效果，如扭曲、螺旋等，如图8-1所示。

图 8-1

8.1.1 变形器的创建

变形器的创建方法有两种，一种是在菜单栏中执行【创建】|【变形器】命令，选择相应的变形器，如图8-2所示；另一种是在工具栏中长按 按钮，在出现的菜单中选择相应的变形器，如图8-3所示。

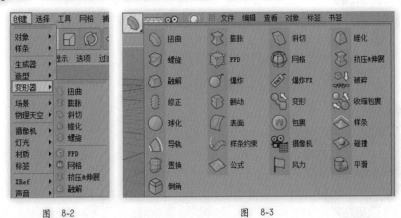

图 8-2   图 8-3

8.1.2 为对象加载变形器

（1）使用变形器之前一定要有已创建好的基础对象，如几何体、挤出的样条线模型等，如图8-4所示。我们创建一个长方体模型，并设置合适的分段数值。

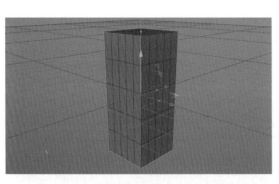

图 8-4

（2）在菜单栏中执行【创建】|【变形器】|【扭曲】命令，在【对象/场次/内容浏览器/构造】面板中，单击选择【扭曲】，并将其拖到【立方体】位置上，当出现向下图标↓时，松开鼠标左键，如图8-5所示。

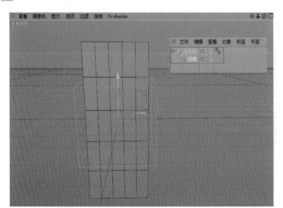

图 8-5

（3）此时【扭曲】变形器已经添加给了立方体，然后在【属性/层】面板中对其参数进行适当设置，如图8-6所示。

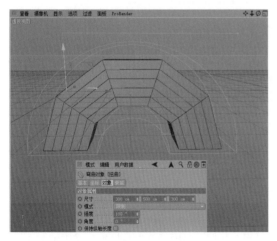

图 8-6

（4）在菜单栏中执行【创建】|【变形器】|【膨胀】命令，在【对象/场次/内容浏览器/构造】面板中单击鼠标左键选择【膨胀】，并将其拖到【立方体】位置上，当出现向

下图标时，松开鼠标左键，如图8-7所示。

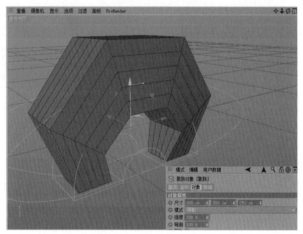

图 8-7

（5）此时长方体上新增了一个【膨胀】变形器，在【属性/层】面板中对其参数进行适当设置，如图8-8所示。

图 8-8

技巧提示

如果想要删除某个变形器，可以在选中某个变形器后按Delete键，如果选择对象本身，会连带对象和修改器都被删除。

8.1.3 变形器顺序变化产生的效果

在【对象/场次/内容浏览器/构造】面板中，变形器的位置非常重要，不同的位置产生的效果是不同的，如图8-9所示为创建模型先添加【膨胀】变形器，后添加【扭曲】变形的效果。如图8-10所示为先添加【扭曲】变形器，后添加【膨胀】变形器的效果。

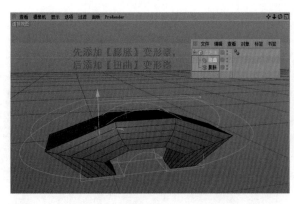

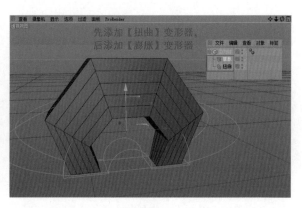

图 8-9

图 8-10

不难发现，更改变形器的次序，会对最终的模型产生影响。但这不是绝对的，在有些情况下，更改变形器次序，不会产生任何效果。

技巧提示

在【对象/场次/内容浏览器/构造】面板中，当出现向左图标←时，变形器的次序会发生改变，如图8-11所示。

图 8-11

8.2 变形器的类型

Cinema 4D中的变形器类型共有29种，分别是扭曲、膨胀、斜切、锥化、螺旋、FFD、网格、挤压&伸展、融解、爆炸、爆炸FX、破碎、修正、颤动、变形、收缩包裹、球化、表面、包裹、样条、导航、样条约束、摄像机、碰撞、置换、公式、风力、平滑和倒角，如图8-12所示。

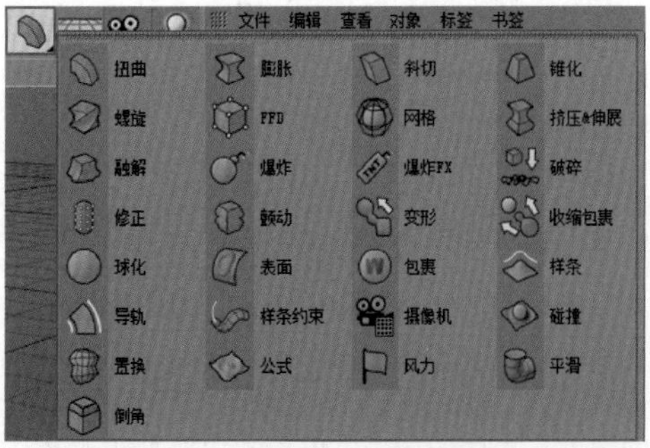

图 8-12

8.2.1 扭曲

使用【扭曲】变形器可以对物体在任意3个轴上进行弯曲处理，可以调节扭曲的强度和角度，以及限制对象在一定区域内的弯曲程度。在【对象/场次/内容浏览器/构造】面板中，拖动【扭曲】到【立方体】位置上，当出现向下图标↓时，松开鼠标左键。如图8-13所示为扭曲效果，其参数设置面板如图8-14所示。

重点参数讲解：

● 尺寸：调节扭曲变形器X、Y、Z的大小。

● 模式：分为限制、框内和无限3种方式，如图8-15所示。如图8-16所示分别是设置为【限制】【框内】【无限】3种方式的效果。

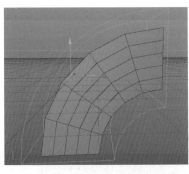
图 8-13

图 8-14

图 8-15

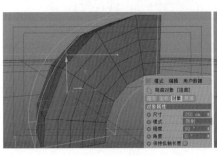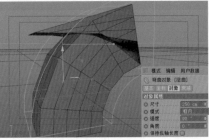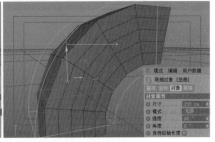
图 8-16

● 强度：设置弯曲的程度。如图8-17所示为设置强度分别为60°和180°的对比效果。

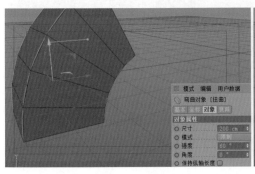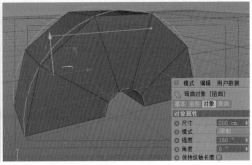
图 8-17

● 角度：可以改变扭曲的方向。如图8-18所示为设置角度分别为210°和-30°的对比效果。

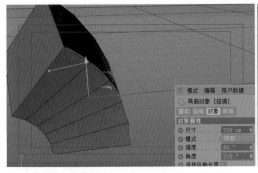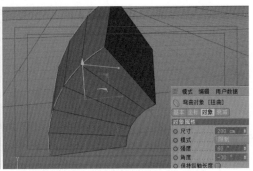
图 8-18

● 保持纵横长度：选中该复选框，可以保持原有模型的纵横比。

● 匹配到父级：当变形器为对象的子层级时，按住【匹配到父级】按钮，变形器自动匹配父级大小。如图8-19所示为单击该按钮，变形器匹配到了模型上。

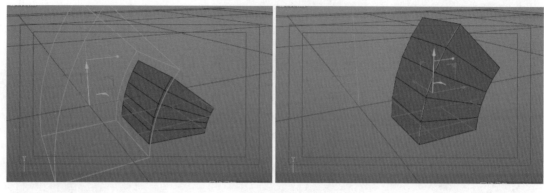

图　8-19

技巧提示：分段的重要性

设置【分段Y】为1时，使用【扭曲】时，模型会由于分段过少，产生不正常的显示效果；而当设置【分段Y】为5时，可以看到扭曲效果是正常的。因此【分段】数值非常重要，如图8-20所示。

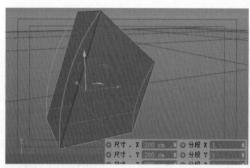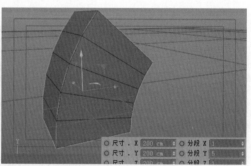

图　8-20

8.2.2　膨胀

使用【膨胀】变形器可以使物体产生凹凸的效果。在【对象/场次/内容浏览器/构造】面板中，拖动【膨胀】到【立方体】位置上，当出现向下图标 ↓ 时，松开鼠标左键，如图8-21和图8-22所示。

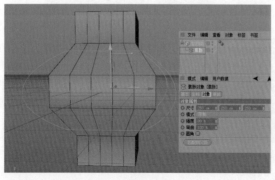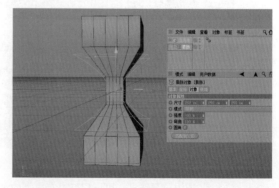

图　8-21　　　　　　　　　　　　　　图　8-22

重点参数讲解：

- 强度：通过更改强度的大小，可以出现凹凸的效果。
- 弯曲：设置膨胀轮廓的大小。
- 圆角：使模型具有圆角效果。如8-23所示为取消选中和选中圆角的对比效果。

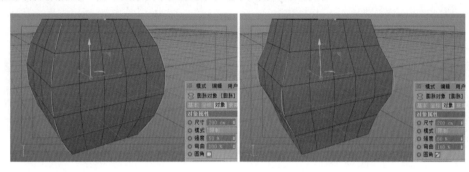

图　8-23

 技巧提示

在给对象添加变形器时，需要模型对象有足够的细分分段，这样变形器的效果才会显示出来，效果对比如图8-24所示。

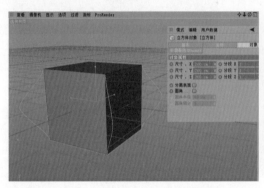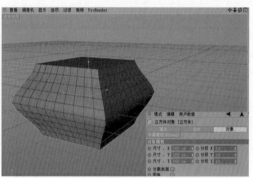

图　8-24

8.2.3　斜切

　　【斜切】变形器是固定模型的一边，而对另一边进行偏移。在【对象/场次/内容浏览器/构造】面板中，拖动【斜切】到【立方体】位置上，当出现向下图标 ↓ 时，松开鼠标左键。如图8-25所示为斜切效果，其参数设置面板如图8-26所示。

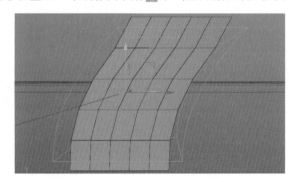

图　8-25　　　　　　　　　　　　　　　　　　　　　　　　　图　8-26

8.2.4 锥化

使用【锥化】变形器可以对模型上方进行锥化处理。在【对象/场次/内容浏览器/构造】面板中，拖动【锥化】到【立方体】位置上，当出现向下图标↓时，松开鼠标左键。如图8-27所示为锥化效果，其参数设置面板如图8-28所示。

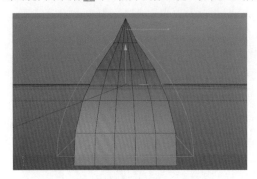

图 8-27

图 8-28

当【强度】超过100%时，可以出现不同的锥化效果，如图8-29所示。

8.2.5 螺旋

使用【螺旋】变形器可在对象的几何体中心产生旋转效果（就像拧湿抹布）。在【对象/场次/内容浏览器/构造】面板中，拖动【螺旋】到【立方体】位置上，当出现向下图标↓时，松开鼠标左键。如图8-30所示为螺旋效果，其参数设置面板如图8-31所示。

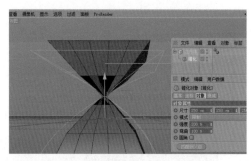

图 8-29

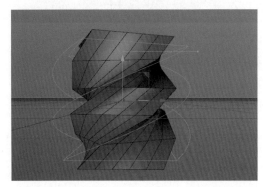

图 8-30

图 8-31

重点参数讲解：

● 角度：设置螺旋的旋转角度。

★ 实例——利用【螺旋】变形器制作文字扭曲变形效果

| 案例文件 | 案例文件\Chapter08\实例：利用【螺旋】变形器制作文字扭曲变形效果.c4d |
| 视频教学 | 视频教学\Chapter08\实例：利用【螺旋】变形器制作文字扭曲变形效果.mp4 |

实例介绍：

本例就来学习使用【文本】工具创建文字，使用【螺旋】使文字产生扭曲，使用【挤压】使文字产生三维厚度，如图8-32所示。

文字扭曲变形效果的建模流程如图8-33所示。

图 8-32
图 8-33

操作步骤：

01 在菜单栏中执行【创建】|【对象】|【圆环】命令，设置【圆环半径】为150cm，【圆环分段】为100，【导管半径】为10cm，同时旋转圆环90°，如图8-34所示。

02 在菜单栏中执行【创建】|【样条】|【文本】命令，并修改【文本】内容为【D】，设置【字体】为Arial、Regular，设置【高度】为80cm，调整其位置，并将其命名为【D】，如图8-35所示。

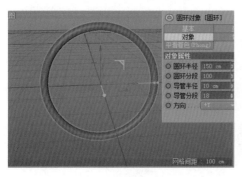

图 8-34

图 8-35

03 在菜单栏中执行【创建】|【变形器】|【螺旋】命令，设置【尺寸】均为60cm，【模式】为【框内】，【角度】为50°，调整过后的螺旋器位置如图8-36所示。

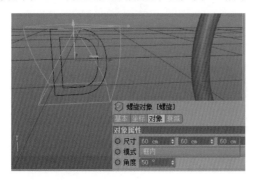

图 8-36

04 在菜单栏中执行【创建】|【生成器】|【挤压】命令，选择文字【D】和螺旋，并将其拖到【挤压】位置上，当出现向下图标↓时，松开鼠标左键。设置【细分数】为10，如图8-37所示。

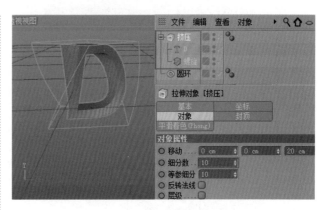

图 8-37

05 在【对象/场次/内容浏览器/构造】面板中选择【挤压】，按Ctrl+C快捷键复制，按Ctrl+V快捷键粘贴，将其复制9份，分别将文字内容和命名为R、E、A、M、S、O、U、N、D，如图8-38所示。

06 适当调整每一个【螺旋】的角度数值，可以得到不同的螺旋效果，如图8-39所示。

图 8-38

图 8-39

8.2.6 FFD

使用【FFD】变形器可通过调整网点的位置来控制对象的形状。在【对象/场次/内容浏览器/构造】面板中，拖动【FFD】到【立方体】位置上，当出现向下图标↓时，松开鼠标左键。如图8-40所示为FFD效果，其参数设置面板如图8-41所示。

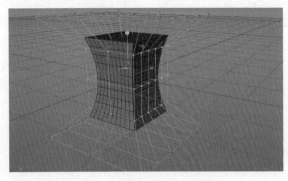

图 8-40

图 8-41

重点参数讲解：

- 栅格尺寸：可以设置X、Y、Z轴上栅格的大小。
- 水平网点：设置X轴上的网点数量。
- 垂直网点：设置Y轴上的网点数量。
- 纵深网点：设置Z轴上的网点数量。

操作步骤：

01 创建一个立方体模型，并设置尺寸和分段参数，如图8-42所示。

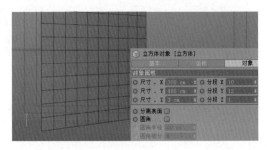

图 8-42

02 按住 ⬙ （扭曲）按钮，选择【FFD】，如图8-43所示。

图 8-43

03 在【对象/场次/内容浏览器/构造】面板中，拖动【FFD】到【立方体】位置上，当出现向下图标↓时，松开鼠标左键，如图8-44所示。

图 8-44

04 选择【FFD】，单击【匹配到父级】按钮，然后设置【水平网点】【垂直网点】【纵深网点】参数，如图8-45所示。

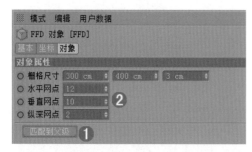

图 8-45

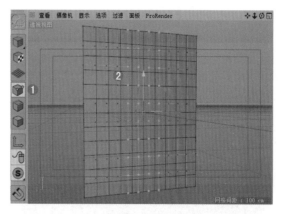

图 8-47

05 此时在模型表面出现了网点效果，如图8-46所示。

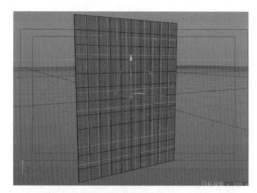

图 8-46

06 单击界面左侧的 （点）按钮，并选择模型表面的网点，如图8-47所示。

07 此时就可以移动网点的位置了，会发现移动网点的位置后，模型也会随之变化，如图8-48所示。

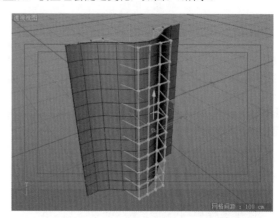

图 8-48

★ **实例——使用【FFD】制作创意装饰瓶**

案例文件	案例文件\Chapter08\实例：使用【FFD】制作创意装饰瓶.c4d
视频教学	视频教学\Chapter08\实例：使用【FFD】制作创意装饰瓶.mp4

扫码看视频

实例介绍：

本例就来学习使用【圆柱】工具创建圆柱，使用【FFD】修改圆柱的形态为扭曲变形的花瓶，如图8-49所示。

创意装饰瓶模型的建模流程如图8-50所示。

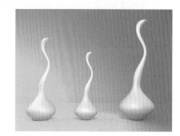

图 8-49

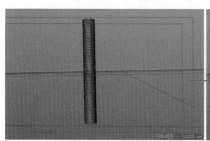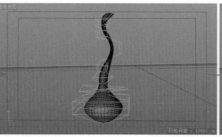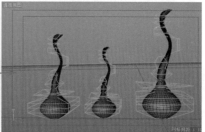

图 8-50

操作步骤：

01 执行【创建】|【对象】|【圆柱】命令，在视图中创建一个圆柱。接着在右侧的属性面板中选择【对象】，设置【半径】为30cm，【高度】为500cm，【高度分段】为70，【旋转分段】为36，如图8-51所示。

图　8-51

02 执行【创建】|【变形器】|【FFD】命令，接着在右侧的【对象/场次/内容浏览器/构造】面板中将【FFD】拖到【圆柱】位置上，当出现向下图标↓时，松开鼠标左键。单击选择【FFD】，在右侧的属性面板中选择【对象】，设置【栅格尺寸】为【60cmm, 500cm, 60cmm】，【水平网点】为2，【垂直网点】为19，【纵深网点】为2，接着单击【匹配到父级】按钮，如图8-52所示。

图　8-52

03 在左侧的编辑模式工具栏中单击【点】按钮，按住Shift键加选如图8-53所示的三排【点】。单击工具栏中的【缩放】按钮，将其分别沿X轴和Z轴缩放，如图8-54所示。

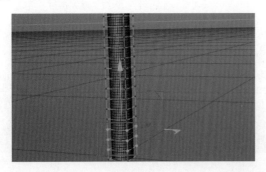

图　8-53

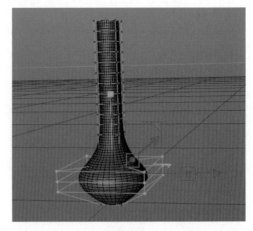

图　8-54

04 单击【移动】按钮，将选中的点沿Y轴稍微向上移动，效果如图8-55所示。

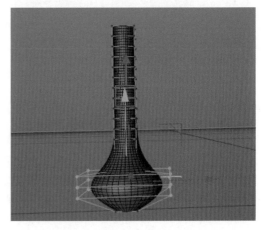

图　8-55

05 使用同样的方法继续调整点的位置以改变模型的形状，案例最终效果如图8-56所示。

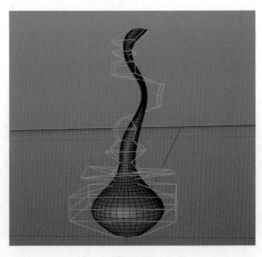

图　8-56

8.2.7 网格

使用【网格】变形器可将两个物体合成在一起，通过一个模型来控制另一个模型，如图8-57所示。

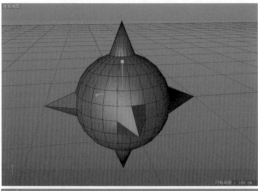

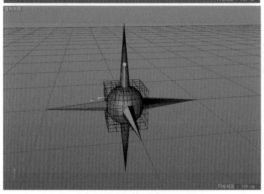

图 8-57

8.2.8 挤压&伸展

使用【挤压&伸展】变形器可以挤压和伸展模型。在【对象/场次/内容浏览器/构造】面板中，拖动【挤压&伸展】到【立方体】位置上，当出现向下图标↓时，松开鼠标左键。如图8-58所示为挤压&伸展效果，其参数设置面板如图8-59所示。

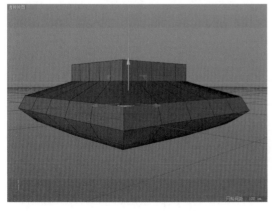

图 8-58

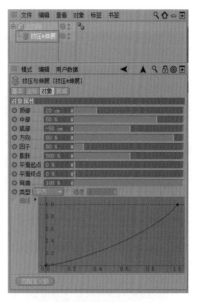

图 8-59

重点参数讲解：

- 顶部/中部/底部：可以分别调整物体顶部、中部、底部的拉伸和挤压效果。
- 方向：将模型沿着X轴挤压或拉伸。
- 因子：将模型沿着Y轴挤压或拉伸。如图8-60所示为设置【因子】分别为100%和150%的对比效果。

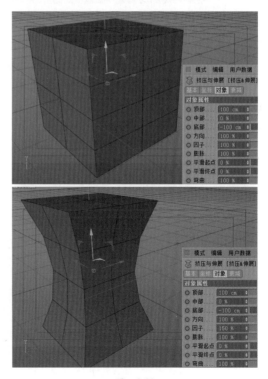

图 8-60

● 膨胀：将模型沿着Z轴挤压或拉伸。如图8-61所示为设置【膨胀】分别为60%和260%的对比效果。

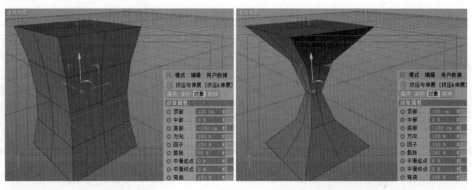

图　8-61

● 平滑起点/平滑终点：设置模型起点和终点的平滑效果。如图8-62所示为设置【平滑起点/平滑终点】分别为0%和100%的对比效果。

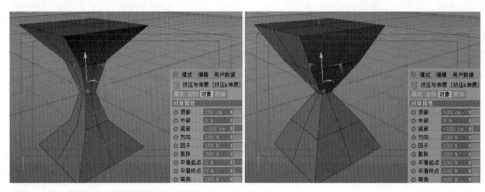

图　8-62

● 弯曲：调整模型弯曲的程度。

● 类型：分别有平方、立方、四次方、自定义和样条5种类型。

● 曲线：当【类型】为【样条】时，可以调整曲线。

8.2.9　融解

使用【融解】变形器可以挤压和伸展模型。在【对象/场次/内容浏览器/构造】面板中，拖动【融解】到【圆柱】位置上，当出现向下图标↓时，松开鼠标左键。如图8-63所示为融解效果，其参数设置面板如图8-64所示。

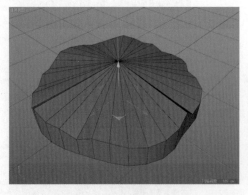

图　8-63

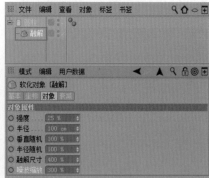

图　8-64

重点参数讲解：

◉ 强度：设置融解的大小。如图8-65所示为设置【强度】分别为10%和30%的对比效果。

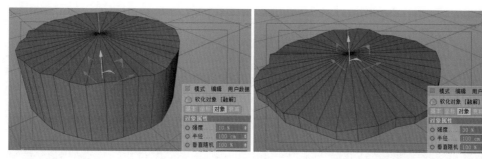

图　8-65

◉ 半径：设置融解模型的厚度。如图8-66所示为设置【半径】分别为30cm和300cm的对比效果。

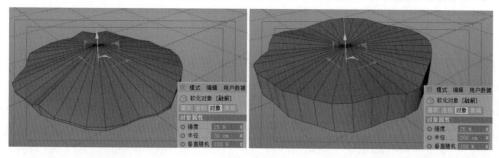

图　8-66

◉ 垂直随机：设置模型在垂直方向的变化。

◉ 半径随机：设置半径的随机大小。

◉ 融解尺寸：设置融解模型的大小。

◉ 噪波缩放：设置噪波的缩放大小。

8.2.10　爆炸

　　【爆炸】变形器是根据模型的分段数进行分裂，分段数越多，爆炸出现的碎片越多。在【对象/场次/内容浏览器/构造】面板中，拖动【爆炸】到【圆柱】位置上，当出现向下图标↓时，松开鼠标左键。如图8-67所示为爆炸效果，其参数设置面板如图8-68所示。

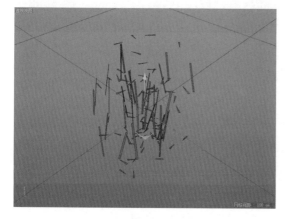

图　8-67

图　8-68

重点参数讲解：

⬤ 强度：设置爆炸的强度，数值越大，爆炸越分散。如图8-69所示为设置【强度】分别为3%和20%的对比效果。

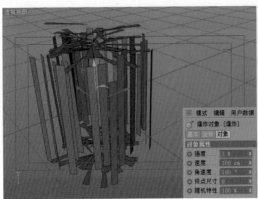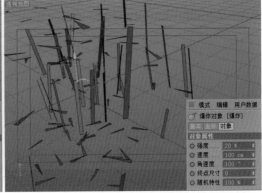

图　8-69

⬤ 速度：设置碎片之间的距离。

⬤ 角速度：设置爆炸碎片的旋转角度。如图8-70所示为设置【角速度】分别为100°和900°的对比效果。

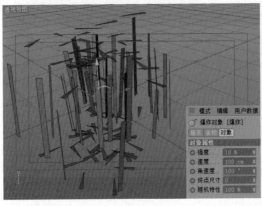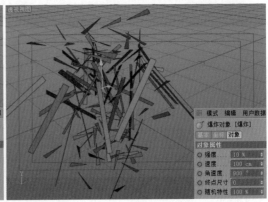

图　8-70

⬤ 终点尺寸：设置爆炸碎片的大小。如图8-71所示为设置【终点尺寸】分别为0和20的对比效果。

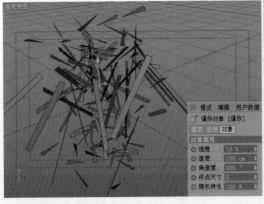

图　8-71

⬤ 随机特性：设置爆炸的随机性。如图8-72所示为设置【随机特性】分别为100%和20%的对比效果。

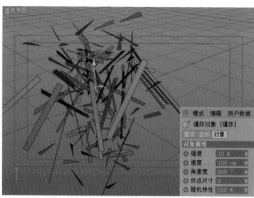
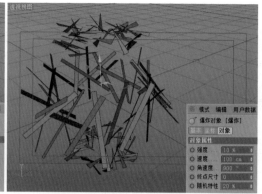

图　8-72

8.2.11　爆炸FX

【爆炸FX】变形器是根据模型的分段数进行分裂，而分裂成的碎片具有立体效果。在【对象/场次/内容浏览器/构造】面板中，拖动【爆炸FX】到球体模型位置上，当出现向下图标↓时，松开鼠标左键。如图8-73所示为爆炸FX的效果，其参数设置面板如图8-74所示。

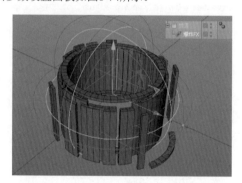

图　8-73

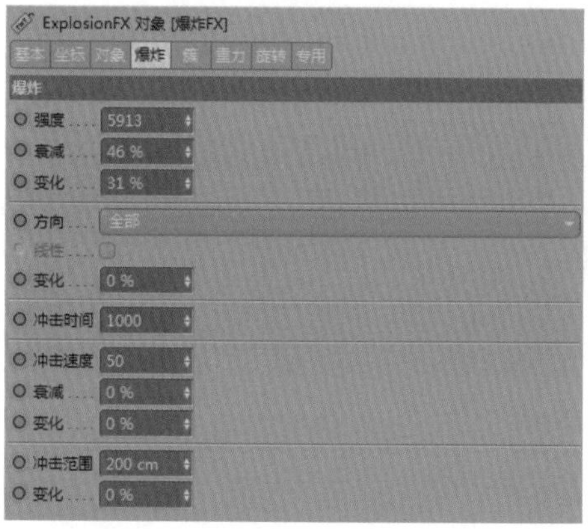

图　8-75

🌑 时间：设置爆炸的程度与范围。

（2）【爆炸】属性面板如图8-76所示。

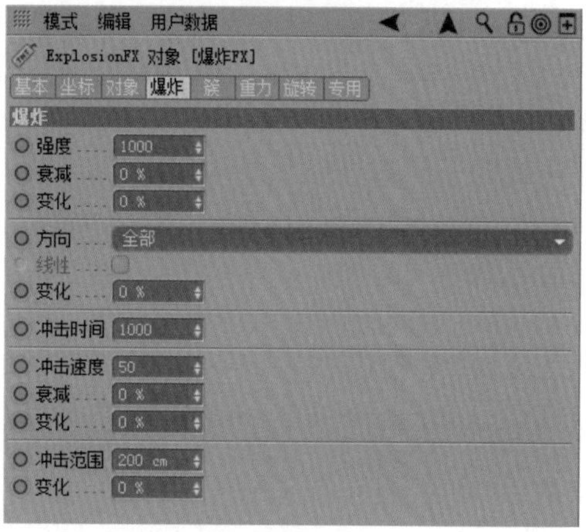

图　8-76

🌑 强度：设置爆炸的强度。

🌑 衰减：设置爆炸衰减的程度。

🌑 变化：设置爆炸的变化程度。

🌑 方向：可以设置爆炸的方向。

🌑 冲击时间：可以控制爆炸的大小程度。

🌑 冲击速度：设置视图中绿色变形器的大小。

🌑 冲击范围：设置视图中红色变形器的大小。

重点参数讲解：

（1）【对象】属性面板如图8-75所示。

图　8-74

（3）【簇】属性面板如图8-77所示。

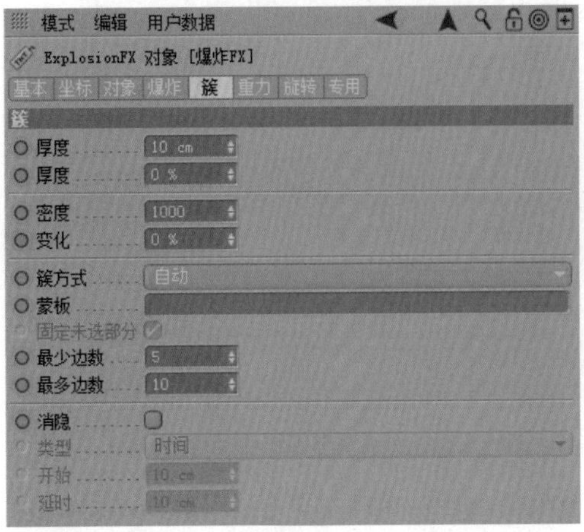

图 8-77

- 厚度：设置爆炸碎片的厚度。
- 密度：设置爆炸碎片的密度。
- 簇方式：设置爆炸碎片的分散类型。

（4）【重力】属性面板如图8-78所示。

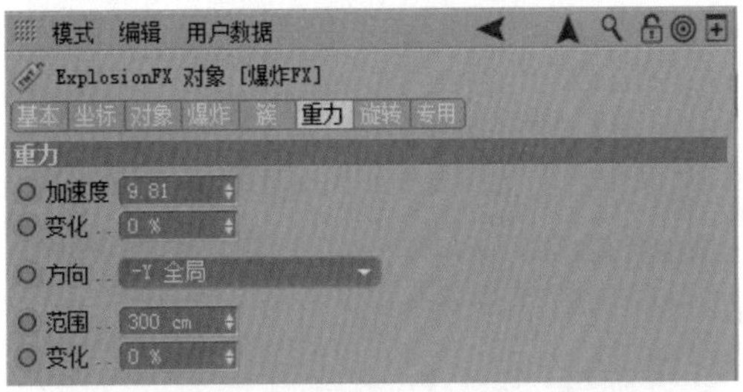

图 8-78

- 加速度：设置爆炸的重力加速度，默认为9.81。
- 方向：设置重力的方向。
- 范围：设置视图中蓝色变形器的大小。

（5）【旋转】属性面板如图8-79所示。

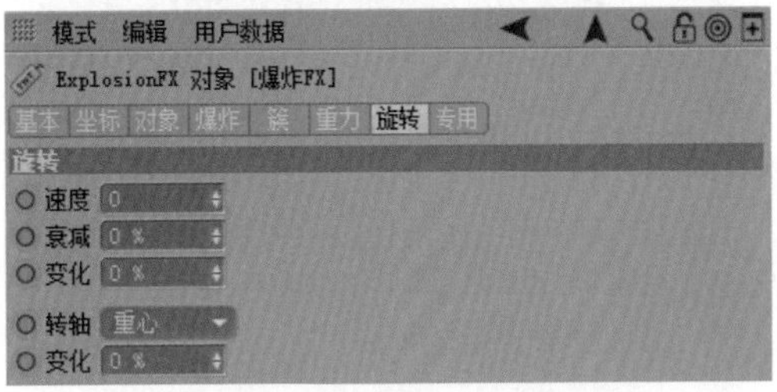

图 8-79

- 速度：设置碎片的旋转角度。
- 转轴：设置旋转的轴向方向，分为重心、X—轴、Y—轴和Z—轴共4种方式。

（6）【专用】属性面板如图8-80所示。

图 8-80

- 风力：设置碎片的风力方向，当数值为正数时，沿着Z轴正方向；当数值为负数时，沿着Z轴负方向。
- 螺旋：设置碎片的旋转角度，当数值为正数时，沿着Y轴逆时针旋转；当数值为负数时，沿着Y轴顺时针旋转。

8.2.12 破碎

使用【破碎】变形器可以使模型对象产生破碎。在【对象/场次/内容浏览器/构造】面板中，拖动【破碎】到【球体】位置上，当出现向下图标时，松开鼠标左键。如图8-81所示为破碎效果，其参数设置面板如图8-82所示。

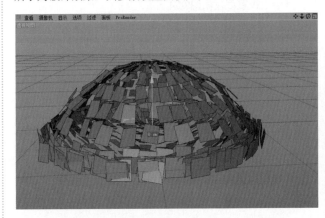

图 8-81

图 8-82

重点参数讲解：

- 强度：控制破碎的程度，当强度为0%时，物体没有破碎，当强度为100%时，在视图中已经找不到模型。如图8-83所示为设置【强度】分别为0%、10%、70%、100%的对比效果。

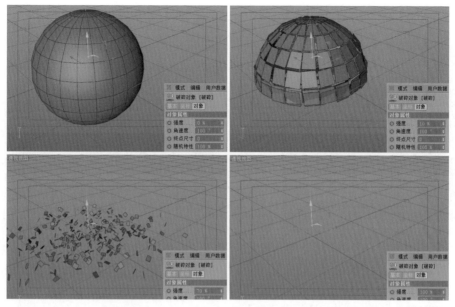

图 8-83

● 角速度：设置破碎的旋转速度，数值越大越混乱。如图8-84所示为设置【角速度】分别为0°和500°的对比效果。

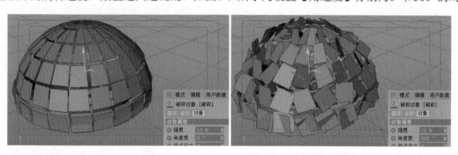

图 8-84

● 终点尺寸：设置破碎碎片的大小。

● 随机特性：设置碎片的破碎随机性。

8.2.13 修正

【修正】变形器可以在不将物体转换为可编辑对象的情况下，在编辑模式工具组下选择点、边、多边形进行设置。在【对象/场次/内容浏览器/构造】面板中，拖动【修正】到【立方体】位置上，当出现向下图标↓时，松开鼠标左键，其参数设置面板如图8-85所示。

重点参数讲解：

● 映射：分为临近、UV、法线3种方式。

● 强度：设置变形的强度。

8.2.14 颤动

使用【颤动】变形器可产生颤动动画，注意在使用【颤动】变形器时，需要该颤动的父级模型制作了关键帧动画，这样才会出现颤动动画，其参数设置面板如图8-86所示。

图 8-85

图 8-86

重点参数讲解：

- 启动 停止：选中该复选框后，可使用【运动比例】参数。
- 强度：设置颤动的强度数值。
- 硬度：设置颤动的硬度弹性。
- 构造：用于控制模型本身结构线的变化。
- 黏滞：数值越大，模型的颤动效果越不明显。

操作步骤：

01 创建球体模型，选中模型，将时间轴拖动到第0帧，单击 （记录活动对象）按钮，如图8-87所示。

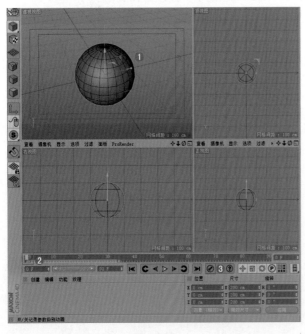

图 8-87

02 将时间线拖动到第50帧，进入【坐标】，设置S的X、Y、Z均为1.5。并再次单击 （记录活动对象）按钮，如图8-88所示。

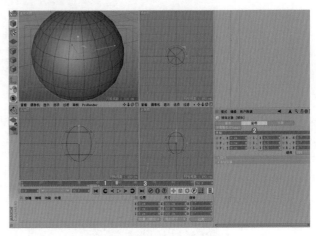

图 8-88

03 此时动画制作完成。按住 （扭曲）按钮，选择【颤动】，如图8-89所示。

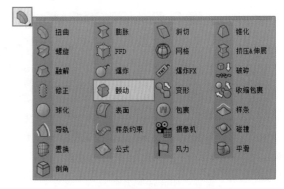

图 8-89

04 在【对象/场次/内容浏览器/构造】面板中，单击选择【颤动】，并将其拖动到【球体】位置上，当出现向下图标 时，松开鼠标左键，如图8-90所示。

图 8-90

05 在【对象/场次/内容浏览器/构造】面板中，单击选择【颤动】，单击【影响】后方的 按钮，接着单击球体模型，最后设置【重力】为60，如图8-91所示。

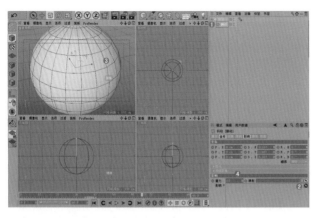

图 8-91

06 单击 ▷ （向前播放）按钮，此时出现了很有弹性的颤动动画，如图8-92所示。

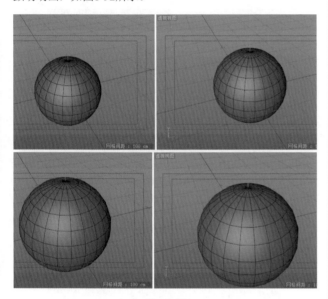

图 8-92

8.2.15 变形

【变形】变形器主要用于辅助姿态变形，其参数设置面板如图8-93所示。

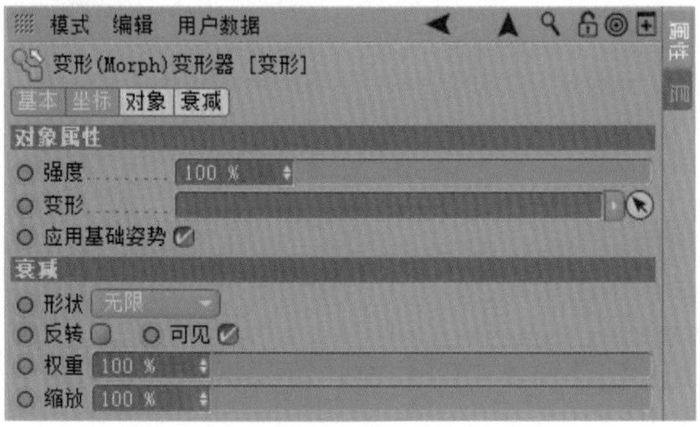

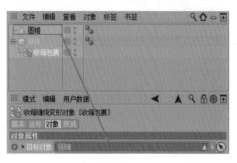

图 8-93

8.2.16 收缩包裹

使用【收缩包裹】变形器可使一个模型进行收缩，从而变形成另一个模型，其参数设置面板如图8-94所示。

图 8-94

重点参数讲解：

● 目标对象：选择一个模型作为目标进行收缩包裹。

● 模式：分为沿着法线、目标轴和来源轴3种模式，将沿着一定的方向进行收缩。

● 强度：设置收缩的程度，当【强度】为0%时，没有产生收缩效果；当【强度】为100%时，收缩包裹的对象已经与目标对象相同。

● 最大距离：控制收缩程度，当该值为0cm时，不会产生收缩效果。

8.2.17 球化

使用【球化】变形器可以将任何物体向球体形状转化，如图8-95所示，其参数设置面板如图8-96所示。

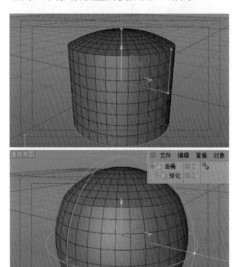

图 8-95

图 8-96

重点参数讲解：

● 半径：设置球化球体的半径。

● 强度：设置球化的强度，当该值为0%时，模型没有变化；当该值为100%时，模型呈现球体形态。

8.2.18 表面

使用【表面】变形器可借助一个模型使平面变成一个模型，如图8-97所示，其参数设置面板如图8-98所示。

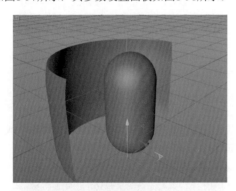

图 8-97

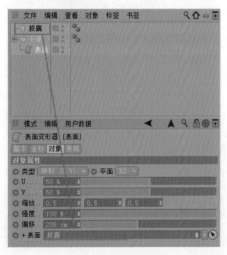

图 8-98

重点参数讲解：

● 类型：分为映射、映射（U，V）和映射（V，U）3种方式。

● 缩放：可以使模型沿着X、Y、Z轴进行缩放。

● 强度：控制模型的变化程度。

● 偏移：设置变形器的大小。

● 表面：添加一个目标对象。

8.2.19 包裹

【包裹】变形器可以使模型面呈球体或圆柱体。在【对象/场次/内容浏览器/构造】面板中，拖动【包裹】到【立方体】位置上，当出现向下图标↓时，松开鼠标左键。如图8-99所示为包裹效果，其参数设置面板如图8-100所示。

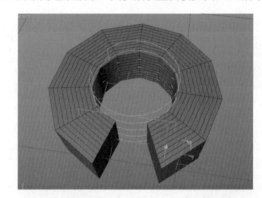

图 8-99

图 8-100

重点参数讲解：

● 宽度：设置包裹的范围，数值越大，包裹的范围就越大。

● 高度：设置包裹的高度。

- 半径：包裹的半径大小。
- 包裹：分为柱状和球状两种类型。
- 经度起点/经度终点：设置被包裹物体在经度上起点与终点的位置。
- 纬度起点/纬度终点：设置被包裹物体在纬度上起点与终点的位置。当包裹类型为球状时，才会激活该参数。
- 移动：设置包裹的物体沿着X轴拉伸。
- 缩放Z：设置包裹的物体沿着Z轴拉伸。
- 张力：设置变形器对物体产生的张力大小，如图8-101所示。

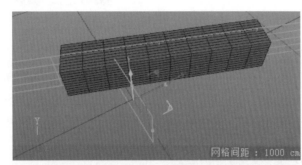

（a）张力为0%

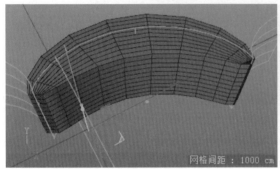 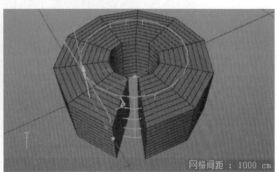

（b）张力为50%　　　　　　　　　　　　　　　（c）张力为100%

图　8-101

★ **实例——利用【爆炸】和【包裹】变形器制作栏目片头**

| 案例文件 | 案例文件\Chapter08\实例：利用【爆炸】和【包裹】变形器制作栏目片头.c4d |
| 视频教学 | 视频教学\Chapter08\实例：利用【爆炸】和【包裹】变形器制作栏目片头.mp4 |

扫码看视频

实例介绍：

本例就来学习使用【爆炸】变形器和【包裹】变形器制作栏目片头，如图8-102所示。
栏目片头模型的建模流程如图8-103所示。

图　8-102　　　　　　　　　　　　　　　　图　8-103

操作步骤：

01 在菜单栏中执行【创建】|【对象】|【球体】命令，并设置该球体的【半径】为150cm，【分段】为80，如图8-104所示。

02 在菜单栏中执行【创建】|【对象】|【圆环】命令，设置【圆环半径】为150cm，【圆环分段】为50，【导管半径】为20cm，通过旋转调整圆环位置，如图8-105所示。

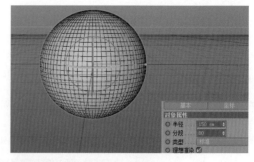

图 8-104

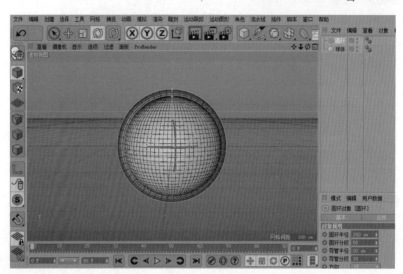

图 8-105

03 在菜单栏中执行【创建】|【样条】|【文本】命令，并修改【文本】内容为【SWEET】，设置字体为Arial、Bold，高度为120cm。最后将其移动到球体正前方，并将其命名为SWEET，如图8-106所示。

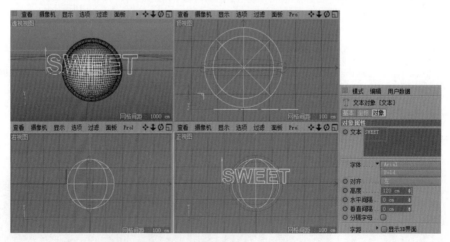

图 8-106

04 在菜单栏中执行【创建】|【生成器】|【挤压】命令，在【对象/场次/内容浏览器/构造】面板中，单击选择文本【SWEET】，并将其拖动到【挤压】位置上，当出现向下图标↓时，松开鼠标左键。设置【移动】为10cm，如图8-107所示。

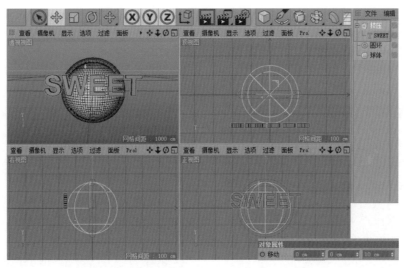

图 8-107

05 在【挤压】下选择【封顶】属性，设置【顶端】为【圆角封顶】，如图8-108所示。

图 8-108

06 选择当前的【SWEET】文字模型，按住Ctrl键并向下移动Y轴，复制一份模型，并修改文本内容为【FANTASYLAND】，设置【高度】为100cm，最后将其命名为FANTASYLAND，如图8-109所示。

图 8-109

07 在菜单栏中执行【创建】|【变形器】|【包裹】

命令，在【对象/场次/内容浏览器/构造】面板中，将【包裹】拖曳到【SWEET】下方，设置【宽度】为1300cm，【高度】为200cm，【半径】为500cm，调整位置，如图8-110所示。

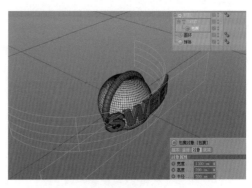

图 8-110

08 在菜单栏中执行【创建】|【变形器】|【包裹】命令，在【对象/场次/内容浏览器/构造】面板中，将【包裹】拖曳到【FANTASYLAND】下方，设置【宽度】为2000cm，【高度】为200cm，【半径】为700cm，调整位置，如图8-111所示。

图 8-111

159

09 在菜单栏中执行【创建】|【变形器】|【爆炸】命令，在【对象/场次/内容浏览器/构造】面板中，将【爆炸】拖曳到【球体】位置上，当出现向下图标↓时，松开鼠标左键。设置【强度】为0%，将时间滑块移到0帧时，单击【强度】前面的灰色按钮，这时会在0帧处创建关键帧。设置【角速度】为50°，如图8-112所示。

10 将时间滑块拖到30帧时，单击强度前面的按钮，这时会在30帧处创建关键帧。设置【强度】为10%，如图8-113所示。

图 8-112

图 8-113

11 将时间滑块拖到60帧时，单击【强度】前面的按钮，这时会在60帧处创建关键帧。设置【强度】为20%，如图8-114所示。

12 将时间滑块拖到90帧时，单击【强度】前面的按钮，这时会在90帧处创建关键帧。设置【强度】为30%，如图8-115所示。

图 8-114

图 8-115

13 选择动画效果最明显的一些帧，最终效果如图8-116所示。

图 8-116

8.2.20　样条

使用【样条】变形器可通过原始曲线和修改曲线来改变平面的形状，如图8-117和图8-118所示。

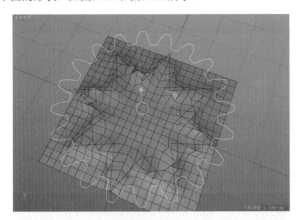

图　8-117

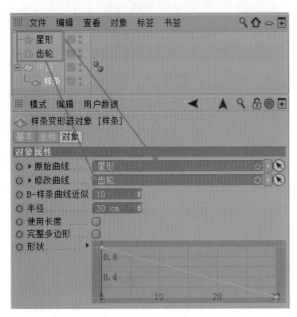

图　8-118

重点参数讲解：

- 原始曲线：设置模型上发生的变形形状。
- 修改曲线：设置拉伸方向上发生的变形形状。
- 半径：设置两个曲线之间的变化大小。
- 完整多边形：选中该复选框后，模型会再一次发生变形。
- 形状：主要通过曲线调整形状，单击形状后面的■按钮，可以详细设置曲线，如图8-119所示。

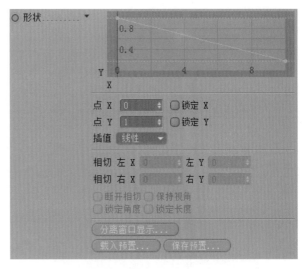

图　8-119

8.2.21　导轨

使用【导轨】变形器可通过指定不同的几种样条线来控制模型的形状，其变形效果参数设置面板分别如图8-120和图8-121所示。

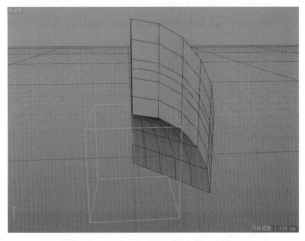

图　8-120

重点参数讲解：

- 左边/右边Z曲线：在左边、右边添加曲线来控制模型。
- 上边/下边X曲线：在上边、下边添加曲线来控制模型。
- 参考：添加一个参考曲线。
- 模式：限制导轨范围。
- 尺寸：通过设置X、Y、Z的数值来控制变形器范围大小。

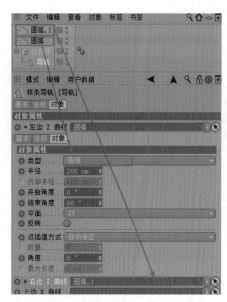

图 8-121

8.2.22 样条约束

通过【样条约束】变形器可将模型约束在一个样条线上，如图8-122和图8-123所示。

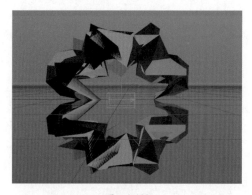

图 8-122

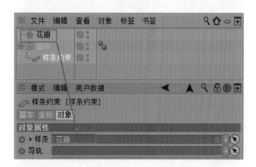

图 8-123

重点参数讲解：

- 样条：给模型添加样条约束线条。

- 导轨：给模型添加导轨。
- 轴向：设置线条的轴向方向。
- 强度：设置模型的约束强度。
- 偏移：模型根据添加的样条进行偏移。
- 起点：设置模型在样条上的起点。
- 终点：设置模型在样条上的终点。
- 模式：根据模式的不同，约束的情况也不相同，分为【适合样条】和【保持长度】两种模式。

8.2.23 摄像机

使用【摄像机】变形器可以调整透视图中网格上的网点。在 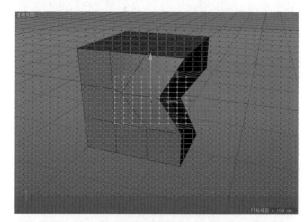（点）层级下框选要修改的点，进行调节，如图8-124所示，其参数设置面板如图8-125所示。

图 8-124

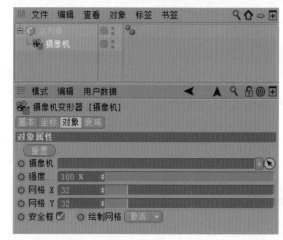

图 8-125

8.2.24 碰撞

使用【碰撞】变形器可以模拟模型间的碰撞效果，其参数设置面板如图8-126所示。

Cinema 4D R19从入门到精通

图 8-126

重点参数讲解：

- 解析器：分为【内部】【内部（强度）】【外部】【外部（体积）】和【交错】共5种类型。

- 对象：添加碰撞的模型，将【对象/场次/内容浏览器/构造】面板中的模型拖曳到对象中。

★ 实例——使用【碰撞】变形器制作推动变形

案例文件	案例文件\Chapter08\实例：使用【碰撞】变形器制作推动变形.c4d
视频教学	视频教学\Chapter08\实例：使用【碰撞】变形器制作推动变形.mp4

实例介绍：

本例就来学习使用【碰撞】变形器将两个物体进行碰撞，从而产生类似文字被布遮挡并推动的效果，如图8-127所示。

扫码看视频

图 8-127

模型的建模流程如图8-128所示。

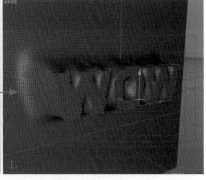

图 8-128

操作步骤：

01 在菜单栏中执行【创建】|【对象】|【平面】命令，设置【宽度】为400cm，【高度】为400cm，【宽度分段】为400，【高度分段】为400，如图8-129所示。

图 8-129

02 创建【文本】，并设置【文本】【字体】和【高度】数值，如图8-130所示。

图 8-130

03 按住 ◎（细分曲面）按钮，选择【挤压】，如图8-131所示。

图 8-131

04 在【对象/场次/内容浏览器/构造】面板中，单击选择【文本】，并将其拖动到【挤压】位置上，当出现向下图标↓时，松开鼠标左键，如图8-132所示。

图 8-132

05 此时文字和平面的位置如图8-133所示。

图 8-133

06 按住 （扭曲）按钮，选择【碰撞】，如图8-134所示。

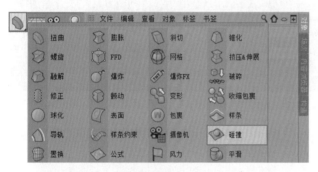

图 8-134

07 在【对象/场次/内容浏览器/构造】面板中，单击选择【碰撞】，并将其拖动到【平面】位置上，当出现向下图标↓时，松开鼠标左键，如图8-135所示。

图 8-135

08 选择【对象/场次/内容浏览器/构造】面板中的【碰撞】，进入【碰撞器】，并将【挤压】拖动到碰撞器下方的列表中，最后设置【解析器】为【内部（强度）】，如图8-136所示。

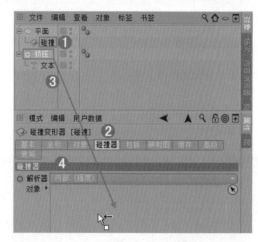

图 8-136

09 进入【高级】，设置【步幅】为9，【松弛】为30，如图8-137所示。

图 8-137

10 在【对象/场次/内容浏览器/构造】面板中选择【挤压】，这时在视图中将其移动位置，可以看到产生更强或更弱的推动碰撞效果，如图8-138所示。

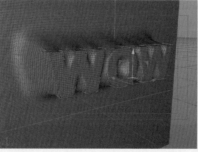
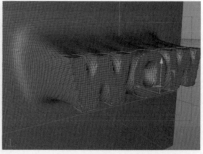

图 8-138

8.2.25 置换

使用【置换】变形器可以通过一张贴图的黑白灰度信息控制置换的高度起伏效果，其参数面板如图8-139所示。

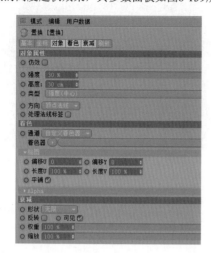

图 8-139

重点参数讲解：

（1）【对象】属性如图8-140所示。

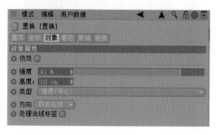

图 8-140

- 强度：设置变形器的强度。
- 高度：设置变形器的高度。
- 类型：选择不同的类型，变形器会出现不同的效果。
- 方向：设置置换的方向，分为【顶点法线】【球状】【平面】3种方式。

（2）【着色】属性如图8-141所示。

图 8-141

- 通道：可以选择不同的类型，默认为【自定义着色器】。
- 着色器：可以设置不同的置换效果。

 技巧提示

设置置换变形器时，一般先设置【着色】选项卡中的参数，再设置【对象】选项卡中的参数，这样才会在视图中出现变形器效果。

操作步骤：

01 创建一个【平面】模型，如图8-142所示。

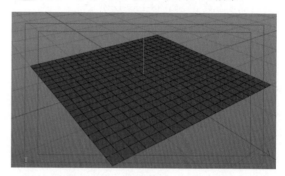

图 8-142

02 按住 （变形器）按钮，选择【置换】，如图8-143所示。

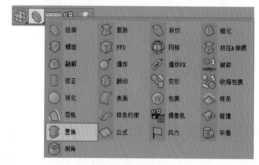

图 8-143

03 在【对象/场次/内容浏览器/构造】面板中，拖动【置换】到【平面】模型位置上，当出现向下图标 时，松开鼠标左键，如图8-144所示。

图 8-144

04 选择【置换】，进入【着色】选项卡，单击【着色器】后方的 按钮，单击【加载图像】，添加一张贴图，如图8-145所示。

图 8-145

05 单击【置换】，进入【对象】选项卡，设置【强度】和【高度】数值，如图8-146所示。

图 8-146

06 选择【平面】，进入【对象】选项卡，设置【宽度分段】和【高度分段】，数值越大，置换越精细，如图8-147所示。

图 8-147

07 置换后的平面如图8-148所示。

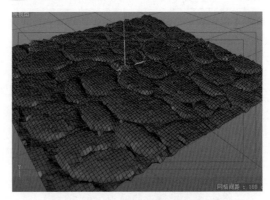

图 8-148

★ **实例——利用【置换】制作抽象异形模型**

案例文件	案例文件/Chapter08/实例：利用【置换】制作抽象异形模型 .c4d
视频教学	视频教学/Chapter08/实例：利用【置换】制作抽象异形模型 .mp4

实例介绍：

本例就来学习使用【球体】工具创建球体模型，使用【置换】制作抽象异形模型，如图8-149所示。

图 8-149

模型的建模流程如图8-150所示。

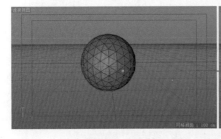

图 8-150

操作步骤：

01 在菜单栏中执行【创建】|【对象】|【球体】命令，设置【类型】为【二十面体】，如图8-151所示。

02 在菜单栏中执行【创建】|【变形器】|【置换】命令，在【对象/场次/内容浏览器/构造】面板中，将其拖到【球体】位置上，当出现向下图标↓时，松开鼠标左键，如图8-152所示。

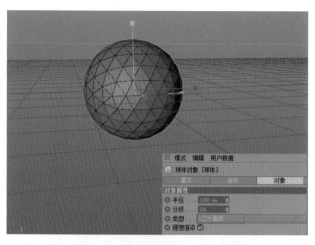

图　8-151

图　8-152

03 在【对象/场次/内容浏览器/构造】面板中，选择【置换】，选择着色属性，单击【着色器】后面的 ▶ 按钮，选择【噪波】，如图8-153所示。

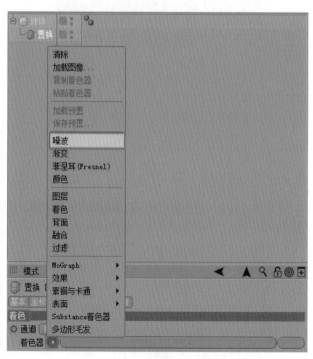

图　8-153

04 单击【着色器】后面的【噪波】通道，如图8-154所示。

图　8-154

05 进入【着色器】通道，设置【全局缩放】为60%，如图8-155所示。

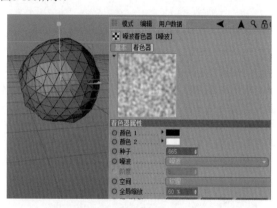

图　8-155

06 单击【属性/层】面板上方的 ◀ 按钮，返回上一层级，如图8-156所示。

图　8-156

07 在【对象/场次/内容浏览器/构造】面板中，选择【置换】，在【对象】属性下，设置【高度】为200cm，如图8-157所示。

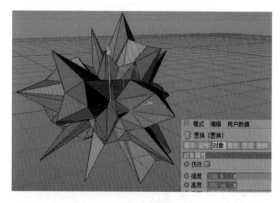

图　8-157

08 在菜单栏中执行【创建】|【对象】|【宝石】命令，设置【半径】为10cm，【类型】为【四面】，如图8-158所示。

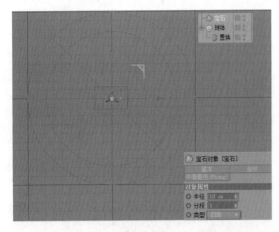

图 8-158

09 在菜单栏中执行【创建】|【造型】|【阵列】命令，在【对象/场次/内容浏览器/构造】面板中，选择【宝石】并将其拖到【阵列】位置上，当出现向下图标↓时，松开鼠标左键。选择【阵列】，设置【半径】为200cm，【副本】为20，【振幅】为150cm，【阵列频率】为80，如图8-159所示。

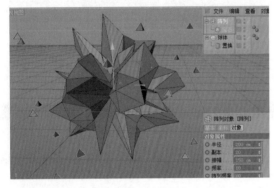

图 8-159

10 在菜单栏中执行【运动图形】|【文本】命令，设置【深度】为10cm，【文本】为Heart& Soul（进行分行排列），【字体】为Arial、Regular，【对齐】为【中对齐】，【高度】为80cm，调整到适当位置，如图8-160所示。

图 8-160

8.2.26 公式

使用【公式】变形器可通过设置公式来改变模型的形状，效果如图8-161所示，其参数设置面板如图8-162所示。

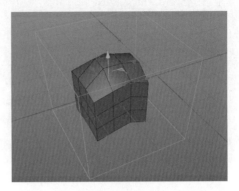

图 8-161

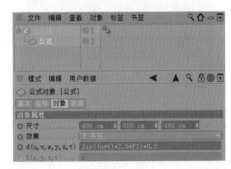

图 8-162

重点参数讲解：

● 尺寸：设置公式的范围大小。

● 效果：设置公式生成效果的方向。

d（u，v，x，y，z，t）：为调节的公式，当在【效果】中选中【手动】选项时，才可以调整X、Y、Z后面的公式。

8.2.27 风力

使用【风力】变形器可以模拟模型随风摆动的状态，效果如图8-163所示，其参数设置面板如图8-164所示。

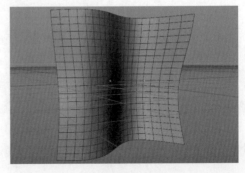

图 8-163

重点参数讲解：

● 振幅：设置震动的幅度大小。

● 尺寸：设置震动的大小，数值越大，震动越小。

● 频率：设置震动的频率。

● 湍流：可以改变波动的形状。

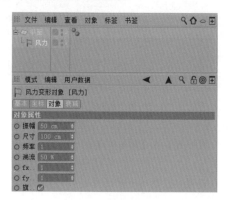

图　8-164

● fx/fy：设置振幅在X、Y轴上的变化，如图8-165和图8-166所示。

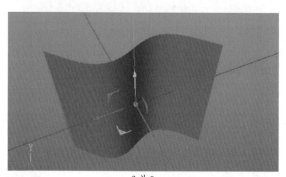

fx为0

图　8-165

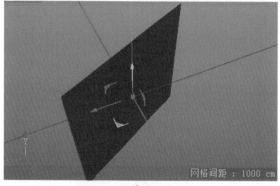

fx为100

图　8-166

8.2.28　平滑

使用【平滑】变形器可使模型变得更加平滑，如图8-167所示，参数设置如图8-168所示。

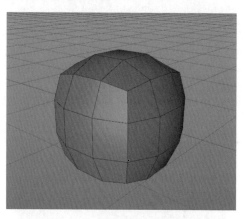

图　8-167

图　8-168

重点参数讲解：

● 强度：设置平滑的强度。

● 类型：分为【平滑】【松弛】和【强度】3种类型。

● 迭代：设置控制模型的大小，数值越小，模型越大；数值越大，模型越小。

● 硬度：设置模型的硬度。

8.2.29　倒角

使用【倒角】变形器可在模型边缘应用平或圆的倒角。在【对象/场次/内容浏览器/构造】面板中，拖动【倒角】到【立方体】位置上，当出现向下图标↓时，松开鼠标左键，如图8-169所示。

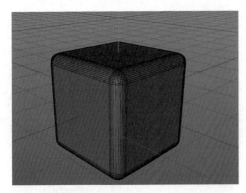

图 8-169

重点参数讲解：

（1）【选项】属性（如图8-170所示）

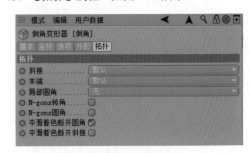

图 8-170

- 构成模式：倒角的方式，可以以【边】【点】【多边形】为基础进行倒角设置。
- 添加/移除：添加或者移除目标对象。
- 用户角度：只有当【构成模式】为【边】时，才可以设置【用户角度】和【角度阈值】。
- 倒角模式：只有当【构成模式】为【边】时才可用，【倒角模式】分为【倒角】和【实体】两种类型。
- 偏移模式：分为【固定距离】【半径】【按比例】3种方式。
- 偏移：设置倒角的偏移大小。
- 细分：设置倒角的细分数量。
- 深度：设置倒角的深度。

（2）【外形】属性（如图8-171所示）

图 8-171

- 外形：分为【圆角】【用户】和【剖面】3种方式。
- 张力：设置张力的大小。

（3）【拓扑】属性（如图8-172所示）

图 8-172

（4）【多边形挤出】属性（如图8-173所示）

当【构成模式】为【多边形】时，会多出一个【多边形挤出】选项卡。

- 挤出：设置多边形挤出的高度。
- 最大角度：设置挤出的角度。

图 8-173

★ **实例——利用【倒角】变形器制作魔方**

| 案例文件 | 案例文件\Chapter08\实例：利用【倒角】变形器制作魔方.c4d |
| 视频教学 | 视频教学\Chapter08\实例：利用【倒角】变形器制作魔方.mp4 |

实例介绍：

本例就来学习使用【立方体】和【倒角】变形器工具创建立方体，使用【克隆】制作魔方模型，如图8-174所示。

扫码看视频

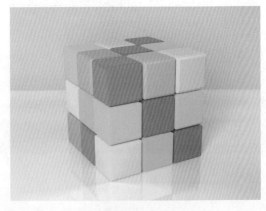

图 8-174

魔方模型的建模流程如图8-175所示。

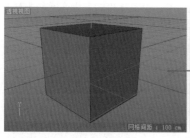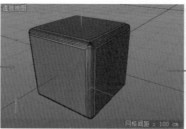

图　8-175

操作步骤：

01 在菜单栏中执行【创建】|【对象】|【立方体】命令，选中【圆角】后面的复选框，设置【圆角半径】为10cm，如图8-176所示。

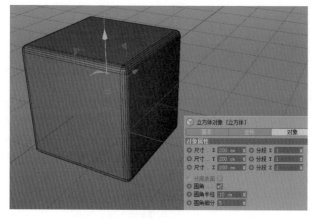

图　8-176

02 单击 （转为可编辑对象）按钮，将圆柱转换为可编辑对象，如图8-177所示。

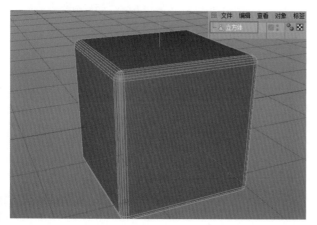

图　8-177

03 返回到透视视图，单击 （多边形）按钮，按住Shift键，选择立方体的6个多边形，如图8-178所示。

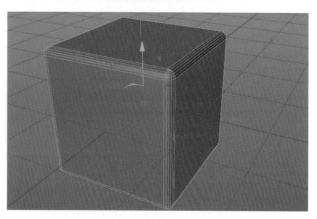

图　8-178

04 右击，在弹出的快捷菜单中选择【倒角】命令，如图8-179所示。

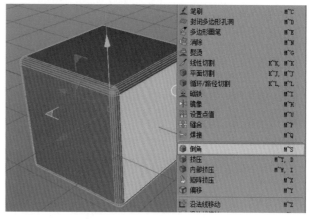

图　8-179

05 在【属性/层】面板中设置【偏移】为3cm，【挤出】为3cm，如图8-180所示。

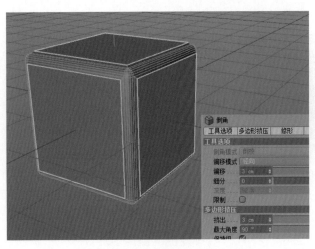

图　8-180

到【克隆】位置上，当出现向下图标↓时，松开鼠标左键。选择【对象】选项卡，设置【模式】为【网格排列】，【尺寸】均为420cm，如图8-181所示。

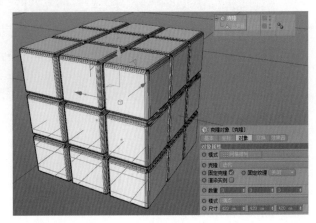

图　8-181

06 在菜单栏中执行【运动图形】|【克隆】命令，在【对象/场次/内容浏览器/构造】面板中，将【立方体】拖曳

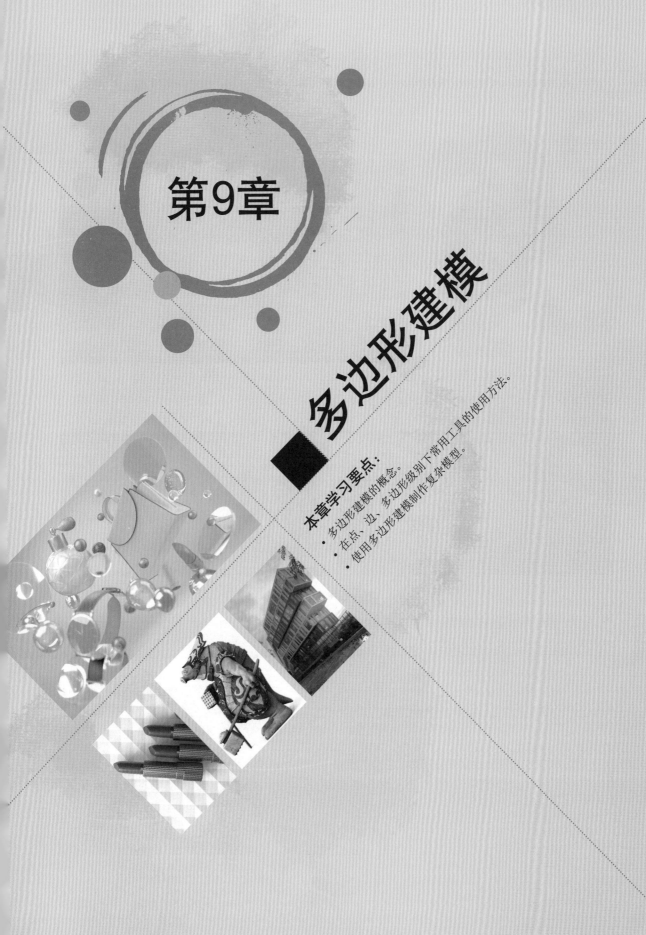

第9章

多边形建模

本章学习要点：

· 多边形建模的概念。

· 在点、边、多边形级别下常用工具的使用方法。

· 使用多边形建模制作复杂模型。

9.1 什么是多边形建模

多边形建模就是 Polygon 建模，翻译成中文是多边形建模，是目前三维软件中最为强大的建模方式之一，常用于建筑模型、产品模型、影视栏目模型、CG 模型等制作。如图 9-1 所示为优秀的多边形建模作品。

图 9-1

9.2 将模型转为可编辑对象

将一个模型转为可编辑对象是为了更好地实现建模过程，可以通过对该多边形对象的各种子对象进行编辑和修改，使得模型更精细。

9.2.1 为什么要将模型转为可编辑对象

创建模型后，通常只能修改模型的基本参数，例如球体模型的【半径】【分段】【类型】等，无法对模型的点、边、多边形的细节部分进行调整。如图9-2所示为【球体】的默认参数。

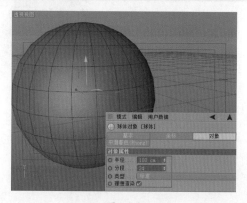

图 9-2

如果想修改更细节的部分，那么就需要将模型转为可编辑对象，具体操作可参考本章后面的小节。

9.2.2　如何将模型转为可编辑对象

方法1：

01　创建一个【立方体】模型，如图9-3所示。

02　选中步骤（1）中创建的模型，单击界面左侧的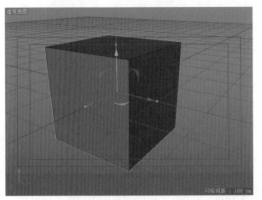（转为可编辑对象）按钮，如图9-4所示。

图　9-3　　　　　　　　　图　9-4

03　在界面左侧选中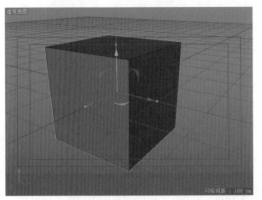（点）级别，并移动点的位置，即可改变模型形态，如图9-5所示。

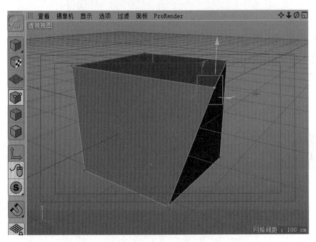

图　9-5

04　在界面左侧选中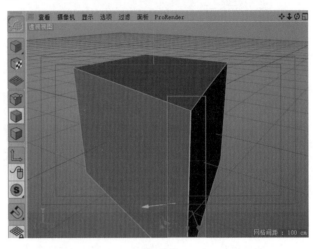（边）级别，并移动边的位置，即可改变模型形态，如图9-6所示。

图　9-6

05　在界面左侧选中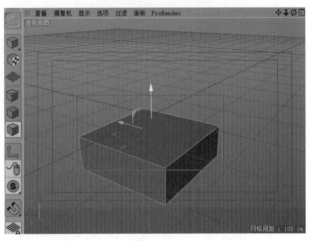（多边形）级别，并移动多边形的位置，即可改变模型形态，如图9-7所示。

图　9-7

技巧提示：如何取消选中子级别？

当在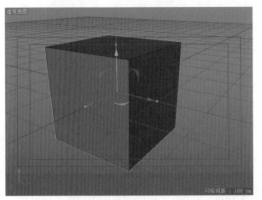（点）级别、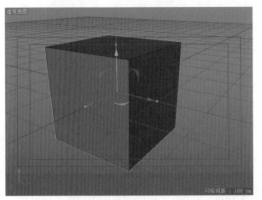（边）级别、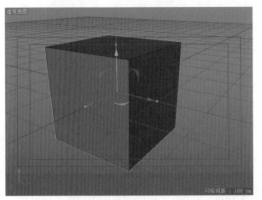（多边形）级别下操作模型时，如果操作结束了，需要取消当前选中的子级别，如图9-8所示。只需要单击界面左侧的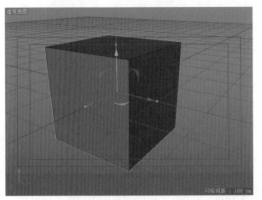（模型）按钮，即可取消子级别，当前选中的是模型本身，如图9-9所示。

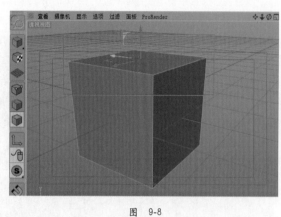

图 9-8

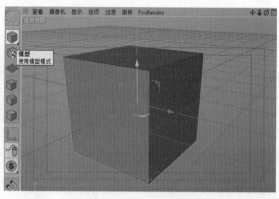

图 9-9

方法2：

01 选择模型，右击，在弹出的快捷菜单中选择【转为可编辑对象】命令，如图9-10所示。

02 此时模型已经被转换成功了，如图9-11所示。

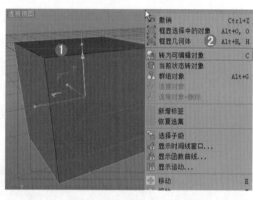

图 9-10

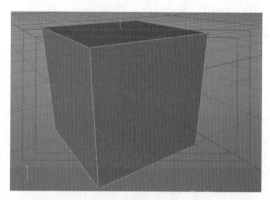

图 9-11

 ## 9.3 多边形建模操作

每个子级别下有很多参数是重复的。将模型转为可编辑对象后，选中任意的子级别，右击即可调出该子级别下的参数。

9.3.1 【点】级别参数

将模型转为可编辑对象后，单击界面左侧的 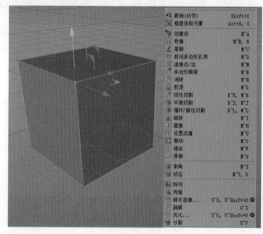（点）按钮，选择模型上的点，右击即可调出点级别下的所有参数，如图9-12所示。

重点参数讲解：

- 撤销（动作）：撤销上一步操作，快捷键为 Shift+Z。
- 框显选取元素：在视图中快速最大化显示当前选中的顶点。
- 创建点：单击该工具，并在模型的线上单击，即可添加一个点，如图9-13所示。

图 9-12

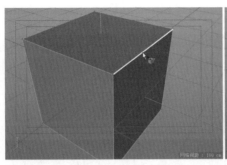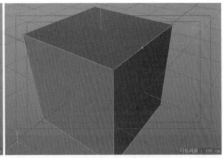

图   9-13

● 桥接：如果是两个独立的模型，首先需要选择这两个模型，右击，在弹出的快捷菜单中执行【连接对象】命令。然后进入顶点级别，使用该工具，用鼠标左键按住并拖动一个点到另外一个点上，即可桥接顶点，如图9-14所示。

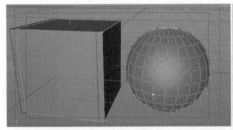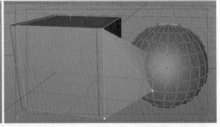

图   9-14

● 笔刷：单击该工具，将鼠标放置在模型表面，会出现圆形笔刷，按下鼠标左键并拖动即可使模型产生形态变化，如图9-15所示。

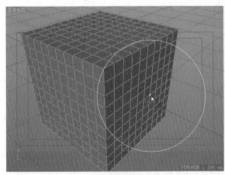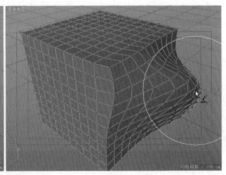

图   9-15

● 封闭多边形孔洞：若模型本身带有孔洞，单击该工具，并将鼠标移动到孔洞位置，单击即可闭合孔洞，如图9-16所示。

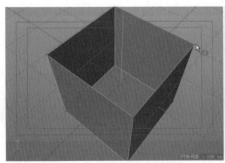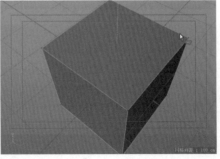

图   9-16

● 连接点 / 边：选中两个点，右击，在弹出的快捷菜单中执行【连接点 / 边】命令，此时连接出了一条边，如图 9-17 所示。

图 9-17

● 多边形画笔：选中【点】级别 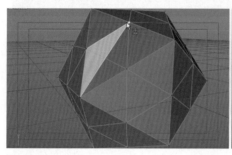，右击，在弹出的快捷菜单中执行【多边形画笔】命令，然后在模型上围绕点依次单击，直至最后一次单击时与开始单击时的点重合，即可创建出一个独立的多边形，如图 9-18 所示。

图 9-18

● 消除：可以将选中的顶点去除，并且点的位置重新自动产生模型细微变化。如图 9-19 所示，先选中一个顶点，右击，在弹出的快捷菜单中执行【消除】命令，此时消除完成。

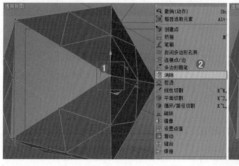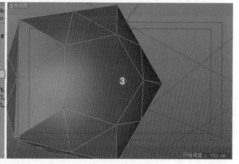

图 9-19

● 熨烫：选择该工具后，在模型上拖动鼠标左键，即可使模型产生更凹陷或更饱满的效果，如图 9-20 所示。

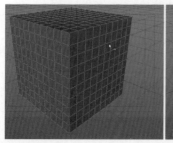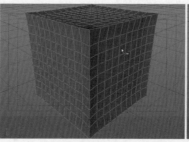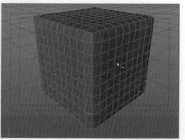

图 9-20

● 线性切割：选择该工具，在模型上单击一个点，然后移动鼠标位置，再次单击另一个点，最后按 Esc 键结束。可以看到已经连接出一条线，如图 9-21 所示。

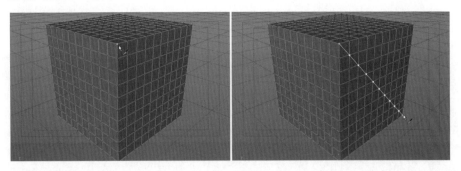

图　9-21

● 平面切割：使用该工具，在线上单击确定第一个点，然后在另一条线上单击确定第二个点，此时会自动按照当前的线角度，循环创建出一圈线，如图 9-22 所示。

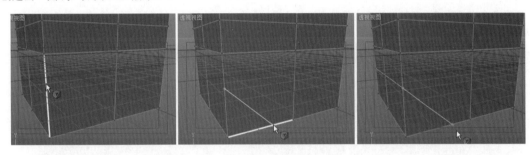

图　9-22

● 循环 / 路径切割：使用该工具，将鼠标移动到某一条线上，单击即可添加循环的一圈线，若单击上方的 ▣ 按钮，即可再次添加一圈线，最后可以按 Esc 键结束，如图 9-23 所示。

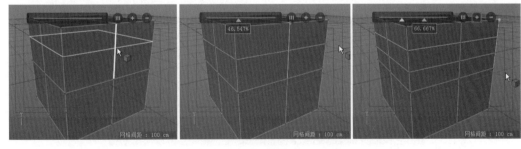

图　9-23

● 磁铁：在磁铁工具的状态下按住鼠标左键并拖动，对当前的模型进行涂抹，使模型产生变化，如图 9-24 所示。

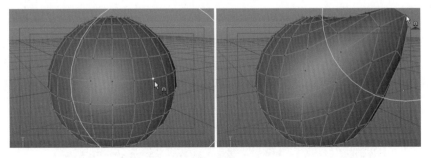

图　9-24

● 镜像：使用该工具可以将模型上的点或多边形进行镜像。

● 设置点值：用于调整选择部分的位置，并将其指定到一个位置。

● 滑动：选择一个点，右击，在弹出的快捷菜单中选择【滑动】命令，拖动鼠标左键出现另外一个点，此时松开鼠标，可看到点的位置产生了移动，如图9-25所示。

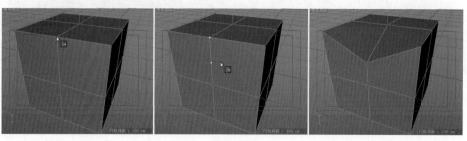

图 9-25

● 缝合：可以在点、边、多边形级别下，对点和点、边和边、多边形和多边形进行缝合处理。

● 焊接：选择两个点，右击，在弹出的快捷菜单中选择【焊接】命令，此时两点之间出现一个点，单击该点即可完成焊接，如图9-26所示。

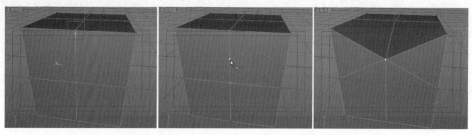

图 9-26

● 倒角：使用该工具，单击选中一个点，按住鼠标左键进行拖动，即可使该点产生倒角效果，如图9-27所示。

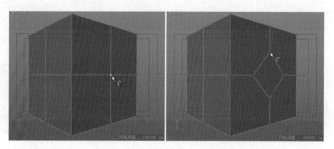

图 9-27

● 挤压：选择一个点，右击，在弹出的快捷菜单中选择【挤压】命令，拖动鼠标左键可将当前点向外延伸出很多点和线，如图9-28所示。

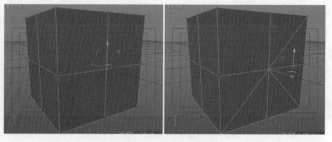

图 9-28

● 阵列：选择点或多边形后，右击，在弹出的快捷菜单中选择【阵列】工具，然后单击【应用】按钮，此时可见选中的对象产生了大量阵列效果，如图 9-29 和图 9-30 所示。

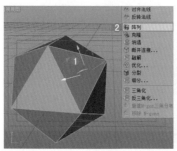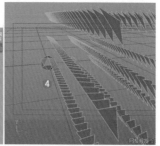

图　9-29　　　　　　　　　　　　　　　　　　图　9-30

● 克隆：选择点或多边形后，右击，在弹出的快捷菜单中选择【克隆】工具，然后单击【应用】按钮，此时可使选中的对象产生大量复制效果，如图 9-31 和图 9-32 所示。

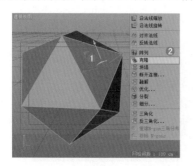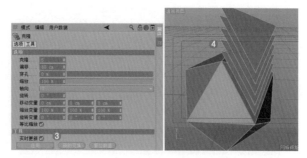

图　9-31　　　　　　　　　　　　　　　　　　图　9-32

● 断开连接：选择点或多边形后，右击，在弹出的快捷菜单中选择【断开连接】工具，然后移动刚选中的对象，即可看到该对象从原来模型上分离出来了，如图 9-33 所示。

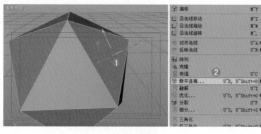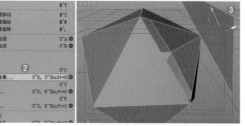

图　9-33

● 融解：选择一个点，右击，在弹出的快捷菜单中选择【融解】工具，此时该位置产生了融解效果，如图 9-34 所示。

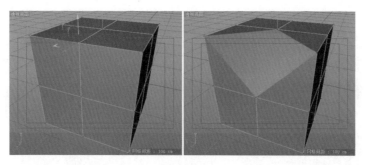

图　9-34

● 优化：若模型存在多余的孤立的点、边、多边形，则可使用该工具自动优化去除。选择点、边或多边形后，右击，在弹出的快捷菜单中选择【优化】工具，此时孤立的部分被自动去除了，如图9-35所示。

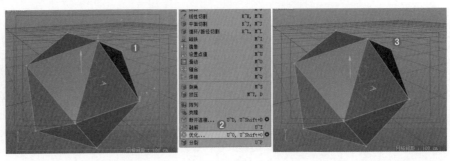

图　9-35

● 分裂：该工具可以将选中的点或多边形对象分裂出来，而且不会破坏原来的模型。选择点或多边形后，右击，在弹出的快捷菜单中选择【分裂】工具，然后移动刚选中的对象，即可看到已经分离出了一个独立的模型，如图9-36所示。

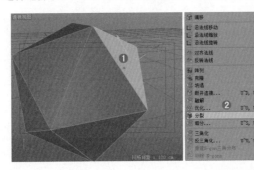

图　9-36

9.3.2　【边】级别参数

将模型转为可编辑对象后，单击界面左侧的 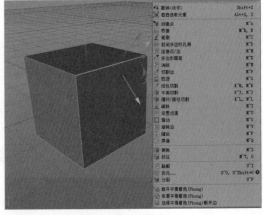（边）按钮，选择模型上的边，并右击，即可调出边级别下的所有参数，如图9-37所示。由于【边】级别中的参数与【点】级别中的参数有重复，这些命令的使用方法基本一致，因此这部分内容就不再赘述。

重点参数讲解：

● 切割边：使用该工具，单击选择边，拖动鼠标左键即可把边进行切割，此时线上多出了很多点，如图9-38所示。

● 旋转边：选择边，使用该工具，则边会旋转并自动连接到其他的点，如图9-39所示。

图　9-37

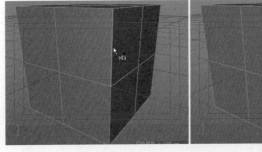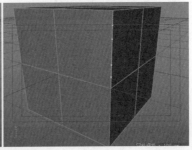

图　9-38

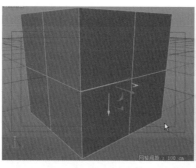
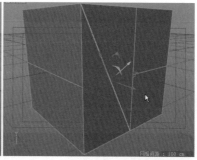

图　9-39

9.3.3 【多边形】级别参数

将模型转为可编辑对象后，单击界面左侧的 ▣ （多边形）按钮，选择模型上的多边形，并右击，即可调出多边形级别下的所有参数，如图9-40所示。由于【多边形】级别中的参数与【点】级别、【边】级别的参数有重复，这些命令的使用方法基本一致，因此这部分内容就不再赘述。

重点参数讲解：

- 倒角：选择多边形，右击，在弹出的快捷菜单中选择【倒角】命令，拖动鼠标左键即可产生倒角效果，如图9-41所示。
- 挤压：选择多边形，右击，在弹出的快捷菜单中选择【挤压】命令，拖动鼠标左键即可产生挤出效果，如图9-42所示。
- 内部挤压：选择多边形，右击，在弹出的快捷菜单中选择【内部挤压】命令，拖动鼠标左键即可向内插入一个多边形，如图9-43所示。

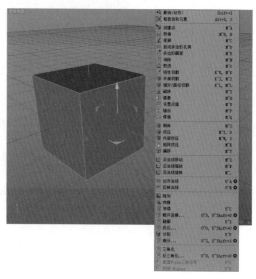

图　9-40

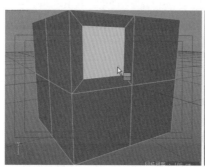
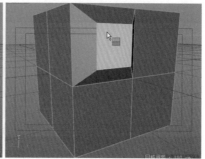

图　9-41

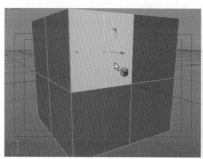
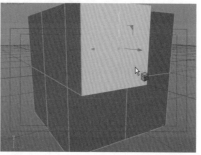

图　9-42

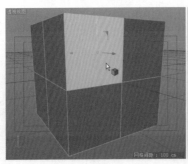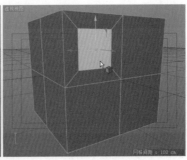

图　9-43

🔘 矩阵挤压：选择多边形，右击，在弹出的快捷菜单中选择【矩阵挤压】命令，拖动鼠标左键即可产生连续倒角的效果，如图9-44所示。

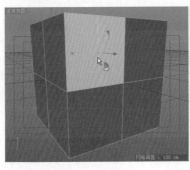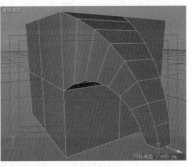

图　9-44

🔘 细分：选择多边形，右击，在弹出的快捷菜单中选择【细分】命令，该多边形的附近就变得更精细了，如图9-45所示。不选中任何多边形，右击，在弹出的快捷菜单中选择【细分】命令，该模型整体都变得更精细了，如图 9-46 所示。

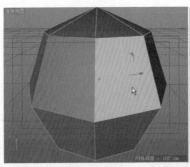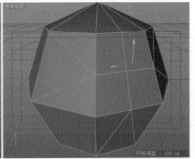

图　9-45

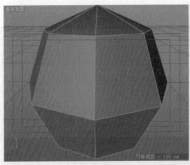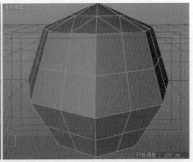

图　9-46

● 三角化：选择多边形，右击，在弹出的快捷菜单中选择【三角化】命令，该多边形就变为了两个三角形，如图9-47所示。

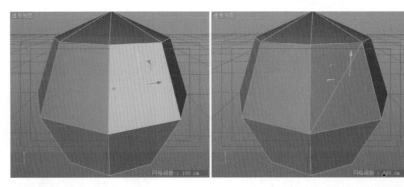

图　9-47

● 反三角化：选择两个三角形，右击，在弹出的快捷菜单中选择【反三角化】命令，该三角形就变为了一个四边形，如图9-48所示。

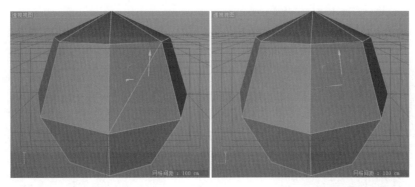

图　9-48

 多边形建模实例

★ **实例——使用多边形建模制作铅笔**

案例文件	案例文件\Chapter09\实例：使用多边形建模制作铅笔.c4d
视频教学	视频教学\Chapter09\实例：使用多边形建模制作铅笔.mp4

扫码看视频

实例介绍：

本例就来学习使用【圆柱】工具创建圆柱，并将其转换为可编辑对象，然后使用【倒角】工具制作铅笔笔尖，如图9-49所示。

铅笔模型的建模流程如图9-50所示。

图　9-49

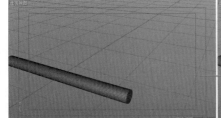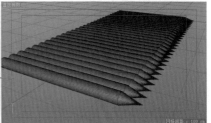

图　9-50

操作步骤：

01 执行【创建】|【对象】|【圆柱】命令，在视图中创建一个圆柱。接着在右侧的属性面板中选择【对象】，设置【半径】为10cm，【高度】为250cm，如图9-51所示。

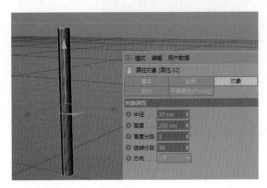

图 9-51

02 在编辑模式下的编辑栏中单击【转为可编辑对象】按钮，接着单击【多边形】按钮，按住Shift键并按住鼠标左键加选圆柱体上方的图形，如图9-52所示。

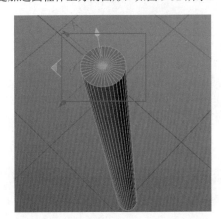

图 9-52

03 右击，在弹出的快捷菜单中执行【倒角】命令，接着在右侧的属性面板中设置【偏移】为7cm，【挤出】为22cm，如图9-53所示。

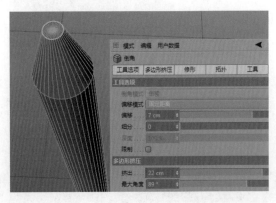

图 9-53

04 再次选择如图9-54所示的多边形，在右侧的属性面板中设置【偏移】为2.8cm，【挤出】为11cm，如图9-55所示。

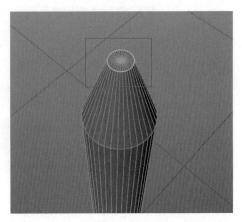

图 9-54

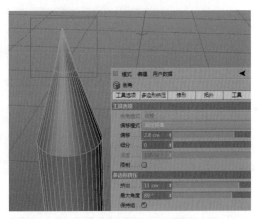

图 9-55

05 单击工具箱中的【旋转】按钮，按住Shift键并按住鼠标左键将其沿X轴旋转 -90°，如图9-56所示。

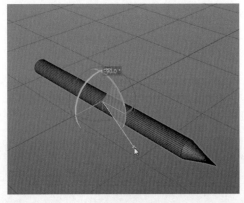

图 9-56

06 在工具栏中单击【移动】按钮，按住Ctrl键并按住鼠标左键将其沿X轴移动并复制，如图9-57所示。接着使用同样的方法继续进行复制，案例最终效果如图9-58所示。

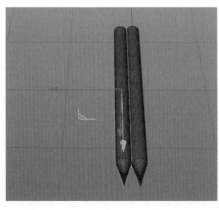

图 9-57

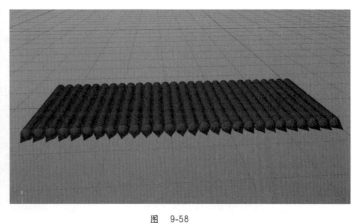

图 9-58

★ 实例——使用多边形建模制作柜子

案例文件	案例文件\Chapter09\实例：使用多边形建模制作柜子.c4d
视频教学	视频教学\Chapter09\实例：使用多边形建模制作柜子.mp4

扫码看视频

实例介绍：

本例就来学习将【立方体】转换为可编辑对象，并使用【内部挤压】【挤压】工具制作柜子模型，如图9-59所示。

柜子模型的建模流程如图9-60所示。

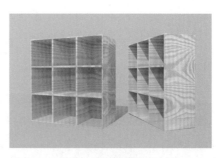

图 9-59

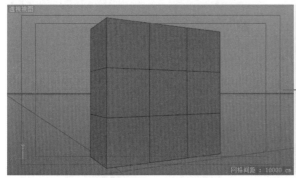 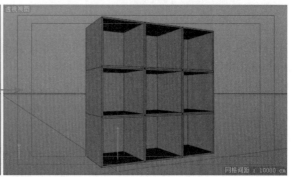

图 9-60

操作步骤：

01 执行【创建】|【对象】|【立方体】命令，在视图中创建一个立方体。接着在右侧的属性面板中选择【对象】，设置【尺寸.X】为1000cm，【尺寸.Y】为1000cm，【尺寸.Z】为400cm，【分段X】为3，【分段Y】为3，【分段Z】为1，如图9-61所示。

02 单击编辑模式工具栏中的【转为可编辑对象】按钮，接着单击【多边形】按钮，选择如图9-62所示的多边形。右击，在弹出的快捷菜单中执行【内部挤压】命令，在右侧的属性面板中设置【偏移】为10cm，如图9-63所示。

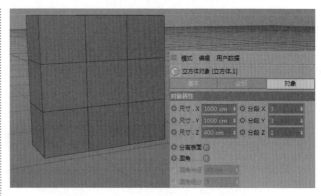

图 9-61

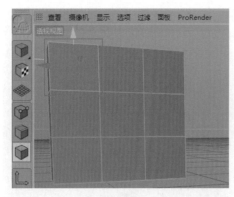

图 9-62

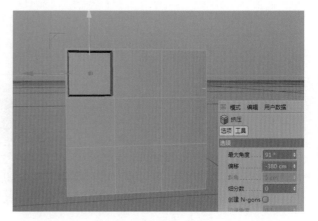

图 9-64

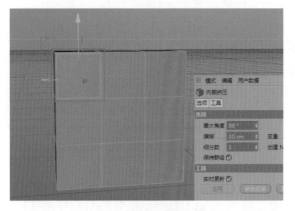

图 9-63

04 使用同样的方法继续制作柜子模型。案例最终效果如图 9-65 所示。

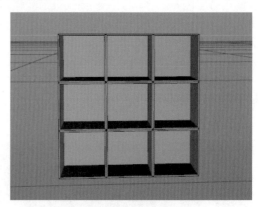

图 9-65

03 再次右击，在弹出的快捷菜单中执行【挤压】命令，接着在右侧的属性面板中设置【偏移】为 -380cm，如图 9-64 所示。

★ 实例——使用多边形建模制作沙发

| 案例文件 | 案例文件\Chapter09\实例：使用多边形建模制作沙发.c4d |
| 视频教学 | 视频教学\Chapter09\实例：使用多边形建模制作沙发.mp4 |

实例介绍：

本例就来学习将【立方体】转换为可编辑对象，并使用【挤压】【倒角】工具制作沙发模型，如图 9-66 所示。

沙发模型的建模流程如图 9-67 所示。

扫码看视频

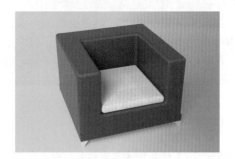

图 9-66

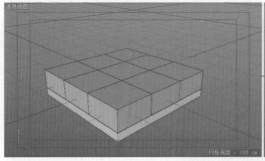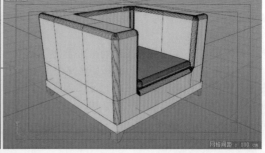

图 9-67

操作步骤：

01 在菜单栏中执行【创建】|【对象】|【立方体】命令，设置【尺寸.X】为300cm，【尺寸.Y】为20cm，【尺寸.Z】为300cm，如图9-68所示。

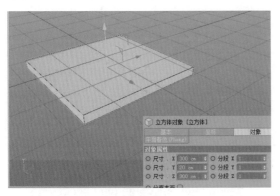

图 9-68

02 在菜单栏中执行【创建】|【对象】|【立方体】命令，设置【尺寸.X】为300cm，【尺寸.Y】为50cm，【尺寸.Z】为300cm。【分段X】为3，【分段Y】为1，【分段Z】为3。将其摆放在上一个立方体的上方，如图9-69所示。

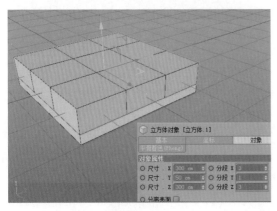

图 9-69

03 单击 （转化为可编辑对象）按钮，将立方体转为可编辑对象，如图9-70所示。

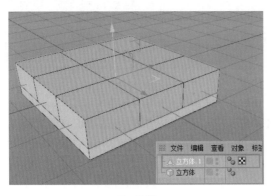

图 9-70

04 单击 （点）按钮，在顶视图中使用 （框选）命令，然后单击 （移动）按钮，将点调整到如图9-71所示的位置。

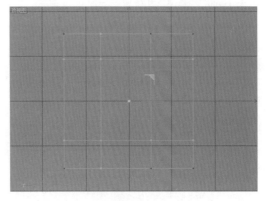

图 9-71

05 返回到透视视图，单击 （多边形）按钮，按住Shift键，选择立方体上方的7个多边形。接着右击，在弹出的快捷菜单中执行【挤压】命令，如图9-72所示。接着选择Y轴，并设置【偏移】为180cm，如图9-73所示。

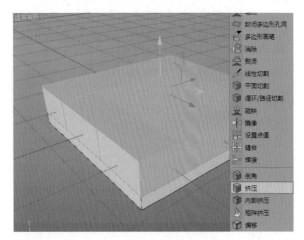

图 9-72

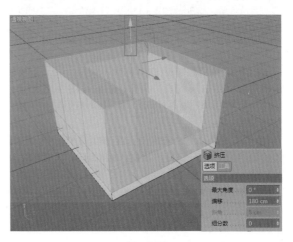

图 9-73

06 在菜单栏中执行【创建】|【对象】|【立方体】命令，设置【尺寸.X】为215cm，【尺寸.Y】为20cm，【尺寸.Z】为180cm，并调整其位置，如图9-74所示。

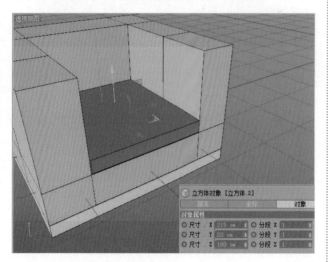

图 9-74

07 在菜单栏中执行【创建】|【对象】|【立方体】命令，设置【尺寸.X】为20cm，【尺寸.Y】为20cm，【尺寸.Z】为20cm，位置如图9-75所示。

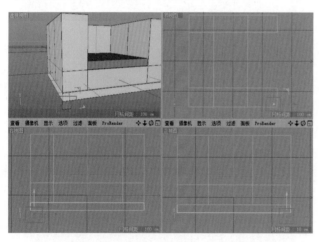

图 9-75

08 单击（转化为可编辑对象）按钮，将立方体转为可编辑对象。单击（点）按钮，在右视图中使用（框选）命令，然后单击（移动）按钮，修改点的位置，如图9-76所示。

09 在【对象/场次/内容浏览器/构造】面板中，选择【立方体.3】，按Ctrl+C快捷键复制，按Ctrl+V快捷键粘贴，将其复制3份，如图9-77所示。

10 将步骤（9）复制的3份立方体摆放在合适的位置，如图9-78所示。

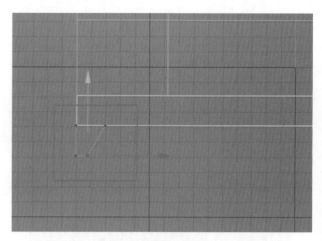

图 9-76

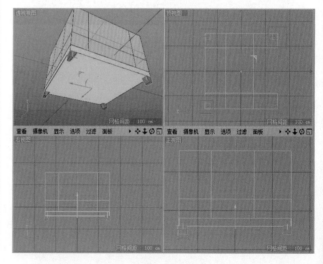

图 9-77

图 9-78

11 基本结构已经设置完成，下面进行细节的修改。在【对象/场次/内容浏览器/构造】面板中选择【立方体.1】，单击（点）按钮，按住Ctrl+A快捷键进行全选，如图9-79所示。

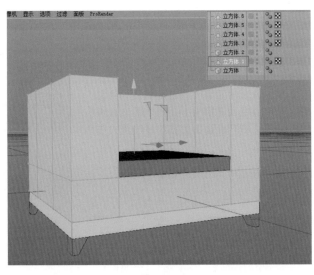

图　9-79

12 右击，在弹出的快捷菜单中选择【优化】命令，如
图 9-80 所示。

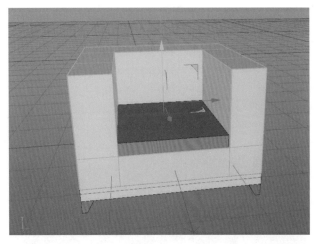

图　9-81

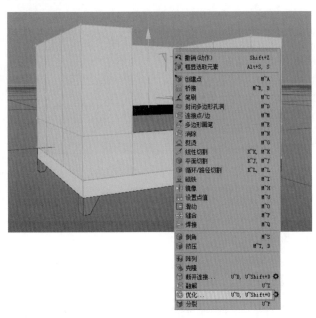

图　9-80

13 单击 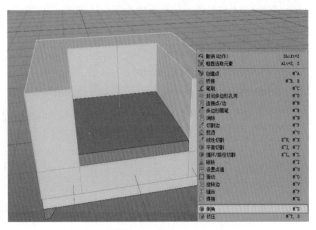 （边）按钮，选择沙发主体的线条，如
图 9-81 所示。

14 右击，在弹出的快捷菜单中选择【倒角】命令，如
图 9-82 所示。

15 在【倒角】属性中，设置【偏移】为 10cm，【细分】
为 10，如图 9-83 所示。

图　9-82

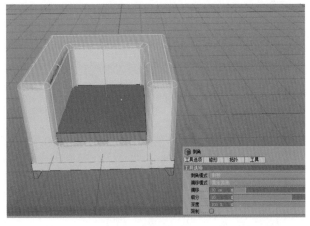

图　9-83

16 在【对象/场次/内容浏览器/构造】面板中选择【立方体 .2】，在【对象】属性下选中【圆角】后面的复选框，设置【圆角半径】为8cm，【圆角细分】为8，如图 9-84 所示。

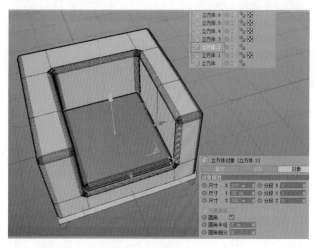

图 9-84

★ 实例——使用多边形建模制作酒瓶

案例文件	案例文件\Chapter09\实例：使用多边形建模制作酒瓶.c4d
视频教学	视频教学\Chapter09\实例：使用多边形建模制作酒瓶.mp4

实例介绍：

本例就来学习将【圆柱】转换为可编辑对象，并使用【倒角】工具制作酒瓶模型，使用【细分曲面】使模型变光滑，如图 9-85 所示。

扫码看视频

图 9-85

酒瓶模型的建模流程如图 9-86 所示。

图 9-86

操作步骤：

01 在菜单栏中执行【创建】|【对象】|【圆柱】命令，设置【半径】为40cm，【高度】为100cm，如图 9-87 所示。

02 单击 （转为可编辑对象）按钮，将圆柱转为可编辑对象，如图 9-88 所示。

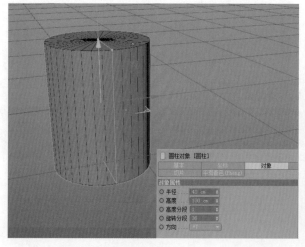

图 9-87

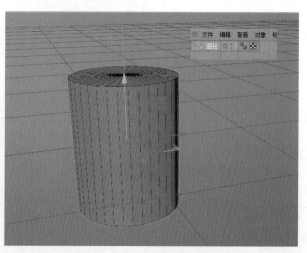

图 9-88

03 返回到透视视图，单击 🔲（多边形）按钮，然后单击 🔘（实时选择）按钮，选择圆柱上方，如图 9-89 所示。

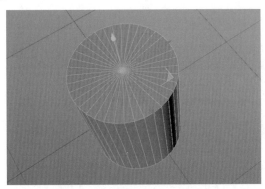

图 9-89

04 单击 ✛（移动）按钮，按住 Ctrl 键沿着 Y 轴向上移动，如图 9-90 所示。

图 9-90

05 按照相同的方法，移动 8 次，如图 9-91 所示。

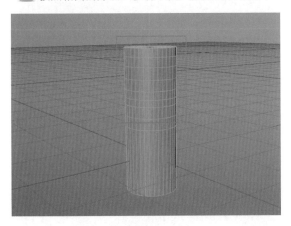

图 9-91

06 单击 🔲（点）按钮，在正视图中使用 🔲（框选）命令，然后单击 🔲（缩放）按钮，将点调整到如图 9-92 所示的位置。

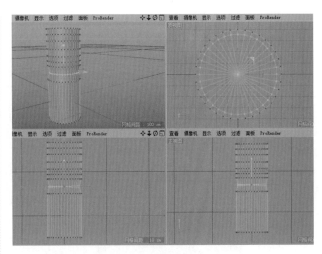

图 9-92

07 使用相同的方法调整其他点，如图 9-93 所示。

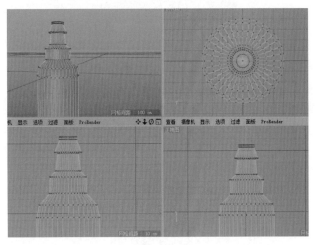

图 9-93

08 返回到透视视图，单击 🔲（多边形）按钮，然后单击 🔘（实时选择）按钮，选择圆柱下方，单击 ✛（移动）按钮，按住 Ctrl 键沿着 Y 轴向下移动，如图 9-94 所示。

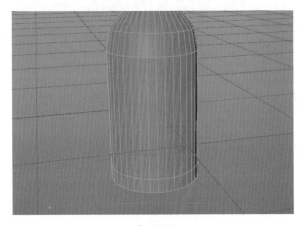

图 9-94

09 选中瓶底最下面的一层点，先将点进行缩放，右击，在弹出的快捷菜单中选择【倒角】命令，如 9-95 所示。

10 在【倒角】的【工具选项】下，设置【偏移】为 10cm，【细分】为 5，如图 9-96 所示。

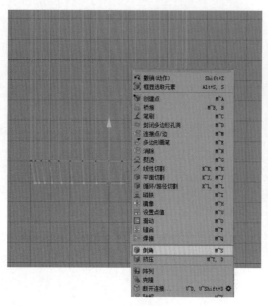

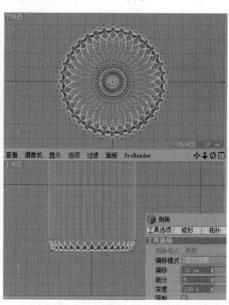

图 9-95　　　　　　　　　　　　　　　　图 9-96

11 在菜单栏中执行【创建】|【生成器】|【细分曲面】命令，在【对象 / 场次 / 内容浏览器 / 构造】面板中，将【圆柱】拖曳到【细分曲面】位置上，当出现向下图标↓时，松开鼠标左键，如图 9-97 所示。

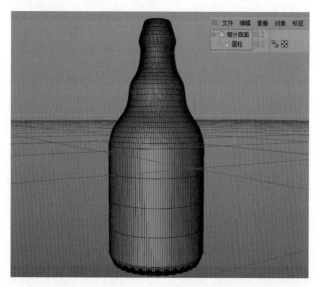

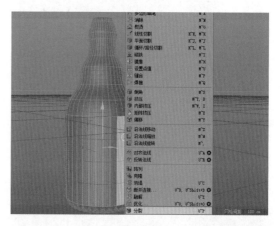

图 9-98

图 9-97

12 返回到透视视图，单击 (多边形) 按钮，然后单击 (实时选择) 按钮，选择圆柱体，右击，在弹出的快捷菜单中选择【分裂】命令，将其分裂出一个空心圆柱，如图 9-98 和图 9-99 所示。

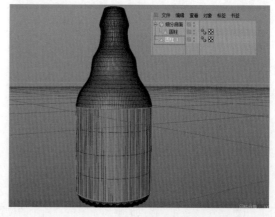

图 9-99

13 在菜单栏中执行【创建】|【对象】|【圆柱】命令，设置【半径】为15cm，【高度】为8cm，调整其位置，如图 9-100 所示。

14 单击 (转化为可编辑对象) 按钮，将圆柱转化为可编辑对象，如图 9-101 所示。

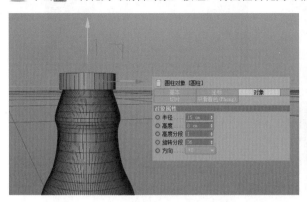

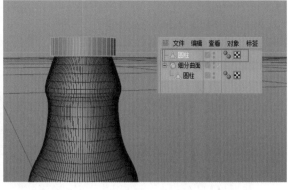

图　9-100

图　9-101

15 单击 (点) 按钮，在正视图中使用 (框选) 命令，然后单击 (缩放) 按钮，将点调整到如图 9-102 所示的位置。

16 先将点进行缩放，然后右击，在弹出的快捷菜单中选择【倒角】命令，如图 9-103 所示。

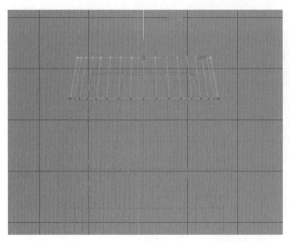

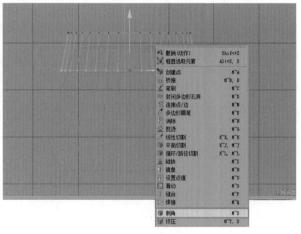

图　9-102

图　9-103

17 在【倒角】的【工具选项】下，设置【偏移】为5cm，【细分】为8，【深度】为-100%，如图 9-104 所示。

18 在菜单栏中执行【创建】|【生成器】|【细分曲面】命令，在【对象 / 场次 / 内容浏览器 / 构造】面板中，将刚创建的【圆柱】拖曳到【细分曲面 .1】位置上，当出现向下图标↓时，松开鼠标左键，如图 9-105 所示。

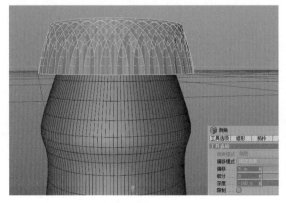

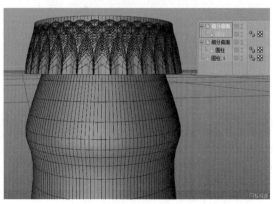

图　9-104

图　9-105

★ 实例——使用多边形建模制作卡通折纸

案例文件	案例文件\Chapter09\实例：使用多边形建模制作卡通折纸.c4d
视频教学	视频教学\Chapter09\实例：使用多边形建模制作卡通折纸.mp4

扫码看视频

实例介绍：

本例就来学习使用可编辑对象调整顶点，创建卡通折纸模型，如图9-106所示。

卡通折纸模型的建模流程如图9-107所示。

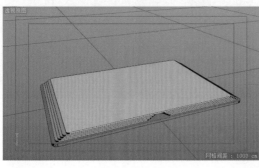

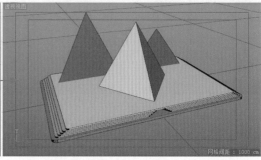

图 9-106

图 9-107

操作步骤：

01 在菜单栏中执行【创建】|【样条】|【矩形】命令，设置【宽度】800cm，【高度】为500cm，选中【圆角】复选框，设置【半径】为20cm，如图9-108所示。

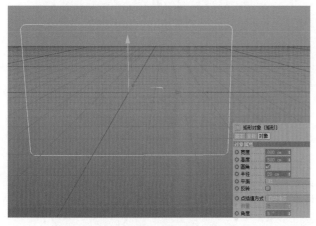

图 9-108

02 在菜单栏中执行【创建】|【生成器】|【挤压】命令，选择矩形并将其拖到【挤压】位置上，当出现向下图标↓时，松开鼠标左键。设置【移动】为10cm，如图9-109所示。

03 单击◎（旋转）按钮，按住 Shift 键沿着 Y 轴旋转90°，如图9-110所示。

04 在【对象/场次/内容浏览器/构造】面板中选择【挤压】，按 Ctrl+C 快捷键复制，按 Ctrl+V 快捷键粘贴，将其复制1份。在【矩形】图层下，设置【宽度】为350cm，【高度】为480cm，选中【圆角】复选框，设置【半径】为10cm。在【挤压 .1】下设置【移动】为5cm，如图9-111所示。

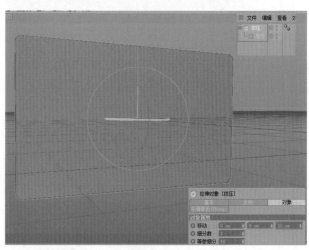

图 9-109

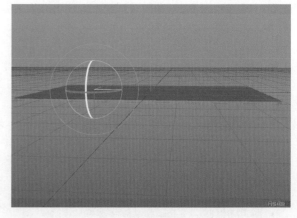

图 9-110

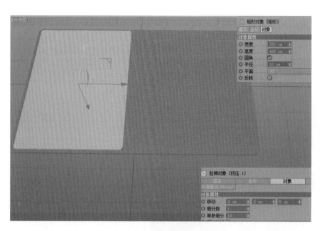

图 9-111

05 用相同的方法创建书籍主体，如图 9-112 所示。

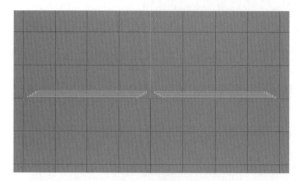

图 9-112

06 在菜单栏中执行【创建】|【样条】|【矩形】命令，设置【宽度】为 700cm，【高度】为 480cm，选中【圆角】复选框，设置【半径】为 10cm。在菜单栏中执行【创建】|【生成器】|【挤压】命令，选择矩形并将其拖到【挤压 .9】位置上，当出现向下图标↓时，松开鼠标左键。设置【移动】为 5cm，如图 9-113 所示。

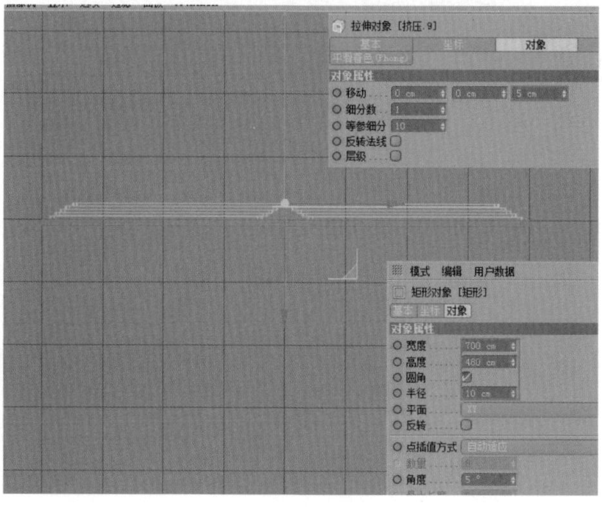

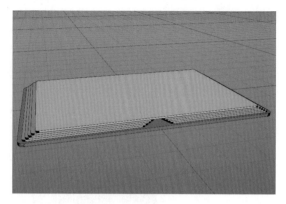

图 9-113

07 到目前为止，书籍的大致造型已经创建完毕，如图 9-114 所示。

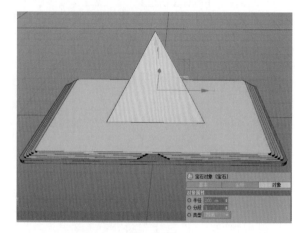

图 9-114

08 制作书籍的内容。在菜单栏中执行【创建】|【对象】|【宝石】命令，设置【半径】为 200cm，【类型】为【四面】，如图 9-115 所示。

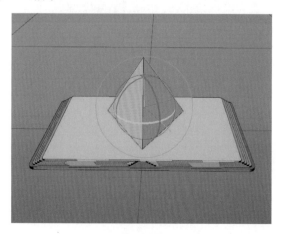

图 9-115

09 单击◎（旋转）按钮，沿着 X 轴旋转 -60°，如图 9-116 所示。

图 9-116

[10] 单击 🎨（转为可编辑对象）按钮，将宝石转为可编辑对象，单击 🔲（框选）按钮，在顶视图框选两个点，使用 ✛（移动）按钮，将框选的点向下移动，如图 9-117 所示。

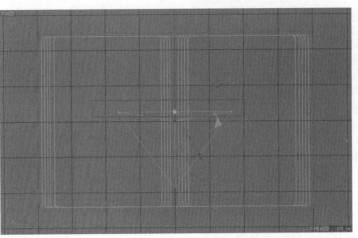

图　9-117

[11] 在菜单栏中执行【创建】|【对象】|【多边形】命令，设置【宽度】为 300cm，【高度】为 300cm，选中【三角形】复选框，设置【方向】为 −Z，调整多边形位置，如图 9-118 所示。

[12] 在【对象/场次/内容浏览器/构造】面板中选择【多边形】，按 Ctrl+C 快捷键复制，按 Ctrl+V 快捷键粘贴，将其复制 1 份。设置【高度】为 200cm，如图 9-119 所示。

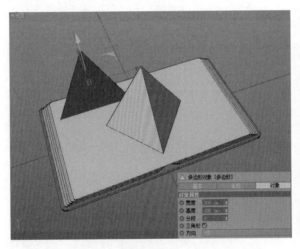

图　9-118

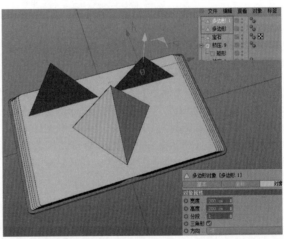

图　9-119

第10章

渲染器

本章学习要点：

·了解渲染设置面板。

·学会设置适合的渲染参数。

初识渲染

10.1.1　什么是渲染

渲染，英文为Render，也可以将它称为着色，通过渲染这个步骤，可以将在Cinema 4D中制作的作品真实地呈现出来，因此需要使用渲染器，而且不同的渲染器其渲染质量不同、效果不同、渲染速度不同。本章将主要使用软件自带的物理渲染器进行渲染。根据自己的要求合理地选择合适的渲染器十分重要。如图10-1所示为优秀的渲染作品。

图　10-1

10.1.2　为什么要渲染

使用Cinema 4D制作作品，最终是要展示给别人看的。通俗地说，例如想要将Cinema 4D作品打印出来，我们不可能直接将Cinema 4D文件进行打印，因此必须要经过一个步骤将制作完成的文件表现出来，这个过程就是渲染。这也是为什么必须要经过渲染的原因。

我们日常生活中经常会看到很多使用Cinema 4D制作的广告动画、产品动画等，我们看到的都是带有真实材质、真实灯光的渲染文件，而不是Cinema 4D文件，因此必须要输出以后才可以在传媒上使用。如图10-2所示分别为未渲染和渲染后的对比效果。

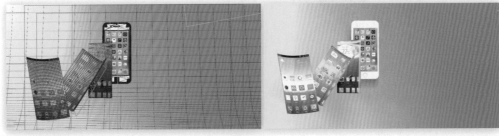

图　10-2

10.2 渲染设置窗口

在工具栏中单击【编辑渲染设置】按钮 ，或按Ctrl+B快捷键，打开【渲染设置】窗口，如图10-3所示。在【渲染设置】窗口中可以针对渲染的输出、保存、多通道、抗锯齿等信息进行更改与设置。

图　10-3

单击渲染器后方的 ▼ 按钮，在弹出的下拉列表中有【标准】【物理】【软件OpenGL】【硬件OpenGL】【ProRender】【CineMan】6个选项，如图10-4所示。

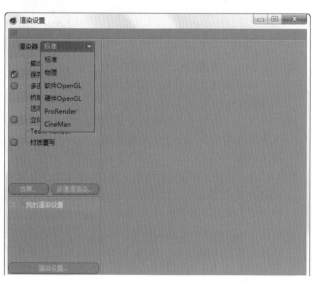

图　10-4

重点参数讲解：

- 标准：该渲染器是Cinema 4D自带的渲染器，选择该选项后，将会使用自带的【标准】渲染器进行渲染，当选中的渲染器为【标准】时，【渲染设置】的窗口如图10-5所示。

图　10-5

- 物理：该渲染器是将物体以物理模拟的方式展现出来，使整体的渲染效果更加真实，如图10-6所示。

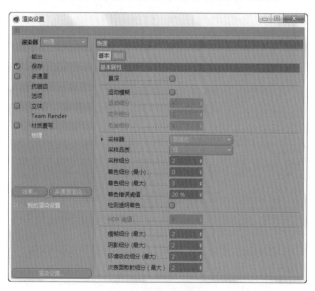

图　10-6

- 软件OpenGL：该渲染器是对场景中的对象使用软件进行渲染。当选择的渲染方式为【软件OpenGL】时，【渲染设置】窗口如图10-7所示。

图 10-7

🔵 硬件OpenGL：该渲染器是对场景中的对象使用硬件进
　　行渲染。当选择的渲染方式为【硬件OpenGL】时，
　　【渲染设置】窗口如图10-8所示。

图 10-8

🔵 CineMan：该渲染器不是Cinema 4D中自带的渲染器，
　　如果想使用该渲染器，首先需要进行下载。当选中的
　　渲染方式为【CineMan】时，【渲染设置】窗口如图10-9
　　所示。

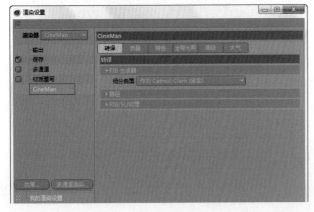

图 10-9

10.2.1　输出

当设置完渲染器的种类之后，需要进入【输出】选项栏，针对文件的导出进行设置。输出选项的设置只针对图片查看器的文件有效，在【渲染设置】窗口中单击【输出】选项，如图10-10所示。可以针对输出的尺寸、分辨率等信息进行设置。

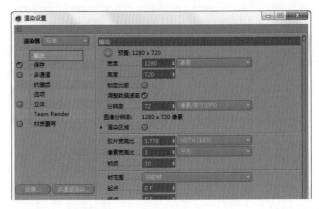

图 10-10

重点参数讲解：

预置：在【预置】菜单下可以通过设置【宽度】【高度】和【分辨率】的数值来设置输出的尺寸。单击【预置】前方的 ○ 按钮，可以在弹出的下拉列表中选择预设好的尺寸，如图10-11所示。

图 10-11

🔵 宽度/高度：设置渲染出的图片的尺寸，通常情况下会将尺寸的单位设置为像素。

🔵 锁定比率：选中【锁定比率】复选框后，当修改【高度】或【宽度】其中的一个数值后，另一个数值也会随之改变。

🔵 分辨率：设置文件导出的分辨率大小。数值越大，导出的图片就会越清晰，同时导出的速度也会越慢。默认情况下，分辨率的大小为 72 像素。

🔵 渲染区域：在选中【渲染区域】复选框后，单击【渲染区域】前方的 ▶ 按钮，展开选项后可以通过设置【左侧边框】【顶部边框】【右侧边框】【底部边框】后方的数值来调整所需要渲染的范围，如图 10-12 所示。

图 10-12

● 胶片宽高比：通过对【胶片宽高比】数值的设置可以调整渲染图像高度和宽度的比率，在该选项的后方可以选择已经设定好的比率，也可以选择【自定义】选项，然后在【渲染设置】窗口中进行手动设置，如图10-13所示。

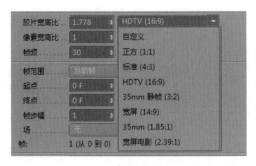

图　10-13

● 像素宽高比：通过对【像素宽高比】的设置可以调整渲染图像像素的宽度和高度的比率，在该选项的后方可以选择已经设定好的比率，或者选择【自定义】选项，然后在【渲染设置】窗口中进行手动设置，如图10-14所示。

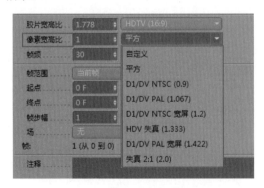

图　10-14

● 帧频：设置渲染帧的速度，即每一秒有多少帧，通常情况下会将该值设置为25。

● 帧范围/起点/终点/帧步幅：通过对【帧范围】【起点】【终点】【帧步幅】4个参数的设置可以调整动画的渲染范围。单击【帧范围】后方的 ▼ 按钮可以选择帧的范围，也可以选择【手动】选项，然后自行设置。

10.2.2　保存

进入【保存】选项栏，可以设置或者更改文件保存的格式或名称等信息，【保存】参数面板如图10-15所示。

重点参数讲解：

常规图像：可以设置文件是否需要自动保存，以及保存的路径、名称、格式等信息。

● 保存：在【保存】选项栏中选中【保存】复选框，可以将渲染到图片查看器的文件进行自动保存操作。

● 文件：选中【保存】复选框后，单击【文件】后方的 按钮，可以选择设置保存的路径和名称。

● 格式：设置文件保存的格式。在【格式】后方单击 ▼ 按钮，在下拉列表中可以选择保存的格式类型，如图10-16所示。

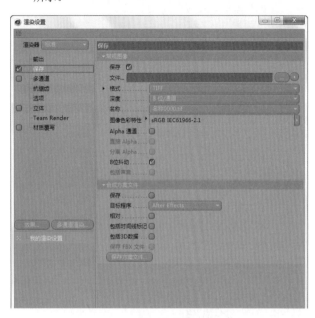

图　10-15

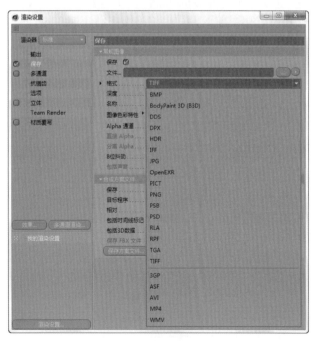

图　10-16

● 深度：用于设置颜色通道的色彩浓度，单击【深度】后方的 按钮，可以在弹出的下拉列表中进行选择，如图 10-17 所示。

染的顺序进行命名。命名的格式为"名称（图像文件名）＋序列号 +TIF（扩展名）"。单击【名称】后方的 按钮，在弹出的下拉列表中可以选择定义好的格式名称，如图 10-18 所示。

图 10-17

● 名称：在渲染动画时，渲染的每一帧都会自动按照渲

图 10-18

● 8 位抖动：选中该复选框后可以提高渲染图像的品质，品质越高，文件占内存空间就越大。

● 包括声音：选中该复选框后，视频中存在的所有音频都会被整合为一个单独的文件。

10.2.3 多通道

在【渲染设置】窗口中选中【多通道】选项后，可以单击下方的 多通道渲染 按钮进行选择，如图 10-19 所示。此时选择的选项会在多通道的下方成为一个单独的图层，如图 10-20 所示。【多通道】命令在工作中主要起到了分层渲染的作用，【多通道】面板如图 10-21 所示。

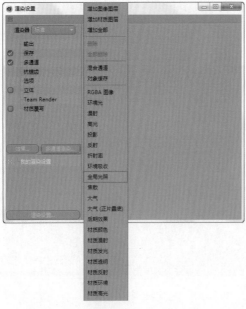

图 10-19

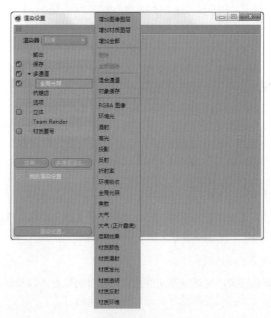

图 10-20

图　10-21

【分离灯光】可以将场景中的光源进行分离，并变成独立的图层，单击【分离灯光】后方的▼按钮，在弹出的下拉列表中可以设置分离灯光为【无】【全部】或【选取对象】。

- 无：选择【无】时，表示【分离灯光】没有被启用，场景中的光源不会被分离成单独的图层。
- 全部：选择【全部】时，表示场景中所有的光源都会被分离为单独的图层。
- 选取对象：选择【选取对象】时，表示只有被选取的灯光会被分离成单独的图层。

  模式：用来设置灯光的漫射、高光和投影这3种分层模式。单击【模式】后方的▼按钮，在弹出的下拉列表中可以选择【漫射+高光+投影】【漫射+高光，投影】和【漫射，高光，投影】3种模式。
- 漫射+高光+投影：选择【漫射+高光+投影】，表示为每一个光源的漫射、高光和投影添加一个混合图层。
- 漫射+高光，投影：选择【漫射+高光，投影】，表示为漫射和高光添加一个混合图层的同时，为投影添加一个图层。
- 漫射，高光，投影：选择【漫射，高光，投影】，表示为每一个漫射、高光、投影都添加一个混合图层。
- 投影修正：如果图像在渲染的过程中留下了轻微的划痕，可以通过选中【投影修正】来修复轻微的痕迹。

10.2.4　抗锯齿

单击【抗锯齿】后方的▼按钮，在弹出的下拉列表中可以看到【无】【几何体】和【最佳】3个选项，如图10-22所示。

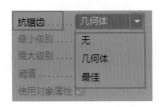

图　10-22

抗锯齿：消除或平滑图像边缘出现的锯齿边缘，如图10-23所示。

图　10-23

- 无：选择【无】选项，表示关闭【抗锯齿】功能。
- 几何体：默认的选项为【几何体】，当设置【抗锯齿】为【几何体】时，渲染的边缘会变得比较平滑。
- 最佳：当设置【抗锯齿】为【最佳】时，可以平滑阴影边缘。

  过滤：通过【过滤】选项设置抗锯齿模糊或锐化的模式。单击【过滤】后方的▼按钮，在弹出的下拉列表中可以选择【立方（静帧）】【高斯（动画）】【Mitchell】【Sinc】【方形】【三角】【Catmull】和【PAL/NTSC】，如图10-24所示。

图　10-24

- 立方（静帧）：【立方（静帧）】为系统的默认选项，可以将图像进行锐化。
- 高斯（动画）：选择【高斯（动画）】之后，可以使锯齿的边缘变得模糊、平滑。防止图像在输出时出现闪烁的现象。
- Mitchell：选择该选项后，可以激活 剪辑负成分 选项。

- Sinc：可产生更好的抗锯齿效果，同时需要渲染的时间也比较长。
- 方形：选择该选项后可以计算像素周围方形区域的抗锯齿程度。
- 三角：选择该选项后可以计算像素周围三角形区域的抗锯齿程度。但抗锯齿效果较差，较少被应用。
- Cstmull：该选项的抗锯齿效果较差，但渲染时间相对较快。
- PAL/NTSC：选择该选项后可以产生较为平滑、柔和的抗锯齿效果。
- MIP 缩放：用于设置 MIP/SAT 的全局强度。

10.2.5　选项

　　【选项】面板中的参数用于设置在渲染时场景的效果。选中相应的选项则可以为场景添加相应的效果，如图10-25所示。

图　10-25

10.2.6　立体

　　当激活【立体】选项后，可以在右侧的面板中通过设置不同的参数来为场景创建出立体化的三维图像，如图10-26所示。

图　10-26

10.3　效果

　　在【渲染设置】窗口的左侧单击【效果】按钮，可以在弹出的列表中选择多种特殊的效果，如图10-27所示。

　　在选择某种效果后，【渲染设置】窗口的左侧会出现相应的选项，单击选择该选项后，会在右侧弹出该选项的参数设置面板，如图10-28所示。如果对添加的效果不满意，可以在左侧选择该选项，右击，在弹出的快捷菜单中执行【删除】命令，如图10-29所示。同时也可以针对该选项执行【复制】【粘贴】【保存】等命令。

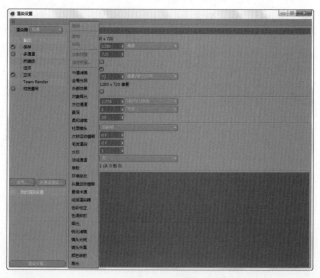

图　10-27

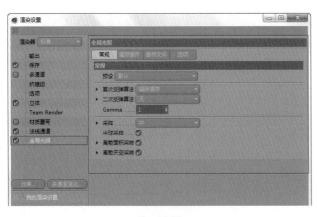

图 10-28

图 10-29

下面针对几个常用的效果进行详细的讲解。

10.3.1 全局光照

通过展现直接光照和间接光照，来实现场景的真实效果。由于计算量相对较大，在渲染时会占用较长的时间。在【渲染设置】窗口中单击 效果... 按钮，在弹出的列表中选择【全局光照】命令。在窗口的左侧可以看到新增的【全局光照】选项。单击该选项，可以在右侧的参数面板中进行参数的设置，如图 10-30 所示。

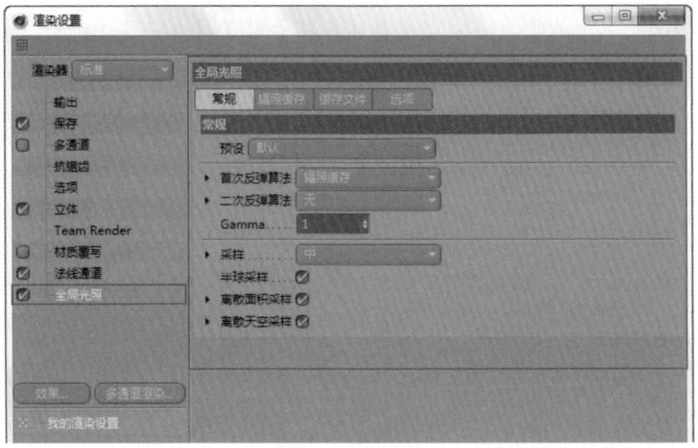

图 10-30

重点参数讲解：

常规：单击【全局光照】后，在右侧的参数设置面板中单击【常规】选项，可以针对下方的参数进行设置，如图10-31所示。

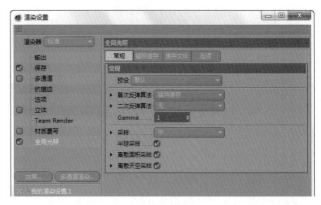

图 10-31

- 预设：单击【预设】后方的▼按钮，在弹出的下拉列表中可以根据不同的场景选择系统保存好的场景参数组合，如图 10-32 所示。

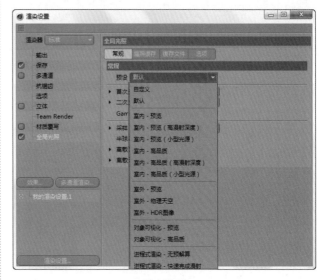

图 10-32

- 首次反弹算法：用来计算摄影机视线范围内的直射光照明物体的表面亮度。单击【首次反弹算法】后方的▼按钮，在弹出的下拉列表中可以看到【准蒙特卡洛（QMC）】【辐照缓存】和【辐射缓存（传统）】3种选项，如图 10-33 所示。

- 二次反弹算法：用来计算摄影机视线范围以外的区域和漫射深度带来的对周围对象的照明效果。单击【二次反弹算法】后方的▼按钮，在弹出的下拉列表中可以看到【准蒙特卡洛（QMC）】【辐照缓存】【辐射贴图】【光线映射】【无】5种选项，如图 10-34 所示。

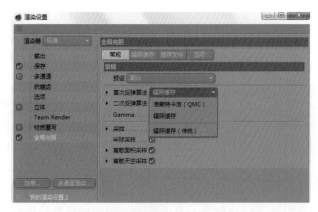

图 10-33

图 10-34

- Gamma：通过修改【Gamma】的数值来调整渲染过程中画面的亮度。

  辐照缓存：用来提高渲染对象在渲染时的质量，缩短渲染时间，其参数面板如图10-35所示。

图 10-35

缓存文件：通过针对【缓存文件】选项的设置，可以保存上一次的数据，在下一次渲染时再次使用能够节省渲染的时间。

- 清空缓存：单击该按钮，可以清除之前所保存的缓存数据。

- 仅进行预结算：选中该复选框后，在渲染时只显示预结算的结果。

- 跳过预结算：选中该复选框后，可以跳过预结算的步骤，直接输出全局光照的结果。

- 自动载入：选中该复选框后，系统会自动读取之前载入的对象。

- 自动保存：选中该复选框后，系统会自动保存本次设置。

- 全动画模式：场景中的动画如果包含灯光、材质、对象，则需要选中该复选框，以避免画面出现闪烁的现象。

- 自定义区域位置：选中该复选框，可以自定义选择缓存文件的路径。

10.3.2　焦散

焦散是指当物体被光线照射时，由于物体表面凹凸不平，产生了漫反射效果，投影表面出现了光子分散的现象。执行【效果】|【焦散】命令，在【渲染设置】窗口中的参数面板如图10-36所示。

图 10-36

重点参数讲解：

- 强度：通过针对数值的修改来调整焦散效果的强度，数值越大，焦散的强度越强。

- 重计算：单击【重计算】后方的 按钮时，在弹出的下拉列表中出现了【首次】【总是】【从不】3 种选项。选择不同的选项会产生不同的焦散效果。

10.3.3　环境吸收

【环境吸收】选项能够针对场景中的两个或两个以上模型的相互接触或投影部分产生一定的影响。执行【效果】|【环境吸收】命令，【渲染设置】窗口中的参数面板如图10-37所示。

重点参数讲解：

基本：单击【环境吸收】后，在右侧的参数设置面板中单击【基本】选项，如图10-38所示。

图 10-37

图 10-38

- 应用到工程：选中该复选框后，可以将具有环境吸收效果的图片渲染到图片查看器中。
- 颜色：通过修改色块的颜色来设置环境吸收效果的颜色。
- 最小光线长度/最大光线长度：用于设置环境吸收最小或最大光线长度的数值。
- 散射：通过调整数值的大小来修改散射的程度。
- 使用天空环境：当场景中存在天空元素时，选中该复选框，可以使用天空环境的照明来产生环境吸收的效果。
- 评估透明度：选中该复选框后具有透明度效果的物体也会产生环境吸收的效果。
- 仅限本体投影：选中该复选框后，会将环境吸收的效果指定给某一个物体的本身，不应影响到周围的其他对象。

10.3.4　景深

景深是指在摄影机镜头或其他成像器前沿能够取得清晰图像的成像所测定的被摄物体前后的距离范围。执行【效果】|【景深】命令，在【渲染设置】窗口中的参数面板如图 10-39 所示。

图 10-39

重点参数讲解：

基本：在【基本】属性设置面板中可以针对【模糊强度】【距离模糊】【背景模糊】【径向模糊】【自动聚焦】【前景模糊】及【背景模糊】进行设置。

- 模糊强度：设置景深的模糊强度。数值越大，模糊程度越高。
- 距离模糊：选中该选项后，系统能够计算出全局模糊和背景模糊的距离范围，并产生景深的效果。
- 背景模糊：选中该选项后，场景中的背景将会产生模糊的效果。
- 径向模糊：选中该选项后，画面会产生由中心向四周的镜像模糊效果。设置的数值越大，模糊的效果越强。
- 自动聚焦：选中该选项后，场景将会自动模拟摄影机的聚焦效果。
- 前景模糊/背景模糊：选中【使用渐变】后，通过调整色块的位置，来设置前景或背景的模糊效果，颜色越接近白色，模糊效果越强，颜色越接近黑色，模糊效果越弱。

常用的渲染器参数设置方法

渲染器的设置方法有很多，本节我们总结了一套非常常用的渲染器设置方法。

01 在工具栏中单击【编辑渲染设置】按钮，或按Ctrl+B快捷键，打开【渲染设置】窗口。设置渲染器为【物理】，然后单击【输出】，设置合适的【宽度】和【高度】，如图10-40所示。

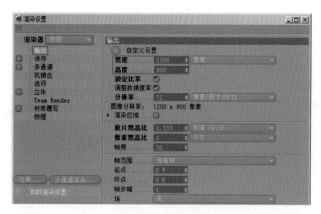

图 10-40

02 单击【抗锯齿】，设置【过滤】为【Mitchell】，如图 10-41 所示。

图 10-41

03 单击【物理】，设置【采样器】为【递增】，如图 10-42 所示。

图 10-42

04 单击【效果】按钮，并添加【全局光照】，如图 10-43 所示。

图 10-43

05 选择【全局光照】，设置【二次反弹算法】为【辐照缓存】，如图 10-44 所示。

图 10-44

第11章

灯光

本章学习要点:

- 常用灯光的类型。
- 常用灯光的使用方法。
- 灯光的高级综合运用。

11.1 认识灯光

光是我们能看见绚丽世界的前提条件，假若没有光的存在，一切将不再美好。在现在的设计工程中，不难发现各式各样的灯光主题贯穿于其中，光影交集处处皆是，缔造出不同的气氛及多重的意境，灯光可以说是一个较灵活及富有趣味性的设计元素，可以成为气氛的催化剂，也能加强现有装潢的层次感，如图11-1所示。

图　11-1

灯光主要分为两种，【直接灯光】和【间接灯光】。

【直接灯光】泛指那些直射式的光线，如太阳光等，光线直接散落在指定的位置上，并产生投射，直接、简单。【间接灯光】的光线不会直射至地面，而是被置于灯罩、天花板背后，光线被投射至墙上再反射到沙发和地面，柔和的灯光仿佛轻轻地洗刷整个空间，温柔而浪漫。

这两种灯光的适当配合，缔造出了完美的空间意境。有一些明亮活泼，又有一些柔和蕴藉，通过这种对比表现出了灯光的特殊魅力，使场景散发出不凡的艺韵，如图11-2所示。

图　11-2

所有的光，无论是自然光还是人工室内光，都有以下 3 个共同的特点。

（1）强度：强度表示光的强弱，它随光源能量和距离的变化而变化。

（2）投影：光的方向决定了物体的受光、背光以及阴影的效果。

（3）色彩：灯光由不同的颜色组成，多种灯光搭配到一起会产生多种变化和气氛。

11.2 灯光类型

在【编辑】面板中单击【灯光】按钮 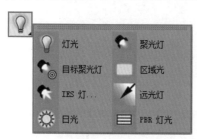，在其下拉列表中可以选择灯光的类型，Cinema 4D R19 包含 8 种灯光类型，分别是【灯光】【目标聚光灯】【IES 灯光】【日光】【聚光灯】【区域光】【远光灯】和【PBR 灯光】，如图 11-3 所示。

图 11-3

其中，【灯光】【目标聚光灯】【日光】和【区域光】使用最为广泛。

技巧提示

在菜单栏中执行【创建】|【灯光】命令，同样可以在视图窗口中创建灯光，如图 11-4 所示。

图 11-4

11.2.1 灯光对象

灯光可以向周围发散光线，它的光线可以到达场景中无限远的地方，如图 11-5 所示。泛光灯比较容易创建和调节，能够均匀地照射场景，但是在一个场景中如果使用太多泛光灯，可能会导致场景明暗层次变暗，缺乏对比。在视图中创建一盏灯，如图 11-6 所示。

图 11-5

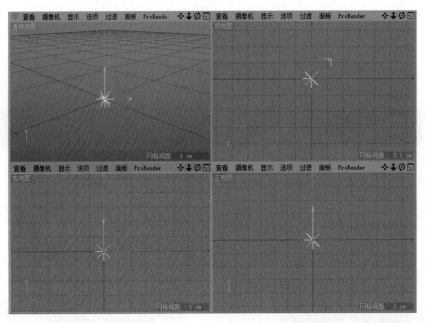

图 11-6

重点参数讲解:

1.【常规】属性

在 Cinema 4D 中,灯光的参数是通用的,如图11-7所示。

⏺ 颜色:可以设置灯光的颜色,默认为白色。

⏺ 强度:可以控制灯光的强弱程度。

图 11-7

单击颜色右侧的▶图标,可以展开颜色的详细选项栏,如图11-8所示。

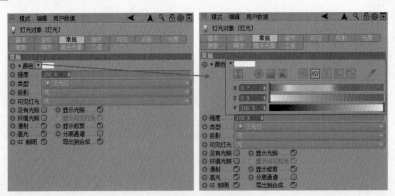

图 11-8

- 类型：可以设置灯光类型，灯光的类型有【泛光灯】【聚光灯】【远光灯】【区域光】【四方聚光灯】【平行光】【圆形平行聚光灯】【四方平行聚光灯】和【IES】9种方式，如图11-9所示

图　11-9

- 投影：可以设置灯光的阴影效果，包括【无】【阴影贴图（软阴影）】【光线跟踪（强烈）】和【区域】4种情况。
- 可见灯光：可以设置可见灯光的类型，其中包含【无】【可见】【正向测定体积】和【反向测定体积】4种类型，如图11-10所示。

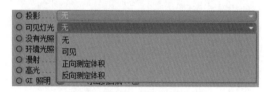

图　11-10

- 没有光照：选中该复选框后，该灯光会失去照明功能。
- 显示光照：可以显示灯光的线框。
- 环境光照：选中该复选框后，整个模型表面的光照是均匀的，如图11-11所示。

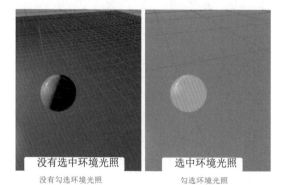

图　11-11

- 漫射：当取消选中该复选框后，视图中的物体本来的颜色被忽略掉，会突出灯光光泽部分，如图11-12所示。
- 显示修剪：以线框显示灯光的修剪范围，并可以进行调整。

- 高光：灯光投射在物体上会有高光，默认为选中，如图11-13所示。

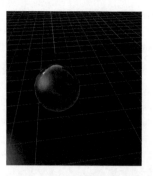

图　11-12

（a）选中高光　　　　（b）没有选中高光

图　11-13

- 分离通道：勾选该选项后，可以将灯光分通道渲染出来放在后期软件中进行调整。还需要在【渲染设置】对话框中的【多通道】下设置【分离灯光】，将漫射、灯光、投影分离出来并作为单独的图层，如图11-14和图11-15所示。
- GI照明：也称全局光照，通常需要选中该复选框，使场景灯光照射效果更均匀。

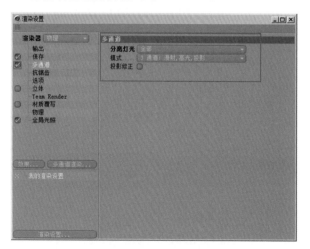

图　11-14

图　11-15

2.【细节】属性

当灯光类型为【泛光灯】时，激活的参数比较少，如图 11-16 所示。

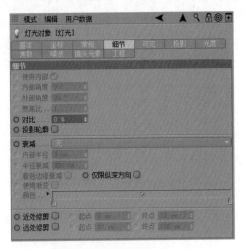

图　11-16

- ◎ 对比：控制灯光明暗过渡的对比效果。
- ◎ 投影轮廓：设置投影的轮廓效果。
- ◎ 衰减：设置灯光的衰减类型，其中包括【无】【平方倒数（物理精度）】【线性】【步幅】和【倒数立方限制】，通常默认设置【衰减】为【无】。当设置【衰减】为其他类型时可激活参数，如图 11-17 所示。

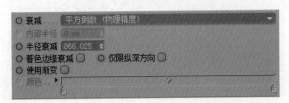

图　11-17

- ◎ 内部半径：调节衰减程度的大小，当【衰减】类型为【线性】时，才会修改内部半径数值。
- ◎ 半径衰减：调节衰减程度的大小。
- ◎ 仅限纵深方向：光线仅沿着 Z 轴照射。
- ◎ 使用渐变 / 颜色：设置颜色的渐变效果，当选中【使用渐变】后面的复选框时，可以调节颜色渐变效果，如图 11-18 所示。

图　11-18

- ◎ 近处修剪 / 远处修剪：设置这两个数值即可设置该灯光的照射范围。

3.【可见】属性

【可见】属性的选项栏如图 11-19 所示。

图　11-19

- ◎ 使用衰减：选中该复选框后，可以设置【衰减】和【内部距离】选项。
- ◎ 衰减：设置衰减的大小，默认为 100%。
- ◎ 内部距离：控制灯光的内部距离。
- ◎ 外部距离：控制灯光的外部距离。
- ◎ 相对比例：设置灯光在 X、Y、Z 轴上的比例。只有当灯光类型为【泛光灯】时，可以进行比例的修改。
- ◎ 采样属性：决定阴影内平均有多少个区域。
- ◎ 亮度：调节光线的亮度。

4.【投影】属性

通过该属性可以设置灯光的阴影效果，如图 11-20 所示。

图 11-20

投影：分为【无】【阴影贴图（软阴影）】【光线跟踪（强烈）】和【区域】4种类型，如图11-21所示。

图 11-21

- 无：灯光照射在模型上不会有投影效果，如图 11-22 所示。
- 阴影贴图（软阴影）：灯光照射在模型上会产生投影，阴影的边缘较为柔和，如图 11-23 所示。

图 11-22   图 11-23

- 光线跟踪（强烈）：灯光照射在模型上会产生投影，阴影的边缘较硬，如图 11-24 所示。
- 区域：灯光照射在模型上会产生投影，距离物体越近，阴影部分越清晰；而距离物体越远，阴影部分越模糊。选择该选项，能更加真实地模拟现实世界中的阴影，如图 11-25 所示。
- 密度：设置阴影的密度。密度数值越大，阴影颜色越深，密度为0%时，则没有阴影。
- 颜色：设置阴影的颜色。
- 透明：当制作材质时，设置了透明通道或者Alpha通道。选中该复选框，可以模拟真实灯光穿过模型的阴影效果。

图 11-24   图 11-25

（1）【阴影贴图（软阴影）】参数

当投影的类型为【阴影贴图（软阴影）】时，参数面板上会增加一些参数，可进行阴影的设置，如图11-26（a）所示。如图 11-26（b）所示为设置【投影】为【阴影贴图（软阴影）】的渲染效果。

（a）

（b）

图 11-26

- 投影贴图 / 水平精度 / 垂直精度：设置阴影的分辨率，分辨率越高，投影效果越精细。
- 内存需求：根据分辨率的大小，可以自动分析内存的需求。
- 采样半径 / 采样半径增强：该数值越大，阴影越细腻，噪点越少，渲染速度越慢。

（2）【光线跟踪（强烈）】参数

如图 11-27 所示为设置【投影】为【光线跟踪（强烈）】的渲染效果。

图　11-27

5.【光度】属性

通过该属性可以设置光度强度和单位，并查看灯光信息，如图 11-28 所示。

- 光度强度：选中该复选框，可以设置灯光的【强度】和【单位】。
- 强度：设置灯光的强度。
- 单位：指定灯光的发光单位，分为【流明（lm）】和【烛光（cd）】两种，如图 11-29 所示。
- 光度数据 / 文件名：在视图中添加灯光的文件位置。

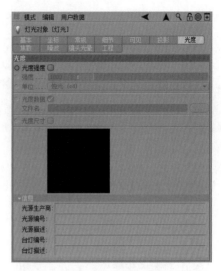

图　11-28

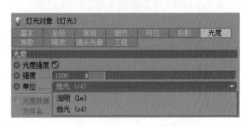

图　11-29

- 光源生产商 / 光源编号 / 光源描述 / 台灯编号 / 台灯描述：在视图中添加灯光的详细信息。

6.【焦散】属性

当光线照射在透明物体上时，由于物体表面不光滑，光线折射没有平行发生，使光线产生了漫反射，投射表面出现光子分散，通常与【渲染设置】中的【焦散】结合使用，可以呈现更真实的效果，如图 11-30 所示。

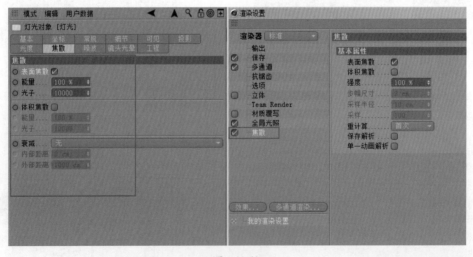

图　11-30

Cinema 4D R19从入门到精通

- 表面焦散: 选中该复选框,可以设置表面焦散的【能量】和【光子】。
- 能量: 设置焦散能量的大小。
- 光子: 设置焦散光子的数量。
- 体积焦散: 选中该复选框,可以设置体积焦散的【能量】和【光子】。
- 衰减: 分为【无】【线性】【倒数】【平方倒数】【立方倒数】和【步幅】6种方式,如图11-31所示。

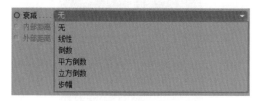

图 11-31

7.【噪波】属性

当设置【噪波】选项卡中的【类型】选项时,可以出现不同的光照效果,如图11-32所示即【噪波类型】为【光照】的效果,【噪波】的参数如图11-33所示。

图 11-32

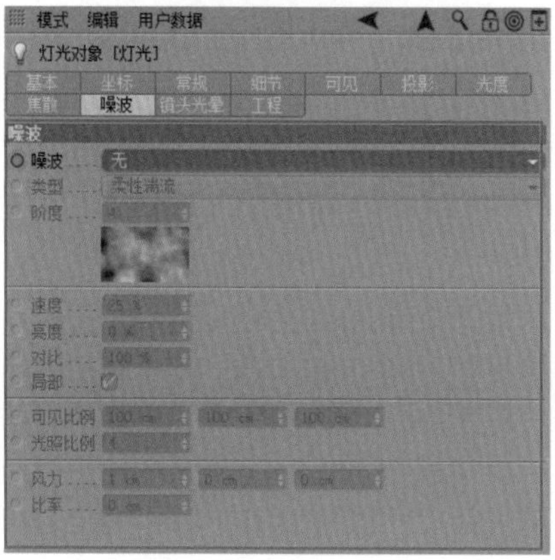

图 11-33

- 噪波: 设置噪波的照射方式,分为【无】【光照】【可见】和【两者】4种类型,如图11-34所示。

图 11-34

- 类型: 设置噪波的类型,分为【噪波】【柔性湍流】【刚性湍流】和【波状湍流】4种类型,如图11-35所示。

图 11-35

- 阶度: 设置噪波的大小程度。
- 亮度: 设置噪波的亮度,如图11-36所示。

（a）亮度为0%　　　　（b）亮度为50%

图 11-36

- 对比: 设置噪波对比的大小,如图11-37所示。

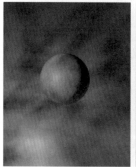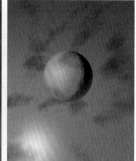

（a）对比为100%　　　　（b）对比为200%

图 11-37

8.【镜头光晕】属性

该属性用于设置灯光光晕的效果,如图11-38所示,其参数面板如图11-39所示。

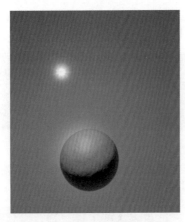

图　11-38

图　11-39

○ 辉光：设置灯光光晕的类型。当选择除了【无】以外的
类型时，可以激活参数面板中的参数，如图 11-40 所示。

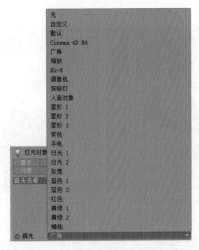

图　11-40

○ 亮度：设置光晕的亮度。

○ 宽高比：设置光晕的宽高比。

○ 设置：单击其后面的【编辑】按钮，会出现【辉光编辑
器】对话框，可以对选择的辉光进行详细的设置，如
图 11-41 所示。

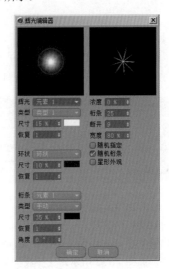

图　11-41

○ 反射：设置灯光光斑的类型，如图 11-42（a）所示。当
【反射类型】为【星形 1】时的效果如图 11-42（b）所示。

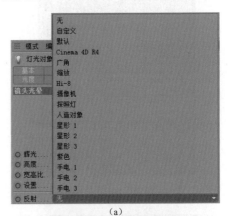

（a）

（b）

图　11-42

● 编辑：单击【编辑】按钮，会出现【镜头光斑编辑器】对话框，可以对灯光光斑进行详细的设置，如图11-43所示。

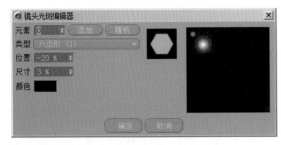

图 11-43

● 缩放：设置辉光的大小。

● 旋转：将光晕进行旋转。

9.【工程】属性

该属性用于设置灯光是否照射在物体上，如图11-44所示。

图 11-44

模式：分为【包括】和【排除】两种类型，默认为【排除】模式，如图11-45所示。

图 11-45

● 排除：选择该模式时，对象框中的模型上没有光照效果，如图11-46所示。

● 包括：选择该模式时，灯光只照射对象框中的模型，如图11-47所示。

　　对象：用于设置场景中的对象是否受到光照。默认对象框中没有模型，所以视图中的所有模型都将受到光照。

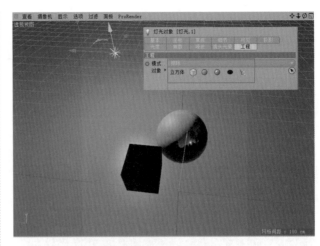

图 11-46

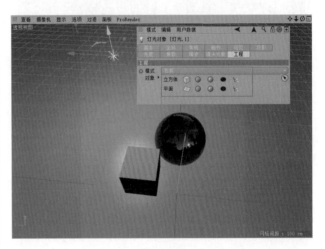

图 11-47

★ 实例——利用泛光灯制作奇幻空间

场景文件	场景文件\Chapter11\01.c4d
案例文件	案例文件\Chapter11\实例：利用泛光灯制作奇幻空间.c4d
视频教学	视频教学\Chapter11\实例：利用泛光灯制作奇幻空间.mp4

实例介绍：

本例使用灯光（泛光）制作奇幻空间的光线四射效果，最终的渲染效果如图11-48所示。

扫码看视频

图 11-48

1. 设置渲染器参数

01 打开本书配套资源包中的场景文件01.c4d,如图11-49所示。

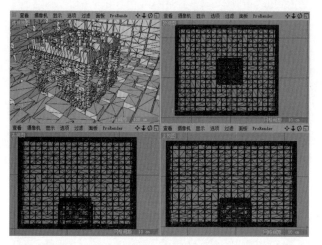

图 11-49

02 单击工具栏中的 （编辑渲染设置）按钮,设置渲染参数。设置【渲染器】为【物理】,如图11-50所示。单击【效果】按钮,添加【全局光照】,如图11-51所示。

图 11-50

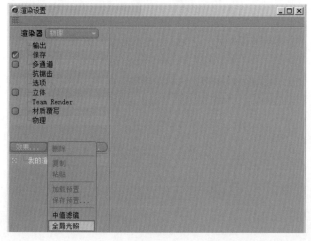

图 11-51

03 单击【输出】,设置输出尺寸,如图11-52所示。单击【抗锯齿】,设置【过渡】为【Mitchell】,如图11-53所示。

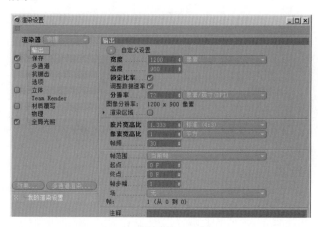

图 11-52

图 11-53

04 单击【物理】,设置【采样器】为【递增】,如图11-54所示。单击【全局光照】,设置【预设】为【自定义】,【二次反弹算法】为【辐照缓存】,如图11-55所示。

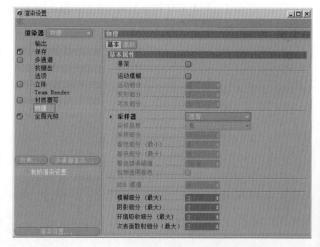

图 11-54

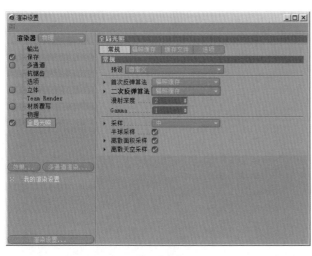

图 11-55

2. 创建第一盏泛光灯

01 在工具栏中长按 （灯光）按钮，在灯光工具组中选择 灯光 工具，如图 11-56 所示。

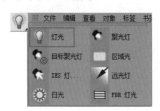

图 11-56

02 在前视图中创建一盏【灯光】，命名为【灯光.5】，在【对象／场次／内容浏览器／构造】面板中选择【灯光.5】，选择【常规】选项卡，设置【颜色】为蓝色（H 为 225°，S 为 100%），【强度】为 500%，【投影】为【阴影贴图（软阴影）】，如图 11-57 所示，其具体位置如图 11-58 所示。

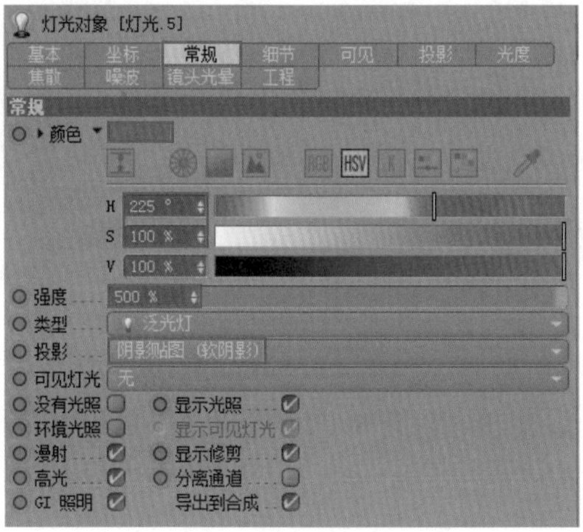

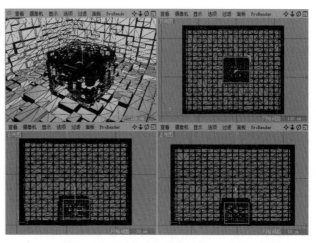

图 11-58

03 在工具栏中单击 （渲染到图片查看器）按钮，如图 11-59 所示。

图 11-59

3. 创建第二盏泛光灯

01 在工具栏中长按 （灯光）按钮，在灯光工具组中选择 灯光 工具，如图 11-60 所示。

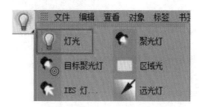

图 11-60

02 在前视图中创建一盏【灯光】，命名为【灯光】，在【对象／场次／内容浏览器／构造】面板中选择【灯光】，选择【常规】选项卡，设置颜色为淡蓝色（H 为 225°，S 为 43%），【强度】为 500%，【投影】为【阴影贴图（软阴影）】，如图 11-61 所示。

图 11-57

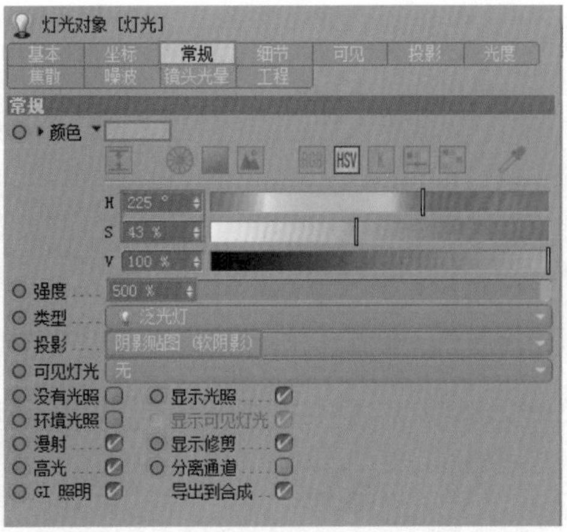

04 在工具栏中单击 （渲染到图片查看器）按钮，最终效果如图 11-64 所示。

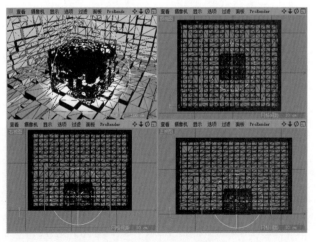

图　11-61

03 选择【细节】选项卡，设置【衰减】为【线性】，【内部半径】为 30cm，【半径衰减】为 60cm，如图 11-62 所示，其具体位置如图 11-63 所示。

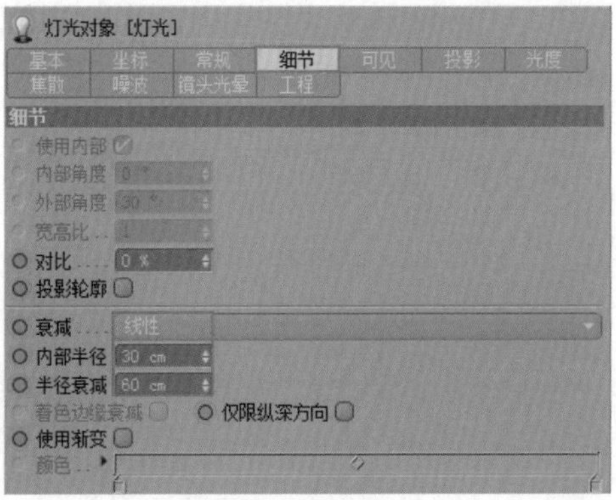

图　11-64

图　11-62

★ **实例——使用灯光制作台灯**

场景文件	场景文件\Chapter11\02.c4d
案例文件	案例文件\Chapter11\实例：使用灯光制作台灯.c4d
视频教学	视频教学\Chapter11\实例：使用灯光制作台灯.mp4

扫码看视频

实例介绍：

本例使用【物理天空】模拟自然的光照效果，使用【灯光（泛光）】制作台灯灯光，最终的渲染效果如图11-65所示。

图　11-63

图　11-65

1. 设置渲染器参数

01 打开本书配套资源包中的场景文件 02.c4d，如图 11-66 所示。

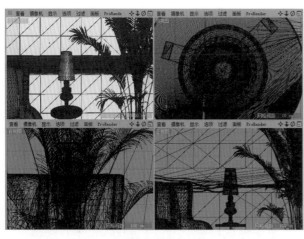

图　11-66

02 单击工具栏中的 ![] （编辑渲染设置）按钮，设置渲染参数。首先设置【渲染器】为【物理】，如图 11-67 所示。然后单击【效果】按钮，添加【全局光照】，如图 11-68 所示。

图　11-67

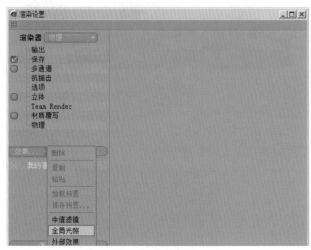

图　11-68

03 单击【输出】，设置输出尺寸，如图 11-69 所示。单击【抗锯齿】，设置【过渡】为 Mitchell，如图 11-70 所示。

图　11-69

图　11-70

04 单击【物理】，设置【采样器】为【递增】，如图 11-71 所示。单击【全局光照】，设置【预设】为【自定义】，【二次反弹算法】为【辐照缓存】，如图 11-72 所示。

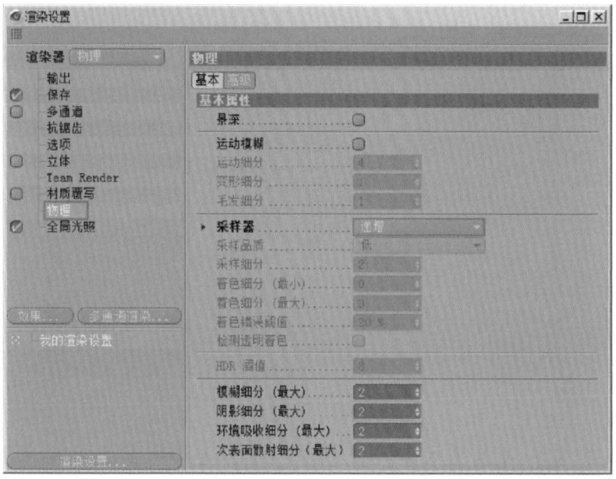

图　11-71

图 11-72

2. 创建物理天空

01 为了让场景有更好的、更均匀的灯光照射效果，除了需要创建灯光之外，还可以创建【物理天空】。在菜单栏中执行【创建】|【物理天空】|【物理天空】命令，如图 11-73 所示。

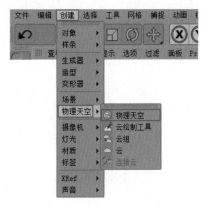

图 11-73

02 选择【对象/场次/内容浏览器/构造】面板中的【物理天空】，进入【时间与区域】选项卡，设置【时间】，如图 11-74 所示。

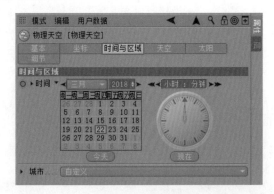

图 11-74

03 进入【太阳】选项卡，设置【强度】为 65%，如图 11-75 所示。

图 11-75

04 单击 ■（渲染活动视图）按钮，可以看到产生了很真实的太阳光照效果，如图 11-76 所示。

图 11-76

3. 创建台灯灯光

01 在工具栏中长按 ■（灯光）按钮，在灯光工具组中选择 ■ 灯光 工具，如图 11-77 所示。

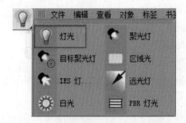

图 11-77

02 在视图中创建一盏【灯光】，命名为【灯光.2】，在【对象/场次/内容浏览器/构造】面板中选择【灯光.2】，选择【常规】选项卡，设置【颜色】为浅橘色（S 为 30%），【强度】为 200%，【投影】为【阴影贴图（软阴影）】，如图 11-78 所示。

图 11-78

03 选择【细节】选项卡，设置【衰减】为【线性】，【内部半径】为 50cm，【半径衰减】为 100cm，如图 11-79 所示，其具体位置如图 11-80 所示。

图 11-79

图 11-80

04 在工具栏中单击 （渲染到图片查看器）按钮，最终效果如图 11-81 所示。

图 11-81

11.2.2 目标聚光灯

通过目标聚光灯可以产生一个锥形的照射区域，区域以外的对象不会受到灯光的影响。目标聚光灯由透射点和目标点组成，其方向性非常好，对阴影的塑造能力也很强，是标准灯光中最为常用的一种，如图 11-82 所示。在视图中创建一盏目标聚光灯，如图 11-83 所示。

图 11-82

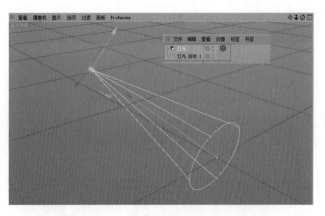

图 11-83

图 11-84

重点参数讲解：

1.【常规】属性

当视图中创建的灯光为聚光灯时，在【常规】属性下，显示【类型】为【聚光灯】，如图11-84所示。

⊙ 显示光照：可以显示灯光的线框，当灯光【类型】为【聚光灯】时，选中【显示光照】复选框，可以显示其线框，如图11-85所示。

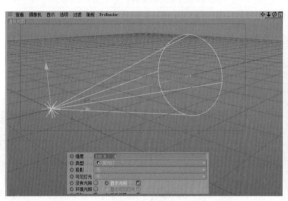

图 11-85

2.【细节】属性

当灯光【类型】为【聚光灯】时，参数基本都会被激活，如图11-86所示。

⊙ 使用内部：选中该复选框，可激活【内部角度】的参数。

⊙ 内部角度/外部角度：可以设置灯光的边缘效果，如图11-87和图11-88所示。

图 11-86

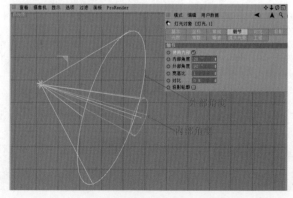

图 11-87

图　11-88

○ 宽高比：设置灯光的宽高比例。

11.2.3　IES 灯光

IES 灯光是一个 V 型射线特定光源，可用来加载 IES 灯光，能使光线看起来更加逼真（IES 文件）。在创建 IES 灯光之前，会弹出一个【请选择 IES 文件 ...】对话框，需要载入 IES 灯光文件，如图 11-89 所示。

图　11-89

重点参数讲解：

1.【常规】属性

当在视图中成功创建一盏 IES 灯光后，在【常规】属性下，显示【类型】为 IES，如图 11-90 所示。

图　11-90

2.【光度】属性

当设置为 IES 灯光时，在【光度】选项卡下，可以看到【光度】数据中有 IES 文件及灯光的详细信息，如图 11-91 和图 11-92 所示。

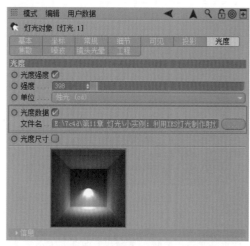

图　11-91

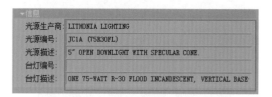

图　11-92

11.2.4　日光

日光是在远光灯的基础上添加了一个日光表达式，主要用来模拟日光的效果，参数较少，调节方便，但是效果非常逼真。在视图中创建一盏日光，如图 11-93 所示。

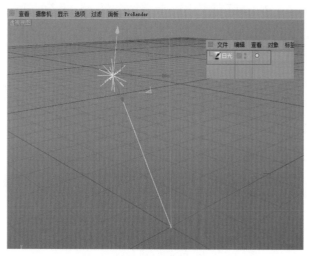

图　11-93

重点参数讲解：

1.【常规】属性

当在视图中成功创建一盏日光后，在【常规】选项卡下显示的【类型】为【远光灯】，【投影】默认设置为【光线跟踪（强烈）】，如图11-94所示。

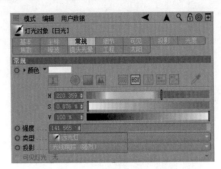

图　11-94

2.【细节】属性

当灯光为【日光】时，【细节】选项卡下少了【远处修剪】与【近处修剪】选项，如图11-95所示。

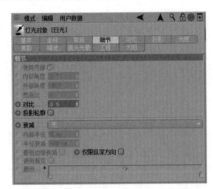

图　11-95

3.【太阳】属性

当灯光为【日光】时，在属性面板中增加了【太阳】选项卡，如图11-96所示。

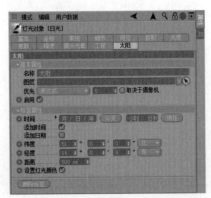

图　11-96

○ **名称：**可以为表达式命名。

○ **图层：**可以给表达式添加图层。

○ **时间 / 添加时间 / 添加日期：**设置日光照射的时间。

○ **纬度 / 经度：**设置日光照射的位置。

○ **距离：**设置日光与照射物体的距离。

○ **设置灯光颜色：**可以修改日光的颜色。

★ **实例——利用日光制作黄昏效果**

场景文件	场景文件\Chapter11\03.c4d
案例文件	案例文件\Chapter11\综合实例：利用日光制作黄昏效果.c4d
视频教学	视频教学\Chapter11\综合实例：利用日光制作黄昏效果.mp4

实例介绍：

本例使用【物理天空】制作自然的太阳光效果，使用【日光】制作真实投射在左侧墙面上的太阳光，最终的渲染效果如图11-97所示。

扫码看视频

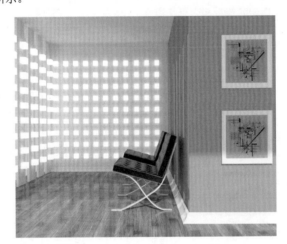

图　11-97

1.设置渲染器参数

`01` 打开本书配套资源包中的场景文件03.c4d，如图11-98所示。

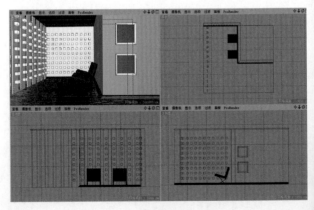

图　11-98

02 单击工具栏中的 📰 （编辑渲染设置）按钮，设置渲染参数。首先设置【渲染器】为【物理】，如图 11-99 所示。然后单击【效果】按钮，添加【全局光照】，如图 11-100 所示。

图 11-99

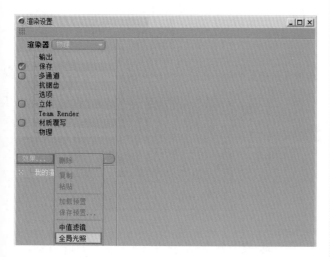

图 11-100

03 单击【输出】，设置输出尺寸，如图 11-101 所示。单击【抗锯齿】，设置【过渡】为【Mitchell】，如图 11-102 所示。

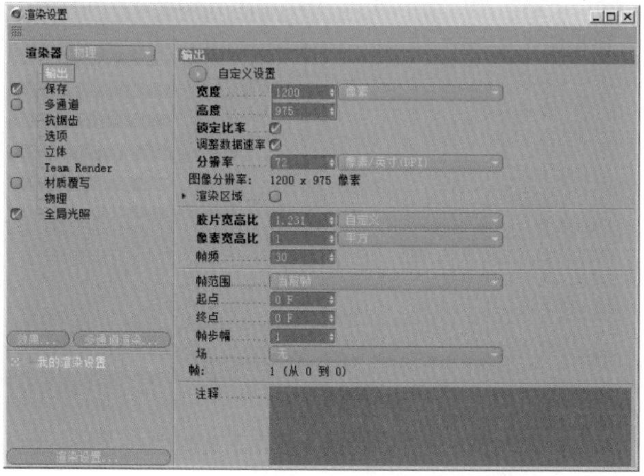

图 11-101

图 11-102

04 单击【物理】，设置【采样器】为【递增】，如图 11-103 所示。单击【全局光照】，设置【预设】为【自定义】，【二次反弹算法】为【辐照缓存】，如图 11-104 所示。

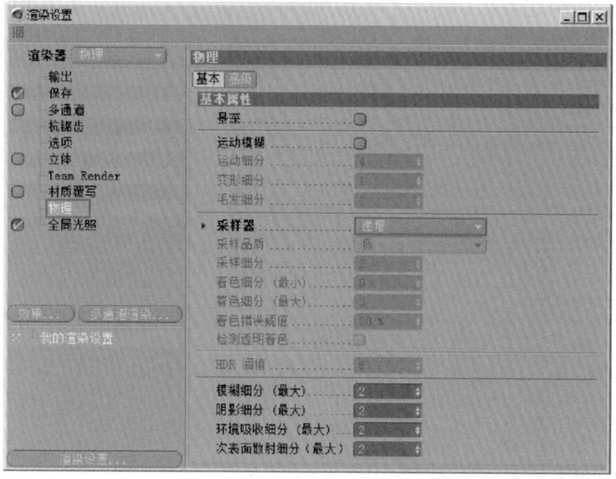

图 11-103

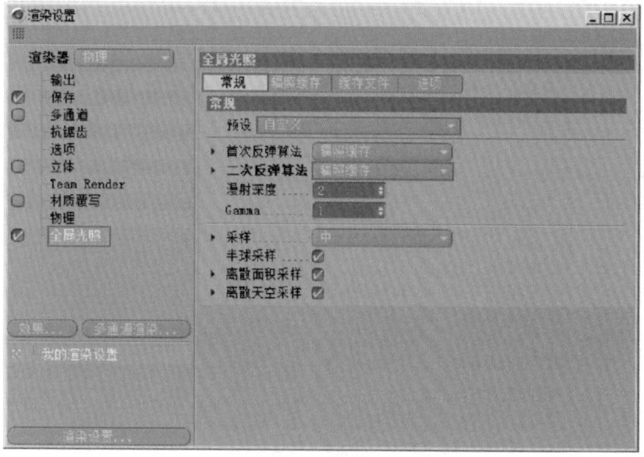

图 11-104

2. 创建【物理天空】

01 为了让场景有更好的、更均匀的灯光照射效果，除了需要创建灯光以外，还可以创建【物理天空】。在菜单栏中执行【创建】|【物理天空】|【物理天空】命令，如图 11-105 所示。

图　11-105

02 选择【对象/场次/内容浏览器/构造】面板中的【物理天空】，进入【时间与区域】，设置时间，如图 11-106 所示。

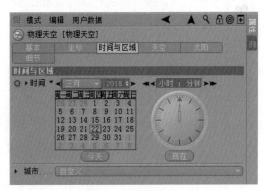

图　11-106

03 进入【太阳】，设置【强度】为 100%，如图 11-107 所示。

图　11-107

04 单击■（渲染活动视图）按钮，可以看到产生了很

真实的太阳光照，如图 11-108 所示。

图　11-108

3. 创建【日光】制作太阳光

01 在工具栏中长按■（灯光）按钮，在灯光工具组中选择【日光】工具，如图 11-109 所示。

图　11-109

02 选择【对象/场次/内容浏览器/构造】面板中的【日光】，进入【太阳】，设置【纬度】为【64, 0, 0】，【经度】为【132, 59, 54】，【距离】为 22564cm，如图 11-110 所示。

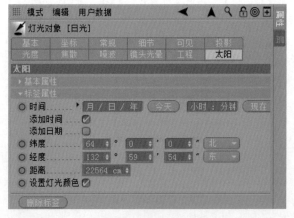

图　11-110

03 进入【常规】，设置【颜色】为橙色，【强度】为 107.861，如图 11-111 所示。

04 此时的【日光】在场景中的位置如图 11-112 所示。

图　11-111

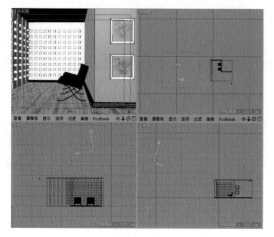

图　11-112

05 在工具栏中单击![渲染到图片查看器]（渲染到图片查看器）按钮，最终效果如图 11-113 所示。

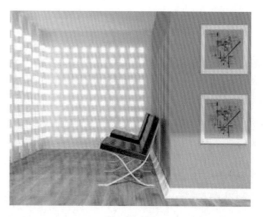

图　11-113

11.2.5　聚光灯

【聚光灯】与【目标聚光灯】基本相同，只是它无法对发射点和目标点分别进行调节，如图 11-114 所示。自由聚光灯特别适合于模仿一些动画灯光，例如舞台上的射灯等。在视图中创建一盏聚光灯，如图 11-115 所示。

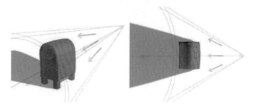

图　11-114

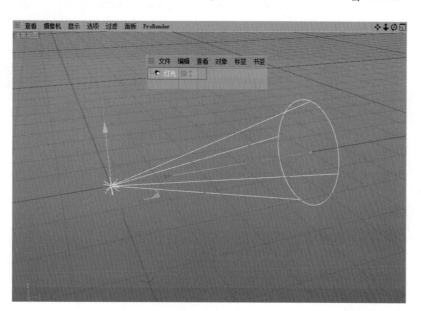

图　11-115

技巧提示

目标聚光灯与聚光灯的区别：在【对象／场次／内容浏览器／构造】面板中，可以看到目标聚光灯比聚光灯多了一个目标表达式，如图11-116所示。

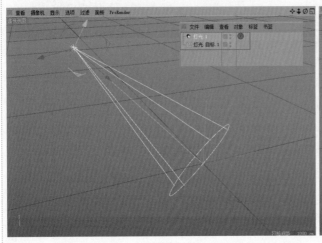
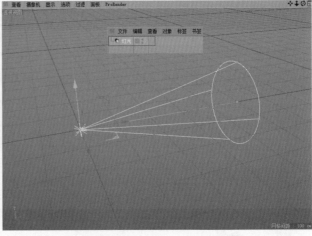

图 11-116

★ **实例——使用IES灯光制作射灯**

扫码看视频

场景文件	场景文件\Chapter11\04.c4d
案例文件	案例文件\Chapter11\实例：使用IES灯光制作射灯.c4d
视频教学	视频教学\Chapter11\实例：使用IES灯光制作射灯.mp4

实例介绍：

本例使用【IES灯光】制作射灯，使用【目标聚光灯】制作吊灯，使用【区域光】制作辅助光，最终渲染效果如图11-117所示。

1.设置渲染器参数

01 打开本书配套资源包中的场景文件04.c4d，如图11-118所示。

图 11-117

02 单击工具栏中的 按钮，设置渲染参数。首先设置【渲染器】为【物理】，如图11-119所示。

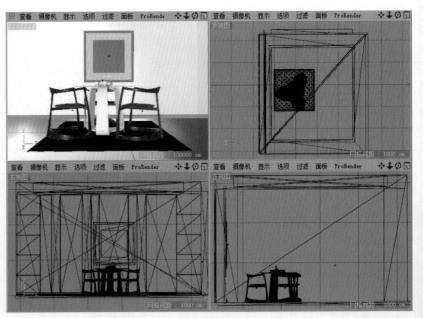

图 11-118

单击【效果】按钮，添加【全局光照】，如图 11-120 所示。

图 11-119

图 11-120

03 单击【输出】，设置输出尺寸，如图 11-121 所示。
单击【抗锯齿】，设置【过渡】为【Mitchell】，如图 11-122
所示。

图 11-122

04 单击【物理】，设置【采样器】为【递增】，如
图 11-123 所示。单击【全局光照】，设置【预设】为【自定义】，
【二次反弹算法】为【辐照缓存】，如图 11-124 所示。

图 11-123

图 11-124

2. 使用 IES 灯光制作射灯

01 在工具栏中长按 （灯光）按钮，在灯光工具组中
选择 IES 灯... 工具，如图 11-125 所示。

图 11-125

02 单击 [IES 灯] 按钮，弹出【请选择 IES 文件 ...】对话框，选择【灯光 .IES】文件，完成 IES 灯光的创建，如图 11-126 所示。

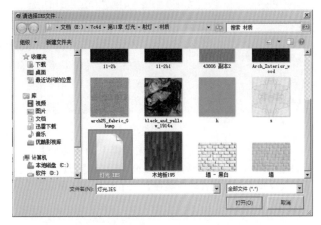

图 11-126

03 在前视图中创建一盏 IES 灯光，命名为【灯光】，在【对象 / 场次 / 内容浏览器 / 构造】面板中选择【灯光】，选择【常规】选项卡，设置【颜色】为淡黄色（H 为 43°，S 为 28%），【强度】为 120%，【投影】为【阴影贴图（软阴影）】，如图 11-127 所示。

图 11-127

04 选择【光度】选项卡，设置【强度】为 10000，【文件名】为刚加载的 IES 文件，如图 11-128 所示，其具体位置和角度如图 11-129 所示。

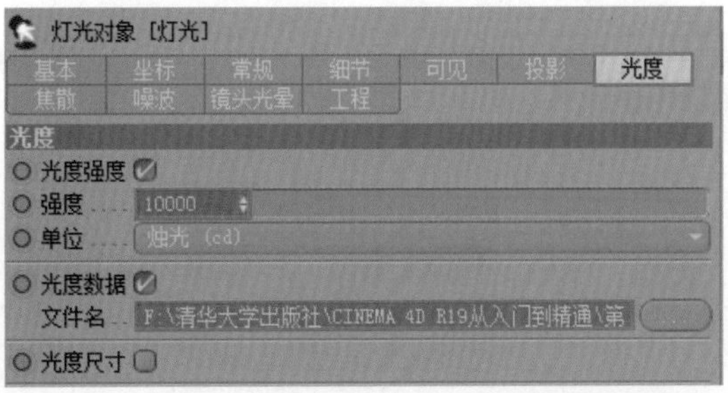

图 11-128

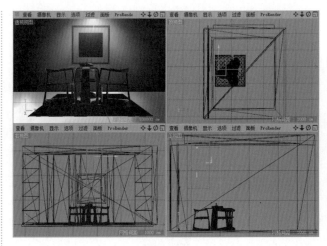

图 11-129

05 在工具栏中单击 (渲染到图片查看器) 按钮，如图 11-130 所示。

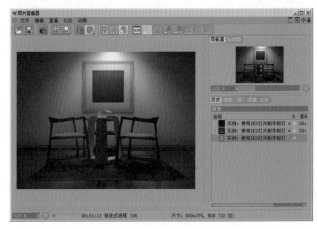

图 11-130

3. 使用目标聚光灯制作吊灯

01 在工具栏中长按 (灯光) 按钮，在灯光工具组中选择 [目标聚光灯] 工具，如图 11-131 所示。

图 11-131

02 在前视图中创建一盏目标聚光灯，命名为【灯光 .2】，在【对象 / 场次 / 内容浏览器 / 构造】面板中选择【灯光 .2】，选择【常规】选项卡，设置【强度】为 150%，【投影】为【阴影贴图（软阴影）】，如图 11-132 所示。

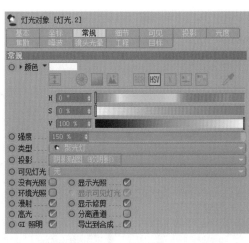

图 11-132

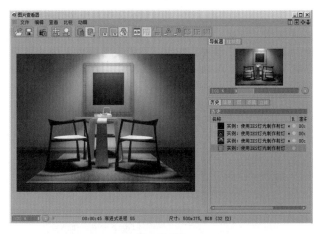

图 11-135

03 选择【细节】选项卡，设置【内部角度】为40°，【外部角度】为85°，如图 11-133 所示，其具体位置如图 11-134 所示。

技巧提示

当新建一个目标聚光灯时，会在【对象／场次／内容浏览器／构造】面板中创建两个层级，分别是【灯光】和【灯光.目标1】，它们一个是聚光灯，一个是目标群组，如图 11-136 所示。

图 11-133

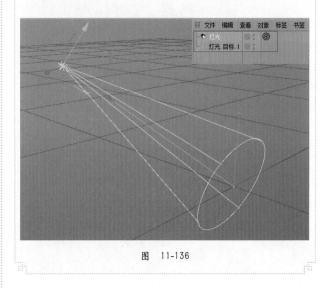

图 11-136

4. 使用区域光制作辅助光

01 在工具栏中长按 (灯光)按钮，在灯光工具组中选择 区域光 工具，如图 11-137 所示。

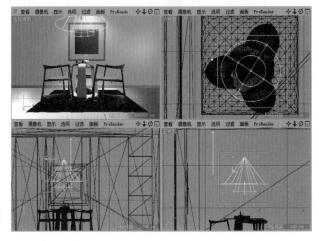

图 11-134

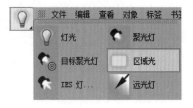

图 11-137

04 在工具栏中单击 (渲染到图片查看器)按钮，如图 11-135 所示。

02 在前视图中创建一盏区域光，命名为【灯光.1】，在【对象/场次/内容浏览器/构造】面板中选择【灯光.1】，选择【常规】选项卡，设置【颜色】为淡蓝色（H 为 223°，S 为 48%），【强度】为 80%，如图 11-138 所示。

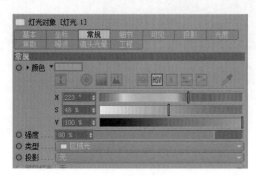

图 11-138

03 选择【细节】选项卡，设置【外部半径】为 1993.061，【水平尺寸】为 3986.122，【垂直尺寸】为 3128.88，如图 11-139 所示，其具体位置如图 11-140 所示。

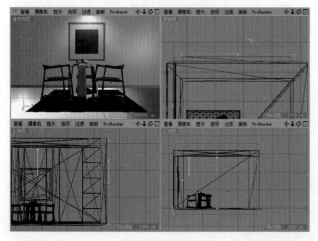

图 11-139

图 11-140

04 在工具栏中单击 🖼 （渲染到图片查看器）按钮，最终效果如图 11-141 所示。

图 11-141

11.2.6 区域光

区域光是最常用的灯光之一，参数比较简单，但是效果非常真实，一般常用来模拟柔和的灯光、灯带、台灯灯光和补光灯。

重点参数讲解：

1.【常规】属性

○ 强度：可以控制灯光的强弱程度，如图11-142所示。

（a）强度为 0%　　　　（b）强度为 75%

图 11-142

2.【细节】属性

当灯光为区域光时，在【细节】选项卡下增加了以下参数，如图 11-143 所示。

○ 外部半径：设置灯光的半径数值，数值越大，灯光的尺寸越大。

○ 形状：分为【圆盘】【矩形】【直线】【球体】【圆柱】【圆柱（垂直的）】【立方体】【半球体】和【对象/样条】9 种方式，如图 11-144 所示。

图 11-143

图 11-144

- 水平尺寸/垂直尺寸/纵深尺寸：区域光在 X、Y、Z 轴上的大小。
- 增加颗粒（慢）：选中该复选框，渲染速度变慢，但是灯光效果会更精细。
- 渲染可见：在渲染中显示灯光。
- 在视窗中显示为实体：在视窗中灯光显示为实体，如图 11-145 所示。

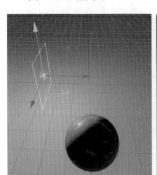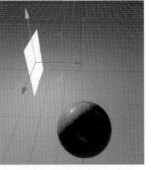

（a）取消选中【在视窗中显示为实体】（b）选中【在视窗中显示为实体】

图 11-145

- 在高光中显示：显示灯光的高光效果。
- 反射可见：显示灯光的反射效果。
- 可见度增加：增加灯光的可见度。

技巧提示

设置【形状】为【矩形】时比较适合于室内灯带等光照效果，设置【形状】为【球体】时比较适合于灯罩内的光照效果，如图 11-146 所示。

图 11-146

★ 实例——利用区域光制作产品广告

场景文件	场景文件\Chapter11\05.c4d
案例文件	案例文件\Chapter11\实例：利用区域光制作产品广告.c4d
视频教学	视频教学\Chapter11\实例：利用区域光制作产品广告.mp4

实例介绍：

本例是针对产品广告搭建的灯光系统，其主要作用是展示明亮、大气、简洁的视觉感受。共使用了三盏【区域光】模拟柔和的影棚光线，最终的渲染效果如图 11-147 所示。

扫码看视频

Classic Watch

A man's watch, a combination of business and fashion.

图 11-147

1.设置渲染器参数

01 打开本书配套资源包中的场景文件 05.c4d，如图 11-148 所示。

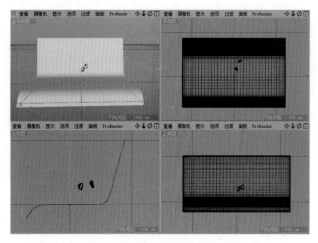

图 11-148

02 单击工具栏中的 ![按钮]（编辑渲染设置）按钮，设置渲染参数。首先设置【渲染器】为【物理】，如图 11-149 所示。单击【效果】按钮，添加【全局光照】，如图 11-150 所示。

图 11-149

图 11-150

03 单击【输出】，设置输出尺寸，如图 11-151 所示。单击【抗锯齿】，设置【过渡】为【Mitchell】，如图 11-152 所示。

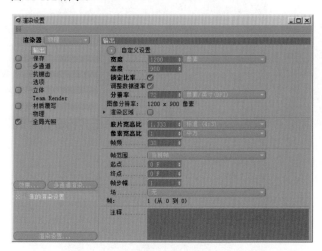

图 11-151

图 11-152

04 单击【物理】，设置【采样器】为【递增】，如图 11-153 所示。单击【全局光照】，设置【预设】为【自定义】，【二次反弹算法】为【辐照缓存】，如图 11-154 所示。

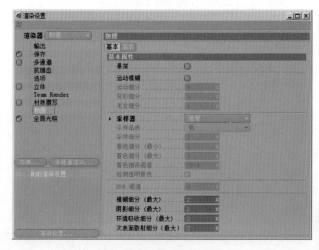

图 11-153

图　11-154

2. 创建第一盏区域光

<u>01</u> 在工具栏中长按 💡（灯光）按钮，在灯光工具组中选择【区域光】，如图 11-155 所示。

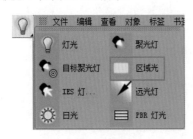

图　11-155

<u>02</u> 在前视图中创建一盏【灯光】，在【对象 / 场次 / 内容浏览器 / 构造】面板中选择【灯光】，选择【常规】选项卡，设置【强度】为 70%，【投影】为【区域】，如图 11-156 所示。

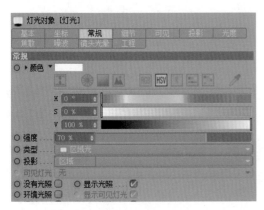

图　11-156

<u>03</u> 选择【细节】选项卡，设置【外部半径】为 117.5cm，【水平尺寸】为 235cm，【垂直尺寸】为 703cm。设置【衰减】为【平方倒数（物理精度）】，【半径衰减】为 1031cm，选中【仅限纵深方向】复选框，如图 11-157 所示。

图　11-157

<u>04</u> 选择【可见】选项卡，设置【内部距离】为 7.991cm，【外部距离】为 7.991cm，【采样属性】为 99.886cm，如图 11-158 所示。

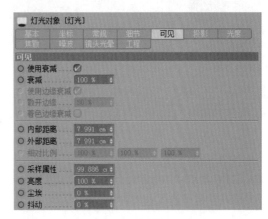

图　11-158

<u>05</u> 选择【投影】选项卡，设置【密度】为 99%，如图 11-159 所示，其具体位置如图 11-160 所示。

图　11-159

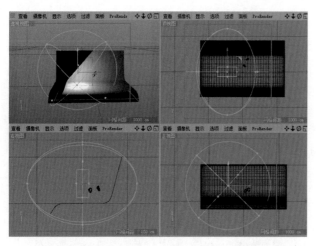

图 11-160

06 在工具栏中单击 按钮，如图 11-161 所示。

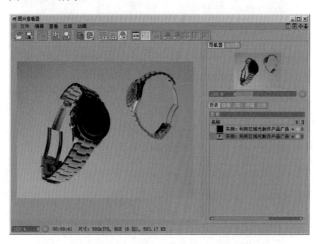

图 11-161

3. 创建第二盏区域光

01 在【对象/场次/内容浏览器/构造】面板中选择【灯光】，按住 Ctrl+C 快捷键进行复制，然后按住 Ctrl+V 快捷键进行粘贴，将其复制 1 份，命名为【灯光】，如图 11-162 所示。

图 11-162

02 在【对象/场次/内容浏览器/构造】面板中选择【灯光】，选择【常规】选项卡，设置【强度】为 30%，如图 11-163 所示。

图 11-163

03 选择【细节】选项卡，设置【垂直尺寸】为 1000cm，【半径衰减】为 2316cm，如图 11-164 所示，其具体位置如图 11-165 所示。

图 11-164

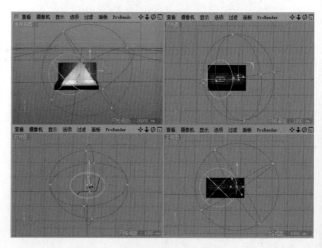

图 11-165

04 在工具栏中单击 按钮，如图 11-166 所示。

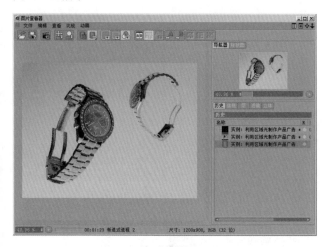

图 11-166

4. 创建第三盏区域光

01 在【对象/场次/内容浏览器/构造】面板中选择【灯光】，按住 Ctrl+C 快捷键进行复制，然后按住 Ctrl+V 快捷键粘贴出 1 份，修改名称为【灯光】，如图 11-167 所示。

图 11-167

02 在【对象/场次/内容浏览器/构造】面板中选择【灯光】，选择【常规】选项卡，设置【强度】为 100%，如图 11-168 所示。

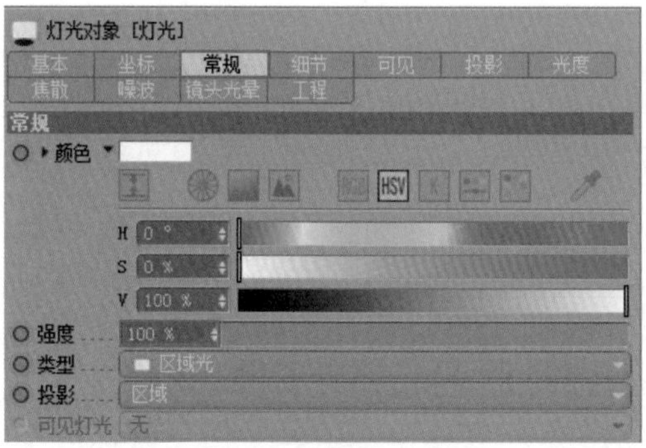

图 11-169

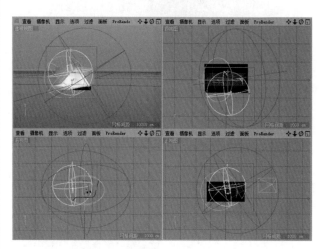

图 11-170

04 在工具栏中单击 按钮，最终效果如图 11-171 所示。

图 11-171

图 11-168

03 选择【细节】选项卡，设置【垂直尺寸】为 703cm，【半径衰减】为 1031cm，如图 11-169 所示。其具体位置如图 11-170 所示。

★ 实例——利用区域光制作阳光效果

场景文件	场景文件\Chapter11\实例：06.c4d
案例文件	案例文件\Chapter11\实例：利用区域光制作阳光效果.c4d
视频教学	视频教学\Chapter11\实例：利用区域光制作阳光效果.mp4

实例介绍：

本例通过创建【天空】，并将发光材质添加到天空上，从而模拟天空的自然光感。最后使用【区域光】制作阳光效果，最终的渲染效果如图11-172所示。

扫码看视频

图　11-172

1.设置渲染器参数

01 打开本书配套资源包中的场景文件06.c4d，如图11-173所示。

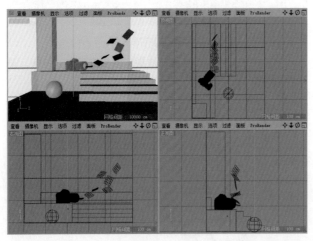

图　11-173

02 单击工具栏中的 ▓ （编辑渲染设置）按钮，设置渲染参数。首先设置【渲染器】为【物理】，如图11-174所示。单击【效果】按钮，添加【全局光照】，如图11-175所示。

图　11-174

图　11-175

03 单击【输出】，设置输出尺寸，如图11-176所示。单击【抗锯齿】，设置【过渡】为【Mitchell】，如图11-177所示。

图　11-176

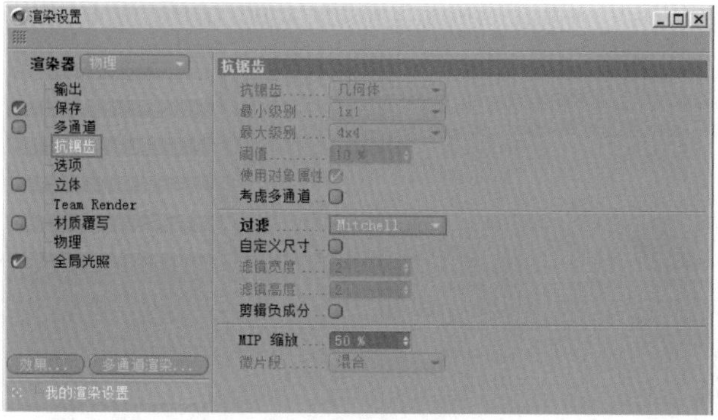

02 在界面下方的【材质】窗口中执行【创建】|【新材质】命令，如图 11-181 所示。

图 11-180　　　　　图 11-181

03 双击该材质球，设置材质参数，制作一个发光材质。取消选中【颜色】和【反射】复选框，选中【发光】复选框，设置【颜色】为白色，如图 11-182 所示。

图 11-182

04 将【材质】窗口中的【材质 .3】拖动到【对象 / 场次 / 内容浏览器 / 构造】面板中的【天空】位置，当出现图标时，松开鼠标，如图 11-183 所示。

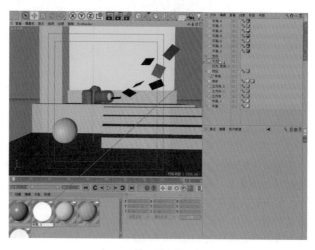

图 11-183

图 11-177

04 单击【物理】，设置【采样器】为【递增】，如图 11-178 所示。单击【全局光照】，设置【预设】为【自定义】，【二次反弹算法】为【准蒙特卡洛（QMC）】，如图 11-179 所示。

图 11-178

图 11-179

2. 创建天空

01 为了模拟更好的场景天空效果，可以创建【天空】。在菜单栏中执行【创建】|【场景】|【天空】命令，如图 11-180 所示。

此时可以看到【天空】后方出现了 ，场景的背景也变成了白色，如图 11-184 所示。

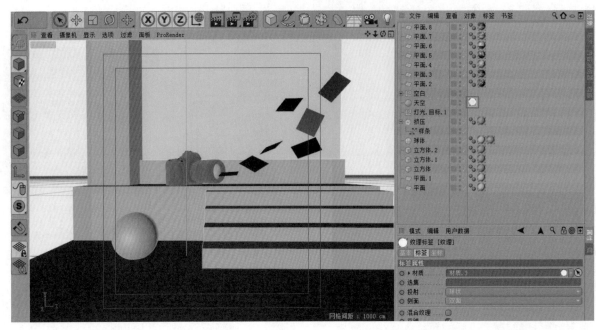

图　11-184

在工具栏中单击 （渲染到图片查看器）按钮，效果如图 11-185 所示。

图　11-185

3. 使用区域光制作阳光效果

在工具栏中长按 （灯光）按钮，在灯光工具组中选择【区域光】，如图 11-186 所示。

在前视图中创建一盏区域光，将其命名为【灯光】。在【对象 / 场次 / 内容浏览器 / 构造】面板中选择【灯光】，选择【常规】选项卡，设置【强度】为 75%，【投影】为【阴影贴图（软阴影）】，如图 11-187 所示。

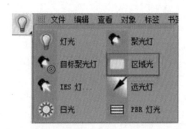

图　11-186

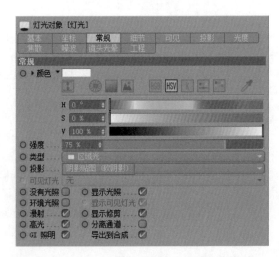

图　11-187

选择【细节】选项卡，设置【外部半径】为 350.919，【水平尺寸】为 701.838，【垂直尺寸】为 200cm，如图 11-188 所示。

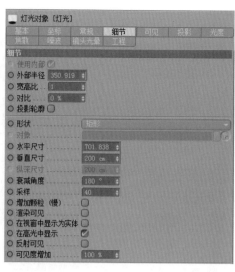

图　11-188

04 选择【投影】选项卡，设置【投影】为【阴影贴图（软阴影）】，【投影贴图】为1250×1250，【水平精度】为1250，如图11-189所示。

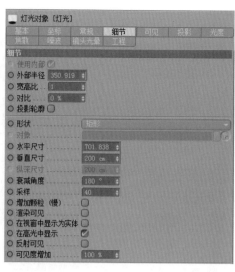

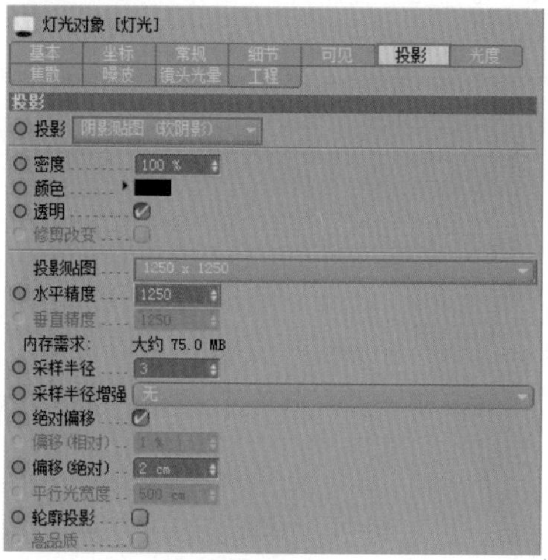

图　11-189

05 选择【投影】选项卡，设置【密度】为99%，如图11-190所示，其具体位置如图11-191所示。

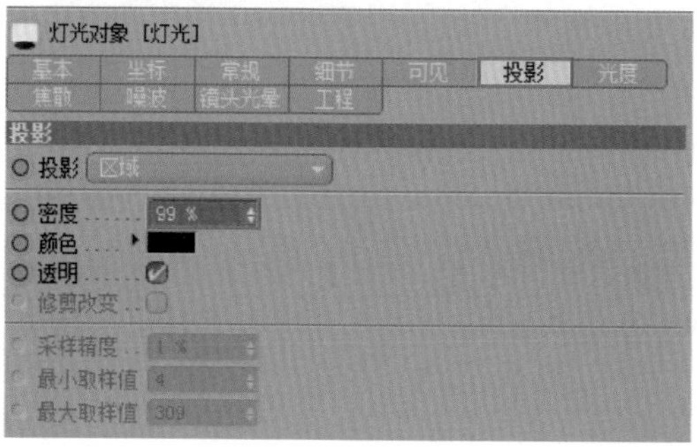

图　11-190

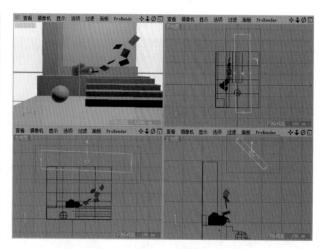

图　11-191

06 在工具栏中单击 （渲染到图片查看器）按钮，最终效果如图11-192所示。

图　11-192

11.2.7　远光灯

远光灯常用于模拟日光效果，将其放置在任何位置都可以，旋转该灯光的角度即可改变灯光的照射方向，参数如图11-193所示。

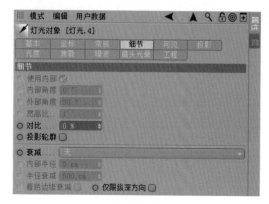

图　11-193

如图 11-194 所示分别为调整该灯光角度和改变灯光照射方向的对比效果。

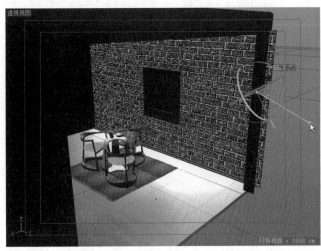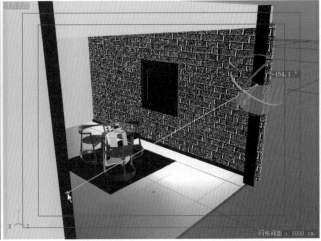

图　11-194

11.2.8　PBR 灯光

PBR 全称是 Physically-Based Rendering，即 "基于物理的渲染"。PBR 灯光是区域光中的一种，可以模拟类似区域光的灯光效果，其参数如图 11-195 所示，该灯光的效果如图 11-196 所示。

图　11-195

图　11-196

技巧提示：另外4种灯光类型

创建任意一盏灯光类型，当进入【常规】选项卡时，单击【类型】后面的选项，即可看到除了上面讲解的灯光类型外，还有4种灯光类型，分别是【四方聚光灯】【平行光】【圆形平行聚光灯】【四方平行聚光灯】，如图 11-197 所示。

图　11-197

实例介绍：

本例使用【灯光（泛光灯）】制作瓶子内产生的光线，使用【区域光】制作灯带灯光和辅助光源，最终的渲染效果如图11-198所示。

图　11-198

★ 实例——利用泛光灯和区域光制作场景灯光

场景文件	场景文件\Chapter11\07.c4d
案例文件	案例文件\Chapter11\综合实例：利用泛光灯和区域光制作场景灯光.c4d
视频教学	视频教学\Chapter11\综合实例：利用泛光灯和区域光制作场景灯光.mp4

扫码看视频

1．设置渲染器参数

01 打开本书配套资源包中的场景文件07.c4d，如图 11-199 所示。

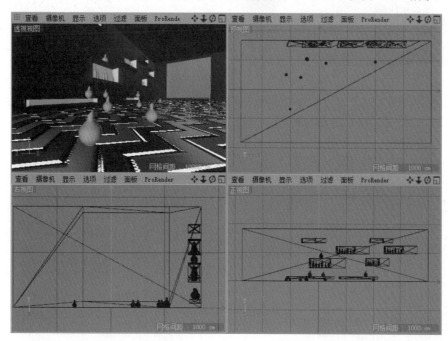

图　11-199

02 单击工具栏中的 ▧（编辑渲染设置）按钮，设置渲染参数。首先设置【渲染器】为【物理】，如图 11-200 所示。单击【效果】按钮，添加【全局光照】，如图 11-201 所示。

图 11-200

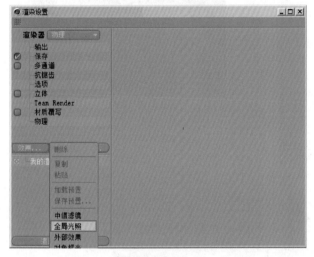

图 11-201

03 单击【输出】，设置输出尺寸，如图 11-202 所示。单击【抗锯齿】，设置【过渡】为【Mitchell】，如图 11-203 所示。

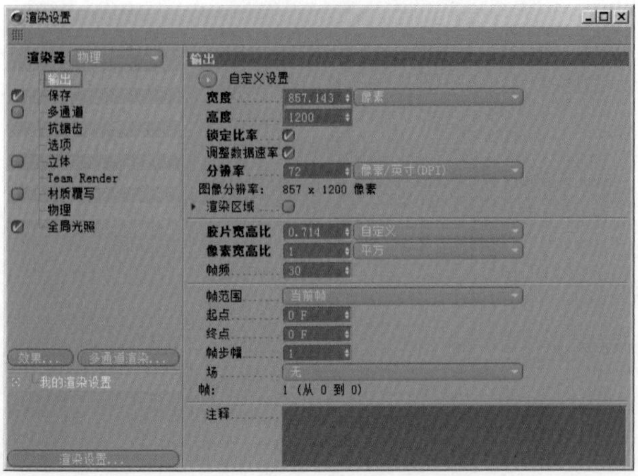

图 11-203

04 单击【物理】，设置【采样器】为【递增】，如图 11-204 所示。单击【全局光照】，设置【预设】为【自定义】，【二次反弹算法】为【辐照缓存】，如图 11-205 所示。

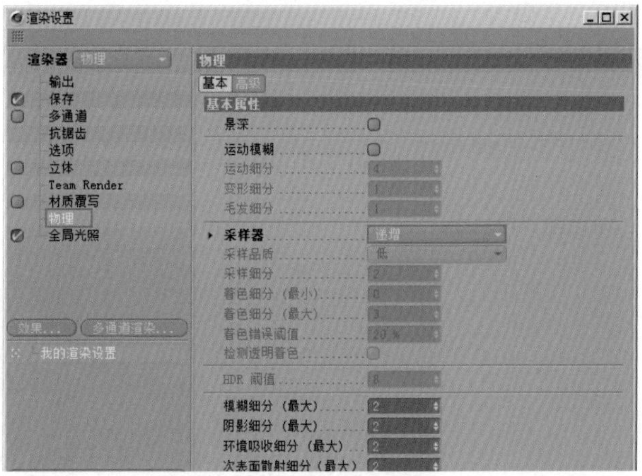

图 11-204

图 11-202

图 11-205

2. 使用【灯光】制作玻璃瓶发光效果

01 在工具栏中长按 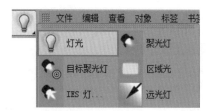 （灯光）按钮，在灯光工具组中选择 灯光 工具，如图 11-206 所示。

图　11-206

02 在视图中创建一盏灯光，在【对象 / 场次 / 内容浏览器 / 构造】面板中选择【灯光】，选择【常规】选项卡，设置【强度】为400%，【类型】为泛光灯，【投影】为【阴影贴图（软阴影）】，如图 11-207 所示。

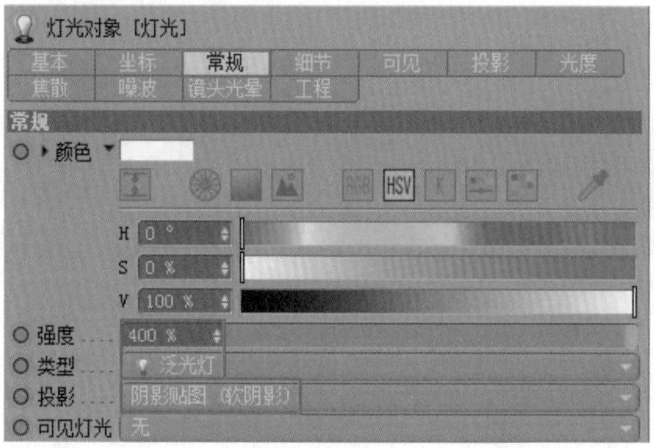

图　11-207

03 选择【细节】选项卡，设置【衰减】为【线性】，【内部半径】为30cm，【半径衰减】为150cm，如图 11-208 所示，其具体位置如图 11-209 所示。

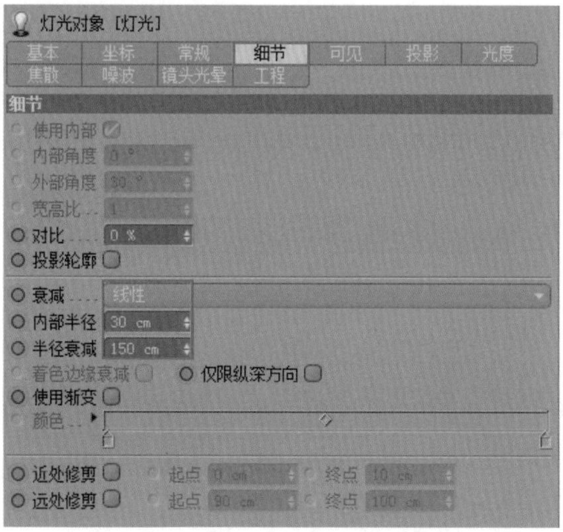

图　11-208

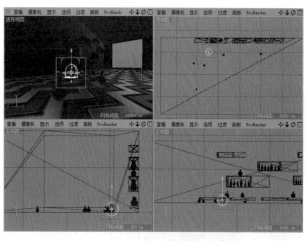

图　11-209

04 在【对象 / 场次 / 内容浏览器 / 构造】面板中选择【灯光】，按住 Ctrl+C 快捷键和 Ctrl+V 快捷键进行复制并粘贴，将其复制 8 份，如图 11-210 所示，其具体位置如图 11-211 所示。

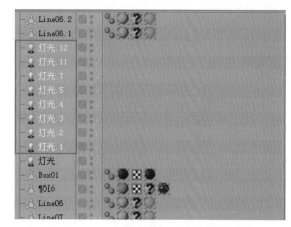

图　11-210

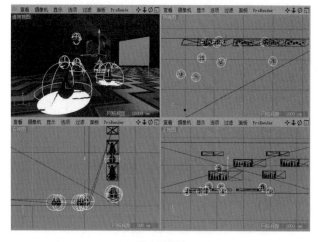

图　11-211

05 在工具栏中单击 (渲染到图片查看器) 按钮，如图 11-212 所示。

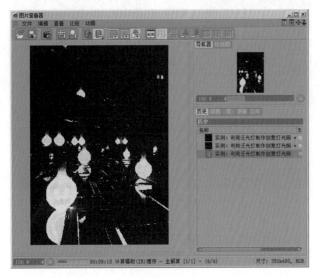

图 11-212

3. 使用【区域光】制作灯带

01 在工具栏中长按 (灯光) 按钮，在灯光工具组中选择 区域光 工具，如图 11-213 所示。

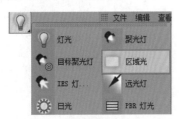

图 11-213

02 在前视图中创建一盏区域光，将其命名为【灯光 .6】，在【对象 / 场次 / 内容浏览器 / 构造】面板中选择【灯光 .6】，选择【常规】选项卡，设置【颜色】为淡黄色（H 为 40°，S 为 22%），【强度】为 200%，【投影】为【阴影贴图（软阴影）】，如图 11-214 所示。

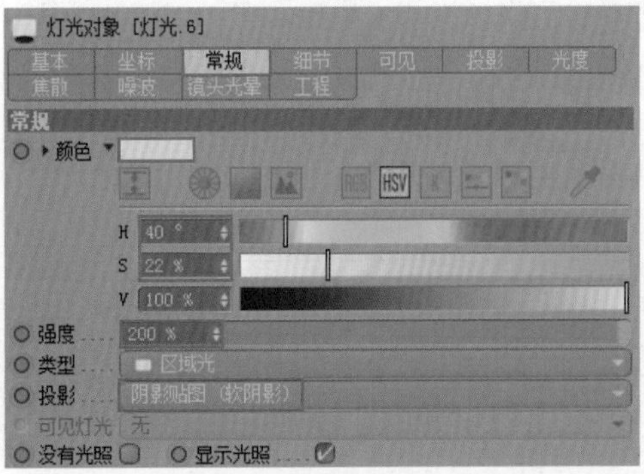

图 11-214

03 选择【细节】选项卡，设置【外部半径】为 340.239，【水平尺寸】为 680.477，【垂直尺寸】为 158.811，如图 11-215 所示，其具体位置如图 11-216 所示。

图 11-215

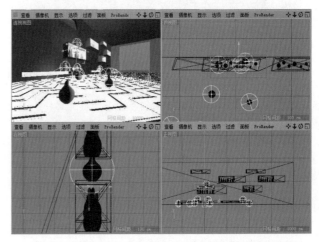

图 11-216

04 在【对象 / 场次 / 内容浏览器 / 构造】面板中选择【灯光 .6】，按住 Ctrl+C 快捷键和 Ctrl+V 快捷键进行复制并粘贴，将其复制 3 份，如图 11-217 所示，其具体位置如图 11-218 所示。

图 11-217

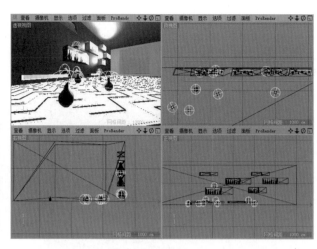

图 11-218

05 在工具栏中长按 （灯光）按钮，在灯光工具组中
选择 区域光 工具，如图 11-219 所示。

图 11-219

06 在前视图中创建一盏区域光，将其命名为【灯光
.14】，在【对象/场次/内容浏览器/构造】面板中选择【灯
光.14】，选择【常规】选项卡，设置【强度】为 200%，【投
影】为【阴影贴图（软阴影）】，如图 11-220 所示。

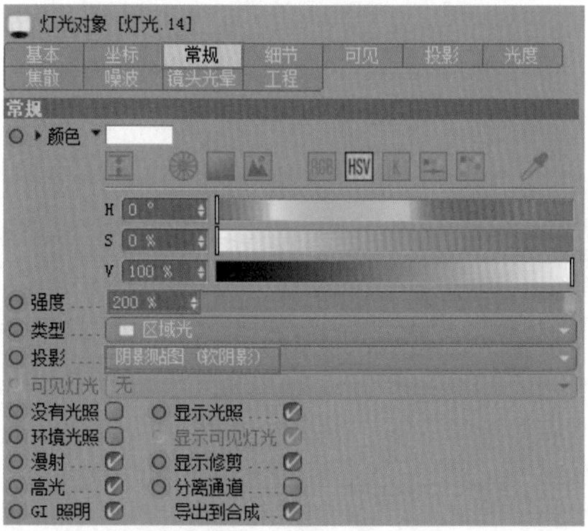

图 11-220

07 选择【细节】选项卡，设置【外部半径】为 424.472，【水
平尺寸】为 848.944，【垂直尺寸】为 124.753，如图 11-221
所示，其具体位置如图 11-222 所示。

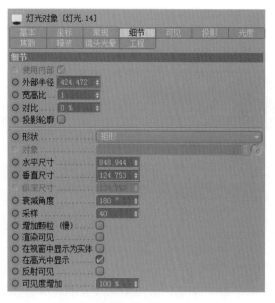

图 11-221

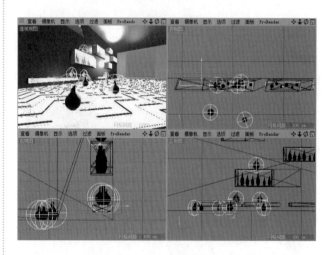

图 11-222

08 在【对象/场次/内容浏览器/构造】面板中选择
【灯光.14】，按住 Ctrl+C 快捷键和 Ctrl+V 快捷键进行复制
并粘贴，将其复制 3 份，如图 11-223 所示。

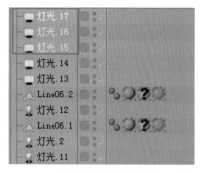

图 11-223

253

09 根据装饰框的大小，在【细节】选项卡中分别调整 3 个区域光的【外部半径】数值，其具体位置如图 11-224 所示。

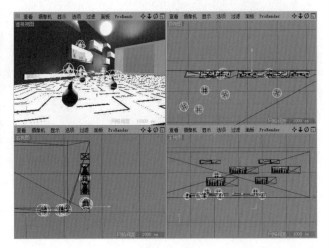

图 11-224

10 在工具栏中单击 (渲染到图片查看器) 按钮，如图 11-225 所示。

图 11-225

4. 使用【区域光】制作辅助光源

01 在工具栏中长按 (灯光) 按钮，在灯光工具组中选择 区域光 工具，如图 11-226 所示。

图 11-226

02 在前视图中创建一盏区域光，将其命名为【灯光.13】，在【对象 / 场次 / 内容浏览器 / 构造】面板中选择【灯光.13】，选择【常规】选项卡，设置【强度】为50%，【投影】为【阴影贴图（软阴影）】，如图 11-227 所示。

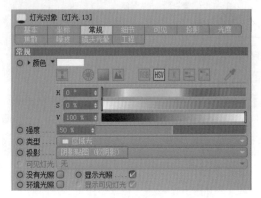

图 11-227

03 选择【细节】选项卡，设置【外部半径】为1165.828，【水平尺寸】为2331.656，【垂直尺寸】为1714.608，如图 11-228 所示，其具体位置如图 11-229 所示。

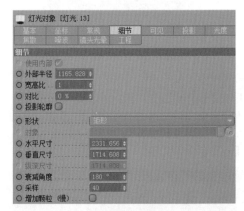

图 11-228

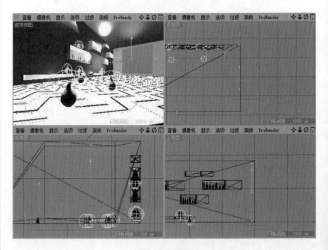

图 11-229

04 在工具栏中单击 （渲染到图片查看器）按钮，如图 11-230 所示。

图 11-230

第12章

材质和贴图

本章学习要点：
- 材质的基本知识。
- 各类材质的参数详解。
- 常用材质的设置方法。

12.1 认识材质

简单地说，材质就是物体看起来是什么质地。材质可以看成是材料和质感的结合。在渲染过程中，它是表面各可视属性的结合，这些可视属性是指表面的色彩、纹理、光滑度、透明度、反射率、折射率、发光度等。正是有了这些属性，才能使模型更加真实，也正是有了这些属性，三维的虚拟世界才会和真实世界一样缤纷多彩，如图12-1所示。

图　12-1

12.1.1　什么是材质

在用 3ds Max 制作效果图的过程中，常常需要制作很多种材质，如玻璃材质、金属材质、地砖材质、木纹材质等。通过设置这些材质，可以完美地诠释空间的设计感、色彩感和质感，如图12-2所示。

图　12-2

图 12-2（续）

12.1.2　为什么要设置材质

01 突出质感。这是材质最主要的用途，设置合适的材质，可以使我们一眼即可看出物体是用什么材料做的，如图 12-3 所示。

图　12-3

02 用材质刻画模型细节。在很多情况下，材质可以使最终渲染出来的模型看起来更有细节，如图 12-4 所示。

图　12-4

03 表达作品的情感。作品的最高境界不是技术多么娴熟，而是可以通过技术和手法传达作品的情感，如图 12-5 所示。

图　12-5

12.1.3　创建新材质

1. 创建新材质

01 在【材质】窗口中选择【创建】|【新材质】命令，如图 12-6 所示。此时即可创建一个材质球，如图 12-7 所示。

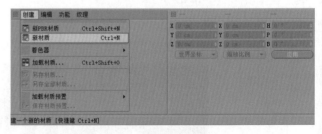

图　12-6

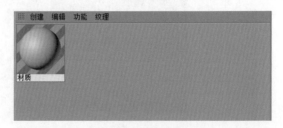

图　12-7

02 双击材质球，可以调出材质编辑器参数，如图 12-8 所示。

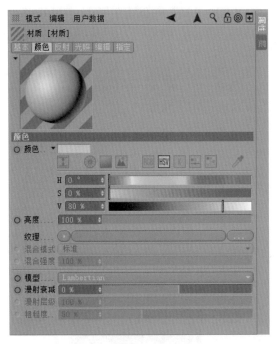

图　12-8

2. 创建新 PBR 材质

01 在【材质】窗口中选择【创建】|【新 PBR 材质】命令，如图 12-9 所示。此时即可创建一个 PBR 材质球，如图 12-10 所示。

图　12-9

图　12-10

02 双击材质球，可以调出 PBR 材质的材质编辑器参数，如图 12-11 所示。

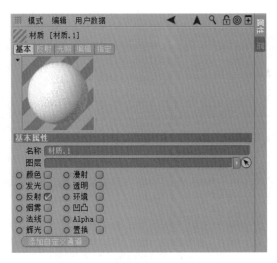

图　12-11

技巧提示：PBR材质

PBR 材质是 Cinema 4D R19 的新功能，PBR 全称是 physically based rendering，是基于物理的渲染。

12.1.4　将材质赋予物体

当材质球的参数设置完毕后，可将材质球拖到左侧球体模型上，如图 12-12 所示。此时材质赋予完成，如图 12-13 所示。

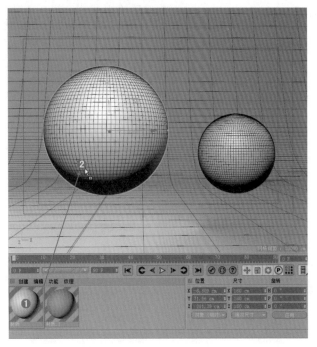

图　12-12

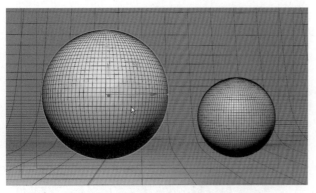

图 12-13

此时单击场景中左侧的球体模型时，即可看到下方的材质球被选中了。也就是说，如果想找到模型被赋予了哪个材质球，只需要在场景中单击该模型，并查看下方哪个材质球出现选中状态即可，如图 12-14 所示。

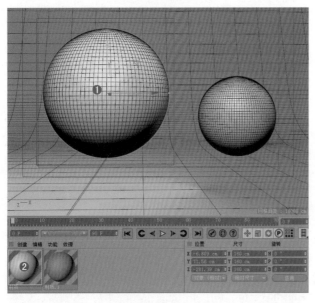

图 12-14

12.1.5 材质基本操作

1. 复制材质

01 选中材质球，如图 12-15 所示。

02 按快捷键 Ctrl+C 复制，按快捷键 Ctrl+V 粘贴。此时完成复制，如图 12-16 所示。

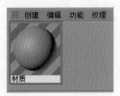

图 12-15

图 12-16

2. 删除材质

01 选中一个材质球，如图 12-17 所示。

02 按 Delete 键即可将该材质删除，如图 12-18 所示。

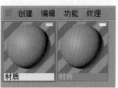

图 12-17

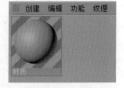

图 12-18

3. 另存材质

选中一个材质球，执行【创建】|【另存材质】命令，即可另存材质，如图 12-19 所示。

图 12-19

12.1.6 材质面板

【材质】面板包括【创建】【编辑】【功能】和【纹理】4 个部分，如图 12-20 所示。

图 12-20

1. 创建

【创建】菜单主要用于创建新材质、加载材质和另存材质等，如图 12-21 所示。

图 12-21

2. 编辑

【编辑】菜单主要包括复制、删除、剪切等基本操作，也可设置材质球图标大小，如图 12-22 所示。

图　12-22

3. 功能

【功能】菜单主要用于编辑、重命名、渲染材质、删除重复材质、重载所有贴图等，如图 12-23 所示。

图　12-23

4. 纹理

【纹理】菜单用于设置纹理，包括添加纹理通道、加载纹理等，如图 12-24 所示。

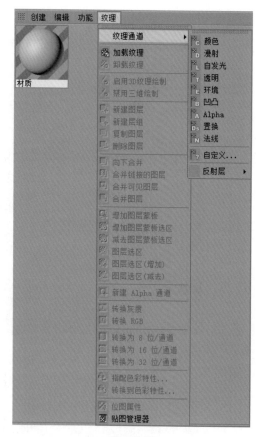

图　12-24

单击材质球，在界面右侧会显示材质的很多参数，如图 12-25 ～图 12-30 所示。此处不做详细介绍，在 12.2 节的材质编辑器中会详细讲解。

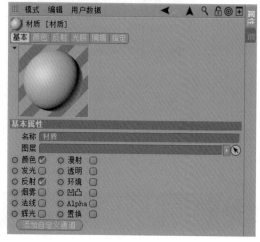

图　12-25

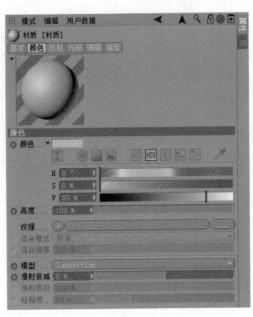

图 12-26

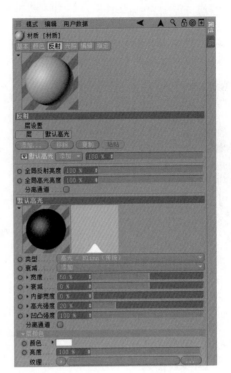

图 12-27

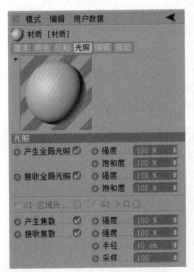

图 12-28

图 12-29

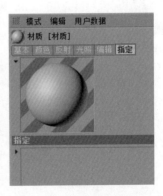

图 12-30

12.2 材质编辑器

创建新材质球后，双击该材质球，可以打开【材质编辑器】，如图12-31所示。

图 12-31

12.2.1 颜色

在【颜色】中可以设置材质的颜色、亮度、纹理等参数，如图 12-32 所示。

图 12-32

例如，设置【颜色】为绿色，其参数和渲染效果如图 12-33 所示。

图 12-33

重点参数讲解：

◉ 颜色：设置该参数可控制材质球的颜色效果，如图 12-34 所示。

图 12-34

◉ 亮度：控制材质的亮度，数值越大，材质越亮，如图 12-35 所示。

图 12-35

◉ 纹理：单击【纹理】后方的 按钮，并单击【加载图像】，即可为材质添加贴图，如图 12-36 和图 12-37 所示。

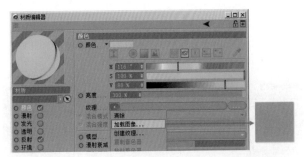

图 12-36

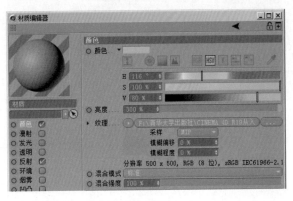

图 12-37

- 混合模式：可设置纹理与颜色的混合效果，如图 12-38 所示为标准和正片叠底的对比效果。

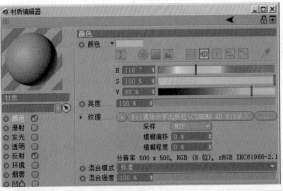

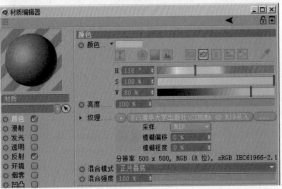

图 12-38

- 混合强度：设置混合的强度数值。
- 模型：可选择模型的类型，包括 Lambertian 和 Oren-Nayar 两种。
- 漫射衰减：设置漫射的衰减效果，数值越大，过渡越柔和。
- 漫射层级：当设置【模型】为 Oren-Nayar 时，可使用该参数。
- 粗糙度：当设置【模型】为 Oren-Nayar 时，可使用该参数。

12.2.2 漫射

通过【漫射】参数可以设置亮度、影响发光、影响高光、影响反射等效果，如图 12-39 所示。

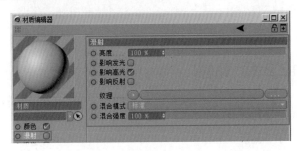

图 12-39

例如，选中【漫射】复选框，设置在【漫射】中添加【噪波】，则该噪波会产生在颜色表面，其参数和渲染效果如图 12-40 所示。

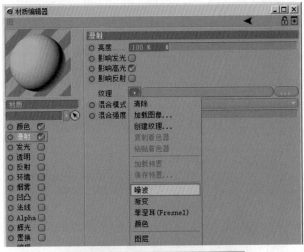

图 12-40

重点参数讲解：

◉ 影响发光/影响高光/影响反射：控制是否影响发光、高光、反射的效果。

12.2.3　发光

【发光】参数可以用来设置材质发光的颜色、亮度等，需要选中【发光】复选框才可使用发光效果，如图 12-41 所示。

图　12-41

例如，选中【发光】复选框，并设置发光【颜色】和【亮度】，会产生发光效果，其参数和渲染效果如图 12-42 所示。

图　12-42

重点参数讲解：

◉ 颜色：控制发光的颜色。

◉ 亮度：控制发光的强度，数值越大越发光。

12.2.4　透明

【透明】参数可以用来设置材质的透明效果，需要选中【透明】复选框才可使用透明效果，如图 12-43 所示。

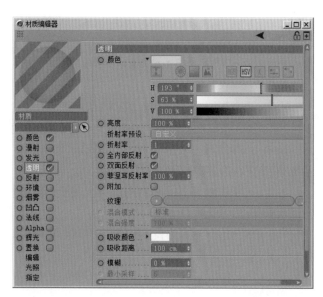

图　12-43

例如，选中【透明】复选框，并设置【亮度】和【折射率预设】，会产生真实的折射效果，其参数和渲染效果如图 12-44 所示。

图　12-44

重点参数讲解：

◉ 颜色：设置透明的颜色。

◉ 亮度：设置透明的强度，数值为 0% 时不透明，数值为 100% 时完全透明。

◉ 折射率预设：可以切换折射率的预设类型，如啤酒、钻石、玻璃等。

◉ 折射率：设置材质的折射率。

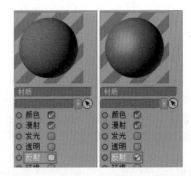

- 全内部反射：选中该复选框后，可使用【菲涅耳反射率】。

- 双面反射：控制是否具有双面反射效果。

- 菲涅耳反射率：当选中【全内部反射】参数后才可用，该参数用于设置反射程度。

- 附加：选中该复选框后，颜色才会对材质有影响。

- 吸收颜色：设置让模型产生一定吸收的重叠那一部分的颜色，这部分的颜色会比其他地方的颜色深一些。

- 吸收距离：用于设置颜色的吸收程度。

- 模糊：用于设置透明度的模糊程度，数值越大，渲染速度越慢。

- 最小采样 / 最大采样：当模糊参数大于零时，这两项才能被激活，它们用于设置模糊部分的精度。

- 采样精度：提高精度值给出了更精确的模糊，但渲染时间也较长。

图　12-46

12.2.5　反射

【反射】参数用于控制材质产生反射的质感，是非常重要的参数，如图 12-45 所示。如图 12-46 所示为取消选中和选中【反射】复选框的效果。

例如，选中【反射】复选框，并添加【Ward】，则会产生强烈的反射效果，其参数和渲染效果如图 12-47 所示。

图　12-45

图　12-47

1. 层

进入【层】选项卡，如图 12-48 所示。

图　12-48

重点参数讲解：

- 添加：单击该按钮，即可添加一个反射类型。例如，添加【反射（传统）】，即可添加【层1】，并且可以看到该材质产生很强的反射效果，如图12-49所示。

Cinema 4D R19从入门到精通

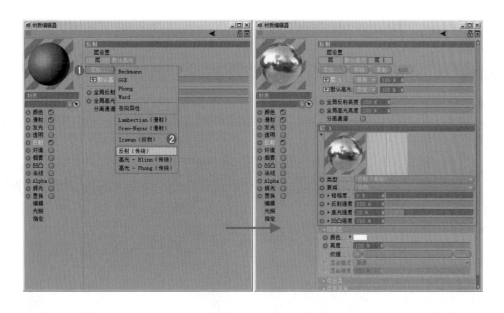

图 12-49

- 添加：单击该按钮即可添加一种反射类型。
- 移除：选中要移除的层，单击该按钮即可将该层删除。
- 复制/粘贴：选中层，单击【复制】【粘贴】，即可将层复制一份。
- 全局反射亮度：设置反射的强度。
- 全局高光亮度：设置高光的强度。

2. 默认高光

【默认高光】用于设置反射高光的参数，如图12-50所示。

重点参数讲解：

- 类型：设置适合的高光类型，不同的类型代表了不同的质感属性特点。例如，【Beckmann】速度很快，是正常反射的首选方式；【GGX】会产生最大的色散，最适合模拟金属表面；【Ward】最适合软表面，如橡胶或皮肤；【各向异性】适合扭曲的反射，如拉丝金属；【Lambertian（漫射）】和【Oren-Nayer（漫射）】这两种模式适合不反射的材质；【Irwan（编织布）】是一种特殊的各向异性，用来创建逼真的布表面；【反射（传统）】【高光-Blinn（传统）】，和【高光-Phong（传统）】这3种模式用于兼容以前版本的文件。
- 衰减：包括【平均】【最大】【添加】【金属】4种方式。
- 平均：两个颜色将被平均，这个模式和最大模式一样，如果颜色选项没有定义颜色（子菜单：层颜色），这种模式将产生最逼真的效果。
- 最大：这种模式最适合创建有色反射，颜色通道的效果会被降低，下面定义的颜色将占主导地位。

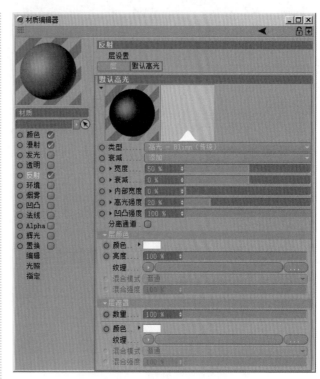

图 12-50

- 添加：颜色将被相加。
- 金属：适合金属类的衰减方式。
- 粗糙度：控制材质表面高光的粗糙度，当增大粗糙度时，渲染时间会相应增加。
- 反射强度：控制材质反射的强度。

- 高光强度：控制材质高光的强度。
- 凹凸强度：控制材质凹凸的强度。

12.2.6 环境

在【环境】参数中可以加载贴图，渲染时会在模型表面产生类似环境反射的效果。但需要注意应该取消选中【反射】复选框，参数如图 12-51 所示。

图 12-51

例如，取消选中【反射】复选框，并选中【环境】复选框，则产生类似反射的效果，其参数和渲染效果如图 12-52 所示。

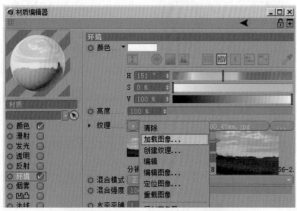

图 12-52

重点参数讲解：

- 水平平铺 / 垂直平铺：设置贴图的水平和垂直方向的平铺效果。

- 反射专有：如果选中该复选框，环境反射只会在没有真正的反射的地方产生。

12.2.7 烟雾

使用【烟雾】可模拟云或雾的效果，在选项中可以设置烟雾的【颜色】【亮度】等参数，但注意需要取消选中【颜色】复选框，参数如图 12-53 所示。

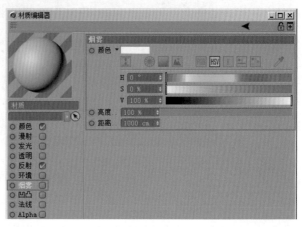

图 12-53

例如，取消选中【颜色】复选框，并选中【烟雾】复选框，则产生一团轻盈的烟雾效果，其参数和渲染效果如图 12-54 所示。

图 12-54

重点参数讲解：

- 距离：光线通过雾后会被削弱，数值越大，雾越薄。

12.2.8 凹凸

【凹凸】用于添加凹凸贴图，使模型在渲染时产生凹凸起伏的质感，参数如图 12-55 所示。

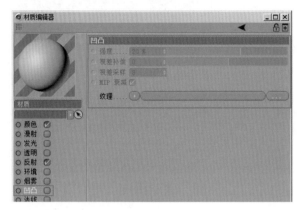

图 12-55

例如，选中【凹凸】复选框，并添加一张贴图，则会产生凹凸起伏的纹理，其参数和渲染效果如图 12-56 所示。

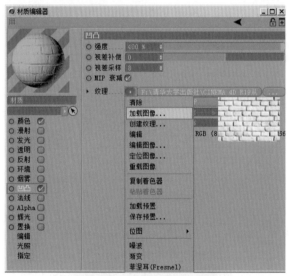

图 12-56

重点参数讲解：

- 强度：设置凹凸的强度。

- 视差补偿：数值越大，凹凸细节越模糊。

12.2.9 法线

在【法线】参数中可以加载法线贴图，可产生更精细的模型效果，如图 12-57 所示。

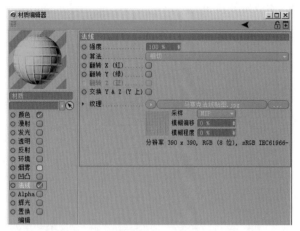

图 12-57

例如，选中【法线】复选框，并添加一张贴图，则产生凹凸起伏的纹理效果，其参数和渲染效果如 12-58 所示。

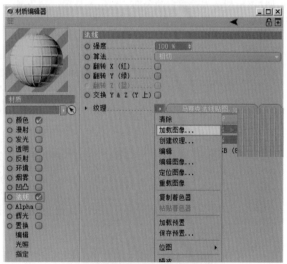

图 12-58

重点参数讲解：

- 强度：设置法线的强度，数值越大越细致。

- 算法：数值法线的方式，包括【相切】【对象】和【全局】。

12.2.10　Alpha

　　【Alpha】参数可用于制作半透明效果，首先需要一张黑白贴图，然后根据黑白贴图的明度分布产生不同的透明质感，参数如图 12-59 所示。

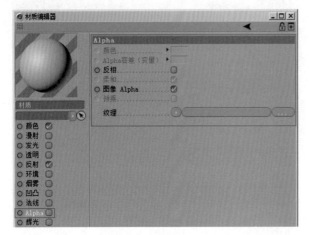

图　12-59

　　例如，选中【Alpha】复选框，并添加一张黑白贴图，渲染时该模型会根据黑白的分布，黑色不显示、白色显示，从而制作半透明的效果，其参数和渲染效果如图 12-60 所示。

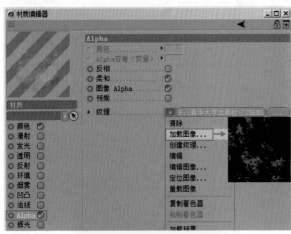

图　12-60

12.2.11　辉光

　　【辉光】用于产生模型四周的辉光光晕效果，参数如图 12-61 所示。

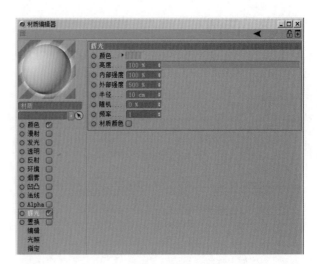

图　12-61

12.2.12　置换

　　【置换】可以产生比凹凸更强烈的起伏质感，参数如图 12-62 所示。

图　12-62

重点参数讲解：

- 强度：设置置换效果的起伏强度。
- 高度：设置置换效果的起伏高度数值。
- 类型：设置置换的方式，包括【强度】【强度（中心）】【红色/绿色】【RGB（XYZ 切线）】【RGB（XYZ 对象）】【RGB（XYZ 世界）】。
- 纹理：可以添加一张用于置换的贴图。

　　例如，选中【置换】复选框，并添加一张贴图，则产生了强烈的起伏效果，其参数和渲染效果如图 12-63 所示。

但是要特别注意，如果模型没有渲染出置换效果，那么需要检查一下模型参数，应取消选中【理想渲染】复选框，如图 12-64 所示。

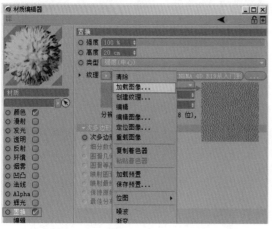

图 12-63　　　　　　　　　　　　　　　　　　　　图 12-64

12.2.13　编辑

通过【编辑】参数可对【编辑器显示】【反射率预览】等参数进行设置，如图 12-65 所示。

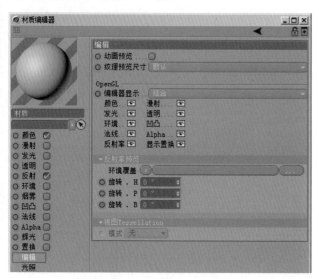

图 12-65

12.2.14　光照

通过【光照】可设置【产生全局光照】【接收全局光照】【产生焦散】【接收焦散】等参数，如图 12-66 所示。

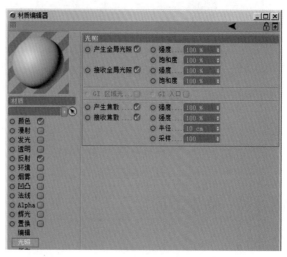

图 12-66

12.2.15　指定

【指定】参数用于设置当前材质球共赋予场景中的几个模型，如图 12-67 所示。

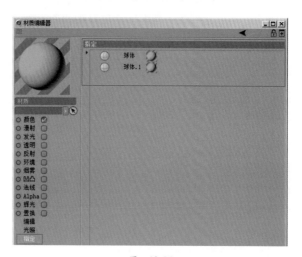

图 12-67

12.3 贴图

单击 按钮，即可选择相应的贴图类型进行添加，如图 12-68 所示。

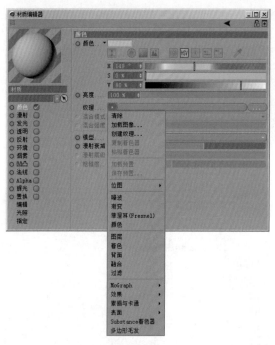

图 12-68

12.3.1 贴图类型

重点参数讲解：

- 清除：选择该选项，则可清除当前贴图。
- 加载图像：选择该选项，可添加一张位图贴图，如图 12-69 所示。

图 12-69

- 创建纹理：选择该选项，可在弹出的【新建纹理】窗口中新建一个纹理，如图 12-70 所示。

图 12-70

- 复制着色器／粘贴着色器：用于将一个通道中的纹理贴图复制和粘贴到另外一个通道中。
- 加载预置／保存预置：用于加载和保存贴图的预置。
- 位图：选择该选项，可选择最近使用过的位图贴图，如图 12-71 所示。

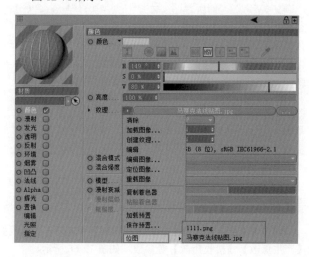

图 12-71

- 噪波：用于将两种颜色进行随机扰动分布，从而产生噪波效果，如图 12-72 所示。

图 12-72

● 渐变：通过设置两个颜色，从而产生渐变过渡效果，如图 12-73 所示。

图 12-73

● 菲涅耳：通过设置颜色，产生菲涅耳的柔和过渡效果，如图 12-74 所示。

图 12-74

● 颜色：可通过修改颜色控制材质通道的属性。

● MoGraph：该组包含 4 个用于摄像机的着色器贴图，分别是【多重着色器】【摄像机着色器】【节拍着色器】【颜色着色器】，如图 12-75 所示。

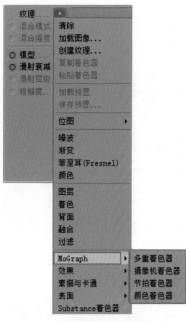

图 12-75

图 12-77

● 素描与卡通：该组用于制作素描贴图效果和卡通贴图效果，包括【划线】【卡通】【点状】【艺术】贴图，如图 12-78 所示。如图 12-79 所示为卡通和点状贴图的对比效果。

● 效果：该组包括21个效果类贴图，分别是【像素化】【光谱】【变化】【各向异性】【地形蒙板】【扭曲】【投射】【接近】【样条】【次表面散射】【法线方向】【法线生成】【波纹】【环境吸收】【背光】【薄膜】【衰减】【通道光照】【镜头失真】【顶点贴图】和【风化】，如图 12-76 所示。如图 12-77 所示为光谱和衰减贴图的对比效果。

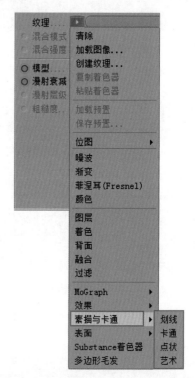

图 12-78

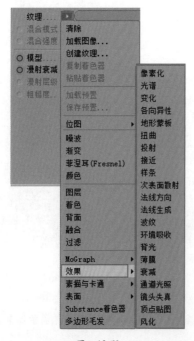

图 12-76

图 12-79

● 表面：该组用于制作很多物体的表面效果，包括【云】【光爆】【公式】【地球】【大理石】【平铺】【星形】【星空】【星系】【显示颜色】【木材】【棋盘】【气旋】【水面】【火苗】【燃烧】【砖块】【简单噪波】【简单湍流】【行星】【路面铺装】【金属】【金星】

和【铁锈】，如图 12-80 所示。如图 12-81 所示为云和
砖块贴图的对比效果。

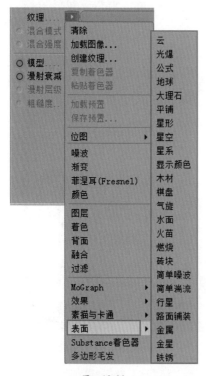

图　12-80

图　12-81

12.3.2　纹理标签

将鼠标移动至【对象 / 场次 / 内容浏览器 / 构造】面板
中的█按钮上，即可显示【纹理标签"材质"】字样，如
图 12-82 所示。

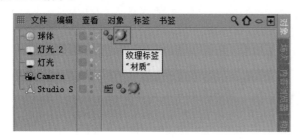

图　12-82

单击该按钮，即可在下方显示【纹理标签】的相应参数，
如图 12-83 所示。

图　12-83

重点参数讲解：

- 材质：单击材质前方的三角形按钮▶材质，即可展开材
  质参数，如图 12-84 所示。

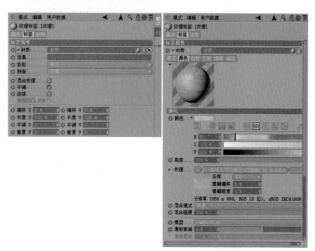

图　12-84

- 投射：设置贴图在模型上投射的方式，包括【球状】【柱
  状】【平直】【立方体】【前沿】【空间】【收缩包裹】【UVW
  贴图】【摄像机贴图】（注意：【UVW 贴图】方式需
  要先将模型展开 UV 操作），如图 12-85 ～图 12-93 所示。

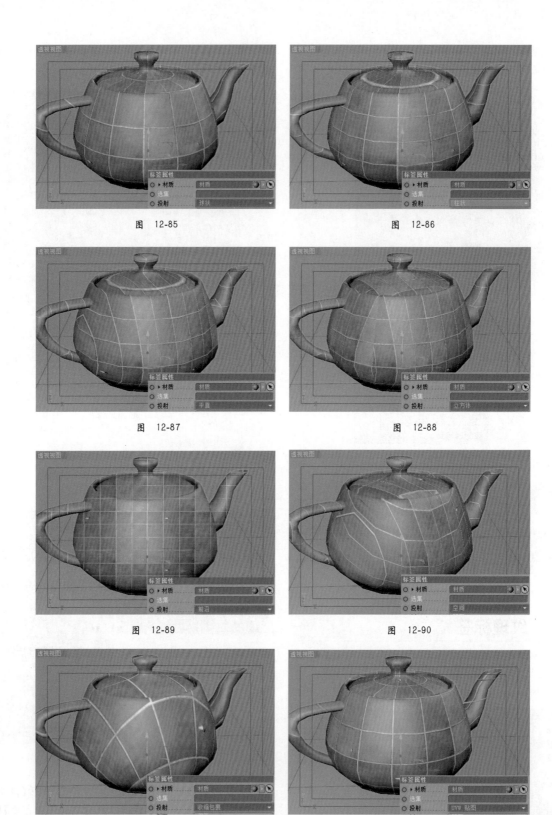

图　12-85

图　12-86

图　12-87

图　12-88

图　12-89

图　12-90

图　12-91

图　12-92

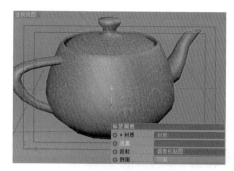

图 12-93

○ 侧面：可以对贴图纹理设置方向，包括【双面】
【正面】和【背面】。

○ 平铺：选中该复选框，可以将贴图贴在完整
的模型上。取消选中该复选框，可以将贴图
显示在部分模型上，如图 12-94 所示。

图 12-94

○ 连续：控制贴图在模型上是否使用无缝对接效果。当选中该复选框时，并且【平铺】数值大于 1 时，模型上的贴图显示
无缝效果，如图 12-95 所示。

图 12-95

○ 偏移 U/V：设置贴图在模型表面 X 和 Y 轴方向的位置，如图 12-96 所示。

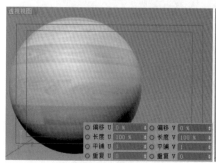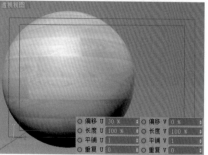

图 12-96

● 长度 U/V：设置贴图在 X 轴或 Y 轴显示的长度，如图 12-97 所示。

图　12-97

● 平铺 U/V：设置贴图在 X 轴和 Y 轴显示的平铺重复次数，如图 12-98 所示。

图　12-98

★ 实例——彩球材质

场景文件	场景文件\Chapter12\01.c4d
案例文件	案例文件\Chapter12\实例：彩球材质.c4d
视频教学	视频教学\Chapter12\实例：彩球材质.mp4

扫码看视频

实例介绍：

通过本例学习使用【着色器】中的【BANJI-玻璃】制作玻璃效果，使用【新材质】制作彩球材质，最终的渲染效果如图 12-99 所示。

第1部分　BANJI-玻璃材质

图　12-99

01　打开本书配套资源包中的场景文件 01.c4d，如图 12-100 所示。

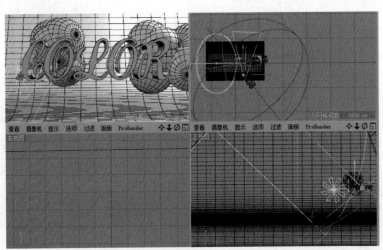

图　12-100

02 在材质管理器面板中执行【创建】|【着色器】|【BANJI-玻璃】命令，如图 12-101 所示，随即在材质管理器面板的空白区域出现一个【BANJI-玻璃】材质球，如图 12-102 所示。

图　12-101

图　12-102

03 使用鼠标左键双击该材质球，打开【材质编辑器】窗口，将材质命名为【玻璃材质】，在左侧侧边栏中，取消选中【高光 1】和【环境】复选框。在【漫射】层级下，设置【表面颜色】为蓝色，【表面光照】为50%，【体积颜色】为绿色，【体积光照】为150%，【投影透明】为20%，如图 12-103 所示。

图　12-103

04 在左侧侧边栏中选中【高光 2】复选框，设置【强度】为50%，【尺寸】为6%，【闪耀】为100%，【衰减】为100%，如图 12-104 所示。

05 在左侧侧边栏中选中【高光 3】复选框，设置【颜色】为荧光绿，如图 12-105 所示。

06 在左侧侧边栏中选中【透明】复选框，设置【前边

透明】为10%，【后边透明】为4%，【边缘透明】为35%，【折射指数】为1.2，如图 12-106 所示。

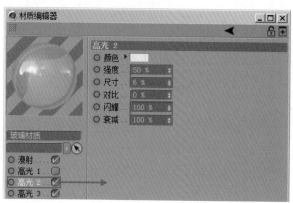

图　12-104

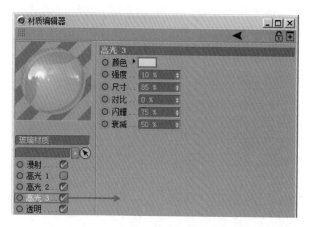

图　12-105

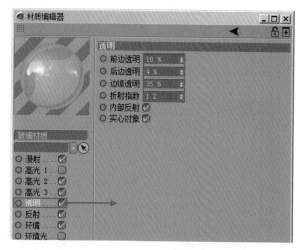

图　12-106

07 在左侧侧边栏中选中【反射】复选框，设置【反射颜色】为青色，【反射边缘颜色】为淡黄色，如图 12-107 所示。

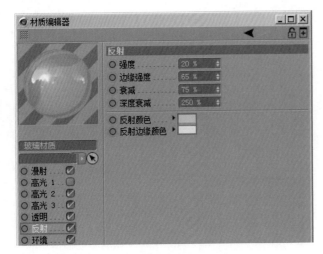

图 12-107

08 将调节完成的【玻璃材质】赋予场景中的模型，如图 12-108 所示。

图 12-108

第2部分 彩球材质

01 在材质管理器面板中执行【创建】|【新材质】命令，如图 12-109 所示，随即在材质管理器面板的空白区域出现一个材质球，如图 12-110 所示。

图 12-109

图 12-110

02 使用鼠标左键双击该材质球，打开【材质编辑器】窗口，将材质命名为【彩球材质】，在左侧侧边栏中，选中【发光】和【透明】后面的复选框，在【颜色】层级下，设置【颜色】为橙色（H 为 17°，S 为 76.378，V 为 97.087），接着单击纹理后面的 按钮，选择【渐变】，单击下方的效果框，选择【着色器】选项卡，设置渐变颜色为彩色渐变，并设置渐变的【类型】为【二锥 - 圆形】，如图 12-111 所示。

03 在左侧侧边栏中选中【发光】复选框，设置【反射颜色】为橙色（S 为 100%），如图 12-112 所示。

04 在左侧侧边栏中选中【透明】复选框，设置【颜色】为暗橙色，（H 为 27°，S 为 51.969，V 为 81.553），如图 12-113 所示。

05 选中【反射】复选框，单击 添加... 按钮，选择【反射（传统）】选项，接着双击 层1 按钮，将其命名为【默认反射】。

06 在【默认反射】下设置【粗糙度】为9%，【反射强度】为100%，【高光强度】为0%，【凹凸强度】为100%，单击【纹理】后面的 按钮，设置【纹理】为【菲涅尔[1]（Fresnel）】，如图 12-114 所示。

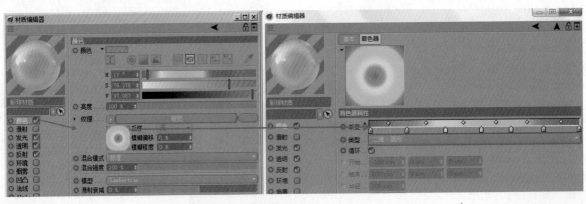

图 12-111

---

① "尔"同"耳"，后文不再一一标注。

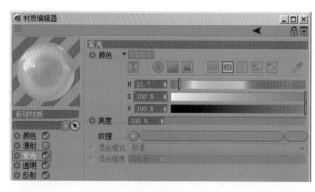

图 12-112

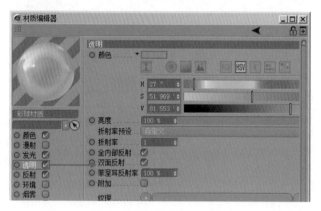

图 12-113

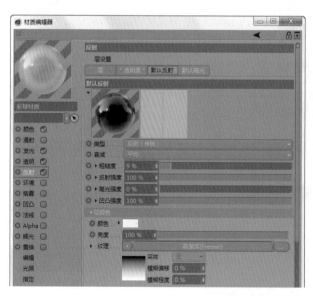

图 12-114

07 选择【透明度】，设置【类型】为【反射（传统）】，接着设置【粗糙度】为9%，【反射强度】为100%，【高光强度】为0%，【凹凸强度】100%，如图12-115所示。

08 将调节完成的【彩球材质】赋予场景中的模型，如图12-116所示。

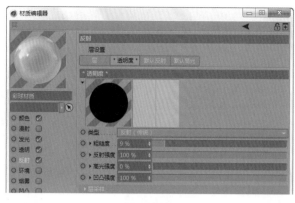

图 12-115

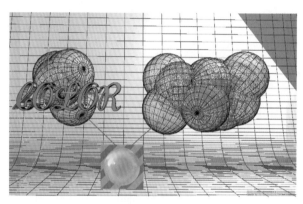

图 12-116

第3部分 背景材质

01 再次创建一个材质球，双击打开【材质编辑器】，并将其命名为【背景材质】，在左侧侧边栏中选中【颜色】复选框，设置【颜色】为蓝色，如图12-117所示。

图 12-117

02 将调节完成的【背景材质】赋予场景中的模型，如图12-118所示。

03 最终渲染效果如图12-119所示。

图 12-118

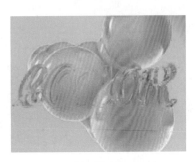

图 12-119

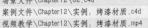

★ 实例——烤漆材质

场景文件	场景文件\Chapter12\02.c4d
案例文件	案例文件\Chapter12\实例：烤漆材质.c4d
视频教学	视频教学\Chapter12\实例：烤漆材质.mp4

扫码看视频

实例介绍：

通过本例学习创建【新材质】，并设置为【颜色】添加【渐变】，制作渐变效果，设置为【反射】添加【反射（传统）】，最终的渲染效果如图12-120所示。

图 12-120

第1部分 烤漆材质

01 打开本书配套资源包中的场景文件02.c4d，如图 12-121 所示。

02 在材质管理器面板中执行【创建】|【新材质】命令，如图 12-122 所示，随即在材质管理器面板的空白区域出现一个材质球，如图 12-123 所示。

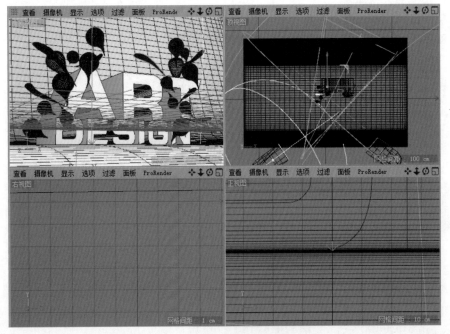

图 12-121

图 12-122

图 12-123

03 双击该材质球，弹出【材质编辑器】窗口，将材质命名为【烤漆材质】。在左侧侧边栏中选择【颜色】层级，设置【颜色】为橙红色，单击【纹理】后面的 按钮，选择【渐变】，单击下方的效果框，选择【着色器】选项卡，设置渐变颜色由红色到橙色，如图 12-124 所示。

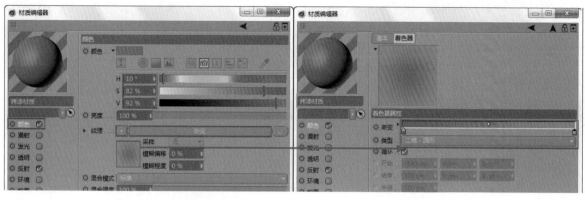

图 12-124

04 选中【反射】复选框，并单击 添加 按钮，选择【反射（传统）】，接着双击 层1 按钮，将其命名为【默认反射】。

05 在【默认反射】下设置【粗糙度】为0%，【反射强度】为100%，【高光强度】为0%，【凹凸强度】为100%，单击【纹理】后方的 按钮，选择【菲涅尔（Fresnel）】，设置【亮度】为0%，【混合强度】为41%，如图 12-125 所示。

如图 12-127 所示。

图 12-126

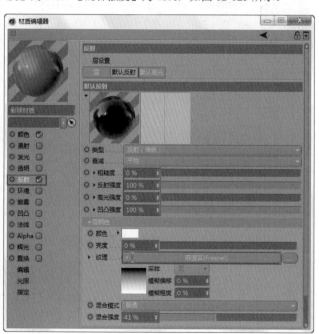

图 12-125

06 将调节完成的【烤漆材质】赋予场景中的模型，如图 12-126 所示。

第2部分 飘带材质

01 在材质管理器面板中选择上一步骤创建的材质球，按住 Ctrl+C 快捷键进行复制，按 Ctrl+V 快捷键粘贴 4 份，

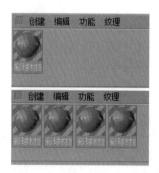

图 12-127

02 在材质管理器面板中双击复制的材质球，打开【材质编辑器】窗口，将材质命名为【飘带材质（绿色）】。在左侧侧边栏中选择【颜色】层级，单击【纹理】后面的 按钮，选择【渐变】，单击下方的效果框，选择【着色器】选项卡，设置渐变颜色由绿色到蓝色，如图 12-128 所示。

03 将调节完成的材质赋予场景中的模型，如图 12-129 所示。

04 依照上述方法分别制作其他两个材质球，如图 12-130 所示。将调节完的材质球赋予物体，如图 12-131 所示。

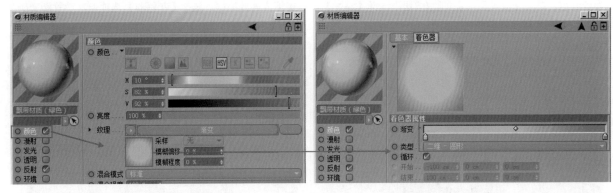

图　12-128

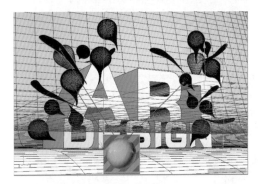

图　12-129

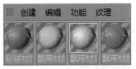

图　12-130

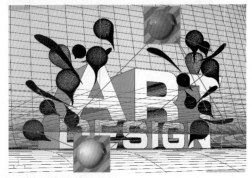

图　12-131

第3部分　文字材质

01 在材质管理器面板中执行【创建】|【新材质】命令，如图 12-132 所示，随即在材质管理器面板的空白区域出现一个材质球，如图 12-133 所示。

02 用鼠标左键双击该材质球，弹出【材质编辑器】窗口，将材质命名为【文字材质】。在左侧侧边栏中选择【颜色】层级，单击【纹理】后面的 ▶ 按钮，选择【渐变】，接着单击下方的效果框，进入【着色器属性】面板，设置渐变颜色由蓝色到绿色，如图 12-134 所示。

图　12-132

图　12-133

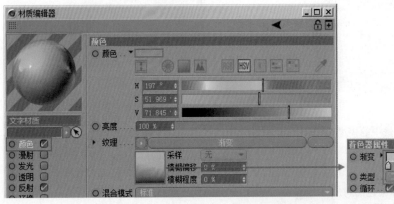

图　12-134

03 将调节完的材质球赋予物体，最终效果如图 12-135 所示。

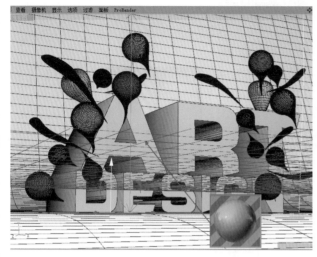

图 12-135

★ **实例——水果材质**

场景文件	场景文件\Chapter12\03.c4d
案例文件	案例文件\Chapter12\实例：水果材质.c4d
视频教学	视频教学\Chapter12\实例：水果材质.mp4

扫码看视频

实例介绍：

通过本例学习创建【新材质】，并设置在【颜色】层级上添加贴图文件，最终的渲染效果如图12-136所示。

图 12-136

第1部分 梨材质

01 打开本书配套资源包中的场景文件 03.c4d，如图 12-137 所示。

02 在材质管理器面板中执行【创建】|【新材质】命令，如图 12-138 所示，随即在材质管理器面板的空白区域出现一个材质球，如图 12-139 所示。

03 使用鼠标左键双击该材质球，打开【材质编辑器】窗口，将材质命名为【梨材质】。在左侧侧边栏中选择【颜色】层级，设置【颜色】为灰色，单击【纹理】后面的 ▶ 按钮，选择【加载图像...】，添加图片【Pear_01_DIFF.png】，如图 12-140 所示。

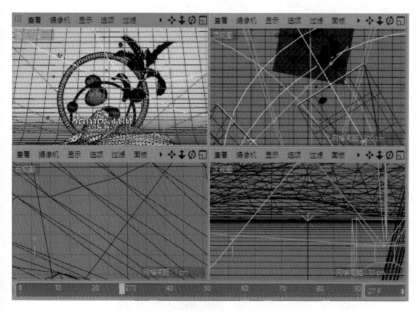

图 12-137

图 12-138

图 12-139

第12章 材质和贴图

285

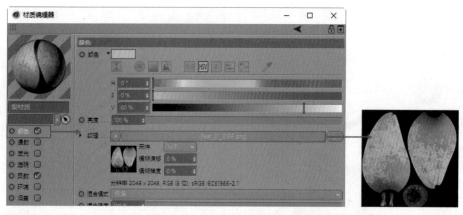

图　12-140

04 将调节完成的【梨材质】赋予场景中的模型，如图12-141所示。

第2部分　杧果①材质

01 在材质管理器面板中执行【创建】|【新材质】命令，如图12-142所示。

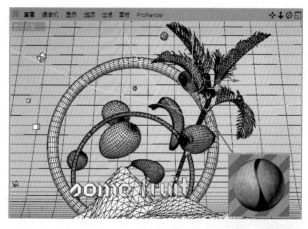

图　12-141

图　12-142

　　02 在材质管理器面板上用鼠标左键双击刚创建的材质球，弹出【材质编辑器】窗口，将材质命名为【杧果材质】。在左侧侧边栏中选择【颜色】层级，设置【颜色】为灰色，单击【纹理】后面的 按钮，选择【加载图像...】，添加图片【Mango_01_DIFF.png】，如图12-143所示。

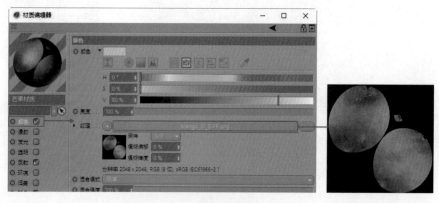

图　12-143

---

①　"杧"同"芒"，后文不再一一标注。

03 在左侧侧边栏中选择【反射】层级，在【默认高光】下设置【类型】为【Phong】，【粗糙度】为53%，【反射强度】为0%，【高光强度】为5%，如图 12-144 所示。

04 在左侧侧边栏中选择【凹凸】层级，单击【纹理】后面的 ▶ 按钮，选择【加载图像...】，添加图片【Mango_01_DIFF.png】，设置【强度】为30%，如图 12-145 所示。

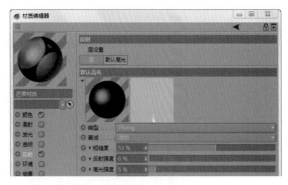

图　12-144

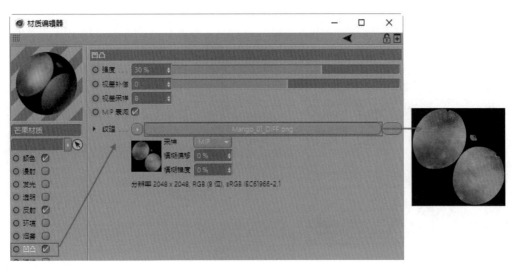

图　12-145

05 将调节完成的【杧果材质】赋予场景中的模型，如图 12-146 所示。

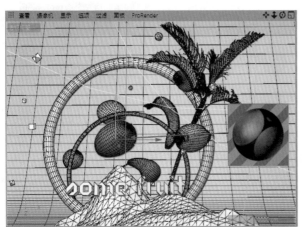

图　12-146

第3部分　柠檬材质

01 在材质管理器面板中执行【创建】|【新材质】命令，

如图 12-147 所示。

图　12-147

02 在材质管理器面板中使用鼠标左键双击刚创建的材质球，弹出【材质编辑器】窗口，将材质命名为【柠檬材质】。在左侧侧边栏中选择【颜色】层级，单击【纹理】后面的 ▶ 按钮，选择【加载图像...】，添加图片【Lemon_01_DIFF.png】，如图 12-148 所示。

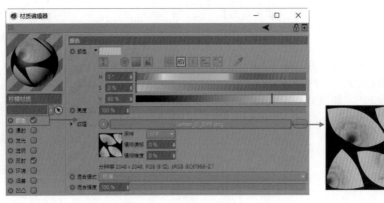

图 12-148

03 将调节完成的【柠檬材质】赋予场景中的模型，如图 12-149 所示。

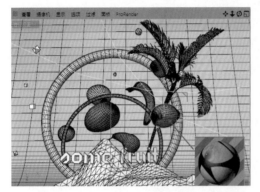

图 12-149

04 最终的渲染效果如图 12-150 所示。

图 12-150

★ **实例——塑料材质**

场景文件	场景文件\Chapter12\04.c4d
案例文件	案例文件\Chapter12\实例：塑料材质.c4d
视频教学	视频教学\Chapter12\实例：塑料材质.mp4

扫码看视频

实例介绍：

通过本例学习创建【新材质】，并添加【位图】制作双

色效果，添加【反射（传统）】制作反射效果，最终的渲染效果如图12-151所示。

图 12-151

第1部分　塑料材质

01 打开本书配套资源包中的场景文件 04.c4d，如图 12-152 所示。

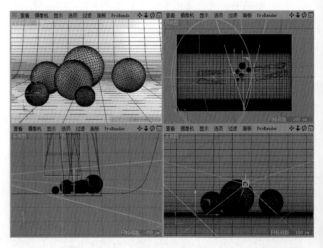

图 12-152

02 在材质管理器面板中执行【创建】|【新材质】命令，如图 12-153 所示，随即在材质管理器面板的空白区域出现一个材质球，如图 12-154 所示。

图 12-153

图 12-154

03 用鼠标左键双击该材质球，弹出【材质编辑器】窗口，将材质命名为【塑料材质】，选中【颜色】复选框，在右侧设置【颜色】为淡黄色。单击【纹理】后面的按钮，选择【加载图像】选项，如图 12-155 所示。

04 在左侧侧边栏中选中【反射】复选框，选择默认高光，并单击移除按钮，将其移除。接着单击添加...按钮，选择【反射（传统）】，接着双击层1并将其命名为【默认反射】。

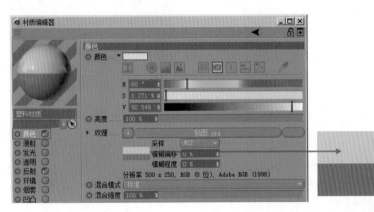

图 12-155

05 选择【默认反射】，设置【粗糙度】为8%，【高光强度】为0%。展开【层颜色】卷展栏，设置【亮度】为5%，单击【纹理】后面的按钮，选择【菲涅耳（Fresnel）】，设置【混合强度】为23%，如图 12-156 所示。

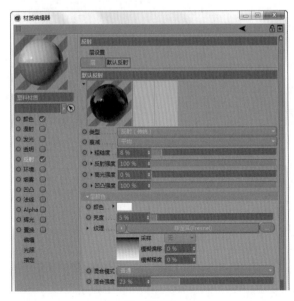

图 12-156

06 将调节完成的【塑料材质】赋予场景中的模型，如图 12-157 所示。

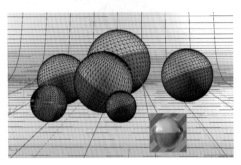

图 12-157

第2部分 背景材质

01 在材质管理器面板中执行【创建】|【新材质】命令，如图 12-158 所示，随即在材质管理器面板的空白区域出现一个材质球，如图 12-159 所示。

图 12-158

图 12-159

02 用鼠标左键双击该材质球，弹出【材质编辑器】窗口，将材质命名为【背景材质】。在左侧侧边栏中选择【颜色】层级，设置【颜色】为蓝色，如图12-160所示。

图 12-160

03 将调节完成的【背景材质】赋予场景中的模型，如图12-161所示。

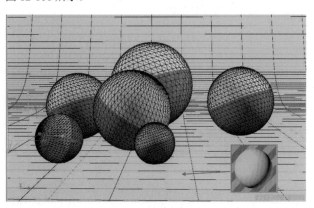

图 12-161

★ 实例——折纸材质

场景文件	场景文件\Chapter12\05.c4d
案例文件	案例文件\Chapter12\实例：折纸材质.c4d
视频教学	视频教学\Chapter12\实例：折纸材质.mp4

扫码看视频

实例介绍：

通过本例学习创建【新材质】，并为【颜色】和【透明】添加贴图，制作折纸效果，最终的渲染效果如图12-162所示。

第1部分　材质1

01 打开本书配套资源包中的场景文件05.c4d，如图12-163所示。

02 在材质管理器面板中执行【创建】|【新材质】命令，如图12-164所示，随即在材质管理器面板的空白区域出现

一个材质球，如图12-165所示。

图 12-162

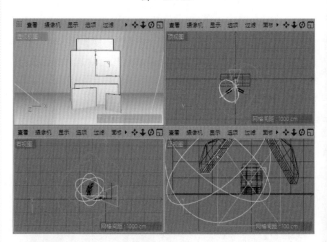

图 12-163

新PBR材质	Ctrl+Shift+N
新材质	Ctrl+N
着色器	▶
加载材质...	Ctrl+Shift+O
另存材质...	
另存全部材质...	
加载材质预置	▶
保存材质预置	

创建　编辑　功能　纹理

创建　编辑　功能　纹理

材质

图 12-164　　　　图 12-165

03 用鼠标左键双击该材质球，弹出【材质编辑器】窗口，将材质命名为【材质.1】。在左侧侧边栏中选择【颜色】层级，单击【纹理】后面的 按钮，选择【加载图像...】，添加图片【1.png】，如图12-166所示。

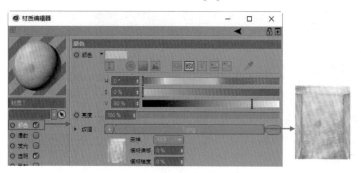

图 12-166

04 在左侧侧边栏中选择【透明】层级，单击【纹理】后面的 按钮，选择【加载图像...】，添加图片【11.png】，如图12-167所示。

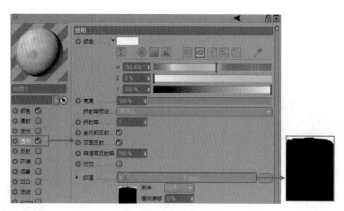

图 12-167

05 将调节完成的【材质.1】材质赋予场景中的模型，如图12-168所示。

第2部分　材质2

01 在材质管理器面板中执行【创建】|【新材质】命令，如图12-169所示，随即在材质管理器面板的空白区域出现一个材质球。

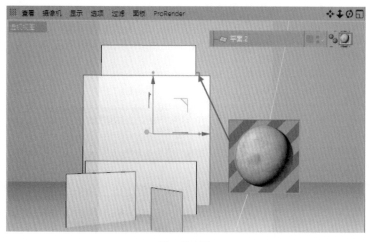

图 12-168

图 12-169

02 使用鼠标左键双击该材质球，弹出【材质编辑器】窗口，将材质命名为【材质 .2】。在左侧侧边栏中选择【颜色】层级，单击【纹理】后面的 ● 按钮，选择【加载图像 ...】，添加图片【2.png】，如图 12-170 所示。

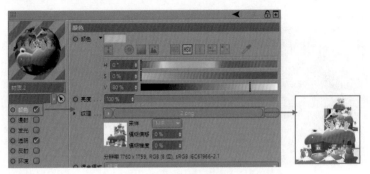

图　12-170

03 在左侧侧边栏中选择【透明】层级，单击【纹理】后面的 ● 按钮，选择【加载图像 ...】，添加图片【22.png】，如图 12-171 所示。

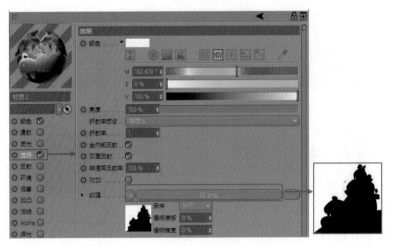

图　12-171

04 将调节完成的材质赋予场景中的模型，如图 12-172 所示。

第3部分　材质3

01 在材质管理器面板中执行【创建】|【新材质】命令，如图 12-173 所示，随即在材质管理器面板的空白区域出现一个材质球。

图　12-172

图　12-173

02 用鼠标左键双击该材质球，弹出【材质编辑器】窗口，将材质命名为【材质 .3】。在左侧侧边栏中选择【颜色】层级，单击【纹理】后面的 按钮，选择【加载图像 ...】，添加图片【3.png】，如图 12-174 所示。

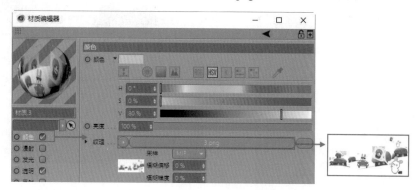

图 12-174

03 在左侧侧边栏中选择【透明】层级，单击【纹理】后面的 按钮，选择【加载图像 ...】，添加图片【33.png】，如图 12-175 所示。

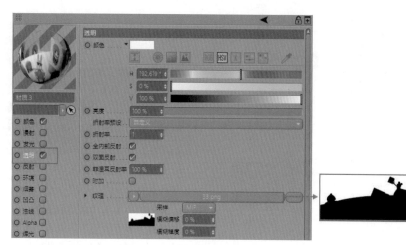

图 12-175

04 将调节完成的材质赋予场景中的模型，如图 12-176 所示。

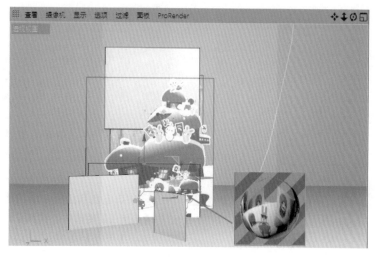

图 12-176

05 使用同样的方法继续加载图像并添加图片，为其他的模型赋予材质，案例最终渲染效果如图 12-177 所示。

图　12-177

场景文件	场景文件\Chapter12\06.c4d
案例文件	案例文件\Chapter12\实例：玻璃材质.c4d
视频教学	视频教学\Chapter12\实例：玻璃材质.mp4

扫码看视频

实例介绍：

通过本例学习创建【着色器】中的【BANJI-玻璃】，从而制作玻璃材质效果，最终的渲染效果如图12-178所示。

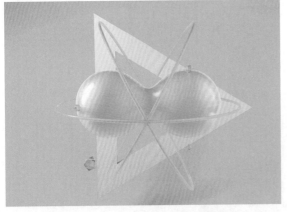

图　12-178

01 打开本书配套资源包中的场景文件 06.c4d，如图 12-179 所示。

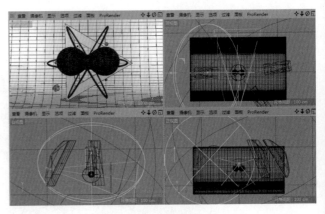

图　12-179

02 在材质管理器面板中执行【创建】|【着色器】|【BANJI- 玻璃】命令，如图 12-180 所示，随即在材质管理器面板的空白区域出现一个材质球，如图 12-181 所示。

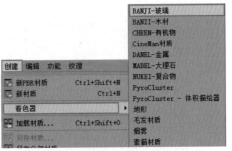

图　12-180　　　　图　12-181

03 使用鼠标左键双击该材质球，弹出【材质编辑器】窗口，将材质命名为【玻璃材质】。在左侧侧边栏中选择【漫射】，设置【表面颜色】为青色，【表面光照】为50%，【体积颜色】为绿色，【体积光照】为150%，【投影透明】为20%，如图 12-182 所示。

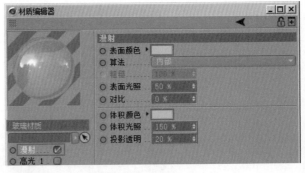

图　12-182

04 在左侧侧边栏中取消选中【高光 1】复选框，并选中【高光 2】复选框，设置【颜色】为浅黄色，【强度】为 50%，【尺寸】为 6%，【闪耀】为 100%，【衰减】为100%，如图 12-183 所示。

图 12-183

05 在左侧侧边栏中选中【高光3】复选框，设置【颜色】为黄绿色，如图12-184所示。

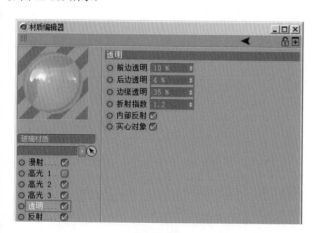

图 12-184

06 在左侧侧边栏中选中【透明】复选框，设置【后边透明】为4%，【边缘透明】为35%，【折射指数】为1.2，如图12-185所示。

图 12-185

07 在左侧侧边栏中选中【反射】复选框，设置【反射颜色】为青色，【反射边缘颜色】为浅黄色。最后选中【环境】复选框，如图12-186所示，此时的材质球效果如图12-187所示。

08 将调节完成的材质赋予场景中四周的小模型，如图12-188所示。

图 12-186

图 12-187

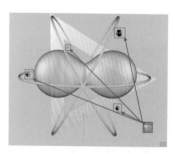

图 12-188

★ 实例——金材质

场景文件	场景文件\Chapter12\07.c4d
案例文件	案例文件\Chapter12\实例：金材质.c4d
视频教学	视频教学\Chapter12\实例：金材质.mp4

扫码看视频

实例介绍：

通过本例学习创建【新材质】，并设置【颜色】，为【反射】添加【反射（传统）】，制作金质感的材质，最终的渲染效果如图12-189所示。

图 12-189

01 打开本书配套资源包中的场景文件07.c4d，如图12-190所示。

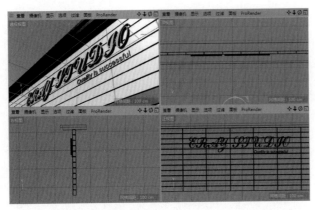

图 12-190

02 在材质管理器面板中执行【创建】|【新材质】命令，如图12-191所示，随即在材质管理器面板的空白区域出现一个材质球，如图12-192所示。

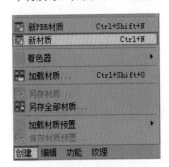

图 12-191　　　　　　　　图 12-192

03 双击该材质球，弹出【材质编辑器】窗口，将材质命名为【金材质】。在左侧侧边栏中选中【颜色】复选框，设置【颜色】为金色（H为45°，S为53.543%，V为68.817），如图12-193所示。

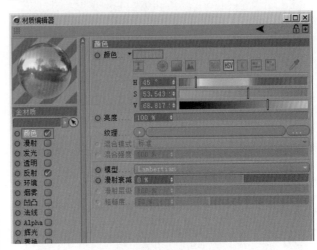

图 12-193

04 在左侧侧边栏中选中【反射】复选框，并单击 添加 按钮，选择【反射（传统）】，接着双击 按钮，将其命名为【默认反射】。

05 选择【默认反射】，设置【高光强度】为0%，然后单击【纹理】后方的 按钮，选择【菲涅尔（Fresnel）】，接着单击选择【颜色】效果框，在【着色器】下方设置黄色系的渐变效果，如图12-194所示。

06 设置完成后，将其材质赋予场景中的模型，如图12-195所示。

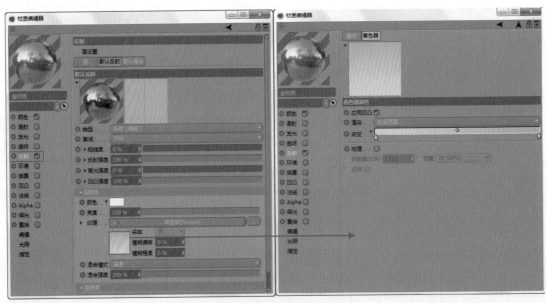

图 12-194

图 12-195

★ 实例——低多边形风格

场景文件	场景文件\Chapter12\08.c4d
案例文件	案例文件\Chapter12\实例：低多边形风格.c4d
视频教学	视频教学\Chapter12\实例：低多边形风格.mp4

扫码看视频

实例介绍：

通过本例学习创建【新材质】，并设置【颜色】【透明】和【反射】等参数制作低多边形风格的材质效果，最终的渲染效果如图12-196所示。

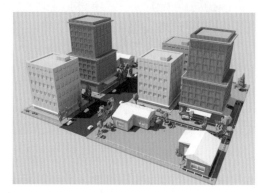

图　12-196

01 打开本书配套资源包中的场景文件08.c4d，如图12-197所示。

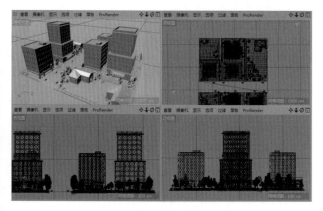

图　12-197

02 在材质管理器面板中执行【创建】|【新材质】命令，如图 12-198 所示，随即在材质管理器面板的空白区域出现一个材质球，如图 12-199 所示。

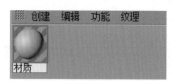

图　12-198

图　12-199

03 双击该材质球打开【材质编辑器】窗口，并将其命名为【红色建筑材质】。在左侧侧边栏中选中【颜色】复选框，接着在右侧设置 H 为 355.73°，S 为 77%，V 为 95%，如图 12-200 所示。

图　12-200

04 在左侧侧边栏中选中【透明】复选框，设置 H 为 0°，S 为 0%，V 为 0%，【折射率】为 1.5，如图 12-201 所示。

图　12-201

05 在左侧侧边栏中选中【反射】复选框，在右侧单击【层】，双击 默认高光，改名为【Specular】，设置下拉菜单为【普通】，如图 12-202 所示。单击进入【Specular】，设置【层颜色】卷展栏下方的【颜色】为黑色，如图 12-203 所示。

图 12-202

图 12-203

06 在左侧侧边栏中选中【Alpha】复选框，如图 12-204 所示。

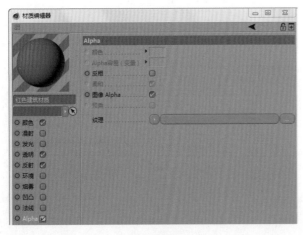

图 12-204

07 设置完成后将其材质赋予场景中的模型，如图 12-205 所示。

08 使用同样的方法继续设置材质，并赋予相应的模型，效果如图 12-206 所示。

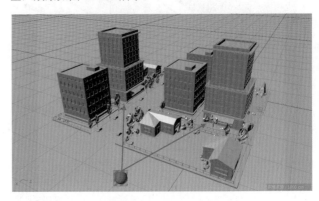

图 12-205

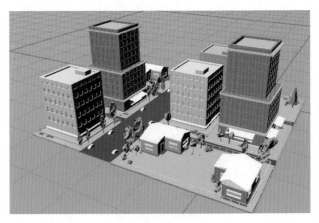

图 12-206

★ **实例——金属**

场景文件	场景文件\Chapter12\09.c4d
案例文件	案例文件\Chapter12\实例：金属.c4d
视频教学	视频教学\Chapter12\实例：金属.mp4

扫码看视频

实例介绍：

通过本例学习创建【新材质】，并为【纹理】添加【过滤】，为【着色器】的【纹理】执行【效果】|【各向异性】命令等操作，制作极具质感的金属材质，最终渲染效果与最终合成效果分别如图12-207和图12-208所示。

图 12-207

图 12-208

01 打开本书配套资源包中的场景文件 09.c4d，如图 12-209 所示。

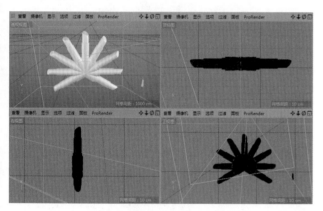

图 12-209

02 在材质管理器面板中执行【创建】|【新材质】命令，如图 12-210 所示，随即在材质管理器面板的空白区域出现一个材质球，如图 12-211 所示。

新PBR材质	Ctrl+Shift+N
新材质	Ctrl+N
着色器	▶
加载材质...	Ctrl+Shift+O
另存材质...	
另存全部材质...	
加载材质预置	▶
保存材质预置	

创建 编辑 功能 纹理

图 12-210

图 12-211

03 双击该材质球，打开【材质编辑器】，将其命名为

【金属材质】，然后选中【颜色】复选框，设置 H 为 0°，S 为 0%，V 为 80%。接着单击【纹理】后方的 ▶ 按钮，选择【过滤】，并单击下方的色块，如图 12-212 所示。进入【着色器】，单击【纹理】后方的 ▶ 按钮，执行【效果】|【各向异性】命令，如图 12-213 所示。

图 12-212

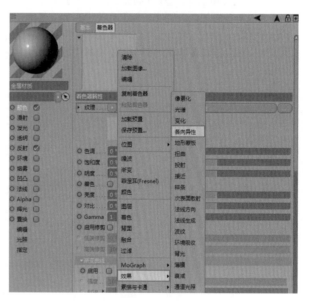

图 12-213

04 单击下方的色块，进入【基本】，将其命名为 Lumas，如图 12-214 所示。进入【着色器】，设置【光照】为 59%，如图 12-215 所示。

图 12-214

第12章

材质和贴图

299

图　12-215

05　进入【高光1】，设置【强度】为129%，【尺寸】为5%，【对比】为0%，【闪耀】为198%，【衰减】为100%，如图12-216所示。进入【高光2】，进入【各向异性】，选中【激活】复选框，设置【投射】为【平面】，【水平粗糙】为700%，【垂直粗糙】为100%，【振幅】为100%，【缩放】为238%，【长度】为500%，【衰减】为100%，如图12-217所示。

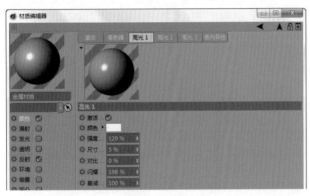

图　12-216

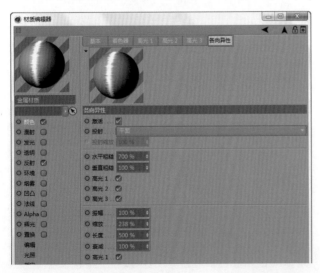

图　12-217

06　在【材质编辑器】窗口左上角的缩览图处右击，在弹出的快捷菜单中执行【Object（GI）】命令，改变缩览图的样式，如图12-218所示。

图　12-218

07　在左侧侧边栏中选中【反射】复选框，并单击 添加... 按钮，选择【反射（传统）】，接着双击 层1 按钮，将其命名为【默认反射】。

08　选择【默认反射】，设置【高光强度】为0%，【亮度】为65%，单击【纹理】后方的 按钮，选择【过滤】，设置【混合模式】为【减去】，【混合强度】为17%，如图12-219所示。单击下方的色块，进入【着色器】，单击【纹理】后方的 按钮，选择【颜色】，并再次单击下方的色块，如图12-220所示。

图　12-219

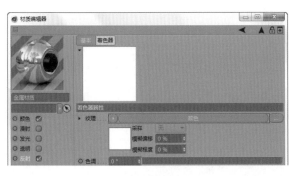

图 12-220

09　进入【着色器】，设置【亮度】为65%，如图12-221所示。

图 12-221

10　返回【层设置】级别，选择【默认高光】，设置【类型】为【高光-Phong（传统）】，【宽度】为47%，【高光强度】为69%，单击【纹理】后方的 按钮，选择【过滤】，并单击下方的色块，如图12-222所示。进入【着色器】，单击【纹理】后方的 按钮，选择【颜色】，如图12-223所示。

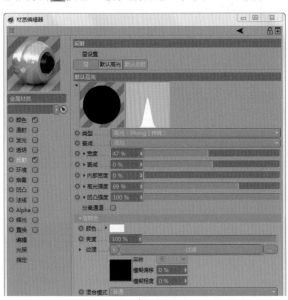

图 12-222

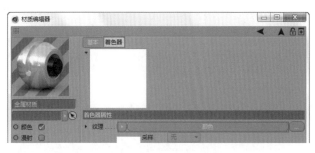

图 12-223

11　设置完成后将其赋予相应的模型上，如图12-224所示。

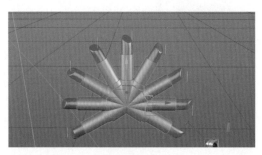

图 12-224

12　最终渲染效果和最终 Photoshop 后期合成效果分别如图12-225和图12-226所示。

图 12-225

图 12-226

第13章

摄像机

本章学习要点：

· 了解摄像机的基础理论知识。

· 掌握如何创建摄像机，并根据场景的需要设定参数。

13.1 摄像机基础知识

13.1.1 摄像机理论知识

数码单反相机的构造比较复杂，适当地了解对我们接下来要学习的摄像机内容有一定的帮助，如图 13-1 所示。

快门单元
在图像感应器之前，拦截从镜头射入的光线，通过开关的时间长短调整图像感应器的受光量。位于反光镜的后方，在快门释放前反光镜将升起。

反光镜
将通过镜头的光线进行反射，使之在取景器内进行成像。

影像处理器
对图像感应器接收的光数据进行计算，并将其转换为人眼可见的图像数据，是进行计算机处理的部分，功能相当于胶片相机进行冲印显影。可根据相机的指令对图像进行各种加工处理。

镜头（可更换镜头）
收集被摄体所反射的光线，补充集的光线在图像感应器平面上进行成像。

图像感应器
相当于胶片相机所使用的胶片。由半导体集成的电子元件构成。在此处收集的光线在图像感应器内被转换为电信号，变为生成图像数据所需的必要形式。

图　13-1

镜头的主要功能为收集被照物体反射光并将其聚焦于 CCD 上，其投影至 CCD 上的图像是倒立的，摄像机电路具有将其反转的功能，其成像原理与人眼相同，如图 13-2 所示。

镜头的种类很多，主要包括标准镜头、长焦镜头、广角镜头、鱼眼镜头、微距镜头、增距镜头、变焦镜头、柔焦镜头、防抖镜头、折返镜头、移轴镜头、UV 镜头、偏振镜头、滤色镜头等，如图 13-3 所示。

成像原理：在按下快门按钮之前，通过镜头的光线由反光镜反射至取景器内部。在按下快门按钮的同时，反光镜弹起，镜头所收集的光线通过快门帘幕到达图像感应器，如图 13-4 所示。

对焦环
旋转对焦环时，内部的镜片将移动，可实现对焦，手动对焦也如此进行。对焦环的位置因镜头各类不同而异，可能位于镜头的前部或者后部。

距离刻度
在表示镜头伸出量的同时，显示与被摄体之间距离的刻度标记。在风光摄影时，当需要对远处的物体进行拍摄，并希望使用手动对焦时很有用。有部分自动对焦头无此刻度标记。

变焦环
变焦镜头具有用于改变焦距的变焦环。调整变焦环可改变视角。定焦镜头由于焦距固定，无法进行变焦。

透镜
镜头的内部包括组合结构复杂的多枚透镜。根据玻璃材质、加工方法等不同，有不同种类的透镜。根据组合形式不同，最终画质也有所差异。但镜头性能并不是简单地与透镜枚数的多少成正比。

光圈叶片
位于镜头内部，用于调整通光量。光圈叶片的位置因镜头种类不同而异。

图 13-2

图 13-3

五棱镜   取景器

反光镜

图 13-4

常用术语解释：

- 焦距：从镜头的中心点到胶片平面（其他感光材料）上所形成的清晰影像之间的距离。焦距通常以毫米（mm）为单位，一般会标在镜头前面，例如我们最常用的是 27～30mm、50mm（也是我们所说的【标准镜头】，指对于 35mm 的胶片）、70mm 等（长焦镜头）。

- 光圈：控制镜头通光量大小的装置。开大一档光圈，进入相机的光量就会增加一倍，缩小一档光圈，光量将减半。光圈大小用 F 值来表示，序列有 f/1、f/1.4、f/2、f/2.8、f/4、f/5.6、f/8、f/11、f/16、f/22、f/32、f/44、f/64（f 值越小，光圈越大）。

- 快门：控制曝光时间长短的装置，一般可分为镜间快门和点焦平面快门。

- 快门速度：快门开启的时间。它是指光线扫过胶片（CCD）的时间（曝光时间）。例如，【1/30】是指曝光时间为 1/30 秒。1/60 秒的快门是 1/30 秒快门速度的两倍，其余以此类推。

- 景深：影像相对清晰的范围。景深的长短取决于焦距、摄距和光圈大小这 3 个因素，它们之间的关系是：（1）焦距越长，景深越短，焦距越短，景深越长；（2）摄距越长，景深越长；（3）光圈越大，景深越短。

- 景深预览：为了看到实际的景深，有的相机提供了景深预览按钮，按下按钮，把光圈收缩到选定的大小，看到场景就和拍摄后胶片（记忆卡）记录的场景一样。

- 感光度（ISO）：表示感光材料感光的快慢程度。单位用【度】或【定】来表示，如【ISO 100/21】表示感光度为 100 度 /21

定的胶卷。感光度越高，胶片越灵敏（就是在同样的拍摄环境下，正常拍摄同一张照片所需要的光线越少，其表现为能用更高的快门或更小的光圈）。

- 色温：各种不同的光所含的不同色素称为【色温】，单位为【K】。我们通常所用的日光型彩色负片所能适应的色温为5400～5600K；灯光型 A 型、B 型所能适应的色温分别为3400K和3200K。所以，我们要根据拍摄对象、环境来选择不同类型的胶卷，否则就会出现偏色现象（除非用滤色镜校正色温）。

- 白平衡：由于不同的光照条件其光谱特性不同，拍出的照片常常会偏色，例如，在日光灯下会偏蓝，在白炽灯下会偏黄等。为了消除或减轻这种色偏，数码相机可根据不同的光线条件调节色彩设置，使照片颜色尽量不失真。因为这种调节常常以白色为基准，故称白平衡。

- 曝光：光到达胶片表面使胶片感光的过程。需要注意的是，我们说的曝光是指胶片感光，这是要得到照片必须经过的一个过程。它常取决于光圈和快门的组合，因此又有曝光组合一词。例如，用测光表测得快门为 1/30 秒时，光圈应用5.6，这样，F5.6、1/30 秒就是一个曝光组合。

- 曝光补偿：用于调节曝光不足或曝光过度。

13.1.2　为什么需要使用摄像机

在现实中使用照相机、摄像机都是为了将一些画面以当时的视角记录下来，方便以后观看。当然 Cinema 4D 中的摄像机也是一样的，创建摄像机后，可以快速切换到摄像机角度进行渲染，而避免出现每次渲染时都很难找到与上次渲染重合的角度的情况，如图 13-5 所示。

（a）【透视图】效果

（b）【摄像机视图】效果

（c）【最终渲染】效果

图　13-5

13.1.3　创建摄像机

Cinema 4D 的视图窗口自带摄像机，这是软件自带的一个摄像机，可以用来查看视图场景中的变化，如图 13-6 所示。同时可以选择【属性】面板左上方的【模式】|【摄像机】命令，这时会出现默认摄像机的属性参数，如图 13-7 所示。但是不能用默认摄像机制作动画效果。

图　13-6

图　13-7

01 在菜单栏中执行【创建】|【摄像机】命令,此时选中一个摄像机类型即可创建摄像机,如图13-8所示。或者按住工具栏中的摄像机按钮,这时也会出现摄像机的下拉菜单,选中一个摄像机的类型,如图13-9所示。

图 13-8 图 13-9

02 此时摄像机创建完成,可以调整摄像机的位置,如图13-10所示。

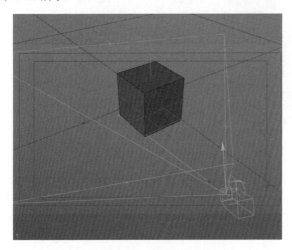

图 13-10

03 切换到摄像机视图。在视图上方选择【摄像机】|【使用摄像机】|【摄像机】命令,如图13-11所示。

图 13-11

04 此时会自动切换到摄像机视角,如图13-12所示。

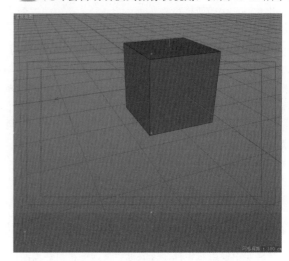

图 13-12

05 创建摄像机后,可以看到视图窗口中的上、下、左、右有4个橙色的小点,通过拖动点,可以调节摄像机的焦距,如图13-13所示。

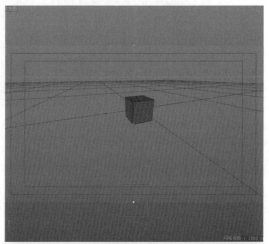

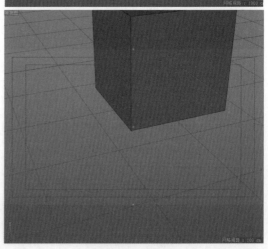

图 13-13

13.2 摄像机的类型

在 Cinema 4D 软件中, 摄像机的类型有 6 种, 分别是【摄像机】【目标摄像机】【立体摄像机】【运动摄像机】【摄像机变换】和【摇臂摄像机】, 如图 13-14 所示。本章将重点讲解其中的 5 种。

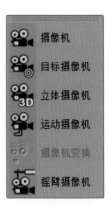

图　13-14

13.2.1　摄像机对象

摄像机■是 Cinema 4D 中默认的摄像机类型, 其参数如图 13-15 所示。

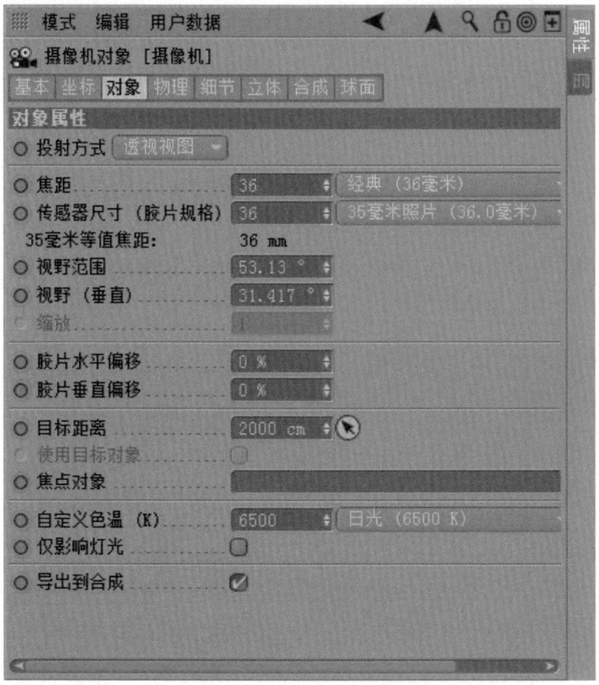

图　13-15

重点参数讲解:

1. 对象

【对象】用于设置【投射方式】【焦距】【缩放】【目标距离】等参数, 如图13-16所示。

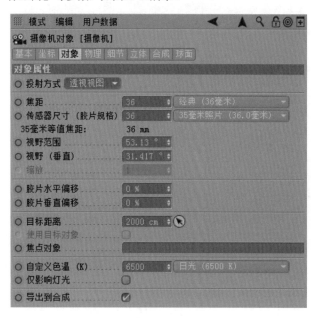

图　13-16

- 投射方式: 设置摄像机的透视方式。
- 焦距: 控制摄像机的焦长。
- 传感器尺寸(胶片规格): 控制摄像机所看到的景色范围, 值越大, 看到的景越多。
- 视野范围: 设置摄像机查看区域的宽度视野。
- 视野（垂直）: 设置摄像机查看区域的垂直视野。
- 缩放: 设置视野的缩放。
- 胶片水平偏移: 设置胶片的水平位移大小。
- 胶片垂直偏移: 设置胶片的垂直位移大小。
- 目标距离: 用来设置摄像机与其目标之间的距离。
- 使用目标对象: 当摄像机具有目标标签时, 可以选中该复选框。该命令用于设置是否使用目标对象。
- 焦点对象: 设置摄像机聚焦的对象。
- 自定义色温(K): 各种不同的光所含的不同色素称为【色温】, 单位为【K】。

2. 物理

【物理】用于设置【光圈】【曝光】【ISO】【快门速度】等摄影机常用参数，如图13-17所示。

图 13-17

- 电影摄像机：设置是否使用电影摄像机。
- 光圈：设置摄像机的光圈大小，主要用来控制最终渲染的亮度。数值越小，图像越亮；数值越大，图像越暗。
- 曝光：设置光到达胶片表面使胶片感光的过程。选中该复选框，才可以设置IOS的值。
- ISO：控制图像的亮暗，值越大，表示ISO的感光系数越强，图像也越亮。一般白天效果比较适合用较小的ISO，而晚上效果比较适合用较大的ISO。
- 快门速度：控制光的进光时间，值越小，进光时间越长，图像就越亮；值越大，进光时间就越短。
- 快门角度：当选中【电影摄像机】复选框时，该选项才被激活，其作用和【快门速度】的作用一样，主要用来控制图像的亮暗。
- 快门偏移：当选中【电影摄像机】复选框时，该选项才被激活，主要用来控制快门角度的偏移。
- 光圈形状：选中该复选框后，可以设置光圈的形状，并激活下方的参数。
- 叶片数：控制散景产生的小圆圈的边，默认值为6，表示散景的小圆圈为正6边形。

- 角度：散景小圆圈的旋转角度。
- 偏移：散景偏移源物体的距离。
- 各向异性：控制散景的各向异性，值越大，散景的小圆圈拉得越长，即变成椭圆。
- 着色器：可以为摄像机添加着色器。

3. 细节

【细节】用于设置【启用近处剪辑/启用远端修剪】【近端剪辑/远端修剪】【景深映射】等参数，如图13-18所示。

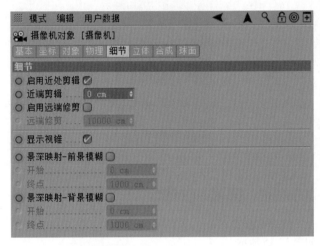

图 13-18

- 启用近处剪辑/启用远端修剪：选中该复选框后，可以分别设置【近端剪辑】和【远端修剪】的参数。
- 近端剪辑/远端修剪：设置近距和远距平面。
- 显示视锥：显示摄像机视野定义的锥形光线（实际上是一个四棱锥）。锥形光线出现在其他视口，但是显示在摄像机视口中。
- 景深映射—前景模糊/背景模糊：选中复选框后，可以加强摄像机的景深效果，如图13-19所示。

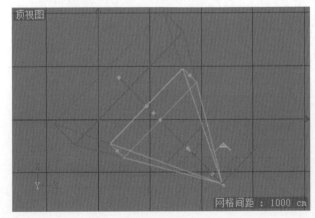

图 13-19

○ 开始/终点：选中【景深映射—前景模糊/背景模糊】复选框后，激活该参数，可设置摄像机景深的起始和终止位置。

4. 立体

【立体】用于设置【模式】方式等参数，如图13-20所示。

图 13-20

○ 模式：设置摄像机的模式，分为【单通道】【对称】【左】和【右】，默认为单通道。选择其他模式时，会激活下方的参数值。

5. 合成

【合成】属性面板是通过辅助线对摄像机进行构图，选中【启用】复选框后，可以激活不同的合成辅助，分为【网格】【对角线】【三角形】【黄金分割】【黄金螺旋线】和【十字标】。选中相应的合成辅助，才可以设置下方对应的卷展栏参数，如图13-21所示。

图 13-22

○ 启用：选中复选框后，可以看到视图中的摄像机变为了球体。

○ FOV辅助：设置球体摄像机的形状，分为【等距长方圆柱】和【穹顶】。

○ 使用全范围：选中复选框后，不用设置下方球体的参数。

13.2.2 目标摄像机

目标摄像机 是为摄像机添加一个目标表达式，同时在对象面板中增加了空白对象，并将其命名为【摄像机.目标.1】，如图13-23所示。

图 13-23

在属性面板中，【目标摄像机】比【摄像机】多了一个【目标】选项卡，如图13-24所示。

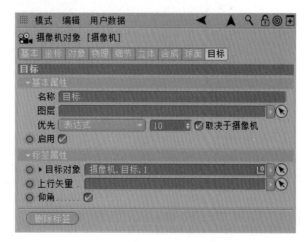

图 13-24

（图13-21 position）

图 13-21

6. 球面

使用【球面】属性可以设置摄像机的形状为球体，如图13-22所示为属性参数面板。

重点参数讲解：

- 名称：设置目标标签的名称。
- 图层：可以添加图层。
- 优先：设置优先级的方式，包括【初始化】【动画】【表达式】【动力学】和【生成器】5种方式，默认优先级为【表达式】。
- 启用：设置是否启用目标标签。
- 目标对象：设置摄像机的目标对象。

在【对象】面板中选择【摄像机.目标.1】图层，在属性面板中选择【对象】选项卡，可以设置目标点的【显示】【半径】【宽高比】和【方向】，默认【显示】为【圆点】，如图13-25所示，当显示为其他模式时会激活下方的参数。

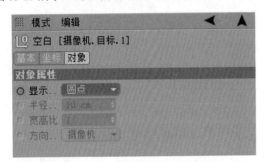

图 13-25

13.2.3 立体摄像机

在菜单栏中执行【创建】|【摄像机】|【立体摄像机】命令，通过两个3D摄像机在不同的位置同时拍摄，制作的动画可以呈现三维立体效果。当创建立体摄像机时，属性面板中的【立体】选项栏已经被激活，模式为对称模式。在视图面板的上方选择【选项】|【立体】命令，在透视图中可以看到三维效果，如图13-26所示。

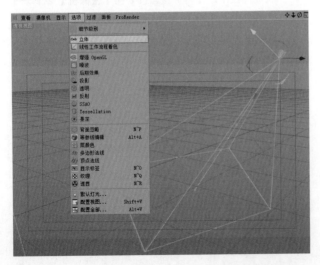

图 13-26

13.2.4 运动摄像机

在菜单栏中执行【创建】|【摄像机】|【运动摄像机】命令，可在视图中创建运动摄像机，如图13-27所示，在视图中可以看到一个小人扛着一个摄像机。创建的同时在对象面板中会自动创建4个层级，运动摄像机后面会出现一个运动摄像机标签，在属性面板中也新增了【运动摄像机】选项栏，如图13-28所示。

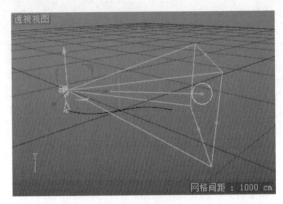

图 13-27

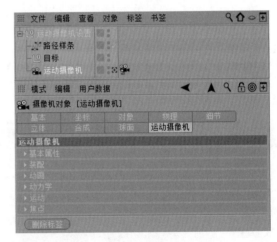

图 13-28

重点参数讲解：

1. 基本属性

在运动摄像机中的【基本属性】面板中可以设置【名称】【图层】【优先】【颜色】等参数，如图13-29所示。

- 摄像机：设置摄像机范围线框的颜色。
- 可视化：装配：设置摄像机装配的颜色。
- 可视化：目标：设置摄像机目标的颜色。

2. 装配

在运动摄像机中的【装配】属性面板中，可以设置装配的【高度】【视差】，可以手动旋转头部与摄像机的角度。同时也可以拖曳另一个摄像机，将其链接在一起，如图 13-30 所示。

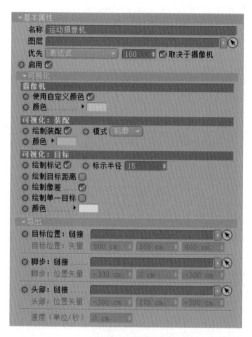

图　13-29

图　13-30

● 高度：设置装配的高度。

● 视差：设置摄像机的视觉范围的差值。

● 头部：设置装配的头部在 X/Y/Z 轴上的旋转角度。

● 摄像机：设置摄像机在 X/Y/Z 轴上的旋转角度。

● 链接：将需要链接的摄像机拖曳到通道中。

3. 动画

【动画】属性可以用来设置运动摄像机中的样条路径和目标点的运动，如图 13-31 所示。

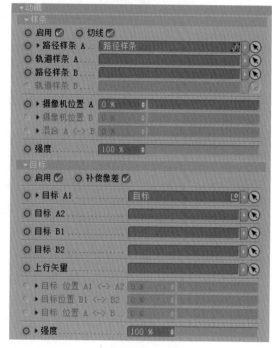

图　13-31

技巧提示：摄像机沿路径运动

（1）绘制线，并选中线，如图 13-32 所示。

（2）在保持选中线的状态下，创建一个【运动摄像机】，如图 13-33 所示。

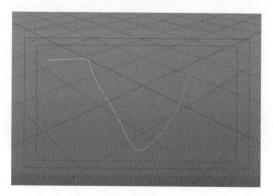

图　13-32

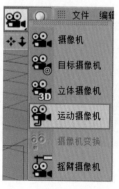

图　13-33

（3）设置不同的【摄像机位置A】，则会发现摄像机会出现在线的不同位置，如图13-34～图13-36所示。

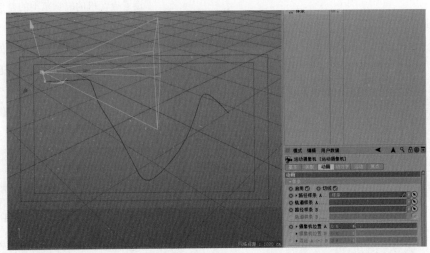

图　13-34

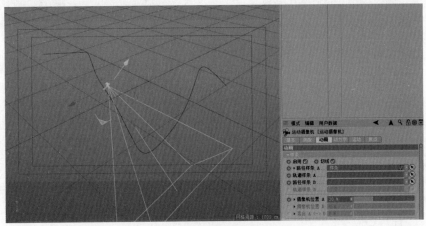

图　13-35

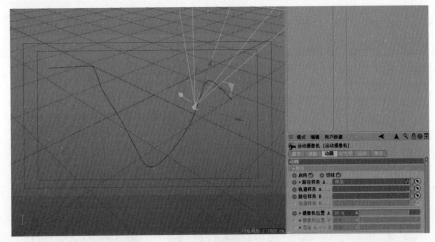

图　13-36

（4）可根据"第14章　基础动画"中动画的设置方法，为【摄像机位置A】参数设置动画，即可制作摄像机跟随线的动画效果。

4. 动力学

【动力学】属性主要用来设置运动摄像机运动时，装配的脚步、头部、手部和焦点在动画中受到阻尼数值和弹簧惯性的大小，如图 13-37 所示。

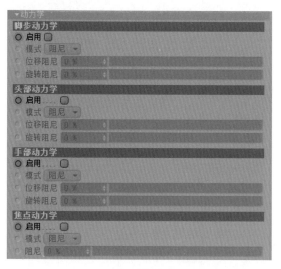

图　13-37

- 启用：选中该复选框后，可以设置脚步动力学 / 头部动力学 / 手部动力学 / 焦点动力学的参数。
- 模式：分为【阻尼】和【弹簧】两种模式。
- 位移阻尼 / 旋转阻尼：当模式为【阻尼】时，可以设置位移和旋转的阻尼数值。
- 位移惯性 / 旋转阻尼：当模式为【弹簧】时，增加了位移惯性和旋转阻尼两个参数。

5. 运动

可以设置运动摄像机在动画过程中晃动的效果，分为【自定义】【平静】【稳定摄像机 1】【稳定摄像机 2】【Ego】和【Dogma 摄像机】6 种方式。每一种方式中【步履】【头部旋转】【摄像机旋转】和【摄像机位置】的强度也不尽相同，如图 13-38 所示。

图　13-38

6. 焦点

设置摄像机聚焦时的属性，如图 13-39 所示。

图　13-39

- 启用焦点控制：选中该复选框后，可以对焦点进行控制，同时激活了【焦距】【传感器尺寸】等参数。
- 焦距：设置摄像机的焦距大小。
- 传感器尺寸：设置摄像机传感器的大小。
- 启用自动对焦：默认为选中状态，这时视图中的摄像机会自动对焦。
- 距离：取消选中【启用自动对焦】复选框，可以手动设置焦点距离。
- 偏移：设置摄像机偏移的距离。
- 强度：设置移动变焦的强度大小。
- 启用深度控制：选中该复选框后，激活下方的参数。
- 模式：可以设置摄像机镜头的深度方式，分为【标准】和【用于后期】。
- 对焦区域 / 模糊区域：设置摄像机对焦和模糊的大小。

13.2.5　摇臂摄像机

在菜单栏中执行【创建】|【摄像机】|【摇臂摄像机】命令，在视图中创建一个摇臂摄像机，如图 13-40 所示，可以看到在摄像机的下方有一个摇臂支撑着。在对象面板中会自动创建两个层级，运动摄像机后面会出现一个摇臂摄像机标签，在属性面板中也新增了【摇臂摄像机】选项栏，如图 13-41 所示。

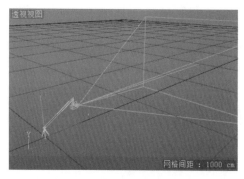

图　13-40

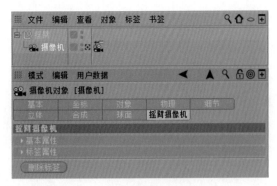

图 13-41

重点参数讲解：

1. 基本属性

在基本属性中可以设置摄像机的【名称】【优先】【目标颜色】等参数，如图 13-42 所示。

图 13-42

- 激活：设置在视图中是否可以看见摇臂。
- 颜色：设置摄像机摇臂的颜色。
- 目标颜色：设置摄像机目标的颜色。

2. 标签属性

主要用于设置摇臂摄像机的标签属性，可以设置摇臂摄像机的【基座】【吊臂】【云台】和【摄像机】的参数，如图 13-43 所示。

（1）基座

- 朝向：设置摇臂基座的朝向角度。

- 高度：设置摇臂基座的高度。

图 13-43

（2）吊臂

- 长度：设置吊臂的长度。
- 高度：设置吊臂向上的角度。

（3）云台

- 高度：设置云台的高度。
- 朝向：设置云台的朝向角度。
- 宽度：设置云台的宽度。

（4）摄像机

- 仰角：设置摄像机的仰角角度。
- 倾斜：设置摄像机的倾斜角度。
- 偏移：设置摄像机的偏移大小。
- 保持吊臂垂直：选中后可以保持吊臂的垂直效果。
- 保持镜头朝向：选中后可以保持镜头的方向。

★ 实例——为作品创建摄像机

01 执行【文件】|【打开】命令，打开本案例的场景文件，如图 13-44 所示。

02 执行【创建】|【摄像机】|【摄像机】命令，在视图中创建摄像机，如图 13-45 所示。

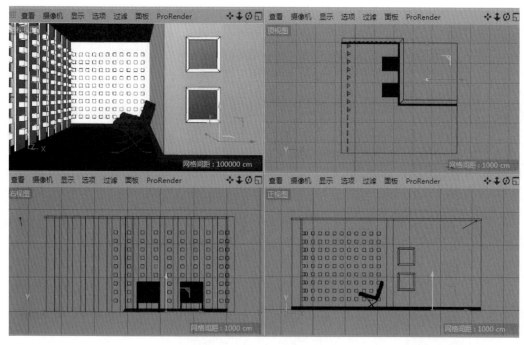

图　13-44　　　　　　　　　　　　　　　　　　　　　　　　　图　13-45

技巧提示：修改摄像机大小的两种方法

● 在创建完摄像机后，可以看到在摄像机的边缘出现了黄色的控制点，将光标定位到控制点处，按住鼠标左键并拖曳，可以修改摄像机的大小和形状，如图13-46所示。

● 在创建完摄像机后，单击属性面板中的【坐标】按钮，可以在下方设置摄像机的位置、角度、大小等参数，如图13-47所示。

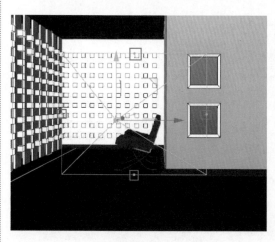

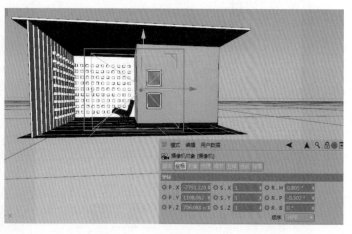

图　13-46　　　　　　　　　　　　　　　　　　　　　　　　图　13-47

03 选中刚刚创建的摄像机，在属性面板中选择【对象】选项卡，设置【焦距】为60，【视野范围】为33.398°，【视野（垂直）】为27.397°，如图13-48所示。

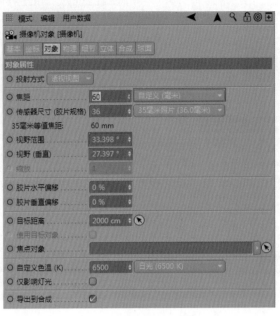

图　13-48

04 设置完成后将其摆放在合适的位置，如图13-49所示。接着单击【旋转】按钮，按住Shift键并按住鼠标左键拖曳，将摄像机沿着X轴旋转-10°，如图13-50所示。

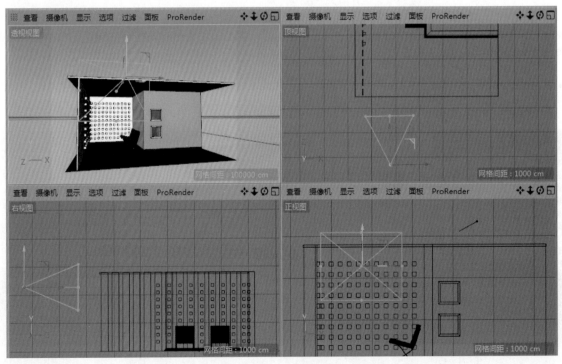

图　13-49

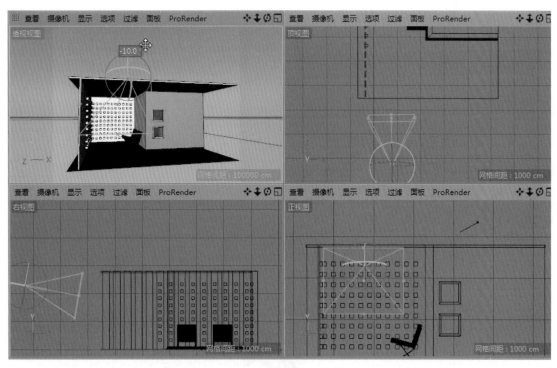

图 13-50

05 设置完成后单击工具栏中的【渲染到图片查看器】按钮 ![btn] 进行渲染,渲染完成后的最终效果如图13-51所示。

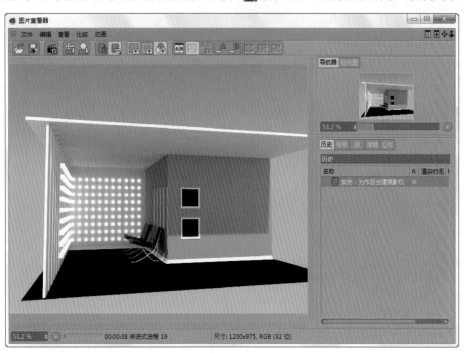

图 13-51

第14章

基础动画

本章学习要点：
- 掌握用【自动关键点】设置动画的方法。
- 掌握【曲线编辑器】的运用。

14.1 动画概述

14.1.1 什么是动画

　　动画是一门幻想艺术，通过动画能够直观表现和抒发人们的感情，扩展了人类的想象力和创造力。广义而言，把一些原本不动的东西，经过影片的制作与放映，变成动的影像，即为动画。动画是通过把人、物的表情、动作、变化等分段画成许多画幅，再用摄像机连续拍摄成一系列画面，从而产生连续变化的图像。它的基本原理与电影、电视一样，都是视觉原理。电影采用了每秒 24 幅画面的速度拍摄和播放，电视采用了每秒 25 幅（PAL 制，中国电视就用此制式）或 30 幅（NTSC 制）画面的速度拍摄、播放，如图 14-1 所示。

图　14-1

14.1.2 制作动画的步骤

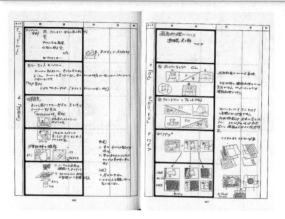

图　14-2

　　动画制作是一项非常烦琐的工作，分工极为细致，通常分为前期制作、中期制作、后期制作等。前期制作又包括企划、作品设定、资金募集等；中期制作包括分镜、原画、中间画、动画、上色、背景作画、摄影、配音、录音等；后期制作包括剪接、特效、字幕、合成、试映等。

　　如今，计算机的加入使动画的制作变得简单了，三维动画制作的过程主要分为以下几个步骤。

1. 故事版（Storyboard）

　　这一步骤是最简单的，也是最重要的，故事版主要包括动画的故事情节、人物的基本表情、姿势、场景位置等信息，如图 14-2 所示。

2. 布景（Set Dressing）

在这个步骤中，模型师需要创建动画所需的模型，模型的好坏将直接影响动画的效果，如图 14-3 所示。

图　14-3

3. 布局（Layout）

布局即按照故事版中的信息来摆放镜头和角色，这是从二维转换成三维的第一步，能更准确地体现场景与人物之间的位置关系。在场景中暂不需要添加灯光、材质、特效等，只要让导演看到准确的镜头的走位、长度、切换和角色的基本姿势等信息即可，如图 14-4 所示。

图　14-4

4. 布局动画（Blocking Animation）

布局动画就是按照布景和布局中设计好的镜头来制作动画，即把关键动作设置好，从而能够比较细致地反映角色的肢体动作、表情神态等信息。导演认可之后即可进入下一步，如图 14-5 所示。

5. 制作动画（Animation）

制作动画就是根据布局动画来进一步制作动画的细节，添加挤压、拉伸、跟随、重叠、次要动作等，这是影片的核心之处，如图 14-6 所示。

图　14-5

图　14-6

6. 模拟、着色（Simulation & Set Shading）

这一步是执行与动力学相关的一些工作，例如，制作毛发、布料等。通过模拟和着色，人物和背景就有了纹理和质感，看起来也更细腻、真实、自然，如图 14-7 所示。

图　14-7

7. 特效（Effects）

火、烟雾、水流等效果都属于特效，虽然这些效果只起辅助作用，但是没有它们，动画的效果将逊色不少，如图 14-8 所示。

图　14-8

8. 灯光（Lighting）

再好的场景没有合理的布光也只是半成品。根据前面步骤制作出来的场景和材质来设定灯光的反射率、折射率等参数，给场景打上灯光，这样制作出来的场景就与真实的自然界没什么区别了，如图 14-9 所示。

图　14-9

9. 渲染（Rendering）

这是制作三维动画的最后一步，渲染计算机中繁杂的数据并输出，再加上后期制作（添加音频等），才是一部可以用于放映的影片，因为之前几个步骤制作的效果都需要经过渲染才能表现出来（制作过程中受到硬件限制不能实时显示高质量的图像）。渲染的方式有很多，但都是基于 3 种基本渲染算法：扫描线、光线跟踪和辐射度（在《汽车总动员》中运用了光线跟踪技术，使景物看起来更真实，但是大大增加了渲染的时间），如图 14-10 所示。

图　14-10

14.1.3　创建一个位移动画

01　创建一个球体。首先将时间线滑块放置在第 0F 处，然后移动球体的位置，最后单击⊘（记录活动对象）按钮，此时创建了第一个关键帧，如图 14-11 所示。

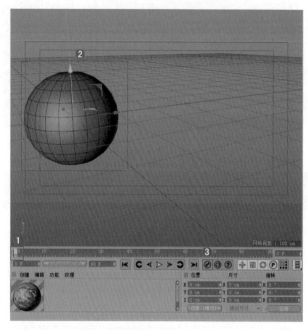

图　14-11

02　移动时间线滑块的位置，将其放在第 60F 处，然后再次移动球体的位置，最后单击⊘（记录活动对象）按钮，此时创建了第二个关键帧，如图 14-12 所示。

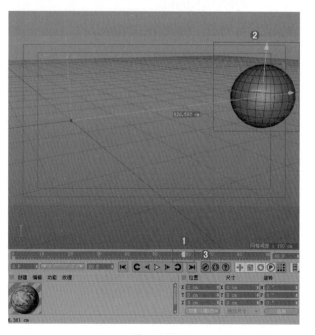

图　14-12

03 单击 ▷ （向前播放）按钮，即可出现模型的位移动画，如图 14-13 所示。

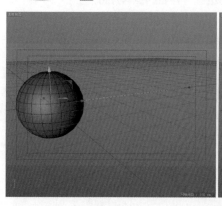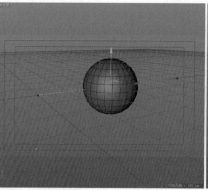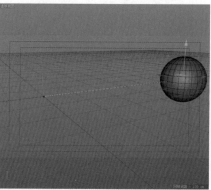

图　14-13

14.2　动画的基础知识

14.2.1　动画制作工具

Cinema 4D 具有强大的动画制作功能，可以在 Cinema 4D 软件界面视图窗口下方看到动画编辑窗口，其中常用的动画制作工具如图 14-14 所示。

图　14-14

也可以在菜单栏中选择【动画】，可以看到更多有关动画的命令，如图 14-15 所示。

动画　模拟　渲染　雕刻　运动跟踪
记录 ▶
⊘　记录活动对象　　　　　F9
◎　自动关键帧　　　　Ctrl+F9
关键帧 ▶
播放模式 ▶
帧频 ▶
▷　向前播放　　　　　　　F8
◁　向后播放　　　　　　　F6
❚❚　停止　　　　　　　　　F7
▶　播放声音
❙◀　转到开始　　　　　Shift+F
▶❙　转到结束　　　　　Shift+G
▶❙　转到轴...
▶　转到下一轴　　　　　　G
◀　转到上一轴　　　　　　F
⟳　转到下一关键帧　　Ctrl+G
⟲　转到上一关键帧　　Ctrl+F
添加相对动画层
添加绝对动画层
添加运动剪辑片段...
添加空白运动剪辑层
框轴对象

图　14-15

重点参数讲解：

1. 时间轴

在时间轴中，可以拖动时间位置、设置时间指针的具体位置，也可以设置时间轴长度，如图 14-16 所示。

图　14-16

- ⦿ ：绿色方块为时间指针。
- ⦿ ：可以设置时间指针在时间轴上的位置。
- ⦿ ：可以设置时间轴的长度。

2. 关键帧与记录的设置

在时间轴的下方可以看到设置动画关键帧的相关工具，如图14-17所示。

图　14-17

- ⦿ 【记录活动对象】按钮：单击该按钮可以设置关键帧。
- ⦿ 【自动关键点】按钮：单击该按钮可以记录关键帧，并且可以通过设置不同时刻的物体状态自动添加关键帧。在该状态下，物体的模型、材质、灯光和渲染都将被记录为不同属性的动画。启用【自动关键点】功能后，视图窗口的边框变成红色，拖曳时间线滑块可以控制动画的播放范围和关键帧等，如图 14-18 所示。

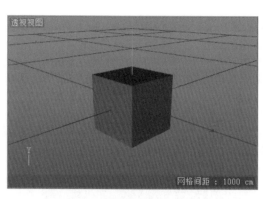

图 14-18

图 14-19

- 【关键帧选集】按钮 ❓：可以设置关键帧选集，单击该按钮后会出现"激活对象"和"限制编辑器选择"选项，如图 14-19 所示。

- 【位置】按钮 ✛：开 / 关记录位置。

- 【缩放】按钮 ▯：开 / 关记录缩放。

- 【旋转】按钮 ◎：开 / 关记录旋转。

- 【参数】按钮 ℗：开 / 关记录参数。

- 【点级别动画】按钮 ▦：开 / 关记录点级别动画。

- 链接 XYZ 子通道：在菜单栏中选择【动画】|【记录】|【链接 XYZ 子通道】命令，可开 / 关记录链接 XYZ 子通道。

- 【方案设置】按钮 ▤：设置回放比率和播放速率。

 技巧提示：如何插入关键帧

（1）创建一个立方体对象，在对象面板中选择立方体，查看立方体的属性面板，可以看到许多参数在之前是有该灰色 ◎ 标记的，单击该标记后变成了红色 ◉ 标记，这时在时间轴上会看到新创建的关键帧 ▮。当修改该标记后面的参数时，红色 ◉ 标记就会变成黄色 ◎ 标记，表示关键帧的参数发生了改变，如图 14-20 所示。

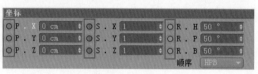

图 14-20

（2）选择对象面板中的对象，选择时间轴的时间指针，单击 ◎（记录活动对象）按钮，这时就会在时间指针下面创建关键帧。

3. 播放控制

Cinema 4D 还提供了一些控制动画播放的相关工具，如图14-21所示。

图 14-21

- 【转至开始】按钮 ⏮：如果当前时间线滑块没有处于第 0 帧位置，那么单击该按钮可以跳转到第 0 帧。

- 【转到上一关键帧】按钮 ↺：可以找到当前时间指针之前的关键帧。

- 【转到上一帧】按钮 ◀：将当前时间线滑块向前移动一帧。

- 【向前播放】按钮 ▷ /【播放选定对象】按钮 �：单击【向前播放】按钮 ▷ 可以播放整个场景中的所有动画；单击【播放选定对象】按钮 II 可以播放选定对象的动画，而未选定的对象将静止不动。

- 【转到下一帧】按钮 ▶：将当前时间线滑块向后移动一帧。

- 【转到下一关键帧】按钮 ↻：可以找到当前时间指针之后的关键帧。

- 【转至结束】按钮 ⏭：单击该按钮可以跳转到最后一帧。

4. 时间配置

在属性面板的左上角执行【模式】|【工程】命令，如图 14-22 所示，可以设置时间轴的相关参数，如图 14-23 所示。

图 14-22

图 14-23

- 帧率（FPS）：帧率是每秒显示帧的个数。在此处可设置帧率数值，通常电影为24fps，电视（PAL制）为25fps，电视（NTSC制）为30fps。
- 工程时长：设置动画工程的总时长。
- 最小时长/最大时长：设置整个时间轴的起始和终止的位置。
- 预览最小时长/预览最大时长：设置在时间轴上预览的起始和终止的位置。

5. Animate 界面

在 Cinema 4D 软件界面右上角执行【界面】下拉菜单，选择 Animate 界面，如图14-24所示。这时整个 Cinema 4D 的软件界面将发生变化，下方会出现【时间线窗口】面板，方便制作动画效果，如图14-25所示。

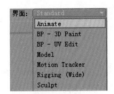

图 14-24

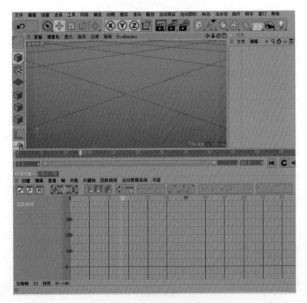

图 14-25

14.2.2 时间线编辑

1. 时间线（摄影表）

选择菜单栏中的【窗口】|【时间线（摄影表）】命令，如图14-26所示，打开【时间线窗口】对话框。

图 14-26

为物体设置动画属性以后，在【时间线窗口】对话框中按住 Ctrl 键并单击，可以添加关键帧，如图14-27所示。

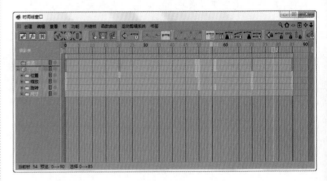

图 14-27

重点参数讲解：

- 模式工具：可以设置添加事件的模式，分为【摄影表】、【函数曲线模式】和【运动剪辑模式】。
- 框选所有：选择显示曲线中的所有关键帧。
- 帧选取：选择曲线中局部的关键帧。
- 转到当前帧：当曲线编辑框中没有显示当前选择的时间帧时，单击该按钮，可以转到选择的关键帧。
- 创建标记在当前帧：在当前选择的帧位置创建一个标记。
- 创建标记在视图边界：在曲线编辑器的两端边界创建标记。
- 删除全部标记：清除【曲线编辑器】中的所有标记。
- 分解颜色：设置一个关键帧为分解颜色。

2. 时间线（函数曲线）

选择菜单栏中的【窗口】|【时间线（函数曲线）】命令，打开【时间线窗口】对话框，如图 14-28 所示。在该对话窗中可以快速地调节曲线，从而控制物体的运动状态。

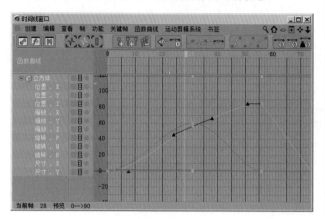

图 14-28

- 线性 ：设置关键点的运动速度为匀速。曲线在【曲线编辑器】中呈直线形。

- 步幅 ：设置关键点在动画下一帧进行运动，物体直接由前一帧跳转到下一帧。曲线在【曲线编辑器】中呈阶梯形状。

- 样条 ：曲线上面的点出现控制手柄，从而对曲线进行设置。

- 缓和处理 ：设置选取关键帧为短暂减弱插值，为默认设置。

- 缓入 ：设置选取关键帧为减弱插值。

- 缓出 ：设置选取关键帧为渐出插值。

- 自动相切 - 经典 / 自动相切 - 固定斜率 ：选择关键点后，单击该按钮可以切换为自动切线。控制关键帧的手柄在点的两边是对称的，不管怎么移动手柄，其两边都是等距的。

- 断开切线 ：允许将两条切线（控制柄）连接到一个关键点，使其能够独立移动，以便不同的运动能够进出关键点。选择一个或多个带有统一切线的关键点，然后单击【断开切线】按钮。

- 锁定切线角度 ：这样只能沿着线的方向水平移动控制手柄。

- 锁定切线长度 ：这样只能沿着上下方向移动控制手柄。

- 锁定时间 ：曲线上的点不能左右移动，但可以上下移动。

- 锁定数值 ：曲线上的点可以左右移动，但不能上下移动。当【锁定时间】与【锁定数值】同时被选中时，不能再对点进行任何操作。

- 零角度 ：设置关键帧切线的角度为 0。

- 零长度 ：设置关键帧切线的长度为 0。

技巧提示： 不同动画曲线所代表的含义

在【轨迹视图-曲线编辑器】对话框中，X轴默认使用红色曲线来表示，Y轴默认使用绿色曲线来表示，Z轴默认使用蓝色曲线来表示，这3条曲线与坐标轴的3条轴线的颜色相同，如图14-29所示，X轴曲线为水平直线，代表物体在X轴上未发生移动。

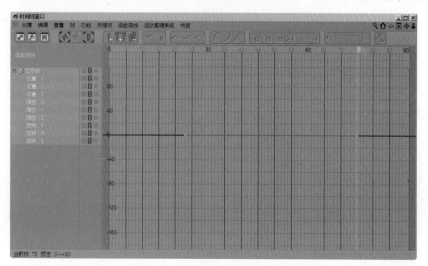

图 14-29

图14-30中的Y轴曲线为抛物线形状，代表物体在Y轴方向上正处于加速运动状态。

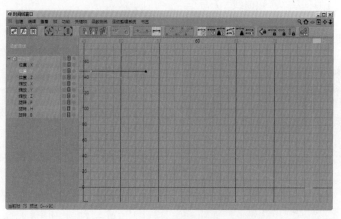

图　14-30

图14-31中的Z轴曲线为倾斜的均匀曲线，代表物体在Z轴方向上处于匀速运动状态。

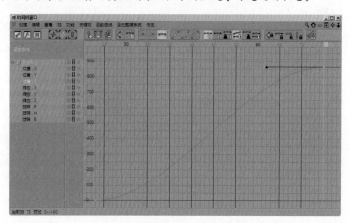

图　14-31

★ 实例——使用记录活动对象制作LOGO演绎动画

场景文件	场景文件\Chapter14\01.c4d
案例文件	案例文件\Chapter14\实例：使用记录活动对象制作LOGO演绎动画.c4d
视频教学	视频教学\Chapter14\实例：使用记录活动对象制作LOGO演绎动画.mp4

扫码看视频

实例介绍：

本例使用记录活动对象制作模型旋转动画，渲染效果如图14-32所示。

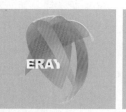

扫码看步骤

图　14-32

★ **实例——使用自动关键帧制作爆炸动画**

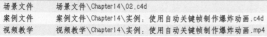

场景文件	场景文件\Chapter14\02.c4d
案例文件	案例文件\Chapter14\实例：使用自动关键帧制作爆炸动画.c4d
视频教学	视频教学\Chapter14\实例：使用自动关键帧制作爆炸动画.mp4

扫码看视频

实例介绍：

本例使用自动关键帧制作三维模型的爆炸效果，渲染效果如图14-33所示。

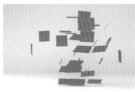

扫码看步骤

图　14-33

★ **实例——气球动画**

场景文件	场景文件\Chapter14\03.c4d
案例文件	案例文件\Chapter14\实例：气球动画.c4d
视频教学	视频教学\Chapter14实例：气球动画.mp4

扫码看视频

实例介绍：

本例使用记录活动对象制作气球上升动画和文字上升旋转动画，渲染效果如图14-34所示。

扫码看步骤

图　14-34

第15章

运动图形

本章学习要点：

- 运动图形工具的使用。
- 克隆工具和运动图形选集的使用。
- 效果器的应用。

15.1 运动图形工具

运动图形工具分为【克隆】【矩阵】【分裂】【破碎（Voronoi）】【实例】【文本】【追踪对象】【运动样条】【运动挤压】和【多边形FX】，如图15-1所示。

图 15-1

15.1.1 克隆

克隆是以一个或多个物体作为子模型进行批量复制，可以设置克隆物体的数量、排列方式、步幅等相关参数，如图15-2所示。

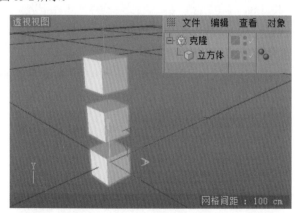

图 15-2

操作步骤：

01 创建一个立方体模型，如图15-3所示。

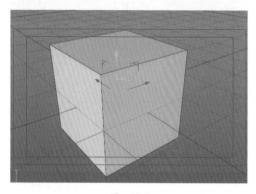

图 15-3

02 在菜单栏中执行【运动图形】|【克隆】命令，如图15-4所示。

03 在【对象/场次/内容浏览器/构造】面板中，单击选择【立方体】，并将其拖动到【克隆】位置上，当出现向下图标↓时，松开鼠标左键，如图15-5所示。

图 15-4　　　　图 15-5

04 选择【克隆】，设置参数，如图15-6所示。

图 15-6

05 此时立方体被克隆完成了，如图15-7所示。

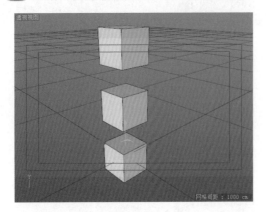

图 15-7

重点参数讲解：

1. 对象

如图15-8所示为【对象】选项卡中的参数。

图 15-8

○ 模式：可以设置克隆物体的方式，分为【对象】【线性】
【放射】【网格排列】和【蜂窝阵列】5 种方式。

对象：沿着样条线路径进行克隆，如图15-9所示。

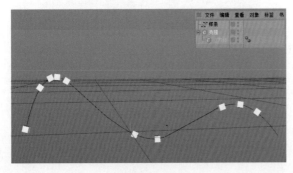

图 15-9

线性：克隆的物体呈线性排列，如图15-10所示。

图 15-10

放射：克隆的物体呈放射状排列，如图15-11所示。

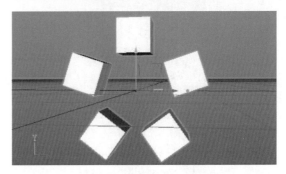

图 15-11

网格排列：克隆的物体呈网格状排列，如图15-12所示。

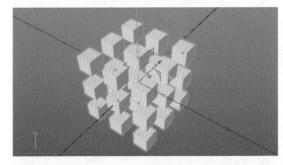

图 15-12

蜂窝阵列：克隆的物体呈蜂窝阵列状排列，如图15-13
所示。

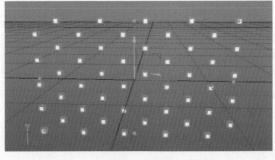

图 15-13

◔ 克隆：分为【迭代】【随机】【类别】和【混合】4种类型。

◔ 固定克隆：将被克隆的物体进行固定，取消选中该复选框，在对象面板中选择被克隆的物体进行移动，会对整个克隆物体产生影响。

◔ 渲染实例：选中该复选框后，将克隆转换为可编辑图形，这时在对象面板中会将克隆物体实例化，与被克隆物体进行群组，如图15-14所示。

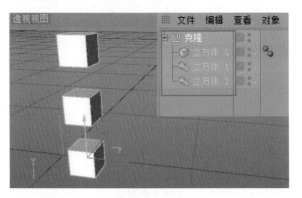

图　15-14

（1）对象模式

如图15-15所示为当设置【模式】为【对象】时的参数。

图　15-15

◔ 对象：将样条线拖曳到对象中，这时将沿着样条线进行克隆。

◔ 排列克隆：选中该复选框后，克隆的物体会随着样条线的路径进行一定角度的旋转。

◔ 导轨：设置克隆物体的导轨。

◔ 分布：设置克隆物体的分布方式，分为【数量】【步幅】【平均】【顶点】和【轴心】5种方式。

　　数量：设置克隆物体的数量。

　　步幅：设置固定的距离在样条线上进行平均排列。

　　平均：将克隆物体按照克隆的数量进行平均排列。

　　顶点：克隆物体只出现在样条线的顶点上。

　　轴心：克隆物体在样条线的轴心上。

◔ 每段：选中该复选框后，改变了克隆物体之间的间隔。

◔ 偏移/偏移变化：设置克隆物体的偏移及偏移的变化比例。

◔ 开始/结束：设置克隆物体的起始与结束的位置。

◔ 循环：选中该复选框后，克隆物体出现循环效果。

（2）线性模式

如图15-16所示为当设置【模式】为【线性】时的参数。

图　15-16

◔ 数量：设置克隆物体的数量。

◔ 偏移：设置克隆物体的偏移数值。

◔ 模式：设置克隆物体的距离。分为【每步】和【终点】两种方式，默认为【每步】。

　　每步：指克隆的每个物体间的距离。

　　终点：克隆物体的第一个与最后一个之间的距离已经固定，只在这个范围内进行克隆。

◔ 总计：设置当前数值的百分比。

○ 位置：可以设置克隆物体的方向上物体之间的间距。数值越大，克隆物体之间的间隔越大。

○ 缩放：可以设置克隆物体的缩放效果，根据不同轴向上的缩放比例，可以使克隆物体呈现递增或递减的效果。当缩放数值相同时，可以等比缩放。

○ 旋转：可以设置沿着物体的旋转角度，每一个克隆物体都是在前一个物体的基础上进行缩放。

○ 步幅模式：分为【单一值】和【累计】两种模式，【单一值】是将物体之间的变化进行平均处理，【累计】是指克隆物体在前一个物体的效果上进行变化。通常与【步幅尺寸】和【步幅旋转 .H/P/B】结合使用。

○ 步幅尺寸：设置克隆物体之间的步幅尺寸，只影响克隆对象之间的间距，不会影响其他属性参数。

○ 步幅旋转 .H/P/B：设置克隆物体的旋转角度。

（3）放射模式

如图 15-17 所示为当设置【模式】为【放射】时的参数。

图　15-17

○ 数量：设置克隆物体的数量。

○ 半径：设置放射模式的范围大小。

○ 平面：克隆物体可以沿着 XY/ZY/XZ 方向进行克隆。

○ 对齐：当选中该复选框后，克隆物体会向着克隆中心排列。

○ 开始角度 / 结束角度：设置克隆物体的起点与终点的位置。

○ 偏移：设置克隆物体的偏移。

○ 偏移变化：设置偏移变化的程度。

○ 偏移种子：设置偏移距离的随机性。

（4）网格排列模式

如图 15-18 所示为当设置【模式】为【网格排列】时的参数。

图　15-18

○ 数量：设置克隆物体在 X、Y、Z 上的数量。

○ 模式：分为【端点】和【每步】两种方式。

○ 尺寸：设置克隆物体之间的距离。

○ 外形：设置克隆的形状，分为【立方】【球体】【圆柱】和【对象】4 种方式。

○ 填充：设置模型中心填充的程度。

（5）蜂窝阵列模式

如图 15-19 所示为当设置【模式】为【蜂窝阵列】时的参数。

图　15-19

○ 角度：克隆物体可以沿 Z（XY）/X（ZY）/Y（XZ）方向进行克隆。

○ 偏移方向：设置偏移的方向，分为【高】【宽】两种方式。

○ 宽数量 / 高数量：设置克隆的蜂窝阵列大小。

○ 形式：设置克隆物体排列的形状。

2. 变换

通过【变换】选项卡可对克隆物体整体进行设置，可以设置【显示】【位置】【旋转】【缩放】等数值，从而影响克隆物体的整体效果，如图 15-20 所示。

图 15-20

- 显示：设置克隆物体的显示方式，分为【无】【权重】【UV】【颜色】和【索引】。
- 位置 / 缩放 / 旋转：设置克隆物体整体的位置、缩放和旋转。
- 颜色：设置克隆模型的颜色。
- 权重：设置克隆物体的权重。

- 时间：当克隆物体带有动画时，设置动画中克隆物体的起始帧。
- 动画模式：设置克隆物体的动画方式，分为【播发】【循环】【固定】和【固定播放】。

3. 效果器

将效果器添加到其中，可以使克隆物体出现各种不同的效果，参数如图 15-21 所示。

图 15-21

- 效果器：可以给运动图形添加不同的效果器。

技巧提示：添加效果器的方法

方法一：

在【对象 / 场次 / 内容浏览器 / 构造】面板中选择【克隆】，然后选择【运动图形】|【效果器】|【着色】，这时【效果器】选项卡的【效果器】中出现了【着色】，如图 15-22 所示。

方法二：

（1）在【对象 / 场次 / 内容浏览器 / 构造】面板中选择【立方体】，然后选择【运动图形】|【效果器】|【着色】，这时对象面板中出现了着色效果器，但是【克隆】中的【效果器】选项卡中没有出现任何效果器，如图 15-23 所示。

（2）在【对象 / 场次 / 内容浏览器 / 构造】面板中选择【克隆】，然后选择【效果器】选项卡，这时将【对象 / 场次 / 内容浏览器 / 构造】面板中的着色效果器拖曳到效果器后面的对象框中，如图 15-24 所示。

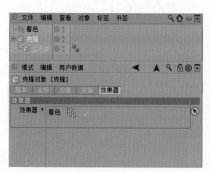

图 15-22

图 15-23

图 15-24

15.1.2 矩阵

矩阵可以在场景中独立使用，但是不会被渲染出来，如图 15-25 所示。

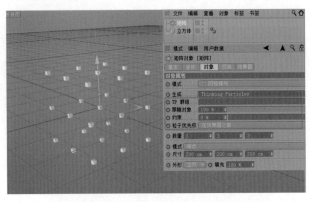

图 15-25

15.1.3 分裂

将物体按照多边形的形状分割成相互独立的部分，所以要想出现分裂效果，需要模型由多边形组成。分裂模式分为3 种，分别是【直接】【分裂片段】和【分裂片段 & 连接】，同时结合效果器可以出现各种不同的效果，如图 15-26 所示。

图 15-26

○ 直接：将分裂下面的物体转化为克隆对象，如图15-27 所示。

图 15-27

○ 分裂片段：将物体进行分裂，分裂出一个个独立的模型，如图15-28所示。

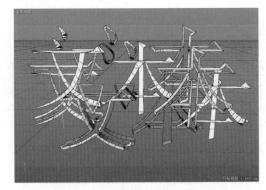

图 15-28

○ 分裂片段&连接：将物体进行分裂的同时焊接起来，如图15-29所示。

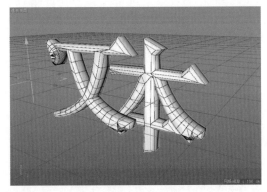

图 15-29

15.1.4 破碎（Voronoi）

破碎（Voronoi）效果可以将模型处理为碎片。在【对象 / 场次 / 内容浏览器 / 构造】面板中，单击选择【文本】，并将其拖动到【破碎】位置上，当出现向下图标↓时，松开鼠标左键。如图 15-30 所示为文字已经产生了破碎效果。

图 15-30

重点参数讲解：

1. 对象

【对象】用于设置【MoGraph选集】【MoGraph权重贴图】和【着色碎片】等参数，如图15-31所示。

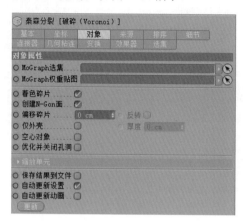

图 15-31

- MoGraph 选集：可以设置运动图形选集，这时破碎效果只对选集中的对象产生作用。

- MoGraph 权重贴图：可以设置运动图形的贴图。可以结合运动图形下的 MoGraph 权重绘制画笔使用。

- 着色碎片：选中该复选框后，会在视图中看到不同颜色的碎块。

- 偏移碎片：设置碎片的偏移程度，如图15-32所示。当数值不为0时，可以设置碎片的反转功能。

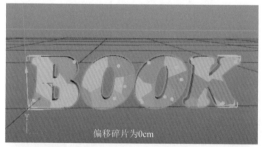

偏移碎片为0cm

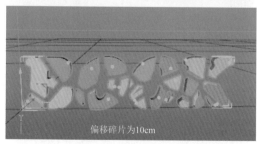

偏移碎片为10cm

图 15-32

- 仅外壳：在破碎偏移的情况下可以看到破碎块成片状，没有厚度，这时激活了【厚度】参数。

- 优化并关闭孔洞：选中该复选框后，会对物体在破碎过程中产生的孔洞进行优化。

2. 来源

来源用于设置【显示所有使用的点】【视图数量】【来源】等参数，如图15-33所示。

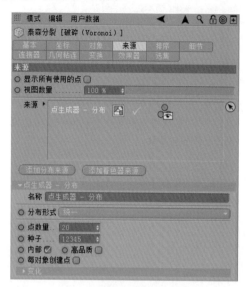

图 15-33

- 显示所有使用的点：选中该复选框后，可以在视图中看到所有使用的点。

- 视图数量：可以设置在视图中显示点的点数量。

- 来源：在创建破碎时，会自动添加点生成器。

- 分布形式：设置破碎点的分布状态，分为【统一】【法线】【反转法线】和【指数】4种形式。

- 点数量：设置破碎的数量。

- 种子：设置随机的种子数。

- 每对象创建点：选中该复选框后，在视图中增加了点的数量，同时点的颜色也变为红色，如图15-34所示。

图 15-34

3. 排序

【排序】用于设置【排序结果】【反转排列】等参数，如图15-35所示。

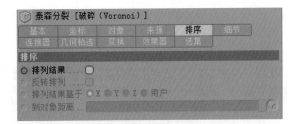

图 15-35

○ 排列结果：可以设置破裂块的大小排序。选中该复选框后，可激活下方的参数。

○ 反转排列：可以将排列的顺序进行翻转。

○ 排列结果基于：设置排列顺序的轴向，其中选择用户，会多出一行方向参数。

4. 细节

【细节】用于设置【噪波表面】【平滑法线】【使用原始边】等参数，如图 15-36 所示。

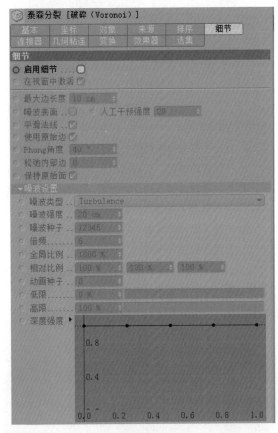

图 15-36

5. 连接器

单击【创建固定连接器】按钮，会在对象面板中【破碎】的下面自动创建一个连接器子级，可以设置连接器的【断开权重】【扭矩权重】和【衰减】，如图 15-37 所示。

图 15-37

6. 几何粘连

【几何粘连】用于设置【粘连类型】【粘连静态】等参数，如图 15-38 所示。

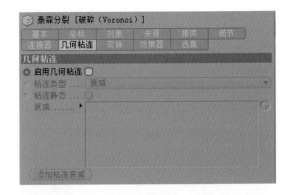

图 15-38

7. 选集

将【选集】中的所有复选框选中后，对象面板中的【破碎】后面会出现相应的标签属性，如图 15-39 所示。

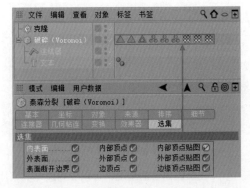

图 15-39

15.1.5 实例

实例工具需要结合动画编辑来使用，在播放动画时拖曳立方体对象，可以看到其后面出现了拖动效果，如图15-40所示。

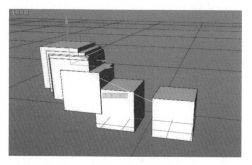

图 15-40

实例中的对象属性栏如图15-41所示。

图 15-41

重点参数讲解：

- 对象参考：设置实例的参考对象。
- 历史深度：设置实例的数量。

15.1.6 文本

文本工具用于在视图中创建文本对象。在菜单栏中执行【运动图形】|【文本】命令，会在视图中出现三维的文字效果，如图15-42和图15-43所示。

图 15-42

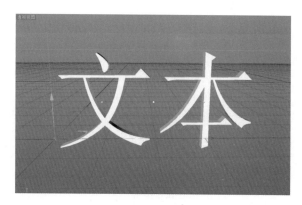

图 15-43

运动图形中的文本与样条线中的文本的差别：运动图形中的文本多了【文本】与【细分】两个参数，因为该文本为三维对象；而样条线中的文本需要结合挤压工具才能成为三维图形，如图15-44所示。

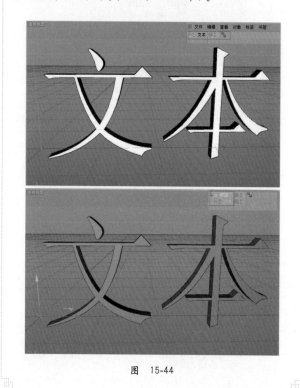

图 15-44

15.1.7 追踪对象

使用【追踪对象】工具时会在物体运动的过程中出现运动的线条，如图15-45所示，参数面板如图15-46所示。

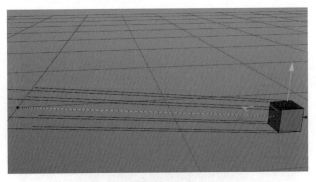

图 15-45

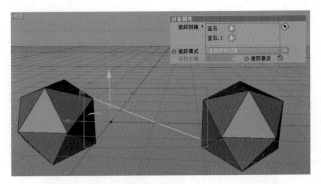

图 15-48

图 15-46

重点参数讲解：

- 追踪链接：添加追踪对象，将对象面板中的物体拖曳到【追踪链接】后面的对象框内。
- 追踪模式：设置物体后面的追踪方式。
- 追踪路径：显示物体运动过的路径，如图15-47所示。

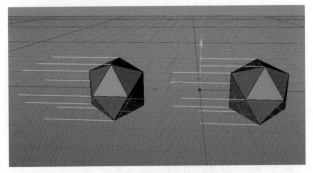

图 15-47

- 连接所有对象：将物体内的点用线连接起来。
- 连接元素：使追踪连接里面的元素，在运动过程中通过白线进行连接，如图15-48所示。

- 采样步幅：当【追踪模式】为【追踪路径】时，激活该参数，可以设置运动的采样步幅。
- 追踪激活：取消选中该复选框后，将不显示追踪效果。
- 追踪顶点：取消选中该复选框时，只会出现一个运动路径；选中该复选框时，物体上的每个顶点都会出现运动路径。
- 手柄克隆：当追踪连接中的对象为嵌套的克隆模型时，可以设置3种模式的追踪路径。

仅节点：只对克隆物体的中心进行运动，在物体的运动中心产生路径，如图15-49所示。

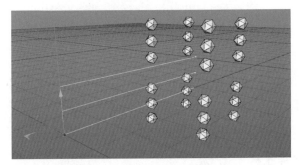

图 15-49

直接克隆：追踪对象以每一个克隆物体为单位进行追踪，此时每一个克隆物体都会生成一条追踪路径，如图15-50所示。

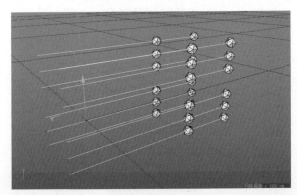

图 15-50

克隆从克隆：以克隆中的子级别下面的点作为运动路径的起点，如图15-51所示。

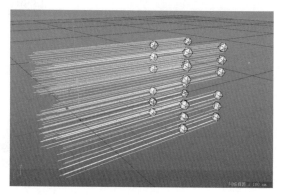

图　15-51

○ 包括克隆：选中该复选框后，在克隆物体中心点会有一根线。

○ 限制：设置追踪曲线出现的时间，分为【无】【从开始】和【从现在】3种方式。

○ 类型：设置追踪的样条线类型。分为【线性】【立方】【阿基玛】【B—样条】和【贝塞尔（Bezier）】。

○ 闭合样条：将追踪曲线进行闭合。

15.1.8　运动样条

【运动样条】可用于制作模型的生长动画效果，如图15-52所示为其参数面板。

图　15-52

重点参数讲解：

1. 对象

【对象】选项卡如图15-53所示。

○ 模式：分为【简单】【样条】和【Turtle】3种模式，每个模式在视图中都具有不同的效果，也会有不同的参数。

图　15-53

○ 生长模式：分为【完整样条】和【独立的分段】两种方式，【完整样条】是生长出一个完整的样条，而【独立的分段】是指多个样条线同时生长。

○ 开始/终点：设置运动样条的起始与终点位置。

○ 偏移：设置运动样条的偏移变化。

○ 延长起始/排除起始：当选中复选框后，超过数值100%后，会对起始处进行一些控制，可以对【曲线】【缩放】等参数进行更改。

○ 显示模式：设置运动样条显示的方式，分为【线】【双重线】和【完全形态】3种模式。

2. 简单

【简单】选项卡如图15-54所示。

图　15-54

○ 长度：设置运动样条的长度。单击三角箭头，可以通过控制曲线来调节长度，也可通过方程来设置运动样条的形状。

○ 分段：设置运动图形的样条线的数量，与【角度H/P/B】结合使用。

○ 角度H/P/B：设置运动样条在X、Y、Z轴上的旋转角度。

○ 曲线/弯曲/扭曲：设置运动样条在X、Y、Z轴上发生的扭曲效果。

○ 宽度：设置运动样条中产生样条线的粗细。

案例文件	案例文件\Chapter15\实例：利用运动样条制作文字出现动画.c4d
视频教学	视频教学\Chapter15\实例：利用运动样条制作文字出现动画.mp4

实例介绍：

　　通过本例来学习使用运动图形下的运动样条工具。首先在视图中创建文本和圆环，然后为圆环加载运动样条命令，接着对运动样条进行参数设置，设置完成后将文字赋予运动样条的源样条上方，准备工作制作完成后开始制作动画，最终的渲染效果如图15-55所示。

图　15-55

15.1.9　运动挤压

　　通过【运动挤压】可以将模型的各个多边形产生挤压变形的效果，并且可以设置产生的挤出高度、位置、缩放、旋转等效果。在【对象 / 场次 / 内容浏览器 / 构造】面板中，单击选择【运动挤压】，并将其拖动到模型位置上，当出现向下图标↓时，松开鼠标左键，其参数如图15-56所示。

　　重点参数讲解：

　　◎ **变形：** 设置变形的方式，包括【从根部】和【每步】。

　　◎ **挤出步幅：** 设置挤出的数量，数值越大，挤出的数量越

多，距离也越远。如图 15-57 所示分别为设置该值为 3 和 20 的对比效果。

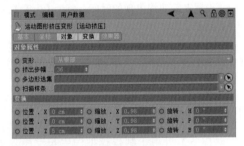

图　15-56

　　◎ **多边形选集：** 将选集拖曳到该通道之后，出现挤压效果的只有选集中被选中的多边形。

　　◎ **扫描样条：** 将样条拖曳到该通道之后，挤压的效果会跟随样条线的形状进行改变。

　　◎ **位置：** 控制挤出模型的 X、Y、Z 轴向的位置。如图 15-58 所示分别为设置位置 Z 为 5cm 和 15cm 的对比效果。

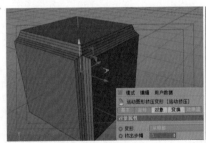 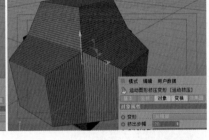

图　15-57

 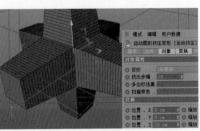

图　15-58

○ 缩放：控制挤出模型的X、Y、Z轴向的缩放效果。如图15-59所示分别为设置不同缩放的对比效果。

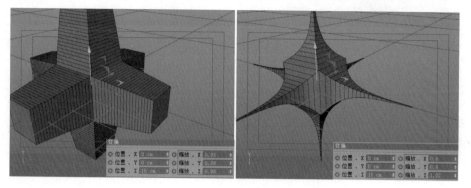

图 15-59

○ 旋转：控制挤出模型的X、Y、Z轴向的旋转效果。如图15-60所示分别为设置不同旋转的对比效果。

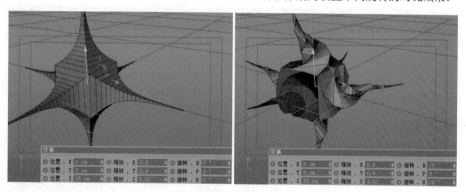

图 15-60

15.1.10 多边形FX

通过【多边形FX】可以使模型或样条呈现分裂效果，可以结合效果器一起使用。结合随机效果器呈现的效果如图15-61（a）所示，参数面板如图15-61（b）所示。

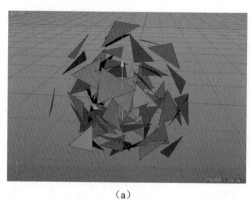

（a）

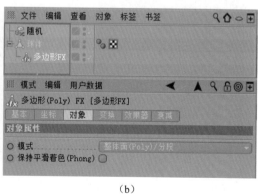

（b）

图 15-61

重点参数讲解：

○ 模式：包括【整体面（Poly）/分段】和【部分面（Polys）/样条】两个模式。【整体面（Poly）/分段】作用于对象上，可以使其分裂；而【部分面（Polys）/样条】则是作用于样条线上，使样条线分裂。

○ 保持平滑着色（Phong）：选中该复选框后，视图中的对象模型会具有光泽度，如图15-62所示。

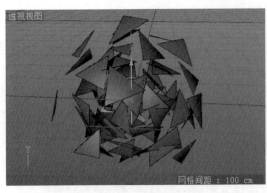
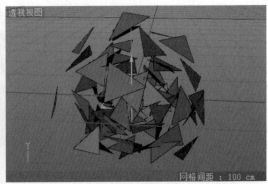

（a）选中平滑着色　　　　　　（b）取消选中平滑着色

图　15-62

15.2 克隆工具和运动图形选集

使用克隆工具可以对对象进行多种方式的克隆复制，克隆后的子对象可以使用【运动图形选集】单独选择。

15.2.1 克隆工具

使用克隆工具可设置克隆出的对象的排列方式，分为【线性克隆工具】【放射克隆工具】和【网格克隆工具】。在菜单栏中执行【运动图形】命令可以选择相应的克隆工具，如图 15-63 所示。应用克隆工具时，在视图中应至少选择一个对象作为克隆的子模型。

图　15-63

1.创建克隆工具

在【对象 / 场次 / 内容浏览器 / 构造】面板中选择物体，在菜单栏中执行【运动图形】|【线性克隆工具】命令，在属性面板中设置【起始位置】【结束位置】和【克隆数量】，按 Enter（回车）键，即可在视图中创建克隆图形，如图 15-64 所示。

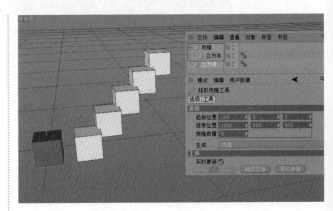

图　15-64

或者在创建完对象与线性克隆工具后，在视图中任意一个地方进行拖曳，即可创建克隆图形，如图 15-65 所示。

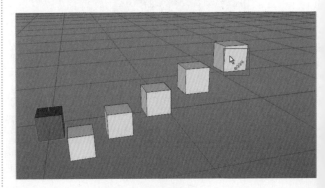

图　15-65

【放射克隆工具】和【网格克隆工具】的使用方法与【线性克隆工具】相似，在此不多做介绍。

2. 线性 / 放射 / 网格克隆工具

【线性克隆工具】呈现的克隆模型呈线性排列，如图 15-66 所示。

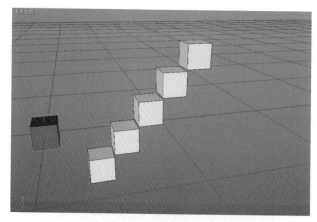

图　15-66

【放射克隆工具】呈现的克隆模型呈放射性排列。【半径】的数值控制了克隆对象之间的距离，如图 15-67 所示。

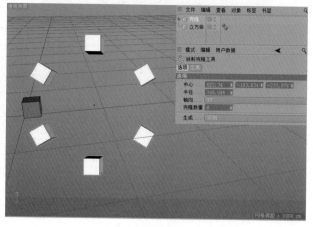

图　15-67

【网格克隆工具】呈现的克隆模型呈网格形状排列。【克隆数量】的数值控制了克隆对象在 X、Y、Z 轴的数量，如图 15-68 所示。

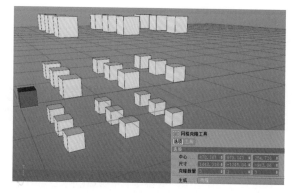

图　15-68

15.2.2　运动图形选集

【运动图形选集】的作用是将克隆下面的物体进行单独选择编组，然后在给克隆添加效果器后，会发现只有选择过的模型才会产生变化。在菜单栏中执行【运动图形】|【运动图形选集】命令，在视图中会看到克隆模型上出现了点。【运动图形选集】参数用于设置选择点的方式，如 15-69 和图 15-70 所示。

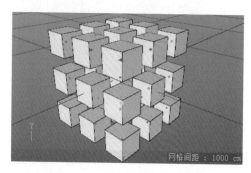

图　15-69

图　15-70

选择克隆模型上的红色点，选择后点会变成黄色，也会在【对象】面板中【克隆】后面出现【运动图形选集标签】，如图 15-71 所示。

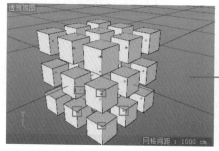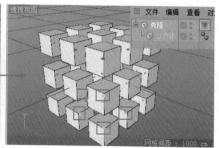

图　15-71

重点参数讲解：

◎ 模式：设置选择点的方式，分为【笔刷】【矩形】【多边形】和【放射】，其中【笔刷】的大小可以通过设置半径来调节。

15.3 效果器

在菜单栏中执行【运动图形】|【效果器】命令，可以选择相应的变形器，如图 15-72 所示。

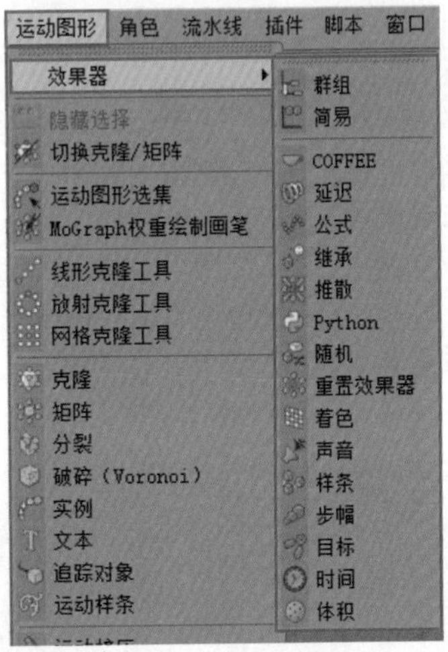

图 15-72

15.3.1 群组

群组效果器没有太多的效果，而是将多个效果器进行捆绑，可以对效果器的强度进行统一设置，省去了单独逐个调节的时间，如图 15-73 所示。

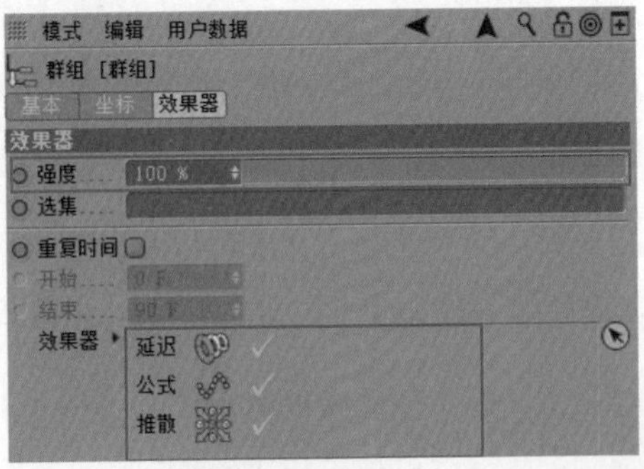

图 15-73

15.3.2 简易

【简易】效果器是所有效果器中最简单的一种，是其他效果器的原型。用于简单控制克隆物体的位置、缩放和旋转。相对于【简易】效果器来说，其他效果器会根据不同的需要

对简易效果器的参数进行增加或减少。

重点参数讲解：

1.【效果器】属性

【效果器】属性主要用于设置【强度】【选择】【最小/最大】参数，如图 15-74 所示。

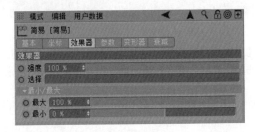

图 15-74

◎ 强度：设置效果器的强度大小，这样可以调节效果器作用的程度。

◎ 选择：在对象面板中将运动图形选集标签拖曳到【选择】后面，这时只会对选集中的物体进行效果器变化。

◎ 最大/最小：设置克隆对象的变化范围。

2.【参数】属性

【参数】属性主要用于设置【变换模式】【变换空间】【颜色模式】等参数，如图 15-75 所示。

图 15-75

- 变换模式：设置效果器的变换模式，分为【相对】【绝对】【重映射】3 种模式。
- 变换空间：设置变换空间的轴向，分为【节点】【效果器】和【对象】3 种方式。
- 位置/缩放/旋转：对克隆物体进行【位移】【缩放】和【旋转】。可以单独或组合选中这 3 个复选框。缩放中有【等比缩放】和【绝对缩放】两个复选框。
- 颜色模式：设置克隆物体的颜色，分为【关闭】【开启】和【自定义】3 种方式。

关闭：克隆物体的颜色不会发生变化。

开启：视图中克隆物体的颜色将随机生成，如图15-76所示。

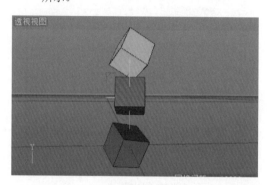

图　15-76

自定义：可以自定义克隆物体的颜色，如图15-77所示。

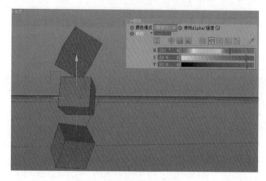

图　15-77

- 混合模式：控制颜色的混合模式。当【颜色模式】为【开启】或【自定义】时出现该选项。
- 使用 Alpha/ 强度：可以使模型原有的颜色与效果器中的颜色叠加。
- U 向变换 /V 向变换：设置克隆物体中的内部方向变换。
- 时间偏移：可以设置动画运动中的克隆物体的起始位置。
- 可见：设置克隆对象的变化范围。

3.【变形器】属性

效果器可以作为变形器使用，这时在【变形器】选项卡中可以改变物体的属性，变形效果可以作用于【对象】【点】

【多边形】上，如图 15-78 所示。

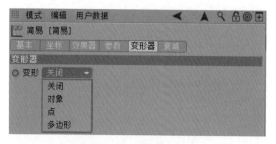

图　15-78

- 变形：控制效果变形的类型，分为【关闭】【对象】【点】和【多边形】4 种方式。

4.【衰减】属性

在【衰减】属性中可以克隆物体上效果器产生的衰减效果，根据不同形状的衰减可以增加不同的参数，如图 15-79 所示。

图　15-79

- 形状：可以设置衰减的形状，分为【无限】【噪波】【圆柱】【圆环】【圆锥】【方形】【无】【来源】【球体】【线性】和【胶囊】。
- 反转：将衰减的范围进行反转。
- 缩放：对衰减范围进行缩放。

15.3.3　COFFEE /Python

COFFEE 效果器和 Python 效果器是通过编程中的代码来对模型进行创建与修改，如图 15-80 和图 15-81 所示。

图　15-80

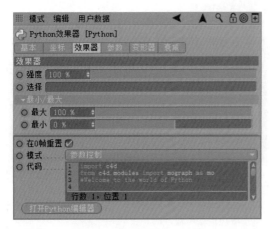

图 15-81

15.3.4 延迟

使用【延迟】效果器可以使克隆物体在动画中出现延迟的效果，可以使动画效果更好、更稳定，如图15-82所示。

图 15-82

重点参数讲解：

- 模式：设置延迟的模式，分为【平均】【混合】和【弹簧】。

15.3.5 公式

通过【公式】效果器中的数学公式可使物体产生按一定规律的运动，如图15-83和图15-84所示。

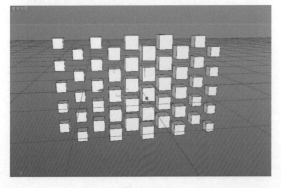

图 15-83

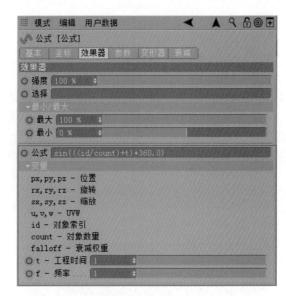

图 15-84

重点参数讲解：

- 公式：默认为正弦公式 $sin(((id/count)+t)*360.0)$，可以使克隆物体呈现波浪的动画效果。

- t-工程时间：设置动画运动的时间。当数值越接近中间的0时，动画效果越不明显。

15.3.6 继承

通过【继承】效果器可以使一个物体模仿另一个物体的动画效果，也可以使一个克隆物体变成另一个克隆物体，如图15-85所示。

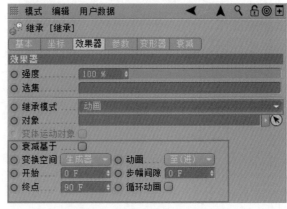

图 15-85

重点参数讲解：

- 继承模式：分为【动画】和【直接】两种方式，当选择【动画】时，会激活下方的【衰减基于】【变换空间】等参数，如图15-86所示。

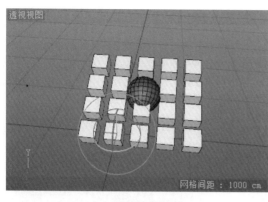

（a）继承模式为直接

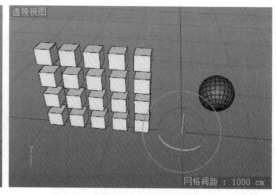

（b）继承模式为动画

图 15-86

直接：物体直接继承另一个物体的状态。

动画：物体只继承另一个物体的运动动画。

- 对象：将需要继承的对象拖曳到通道中，拥有继承效果器的对象则继承该对象中的运动动画。

- 变换空间：分为【生成器】和【节点】两种方式。【生成器】是以克隆工具作为整体进行继承，而【节点】是对克隆工具中的每一个克隆对象分别进行继承。

- 开始/终点：可以设置动画的开始与结束的时间，这样可以改变继承后的动画时间。

- 步幅间隙：设置克隆物体的运动时间，在视图中呈现一种递进的视觉效果。

- 循环动画：选中该复选框后，动画将循环播放。当播放到终点时又会回到开始帧进行循环播放。

15.3.7　推散

通过【推散】可以使克隆物体在动画中出现向四周发散的效果，可以设置推散的方向和推散半径，如图15-87所示。

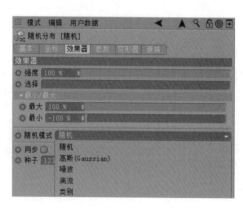

图 15-87

15.3.8　随机

通过【随机】效果器可以使克隆模型在运动过程中呈现随机效果，如图15-88所示。

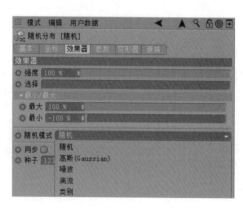

图 15-88

重点参数讲解：

- 随机模式：设置随机效果的模式，分为【随机】【高斯】【噪波】【湍流】和【类别】。

- 索引：当没有选中该复选框时，物体在动画中会呈现规律化的对角线运动；选中该复选框后，物体的运动会更随机。

- 种子：设置随机的数值大小。

- 空间：分为【全局】和【UV】两种方式。当【随机模式】为【噪波】时，会在视图中添加一张噪波贴图。当设置【空间】为【全局】时，整个视图中都有噪波贴图，移动模型时噪波也会跟着变化；而当设置【空间】为【UV】时，相当于选择噪波贴图中的部分，噪波不会跟随物体移动。

- 动画速率：设置动画的运动快慢。数值越大，运动得越快。

- 缩放：对场景中的噪波进行缩放设置。

15.3.9　重置效果器

通过【重置效果器】可以将克隆物体中的效果器全部清除，如图15-89和图15-90所示。

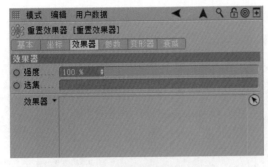

图 15-89

图 15-90

15.3.10 着色

【着色】效果器是应用内置的纹理或贴图使克隆模型产生一定的效果，如图 15-91 所示。

重点参数讲解：

- 通道：可以设置着色器的通道类型。
- 偏移 U/Y：设置纹理的位置变化。
- 长度 U/V：设置纹理的拉伸效果。
- 平铺：将纹理标签平铺在克隆模型上。

图 15-91

15.3.11 声音

【声音】效果器的属性面板的效果器选项卡比其他效果器多了一个声音卷展栏，如图 15-92 所示。将 Cinema 4D 中可以识别的音频文件添加到音轨中，这时单击【播放】键，会看到克隆物体随着音频变化进行运动。

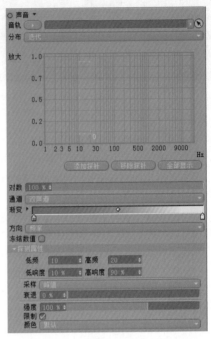

图 15-92

重点参数讲解：

- 音轨：单击该按钮可以添加音频文件。
- 分布：设置音频的分布方式，分为【迭代】【分布】和【混合】3 种方式。
- 放大：设置纹理的拉伸效果。
- 平铺：将纹理标签平铺在克隆模型上。
- 对数：设置放大的标尺的大小。
- 通道：设置音频播放时用的声道，分【为双声道】【左声道】和【右声道】。
- 渐变：调整【放大】中的颜色。
- 方向：设置动画的运动方向，分为【音量】和【频率】两种方式。
- 低频 / 高频 / 低响度 / 高响度：可以使用数值更精准地框选【放大】中的范围。
- 采样：设置运动高低的幅度变化，分为【峰值】【均匀】和【步幅】。
- 衰减：设置动画中克隆物体的运动速度，数值越大，衰减效果越明显，会给人一种缓慢过渡的效果。

○ 强度：设置动画中的动态效果强度。强度越大，效果越明显。

15.3.12 样条

在场景中创建样条线，将样条线拖曳到【样条】后面的通道上，这时就会看到克隆物体按照样条线的形状进行克隆排列，如图 15-93 和图 15-94 所示。

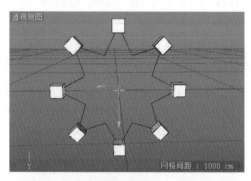

图 15-93

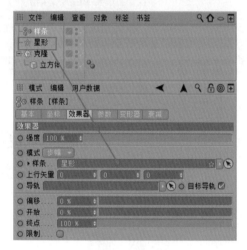

图 15-94

重点参数讲解：

○ 模式：设置克隆模型的排列方式，分为【步幅】【衰减】和【相对】3 种方式。

○ 样条：设置克隆物体的样条路径。

○ 上行矢量：设置克隆物体出现翻转的效果。

○ 导轨：设置克隆物体的导轨。

○ 偏移：设置克隆物体的偏移。

○ 开始 / 终点：设置克隆模型的起始与终止点。

○ 分段模式：分为【使用索引】【平均间隔】【随机】和【完整间距】4 种模式。

○ 分段：可以控制克隆模型的排列。

15.3.13 步幅

使用【步幅】效果器时，可以使克隆物体呈现递增或递减的效果，如图15-95所示。

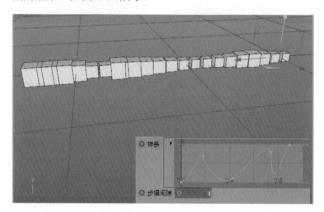

图 15-95

重点参数讲解：

○ 样条：通过调整样条线后面的曲线，可以对步幅的位置、缩放、旋转进行调整。按住Alt键并单击可在曲线上添加点。

○ 步幅间隙：设置步幅递增的间隙数值，可以查看步幅的影响效果。

15.3.14 目标

【目标】效果器是给克隆物体一个目标中心，所有的克隆模型都向着这个中心进行旋转，如图 15-96 所示。

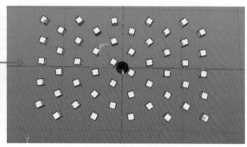

图 15-96

在对象面板中将【球体】拖曳到【目标对象】后面，这时克隆物体的方向都朝着球体进行转动，如图15-97所示。

图 15-97

重点参数讲解：

◉ 目标模式：通过调整样条线后面的曲线，可以对步幅的位置、缩放、旋转进行调整。分为【对象目标】【朝向摄像机】和【下一个节点】。

◉ 目标对象：设置步幅递增的间隙数值，可以查看步幅的影响效果。

◉ 使用 Pitch：选中该复选框后，才能识别出目标。

◉ 转向：沿着 Z 轴进行翻转。

◉ 上行矢量：可以避免克隆物体出现翻转的效果。

◉ 排斥：选中该复选框后，可以设置克隆物体与目标物体之间的排斥效果。

15.3.15　时间

【时间】效果器不用设置关键帧，就可以对动画进行移动、缩放和旋转。【时间】效果器的属性参数面板与【简易】效果器大致相同，在此不再介绍。

15.3.16　体积

将几何对象拖曳到【体积对象】后面的通道上，可以设置为体积效果器的目标对象，从而影响克隆物体的形状，如图15-98所示。

图 15-98

★ 实例——利用破碎（Voronoi）制作文字爆裂效果

案例文件	案例文件\Chapter15\实例：利用破碎（Voronoi）制作文字爆裂效果.c4d
视频教学	视频教学\Chapter15\实例：利用破碎（Voronoi）制作文字爆裂效果.mp4

实例介绍：

通过本例来学习使用破碎（Voronoi）制作文字爆裂效果，渲染效果如图15-99所示。

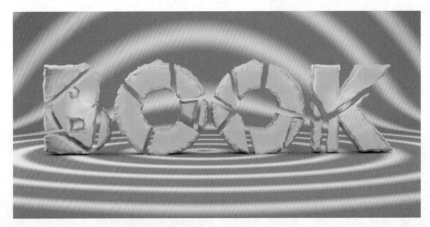

图 15-99

★ 实例——利用克隆工具制作甜甜圈

案例文件	案例文件\Chapter15\实例：利用克隆工具制作甜甜圈.c4d
视频教学	视频教学\Chapter15\实例：利用克隆工具制作甜甜圈.mp4

实例介绍

通过本例来学习使用克隆工具制作甜甜圈。首先在视图中创建一个大小合适的圆环，然后将其复制一份，并转为可编辑对象，框选合适的【点】和【面】，并将【面】进行挤压。接着制作圆环的凹凸效果。最后分别创建球体和圆柱，执行【运动图形】|【克隆】命令并进行适当的参数设置，渲染效果如图15-100所示。

图 15-100

第16章

动力学和布料

本章学习要点：
- 掌握刚体和柔体的创建方法及使用方法。
- 掌握辅助器的创建方法及使用方法。
- 掌握布料的创建方法及使用方法。

16.1 刚体和柔体

Cinema 4D 动力学是一个非常有趣的模块，通常用来制作一些真实的动画效果，如物体碰撞、跌落、机械的运作等。当然有读者会问："那为什么不直接为物体设置动画呢？"其实答案很简单，因为设置动画一般比较麻烦，而且动作不会非常真实，而 Cinema 4D 动力学是根据真实的物理原理进行计算，因此会实现非常真实的模拟效果。一般来说，使用动力学主要分为以下几个步骤，如图 16-1 所示。

① 创建物体 ⟹ **②** 为物体添加合适 ⟹ **③** 设置参数 ⟹ **④** 进行模拟，并生成动画
的动力学（如动
力学刚体）

图 16-1

动力学可以用于定义物理属性和外力，当对象遵循物理定律进行相互作用时，可以使场景自动生成最终的动画关键帧。动力学支持刚体和柔体、布料模拟和流体模拟，并且它有物理属性，如质量、摩擦力和弹力等，可用来模拟真实的碰撞、绳索、布料、马达和汽车运动等效果，下面是一些优秀的动力学作品，如图 16-2 所示。

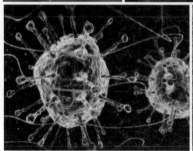

图 16-2

在菜单栏中执行【模拟】|【动力学】命令可以选择相应的变形器。可以添加不同的动力学命令，如图 16-3 所示。动力学工具的核心主要是动力学标签，在【对象 / 场次 / 内容浏览器 / 构造】面板中选择物体，在对象管理器中执行【标签】|【模拟标签】命令出现下拉菜单，该菜单中包含【刚体】【柔体】【碰撞体】【检测体】【布料】【布料管理器】和【布料绷带】，这些就是动力学标签，如图 16-4 所示。

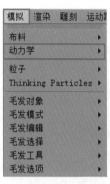

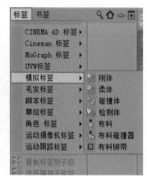

图 16-3　　　　　　　图 16-4

 技巧提示

在对象管理器中执行【标签】|【模拟标签】出现的下拉菜单中，【刚体】【柔体】【碰撞体】和【检测体】的图标虽不太相同，但同属于一个级别。所以这几个标签可以相互转化，同时图标也会随之转换。

16.1.1 动力学刚体

刚体是指物体在下落的过程中产生碰撞后，物体的体积与形状都不会发生改变。

在视图中创建一个球体，在【对象 / 场次 / 内容浏览器 / 构造】面板中选择球体，在对象管理器中执行【标签】|【模拟标签】|【刚体】命令，这时球体被赋予刚体标签。单击播放按钮，这时球体会自动向下坠落。在视图中创建一个平面，在对象管理器中执行【标签】|【模拟标签】|【碰撞体】命令，如图 16-5 所示。这时单击播放按钮，球体会向下坠落并碰撞到平面上，然后轻微弹开，最后静止在平面上，如图 16-6 所示。

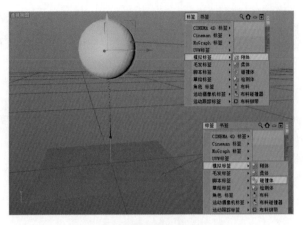

图 16-5

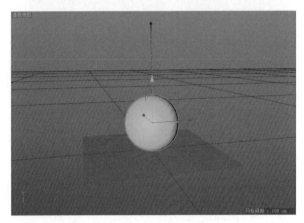

图 16-6

重点参数讲解：

1.【基本】属性

通过【基本】属性可以设置动力学的【名称】和【图层】，如图 16-7 所示。

图 16-7

2.【动力学】属性

通过【动力学】属性可以设置是否启用动力学，可以设置激发的时间、速度等参数，如图 16-8 所示。

- 启用：设置是否在视图中启用动力学。当取消选中该复选框时，在【对象 / 场次 / 内容浏览器 / 构造】面板中物体的标签由 [图标] 变为 [图标]（灰色）。

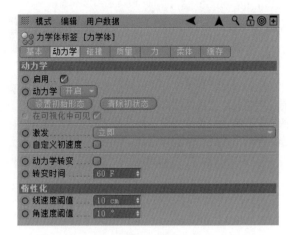

图 16-8

- 动力学：包含【开启】【关闭】和【检测】3 种类型。

关闭：当设置为【关闭】时，刚体标签转化为碰撞体标签，如图16-9所示。

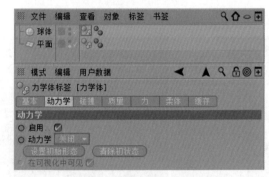

图 16-9

开启：当设置为【刚体】标签，默认为【开启】方式。

检测：当设置为【检测】时，刚体标签转化为碰撞体标签，如图16-10所示。当动力学为【检测】时，不会发生碰撞。

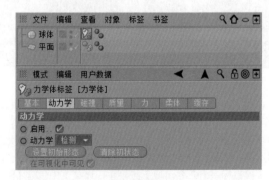

图 16-10

- 设置初始形态：当动力学计算完成后单击该按钮，可以将对象当前的动力学设置恢复到初始位置。

- 清除初状态：单击该按钮后，可以清除初始状态。

● 激发：设置物体之间相互发生碰撞时产生动力学影响的时间，分为【立即】【在峰速】【开启碰撞】和【由 XPresso】共 4 种类型，如图 16-11 所示。

图　16-11

● 自定义初速度：选中该复选框后，激活了【初始线速度】【初始角速度】【对象坐标】参数，如图 16-12 所示。

图　16-12

● 初始线速度：设置物体落下后，沿 X、Y、Z 轴的位移距离。

● 初始角速度：设置物体在下落过程中沿 X、Y、Z 轴的旋转角度。

● 对象坐标：选中该复选框后，表示使用物体本身的坐标系统。取消选中该复选框后，表示使用世界坐标系统。

● 动力学转变：可以在任何时间停止计算动力学效果。

● 转变时间：设置使动力学对象返回到初始状态的时间。

● 线速度阈值/角速度阈值：可以优化动力学计算。

3.【碰撞】属性

通过【碰撞】属性可以设置【继承标签】【独立元素】【本体碰撞】等参数，如图 16-13 所示。

图　16-13

● 继承标签：主要针对拥有父级关系的成组的物体，让碰

撞效果针对父级中的子集产生作用，分为【无】【应用标签到子集】和【复合碰撞外形】3 种方式。

● 独立元素：对克隆对象和文本中的元素进行不同级别的碰撞，分为【关闭】【顶层】【第二阶段】和【全部】4 种类型。

● 本体碰撞：选中该复选框后，克隆对象之间会发生碰撞，取消选中该复选框后，物体在碰撞时会发生穿插的效果。

● 使用已变形对象：用于设置是否使用已经变形的对象。

● 外形：可选择其中一种外形类型，用于替换碰撞对象本身进行计算。

● 尺寸增减：设置碰撞的范围大小。

● 使用/边界：选中该【边界】复选框后，可以设置边界。当【边界】数值为 0cm 时，可以减少渲染时间，但会降低碰撞时的稳定性，会出现物体间相交的效果。通常情况下不会选中【使用】复选框。

● 保持柔体外形：选中该复选框后，在计算时该对象被碰撞后会产生真实的反弹效果。

● 反弹：设置对象撞击到其他刚体时反弹的轻松程度和高度。当【反弹】值为 0% 时，不会出现反弹效果。

● 摩擦力：设置物体之间的摩擦力。

● 碰撞噪波：设置物体落下后碰撞的效果，数值越高，碰撞后出现的效果越丰富。

4.【质量】属性

通过【质量】属性可以设置物体的质量密度、旋转的质量和旋转中心等，如图 16-14 所示。

图　16-14

- 使用：设置物体质量的密度，分为【全局密度】【自定义密度】和【自定义质量】3种类型。

  全局密度：当设置为【全局密度】时，是指工程模式下的【动力学】选项卡中的密度，如图16-15所示。

图 16-15

自定义密度：选择该选项后激活了【密度】参数，如图16-16所示。

图 16-16

自定义质量：选择该选项后激活了【质量】参数，如图16-17所示。

图 16-17

- 旋转的质量：设置下落物体旋转的质量。
- 自定义中心 / 中心：默认取消选中该复选框，物体的中心为真实的动力学对象。当选中该复选框后，可以自定义中心，则下落的效果也会发生改变。

5.【力】属性

通过【力】属性可以设置物体的【跟随位移】【跟随旋转】和【线性阻尼】等参数，如图16-18所示。

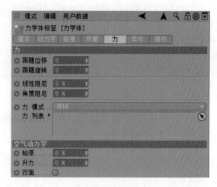

图 16-18

- 跟随位移：设置物体位移时的速度。该值越大，跟随位移的速度越小。当数值为100时，物体不受重力影响。
- 跟随旋转：当物体自身具有旋转动画时，可以设置物体在原始动画的基础上再次进行旋转的速度。
- 线性阻尼 / 角度阻尼：用于设置动力学运动过程中，对象发生位移和旋转时的阻尼。
- 力模式：包含【排除】和【包括】两种模式。
- 力列表：当【力模式】为【排除】时，列表中的力场不会受到影响。
- 粘滞：可以使物体在下落过程中受到阻力，以减缓下落速度。
- 升力：设置物体在下落过程碰撞的反向作用力。
- 双面：选中该复选框后，对物体多个面都有影响，并且物体受到力场作用的效果同时增大。

★ 实例——多米诺骨牌动画

| 案例文件 | 案例文件\Chapter16\实例：多米诺骨牌动画.c4d |
| 视频教学 | 视频教学\Chapter16\实例：多米诺骨牌动画.mp4 |

实例介绍：

通过本例来学习使用【碰撞体】【刚体】创建多米诺骨牌动画，如图16-19所示。

图 16-19

16.1.2　动力学柔体

柔体是指物体在下落的过程中发生碰撞后，物体的体积与形状发生了改变，如图 16-20 所示。

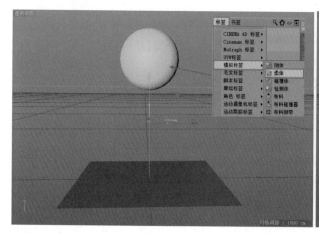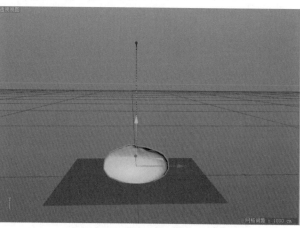

图　16-20

重点参数讲解：

1.【柔体】属性

通过【柔体】属性可以设置柔体标签、物体的静止形态等参数。【柔体】选项卡分为【柔体】【弹簧】【保持外形】和【压力】4 个部分。

01 柔体：设置柔体的类型、静止形态的类型等参数，如图 16-21 所示。

图　16-21

- 柔体：分为【关闭】【由多边形 / 线构成】和【由克隆构成】3 种方式。

  关闭：当设置为【关闭】时，则动力学设置为刚体。

  由多边形/线构成：可以将刚体转化为柔体。

  由克隆构成：当视图中使用了克隆工具时，选择该选项可以对克隆的物体进行整体或者单一对象的设置。

- 静止形态：将物体拖曳到其通道后，可以看到物体的形态结构发生变化。推曳物体之前，需要将物体转为可编辑对象。

- 质量贴图：设置顶点权重，将其拖曳到质量贴图通道后，柔体只会影响选择的点。

  02 弹簧：设置弹簧的参数，包括【阻尼】【弹性极限】等，如图 16-22 所示。

图　16-22

- 构造：设置柔体对象的弹性构造，数值越小，结构越稀松，如图 16-23 所示。

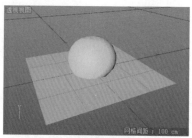

（a）构造为100

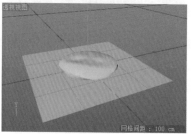

（b）构造为0

图　16-23

● 阻尼：对于任何受限轴，在平移超出限制时其所受的移动阻力数量。

● 弹性极限：设置构造弹性的极限大小。

● 斜切：设置柔体下落后斜切的程度，如图 16-24 所示。

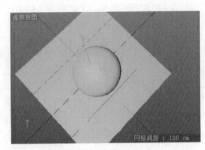 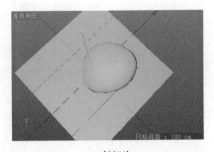

（a）斜切为100　　　　　　　　（b）斜切为0

图　16-24

● 弯曲：设置柔体的弯曲程度。

● 弹性极限：设置弯曲弹性的极限大小。

03 保持外形：设置保持外形的参数，包括【硬度】【体积】【阻尼】等，如图 16-25 所示。

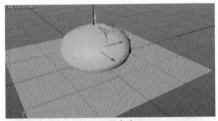

图　16-25

● 硬度：设置柔体变形的程度，数值越小，形状变形越明显，如图 16-26 所示。

（a）强度为0

（b）强度为100

图　16-26

● 体积：设置体积的变形程度。

● 阻尼：设置体积的数值大小。

● 弹性极限：设置体积的弹性的极限大小。

04 压力：设置压力参数，包括【压力】【保持体积】【阻尼】，如图 16-27 所示。

图　16-27

● 压力：设置物体内部的空气压力。

● 保持体积：保持物体结构的构架。

● 阻尼：设置影响压力的数值大小。

2.【缓存】属性

【缓存】属性可以用于烘焙之后拖动时间轴进行预览动画，如图 16-28 所示。

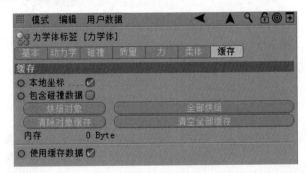

图　16-28

● 本地坐标：选中该复选框后，将使用对象自身的坐标。

● 烘焙对象：烘焙仅应用于选定的动力学刚体。

● 全部烘焙：将所有动力学刚体的变换存储为动画关键帧时重置模拟，然后运行它。

- 清除对象缓存：取消烘焙仅应用于选定的适用刚体。
- 清空全部缓存：删除烘焙时设置为运动学的所有刚体的关键帧，从而将这些刚体恢复为动力学刚体。

- 内存：记录预览缓存在系统中所占的大小。
- 使用缓存数据：用于选择是否使用缓存记录。

16.2 动力学

【动力学】工具包括【连结器】【弹簧】【力】和【驱动器】，其主要目的是使这些工具参与到动力学运算中，以产生更多效果，如图 16-29 所示。

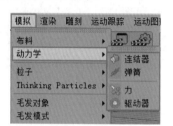

图 16-29

16.2.1 连结器

执行【模拟】|【动力学】|【连结器】命令，可以为两个或两个以上的对象增加【连结器】，使原本没有联系的对象互相之间有了关联，为对象模拟出更加真实的效果，属性面板如图 16-30 所示。

重点参数讲解：

1.【对象】属性

通过【对象】属性可以设置连结器的【类型】【对象】【参考轴心】等参数，如图 16-31 所示。

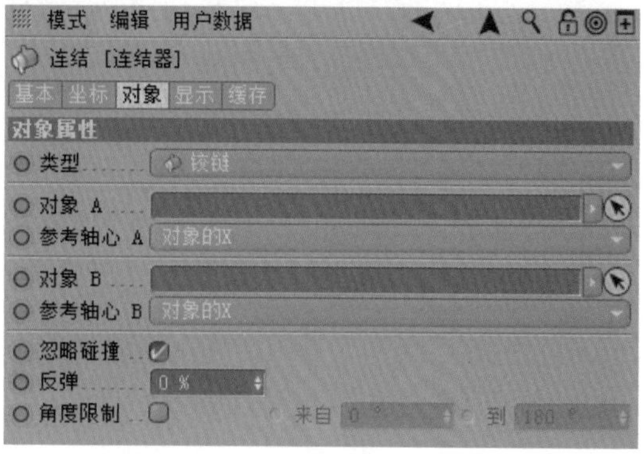

图 16-30

图 16-31

- 类型：分为【铰链】【万向节】【球窝关节】【布娃娃】【滑动条】【旋转滑动条】【平面】【盒子】【车轮悬挂】和【固定】模式，如图 16-32 所示。

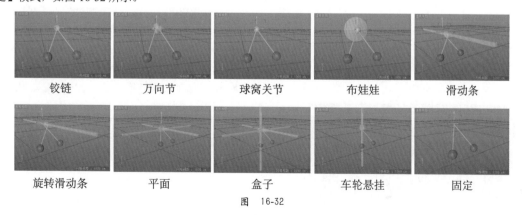

铰链　　　万向节　　　球窝关节　　　布娃娃　　　滑动条

旋转滑动条　　平面　　　盒子　　　车轮悬挂　　　固定

图 16-32

● 对象 A / 对象 B：设置连接的 A 动力学对象和 B 动力学对象。将动力学对象拖曳到其后面的通道上。

● 参考轴心 A / 参考轴心 B：设置对象 A 和对象 B 连接器的参考轴心。

● 附件 A / 附件 B：设置两个物体的中心连结点，默认的中心点是质量中心。分为【质量中心】【多边形点】和【点选集】3 种方式。

质量中心：是以物体的质量中心点作为连结点。

多边形点：选择该选项后，出现了【索引】和【影响范围】参数，如图16-33所示。

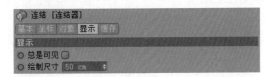

图　16-33

点选集：设置点选集作为连结点。

● 忽略碰撞：选中该复选框后，可以忽略物体 A 与 B 之间的碰撞。

● 反弹：设置碰撞后的反弹效果。

● 角度限制：选中该复选框后，将会出现连结器的最大范围，同时也可以设置旋转的起始与终止的角度。

2.【显示】属性

通过【显示】属性主要设置连结器的显示方式和连结器的大小，如图16-34所示。

图　16-34

● 总是可见：选中该复选框后，不管在视图中有没有选择连结器，都会在视图中看到连结器。

● 绘制尺寸：设置连结器的大小。

3.【缓存】属性

用于计算动力学，从而节约计算时间，方便观察动画效果。在动画编辑窗口中，可以将时间滑块向后拖动，如图16-35所示。

图　16-35

16.2.2　弹簧

执行【模拟】|【动力学】|【弹簧】命令，可以使对象拉长或缩短，使对象之间产生弹簧般的拉力或推力效果。参数面板如图 16-36 所示。

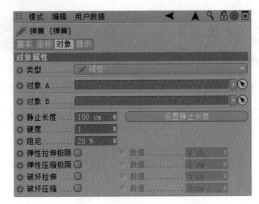

图　16-36

重点参数讲解：

● 类型：设置弹簧的连接类型，分为【线性】【角度】【线性和角度】，如图 16-37 所示。选择的类型不同，【对象属性】下方的参数也会不同。

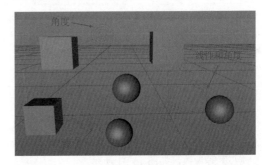

图　16-37

线性：由一条具有弹性的直线将物体连接起来。
角度：由一个具有螺旋角度的圆环将物体连接起来。
线性和角度：物体由具有弹性的直线和螺旋角度的圆环共同连接起来。

● 对象 A / 对象 B：对于连接的两个物体，需要给其中一个物体加刚体标签，给另一个物体加碰撞体标签。

● 参考轴心 A / 参考轴心 B：设置对象 A 和对象 B 弹簧连接的参考轴心。

● 附件 A / 附件 B：设置两个物体的中心连结点，默认的中心点是质量中心。分为【质量中心】【多边形点】和【点选集】3 种方式。

● 静止长度：设置弹簧的静止长度。

● 硬度：设置弹簧的硬度，数值越小，弹性越弱。

- 阻尼：弹性不为零时用于限制弹簧力的阻力，这不会导致对象本身因阻力而移动，而只会减轻弹簧的效果。
- 弹性拉伸极限：选中该复选框，可以设置弹簧的弹性拉伸极限长度。
- 弹性压缩极限：选中该复选框，可以设置弹簧的弹性压缩极限长度。
- 破坏拉伸：选中该复选框，可以设置弹簧的破坏拉伸的长度。
- 破坏压缩：选中该复选框，可以设置弹簧的破坏压缩的长度。

16.2.3　力

执行【模拟】|【动力学】|【力】命令，可以使力参与动力学，参数面板如图 16-38 所示。

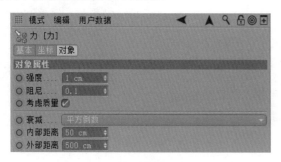

图　16-38

重点参数讲解：

- 强度：设置力的强度。
- 阻尼：对于任何受限轴，在平移超出限制时它们所受的移动阻力数量。

16.2.4　驱动器

执行【模拟】|【动力学】|【驱动器】命令，可以使驱动器参与动力学，参数面板如图 16-39 所示。

图　16-39

重点参数讲解：

- 模式：分为【调节速度】和【应用力】两种模式。当【模式】为【应用力】时，【角度相切速度】模式将不可用。

16.3　布料

执行【标签】|【模拟标签】|【布料】命令，可将平面的对象转换为布料，如图 16-40 所示。

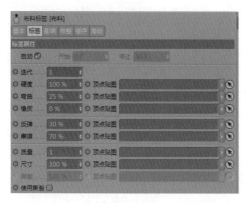

图　16-40

16.3.1　创建布料碰撞

01 在视图中创建一个平面，然后单击【转为可编辑对象】按钮，将其转为可编辑多边形。在【对象 / 场次 / 内容浏览器 / 构造】面板中选择平面，在对象管理器中执行【标签】|【模拟标签】|【布料】命令，如图 16-41 所示，这时平面转化为布料，如图 16-42 所示。

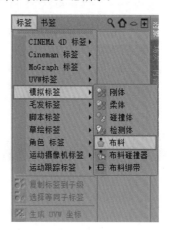

图　16-41

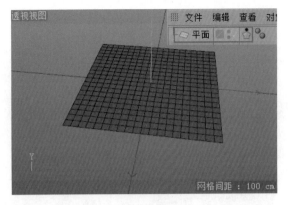

图　16-42

02　在视图中创建一个立方体，在【对象 / 场次 / 内容浏览器 / 构造】面板中选择【立方体】，在对象管理器中执行【标签】|【模拟标签】|【布料碰撞器】命令，如图 16-43 所示。则立方体可以接受布料碰撞，如图 16-44 所示。

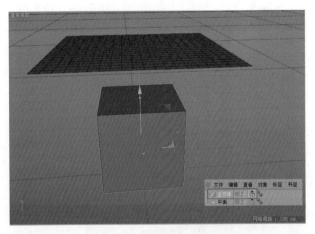

图　16-43

图　16-44

03　在菜单栏中执行【模拟】|【布料】|【布料曲面】命令，在【对象 / 场次 / 内容浏览器 / 构造】面板中选择【平面】，将其拖曳到【布料曲面】上，当出现 时松开鼠标左键，

如图 16-45 所示。设置【细分数】为 2，【厚度】为 2cm。单击时间轴上的播放键，平面会垂直降落到立方体上，发生布料碰撞的效果如图 16-46 所示。

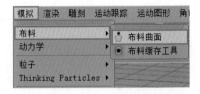

图　16-45

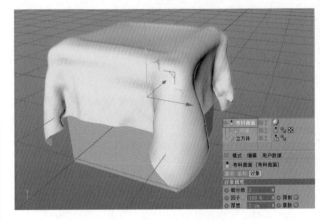

图　16-46

技巧提示

给物体添加标签的方法如下。

（1）在视图中选择对象，右击，在弹出的快捷菜单中选择【新增标签】|【模拟标签】|【布料】命令，如图 16-47 所示。

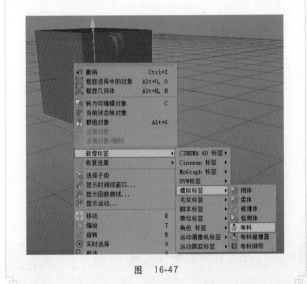

图　16-47

（2）在【对象/场次/内容浏览器/构造】面板中选择【立方体】，右击，在弹出的快捷菜单中选择【模拟标签】|【布料】命令，如图16-48所示。

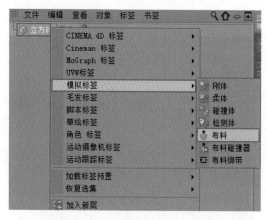

图 16-48

（3）在【对象/场次/内容浏览器/构造】面板中选择【立方体】，在对象管理器中执行【标签】|【模拟标签】|【布料】命令，如图16-49所示。

图 16-49

16.3.2 【布料】标签

在【对象/场次/内容浏览器/构造】面板中选择对象后面的布料标签，即可在属性面板中设置布料的【基本】【标签】【影响】【修整】【缓存】和【高级】选项卡中的参数。

重点参数讲解：

1. 【基本】属性

在【基本】属性中可以设置布料的【名称】【图层】【模拟】和【启用】，如图16-50所示。

图 16-50

2. 【标签】属性

在【标签】属性中可以设置【迭代】【硬度】【弯曲】【反弹】等基本参数，如图16-51所示。

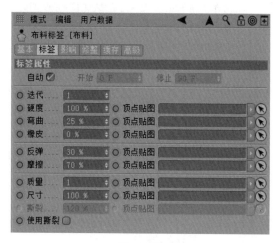

图 16-51

- 自动：自动计算时间，取消选中该复选框后，可以设置开始和停止的时间。
- 迭代：设置物体的弹性值，【迭代】值越高，硬度越大，越不易产生变形。
- 硬度：设置布料的硬度，数值越小越柔软。
- 弯曲：设置布料在碰撞后的弯曲度。
- 橡皮：设置物体内部的弹性，当数值为100%，下落后没有弹性效果。
- 反弹：设置模型之间的相互反弹值。
- 摩擦：设置物体间的摩擦力，数值越大，摩擦力越大，在碰撞过程中会出现位移现象。
- 质量：设置布料的质量。
- 尺寸：设置布料的尺寸大小。
- 撕裂：设置物体在碰撞后的撕裂效果。
- 使用撕裂：选中该复选框后，可以激活撕裂参数。

3. 【影响】属性

在【影响】属性中可以设置布料的【重力】【黏滞】【风力方向】等参数，如图16-52所示。

图 16-52

- 重力：物体下落时的重力大小，默认值为 -9.81，当数值为 0 时，没有下落效果。
- 黏滞：设置物体的黏滞效果，数值越大，物体的黏滞力越大，动画效果越缓慢。
- 风力方向．X / 风力方向．Y/ 风力方向．Z：设置风的方向，可以在 X、Y、Z 轴上设置方向。
- 风力强度：设置风力的强度。数值越大，风力越强。
- 空气阻力：设置布料受到的空气阻力。
- 本体排斥：选中该复选框后，布料之间的碰撞不会出现穿插效果。

4.【修整】属性

在【修整】属性中可以设置布料的【修整模式】【松弛】或【收缩】等，如图 16-53 所示。

图 16-53

- 修整模式：选中该复选框后，布料将被固定在如图 16-54 所示的视图中。

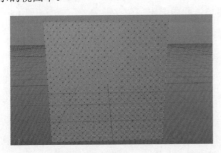

图 16-54

- 松弛：设置布料的松弛效果。
- 收缩：设置布料的收缩效果，与松弛相对应。
- 初始状态：可以将布料飘动的状态设置为初始状态，这样在播放时会以此作为第一帧。
- 放置状态：单击后方的【设置】按钮，布料会形成固定的放置状态，同时【修整模式】被选中。
- 固定点：可以固定布料上选中的点。选中布料上的点，单击【设置】按钮即可。
- 缝合面：单击后方的【设置】按钮，可以将缝合面固定，同时【修整模式】被选中。

5.【缓存】属性

在【缓存】属性中可以设置动力学中缓存相关的参数，包括【计算缓存】【保存】等，如图 16-55 所示。

图 16-55

- 缓存模式：选中该复选框后，可以激活缓存模式，在内存中可以缓存动画，以节省系统资源，提高计算效率。
- 开始：设置开始时间。
- 计算缓存：单击该按钮后，可以计算动力学动画。
- 清空缓存：清空之前缓存的动画文件。
- 加载：可以修改缓存文件。
- 保存：将计算出的缓存文件保存在计算机中。

6.【高级】属性

在【高级】属性中可以设置布料的【子采样】【本体碰撞】等参数，如图 16-56 所示。

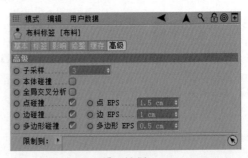

图 16-56

- 子采样：默认值为 3，采样数值越高，在计算模拟时布料越细腻。

- 本体碰撞：选中该复选框后，可以避免在碰撞时发生穿插效果。
- 点碰撞 / 边碰撞 / 多边形碰撞：设置布料发生碰撞后出现的穿透效果，可以与撕裂相结合使用。
- 点 EPS / 边 EPS / 多边形 EPS：设置碰撞后的效果。数值越大，效果越明显。

16.3.3　【布料碰撞器】标签

【布料碰撞器】标签用于设置是否使用碰撞，并可以设置【反弹】和【摩擦】参数，如图 16-57 所示。

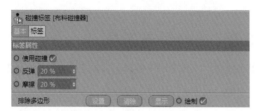

图　16-57

重点参数讲解：

1. 【基本】属性

【基本】属性用于设置碰撞标签的【名称】和【图层】，如图 16-58 所示

图　16-58

2. 【标签】属性

【标签】属性用于设置布料的【反弹】【摩擦】等参数，如图 16-59 所示。

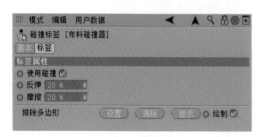

图　16-59

- 使用碰撞：选中该复选框后，将出现碰撞效果。
- 反弹：设置模型之间的相互反弹值。
- 摩擦：设置物体间的摩擦力，数值越大，摩擦力越大，在碰撞过程中会出现位移现象。

16.3.4　【布料绑带】标签

【布料绑带】标签用于设置【影响】【悬停】等参数，如图 16-60 所示。

图　16-60

重点参数讲解：

1. 【基本】属性

【基本】属性用于设置绑带标签的【名称】和【图层】，如图 16-61 所示。

图　16-61

2. 【标签】属性

【标签】属性可用于设置【绑定至】【影响】【悬停】等参数，如图 16-62 所示。

图　16-62

16.3.5　布料曲面

【布料曲面】标签用于设置布料曲面的【细分数】【因子】【厚度】参数，如图 16-63 所示。

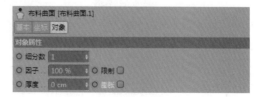

图　16-63

重点参数讲解：

1.【基本】属性和【坐标】属性

【基本】属性和【坐标】属性用于设置布料曲面的【名称】【图层】【编辑器可见】和物体【坐标】等参数，如图16-64和图16-65所示。

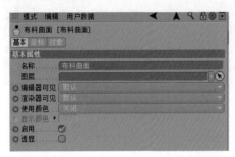

图　16-64

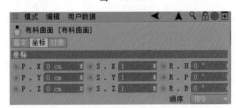

图　16-65

2.【对象】属性

【对象】属性用于设置【细分数】【因子】【厚度】等

参数，如图16-66所示。

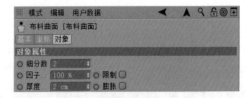

图　16-66

- 细分数：将布料进行圆滑处理。
- 厚度：设置布料的厚度。

16.3.6　布料缓存工具

【布料缓存工具】用于设置布料的【模式】【帧数】【衰减】等参数，如图16-67所示。

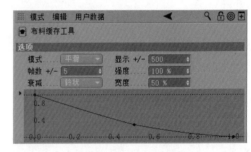

图　16-67

★　实例——下落的布料

案例文件	案例文件\Chapter16\实例：下落的布料.c4d
视频教学	视频教学\Chapter16\实例：下落的布料.mp4

扫码看视频

实例介绍：

通过本例来学习使用【布料碰撞体】和【布料】创建布料下落的动画，如图16-68所示。

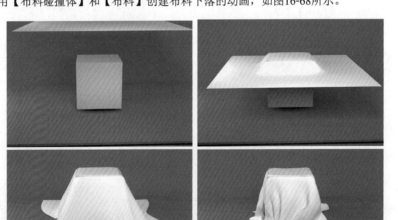

图　16-68

扫码看步骤

第17章

粒子系统和空间扭曲

本章学习要点：
- 掌握粒子系统的参数和使用方法。
- 掌握空间扭曲的参数和使用方法。
- 掌握粒子和空间扭曲的综合使用。

17.1 粒子系统

粒子系统和空间扭曲是附加的建模工具。粒子系统能生成粒子子对象，从而达到模拟雪、雨、灰尘等效果的目的。空间扭曲是使其他对象变形的【力场】，从而创建出涟漪、波浪和风吹等效果。Cinema 4D的粒子系统是一种很强大的动画制作工具，可以通过设置粒子系统来控制密集对象群的运动效果。粒子系统通常用于制作云、雨、风、火、烟雾、暴风雪以及爆炸等动画效果，如图17-1所示。

图 17-1

粒子系统作为单一的实体来管理特定的成组对象，通过将所有粒子对象组合成单一的可控系统，可以很容易地使用一个参数来修改所有的对象，而且拥有良好的【可控性】和【随机性】。在创建粒子系统时会占用很大的内存资源，而且渲染速度相当慢，如图17-2所示。

Cinema 4D包含两种粒子系统，分别是软件自带的粒子和Thingking Particles粒子。在菜单栏中执行【模拟】命令，就能看到这两种粒子系统，如图17-3所示。

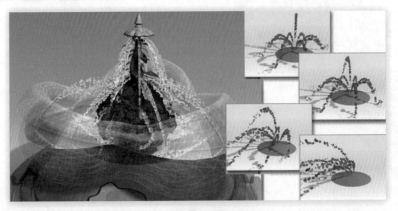

图 17-2

图 17-3

17.1.1 粒子

在菜单栏中执行【模拟】|【粒子】|【发射器】命令，单击动画编辑窗口中的 ▷ 按钮，在视图界面中会看到发射器发射粒子，如图17-4所示。

图　17-4

当对象窗口中只有发射器时，在编辑器窗口中可以看到粒子，但在渲染器中是看不到粒子的，这是因为发射器发出来的粒子不是实体对象，而是代表动态的位置。在视图中创建一个【立方体】，将其作为【发射器】的子层级，同时在【粒子】选项卡中选中【显示对象】复选框，这时在渲染器中就可以看到粒子了，如图17-5所示。

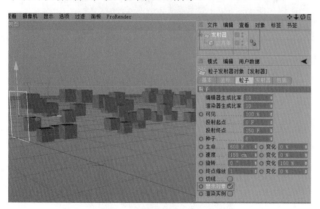

图　17-5

重点参数讲解：

1.【粒子】属性

选择【粒子】选项卡，如图17-6所示。

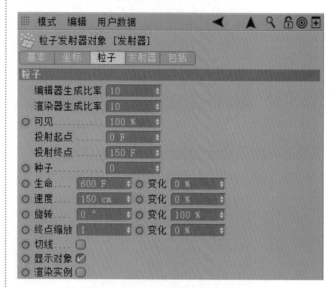

图　17-6

- 编辑器生成比率：主要用来设置视图中显示的粒子数量，该参数的值不会影响最终渲染的粒子数量。
- 渲染器生成比率：主要用来设置最终渲染的粒子的数量百分比，该参数的大小会直接影响最终渲染的粒子数量。
- 可见：设置在视图中可见的粒子数量。如图17-7所示分别为设置数值为20%和100%的对比效果。
- 投射起点/投射终点：设置粒子发射与结束的时间。
- 生命：设置发射出来的粒子存活的时间。
- 速度：设置粒子的运动速度。
- 旋转：设置粒子在运动过程中出现的旋转角度。如图17-8所示分别为设置数值为0°和50°的对比效果。

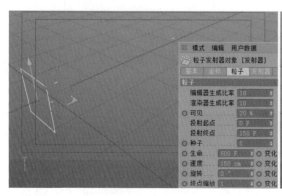
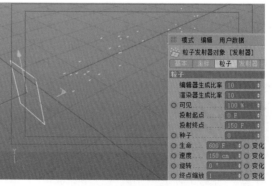

图　17-7

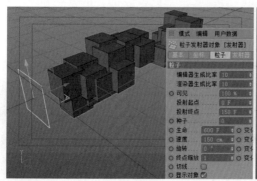
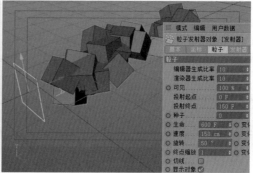

图 17-8

● 终点缩放：设置粒子运动过程中在终点处的变化，可以看成一种渐变效果。

● 显示对象：选中该复选框后，可显示三维对象效果，如图 17-9 所示。

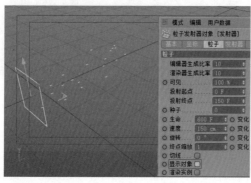
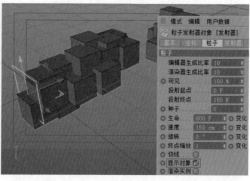

图 17-9

● 渲染实例：勾选该选项后，场景中的实例对象将可以被渲染出来，这样就可以减少缓存。

2.【发射器】属性

通过【发射器】卷展栏可以设置发射器（粒子源）图标的物理特性，以及渲染时视口中生成的粒子的百分比，如图 17-10 所示。

图 17-10

● 发射器类型：设置粒子向外发散的状态，分为【角锥】与【圆锥】两种类型，如图 17-11 所示。

图 17-11

● 水平尺寸：用来设置发射器的宽度。

● 垂直尺寸：用来设置发射器的高度。

● 水平角度：设置发射器沿着 Y 轴向外发射粒子的角度为 0°～360°。

● 垂直角度：设置发射器沿着 Z 轴向外发射粒子的角度为 0°～180°。当【发射器类型】为【圆锥】时，该参数处于未激活状态。

3.【包括】属性

通过【包括】属性可以设置场景中的力场是否作用在物体上，如图 17-12 所示。将力场添加到【修改】后面的空白框中。当【模式】为【包括】时，需要将力场添加到其中，这样发射器才会出现力场效果。当【模式】为【排除】时，不添加力场在效果器中也可以发现视图中出现的变化。

图 17-12

17.1.2 Thinking Particles 粒子

在菜单栏中执行【模拟】|【Thinking Particles】命令，如图 17-13 所示。

图 17-13

当执行【模拟】|【Thinking Particles】|【Thinking Particles 设置】命令时，会弹出 Thinking Particles 窗口，如图 17-14 所示。可以设置 Thinking Particles 粒子群组。结合运动图形中的矩阵，将矩阵对象变为 TP 粒子。

图 17-14

17.2 空间扭曲

【空间扭曲】是影响其他对象外观的不可渲染对象，要想使用空间扭曲，需要先创建粒子系统。空间扭曲能创建使其他对象变形的力场，从而创建出涟漪、波浪和风吹等效果。【空间扭曲】的行为方式类似于变形器，但空间扭曲是作用于粒子对象上的。创建空间扭曲对象时，视口中会显示一个线框来表示它。可以像对其他 Cinema 4D 对象那样变换空间扭曲。空间扭曲的位置、旋转和缩放会影响其作用，如图 17-15 所示。

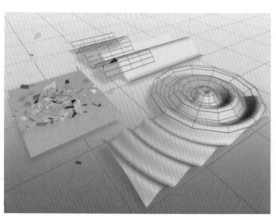

图 17-15

【空间扭曲】包括 9 种类型，分别是【引力】【反弹】【破坏】【摩擦】【重力】【旋转】【湍流】【风力】和【烘焙粒子】，如图 17-16 所示。

图 17-16

17.2.1 引力

【引力】力场是指发射器中粒子相互之间发生的力场，如图 17-17 所示。

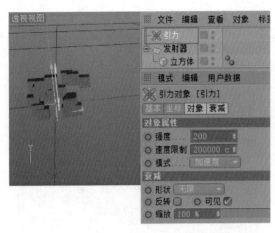

图 17-17

重点参数讲解：

- 强度：设置物体之间的力场强度值，当数值为正数时，表明粒子之间相互吸引；当数值为负数时，表明粒子之间相互排斥。
- 速度限制：设置粒子的运动速度。
- 模式：分为【加速度】和【力】两种方式。
- 形状：设置衰减的形状，默认为【无限】。当形状为【圆柱】时，在视图中出现黄色圆柱线框，粒子穿越圆柱线框才会发生衰减效果。当形状为【其他形状】时，在视图中也出现相应的线框，同时也增加了相应的参数，可以设置线框的【尺寸】【缩放】【偏移】等参数，如图 17-18 所示。

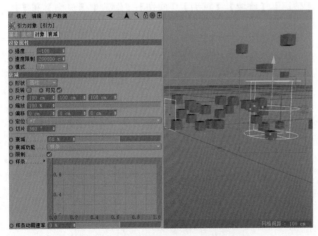

图 17-18

17.2.2 反弹

创建【反弹】力场后会在视图中出现矩形形状，结合移动和旋转工具，可以使粒子出现反弹效果，如图 17-19 所示。

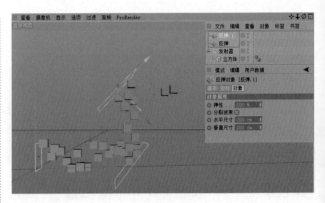

图 17-19

重点参数讲解：

- 弹性：设置粒子的运动速度。
- 分裂波束：当选中该复选框后，只有少部分粒子会出现反弹效果，如图 17-20 所示。

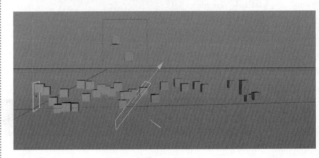

图 17-20

- 水平尺寸：设置矩形的宽度。
- 垂直尺寸：设置矩形的高度。

11.2.3 破坏

创建【破坏】力场后，在视图中会出现立方体线框，当粒子通过立方体后，有一些粒子会随机消失，如图 17-21 所示。

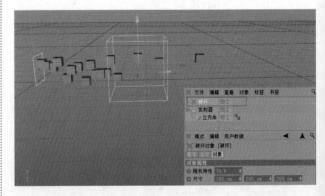

图 17-21

重点参数讲解：

- 随机特性：设置立方体线框中粒子消失的随机比例。当数值为 0% 时，粒子刚通过立方体就消失了；当数值为100% 时，不会出现破坏效果。

- 尺寸：可以设置立方体线框的长、宽、高的数值。

17.2.4 摩擦

【摩擦】力场会对粒子运动产生一定的摩擦力，以减缓粒子的运动速度，如图 17-22 所示。

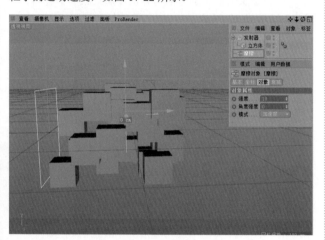

图 17-22

重点参数讲解：

- 强度：设置场景中摩擦力的数值，数值越大，摩擦阻力越大。

- 角度强度：设置摩擦阻力的角度数值。

- 模式：分为【加速度】和【力】两种模式，默认为【加速度】。

17.2.5 重力

【重力】力场可以用来模拟粒子受到的自然重力。重力具有方向性，沿重力箭头方向的粒子为加速运动，沿重力箭头逆向的粒子为减速运动，如图 17-23 所示。

图 17-23

在场景中添加重力力场后的效果如图17-24所示。

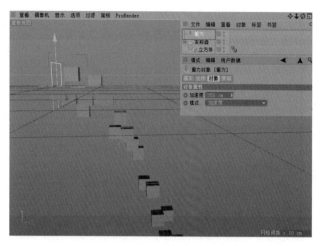

图 17-24

重点参数讲解：

- 加速度：设置重力的强度大小。当数值为正值时，粒子受到重力会向下运动；当数值为负值时，粒子受到重力会向上运动。

- 模式：分为【加速度】【力】【空气动力学风】3 种方式，默认为【加速度】模式。

17.2.6 旋转

通过【旋转】力场可以将力应用于粒子，使粒子在急转的漩涡中进行旋转，然后让它们向下移动，从而形成一个长而窄的喷流或漩涡井，【旋转】力场常用来创建黑洞、涡流和龙卷风，如图 17-25 所示。

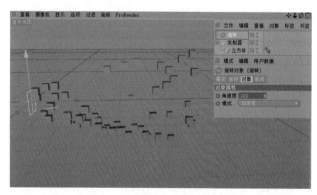

图 17-25

重点参数讲解：

- 角速度：控制旋转的角度大小，数值越大，旋转的程度越明显。

- 模式：分为【加速度】【力】【空气动力学风】3 种方式，默认为【加速度】模式。

17.2.7 湍流

使用【湍流】力场会使粒子产生随机的运动效果，如图 17-26 所示。

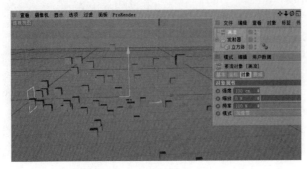

图　17-26

重点参数讲解：

- 强度：设置粒子湍流的强度。
- 缩放：设置粒子湍流的缩放。
- 频率：设置粒子湍流的频率。
- 模式：分为【加速度】【力】【空气动力学风】3 种方式，默认为【加速度】模式。

17.2.8 风力

【风力】力场可以用来模拟风吹动粒子所产生的飘动效果，创建风力后会在视图中出现一个黄色风车线框，如图 17-27 所示。

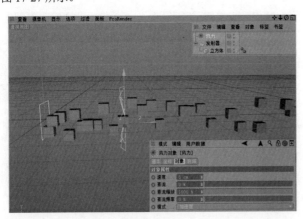

图　17-27

重点参数讲解：

- 速度：设置风力的大小，数值越大，粒子通过后的速度越快。
- 紊流：设置粒子被风吹散的反作用力，增大该值，会出现粒子向后运动的效果。

- 模式：分为【加速度】【力】【空气动力学风】3 种方式，默认为【加速度】模式。

17.2.9 烘焙粒子

添加烘焙粒子的前提是要在对象窗口中选中发射器对象，若没有执行烘焙粒子的发射器，调整时间轴上的时间滑块，不会对粒子动画进行回放；当执行了烘焙粒子后，调节时间轴上的时间滑块，可以在视图中对动画进行回放。

在菜单栏中执行【模拟】|【粒子】|【烘焙粒子】命令，单击【烘焙粒子】之后将弹出【烘焙粒子】窗口，如图 17-28 和图 17-29 所示。

图　17-28

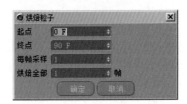

图　17-29

重点参数讲解：

- 起点/终点：设置烘焙粒子的起始时间。
- 每帧采样：设置采样的细分值。
- 烘焙全部：设置全部烘焙帧数。
- 确定：单击该按钮后，会弹出一个询问是否对子对象进行烘焙的窗口，如图 17-30 所示。

图　17-30

- 取消：关闭【烘焙粒子】窗口。

17.3 经典实例

★ 实例——利用粒子系统制作动画

场景文件	场景文件\Chapter17\01.c4d
案例文件	案例文件\Chapter17\实例：利用粒子系统制作动画.c4d
视频教学	视频教学\Chapter17\实例：利用粒子系统制作动画.mp4

实例介绍：

首先选择本案例场景文件中的球体，并将其设置为【刚体】，然后执行【模拟】|【粒子】|【发射器】命令，并将其赋予球体，最后调整发射器的参数和角度，最终效果如图 17-31 所示。

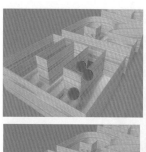

图　17-31

★ 实例——利用空间扭曲制作动画

场景文件	场景文件\Chapter17\02.c4d
案例文件	案例文件\Chapter17\实例：利用空间扭曲制作动画.c4d
视频教学	视频教学\Chapter17\实例：利用空间扭曲制作动画.mp4

实例介绍：

通过本例来学习使用【发射器】创建粒子，使用【湍流】和【风力】制作球体丰富的动画效果，如图 17-32 所示。

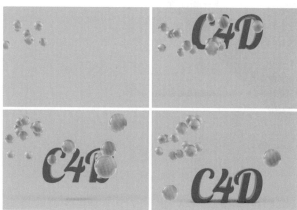

图　17-32

第18章

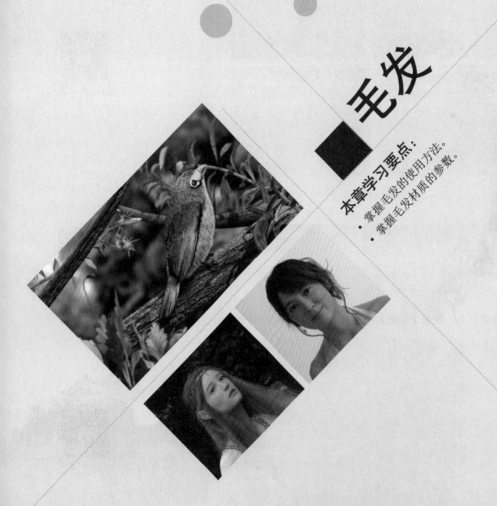

毛发

本章学习要点：
- 掌握毛发的使用方法。
- 掌握毛发材质的参数。

18.1 毛发对象

在Cinema 4D中可以为模型添加毛发效果，包括毛发、羽毛、绒毛等。如图18-1所示是优秀的毛发作品。

图　18-1

在菜单栏中执行【模拟】|【毛发对象】命令可以选择相应的变形器，分为【添加毛发】【羽毛对象】和【绒毛】3 种方式，如图 18-2 所示。

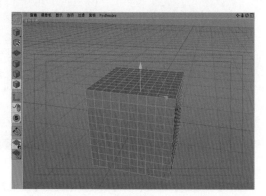

图　18-2

18.1.1　添加毛发

在视图中创建一个立方体，选择该立方体，然后在菜单栏中执行【模拟】|【毛发对象】|【添加毛发】命令，可以为该物体添加毛发，如图 18-3 所示。

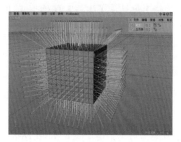

图　18-3

技巧提示：如何只让模型的一部分产生毛发？

在使用毛发工具之前，首先将模型转为可编辑对象。选择模型，单击界面左侧的 （转为可编辑对象）按钮，接着单击 （多边形）级别，选择模型的部分多边形，如图 18-4 所示。

在该状态下，在菜单栏中执行【模拟】|【毛发对象】|【添加毛发】命令，如图 18-5 所示。

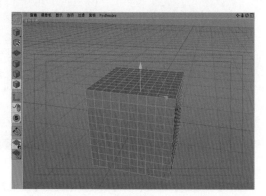

图　18-4

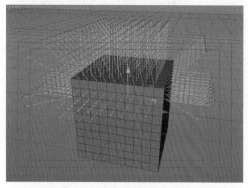

图　18-5

毛发的稀疏程度与模型的分段数有关，分段数越少，毛发越少，分段数越多，毛发越多，如图 18-6 和图 18-7 所示。

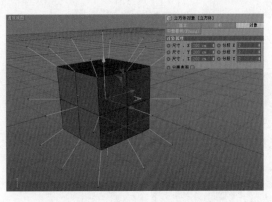

图 18-6

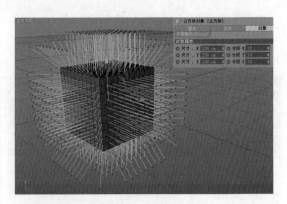

图 18-7

18.1.2 毛发的属性面板

创建毛发后，会在属性面板中出现相关的毛发参数，分别是【基本】属性、【坐标】属性、【引导线】属性、【毛发】属性、【编辑】属性、【生成】属性、【动力学】属性、【影响】属性、【缓存】属性、【分离】属性、【挑选】属性和【高级】属性。

重点参数讲解：

1.【基本】属性

在【基本】属性中可以设置毛发的【名称】【图层】【编辑器可见】【渲染器可见】等参数，如图 18-8 所示。

图 18-8

2.【坐标】属性

【坐标】属性可用于设置对象在 X、Y、Z 轴上的位移、旋转和缩放的数值，与参数化建模中的坐标属性相同，如图 18-9 所示。

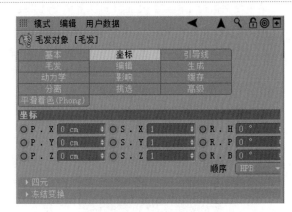

图 18-9

3.【引导线】属性

【引导线】属性可用于设置场景中的毛发效果，起到引导毛发生长的作用，而真正的毛发效果在渲染之后才会看见，如图 18-10 所示。

图 18-10

在【引导线】选项卡中可以设置毛发的【发根】【生长】【编辑】【对称】等参数，如图 18-11 所示。

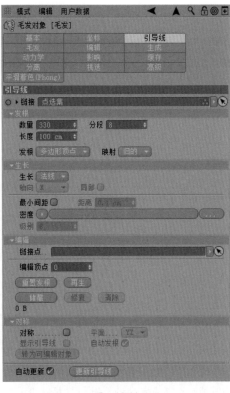

图 18-11

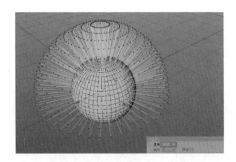

图 18-13

方向：沿着X、Y、Z轴进行生长，如图18-14所示。

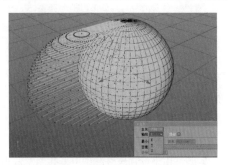

图 18-14

任意：沿着任意的方向进行生长，如图18-15所示。

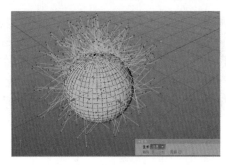

图 18-15

● 链接：将对象拖曳到通道中，也可以将点、边、多边形当作选集，拖曳到通道中可设置毛发生长的范围。

● 发根：可以控制发根的【数量】【分段】【长度】【发根】等参数。

数量：控制发根的数量，发根的数量不能超过对象的分段数量。

分段：设置毛发的分段。

长度：设置毛发的长度。

发根：设置发根的位置，分为【多边形】【多边形区域】【多边形中心】【多边形顶点】【多边形边】【UV】【UV栅格】【自定义】，如图18-12所示。

● 编辑：在菜单栏中执行【创建】|【样条】|【空白样条】命令，将该样条拖曳到连接点后面的通道上，单击【对象/场次/内容浏览器/构造】面板中的样条，选择 ![icon]（点）即可编辑毛发的形状，如图18-16所示。

发根 多边形顶点 ▼

多边形
多边形区域
多边形中心
多边形顶点
多边形边
UV
UV 栅格
自定义

图 18-12

● 生长：设置生长的方向。

法线：沿着法线的方向进行生长，如图18-13所示。

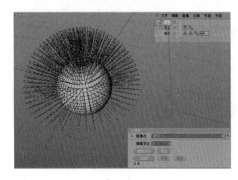

图 18-16

● 对称：选中该复选框，沿着XZ轴进行对称，在视图中显示引导线，然后单击【转为可编辑对象】按钮，这样就可以将毛发进行对称，如图18-17所示，效果如图18-18所示。

 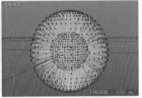

图 18-17

图 18-18

4.【毛发】属性

【毛发】属性用于设置最终渲染出来的毛发效果。

● 数量：设置渲染效果中的毛发数量，如图18-19和图18-20所示。

 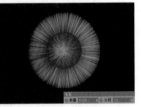

图 18-19　　　　　　　图 18-20

● 分段：设置毛发的平滑效果。

● 发根：用于控制发根的位置，可对发根的位置进行偏移或延伸，如图18-21所示。

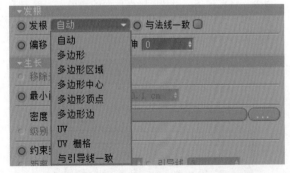

图 18-21

● 生长：设置毛发之间的间隔距离，如图18-22所示。

图 18-22

● 克隆：设置毛发的克隆次数，如图18-23所示。

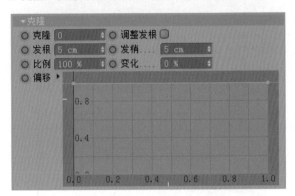

图 18-23

发根/发梢：设置克隆后的毛发与原发根的距离和克隆后的毛发与原发梢的距离。

比例/变化：设置毛发的整体数量和毛发的长度变化。

偏移：可以通过曲线设置毛发的偏移，单击偏移后面的三角按钮，可以设置参数，从而更加精确地调整曲线图形，如图18-24所示。

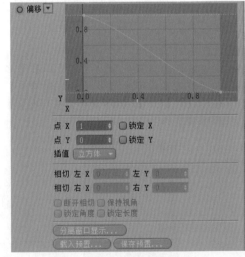

图 18-24

5.【编辑】属性

【编辑】属性用于设置毛发在视图中的显示效果，也可设置毛发的截面效果，如图18-25所示。

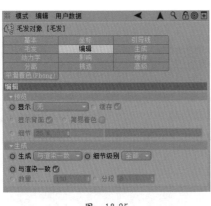

图　18-25

图　18-27

- 显示：设置毛发在视图中的显示效果，分为【无】【引导线线条】【引导线多边形】【毛发线条】和【毛发多边形】。

- 细节：当【显示】为【毛发线条】和【毛发多边形】时，该选项才被激活。

- 生成：设置生成毛发的截面，分为【无】【与渲染一致】【平面】【三角截面】和【四角截面】。当取消选中【与渲染一致】复选框时，可以设置毛发的【数量】与【分段】。

6.【生成】属性

【生成】属性用于设置渲染毛发的类型和排列，如图18-26所示。

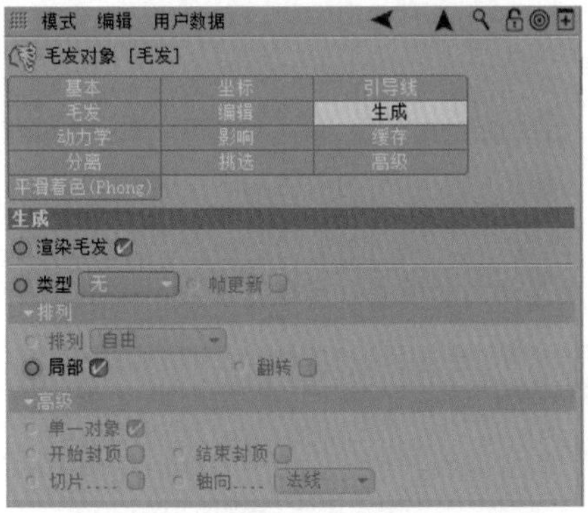

图　18-26

- 渲染毛发：选中该复选框后，在最终渲染后会出现毛发。

- 类型：设置渲染出的毛发的类型，分为【无】【样条】【平面】等方式。

- 排列：设置渲染毛发的朝向，分为【自由】【朝向 X/Y/Z】【朝向摄影机】【任意】【对象】。

7.【动力学】属性

【动力学】属性中的参数与动画编辑窗口中的参数相关，选择【动力学】选项卡，其选项栏分为 5 个部分，分别为【属性】【动画】【贴图】【修改】和【高级】，如图18-27所示。

- 启用：选中该复选框后，单击动画窗口中的播放按钮，会产生动力学效果。

- 碰撞：选中该复选框后，可设置毛发与碰撞体之间的距离。

- 刚性：选中该复选框后，毛发变为动力学刚体。

（1）属性

【属性】面板如图 18-28 所示。

图　18-28

- 表面半径：选中【碰撞】复选框后可激活该参数，该参数用于设置半径大小。

- 固定发根：默认为选中该复选框，用于固定发根的位置。

- 质量：设置毛发的轻重。

- 粘滞：在播放状态下，数值越大，运动越缓慢。

- 保持发根：相当于设置发根的深度，当数值为 0 时，毛发会被完全放下来。

- 硬度：用于设置发根的硬度，如图18-29 所示。

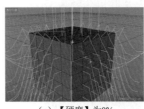 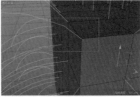

(a)【硬度】为0%　　　　(b)【硬度】为50%

图　18-29

- 静止混合：在播放动画时控制毛发的静止情况，当数值为100% 时，毛发呈现静止状态。

- 静止保持：控制发根以上的毛发部分的静止情况。当数值为100% 时，效果与【静止混合】值为100% 时一样。

- 弹性限制：设置弹性限制的百分比数值。
- 变形：用于在播放状态下改变毛发的形状。

（2）动画

【动画】面板如图18-30所示。

图 18-30

- 自动计时：默认为选中状态，取消选中该复选框后，可以设置【开始】与【结束】的时间。
- 松弛：单击该按钮，毛发会产生松弛变化，如图18-31所示。

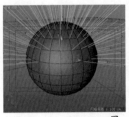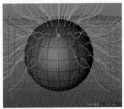

图 18-31

- 帧数：控制松散的持续时间，单击 ▷（向前播放）按钮即可播放动画。

（3）贴图

在【对象/场次/内容浏览器/构造】面板中执行【毛发标签】|【毛发顶点】命令，选中【毛发顶点】，将其拖曳到【贴图】卷展栏下参数后面的通道上，可以调整毛发的【粘滞】【硬度】【静止保持】【质量】和【影响】，如图18-32所示。

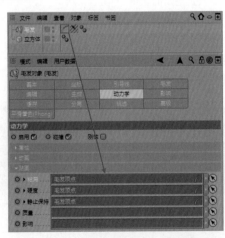

图 18-32

（4）修改

通过调整曲线来调整毛发的【粘滞】【硬度】【静止保持】【质量】和【影响】，如图18-33和图18-34所示。

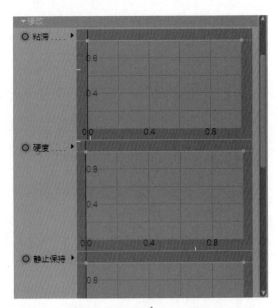

图 18-33

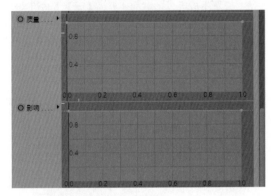

图 18-34

（5）高级

用于设置动力学模型、步幅等参数，如图18-35所示。

图 18-35

- 动力学：分为【引导线】和【毛发】两种模式。
- 自定义/分段：选中【自定义】复选框后，可以设置【分段】数值。
- 步幅：设置动画中毛发上下移动的程度。
- 迭代：毛发波动的程度。数值越大，波动越缓慢。

8.【影响】属性

【影响】属性用于设置【毛发到毛发】等的参数，如图18-36所示。

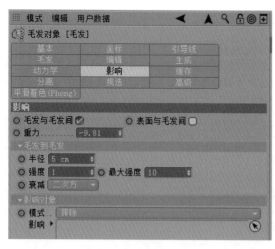

图　18-36

● 毛发与毛发间：选中该复选框后，可激活【毛发到毛发】卷展栏下的参数。

● 重力：设置毛发运动的重力大小，当数值为 0 时，毛发没有重力约束，呈现杂乱飘散的效果。

● 毛发到毛发：可以设置毛发之间的【半径】【强度】【最大强度】和【衰减】的数值。

● 模式：分为【排除】和【包括】两种模式。

● 影响：将对象拖曳到影响框中，根据模式的不同，可设置在最终渲染时是否显示毛发效果。

9.【缓存】属性

将动画播放的效果进行计算并缓存在软件中，这样就可以随意拖动时间滑块，对场景中的效果进行预览，如图 18-37 所示。

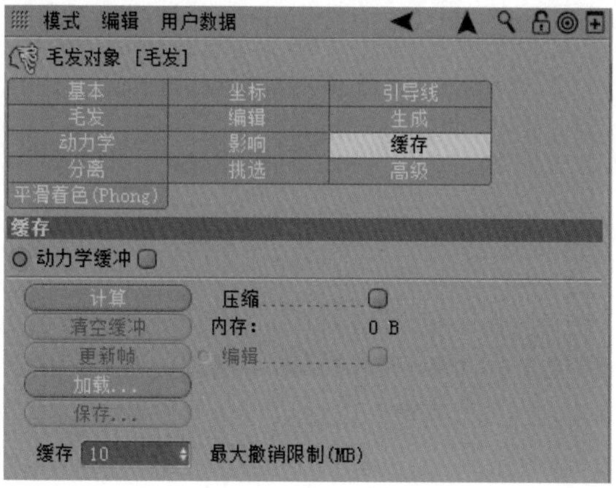

图　18-37

10.【分离】属性

【分离】属性可用来设置毛发分离或将毛发群组，需要

结合【标签】|【毛发标签】|【毛发选择】标签一起使用，可以将其拖曳到群组后面的对象框中，如图 18-38 所示。

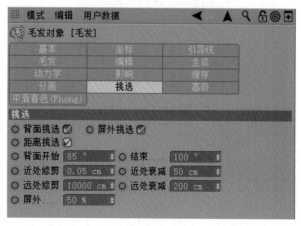

图　18-38

● 自动分离：选中该复选框后，可激活【距离】和【角度】两个参数。

● 群组：将毛发标签中的【毛发选择】标签拖曳到群组框中，就可以分离毛发的生长。

11.【挑选】属性

【挑选】属性用于将视图中看不到且将不影响渲染结果的毛发挑选出来，不对其渲染，以减少计算内容，提高渲染的效率。选中【背面挑选】【屏外挑选】【距离挑选】复选框后，会激活【挑选】卷展栏中的所有参数，如图 18-39 所示。

图　18-39

12.【高级】属性

【高级】属性可用于设置毛发的【种子】【循环分布】【变形】及【强度】，如图 18-40 所示。

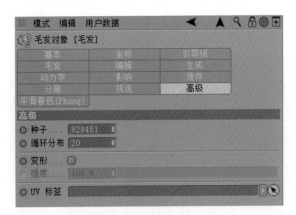

图 18-40

- 种子：设置毛发随机分布的数值。
- 变形：选中该复选框后，可激活强度参数。

18.1.3 羽毛对象

【羽毛对象】只对样条线设置有效。创建一条样条线，然后在菜单栏中执行【模拟】|【毛发对象】|【羽毛对象】命令，可以为该样条线添加羽毛效果，如图 18-41 所示。在【对象 / 场次 / 内容浏览器 / 构造】面板中选择【圆环】并拖曳到【羽毛对象】上，当出现↓时松开鼠标左键，如图 18-42 所示。

图 18-41

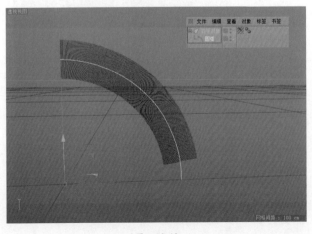

图 18-42

重点参数讲解：

1. 【基本】属性和【坐标】属性

【基本】属性和【坐标】属性用于设置羽毛的【名称】【图层】【编辑器可见】和物体坐标等参数，如图 18-43 和图 18-44 所示。

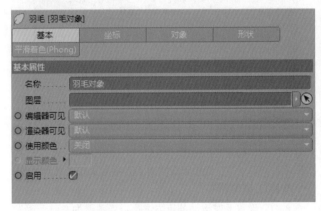

图 18-43

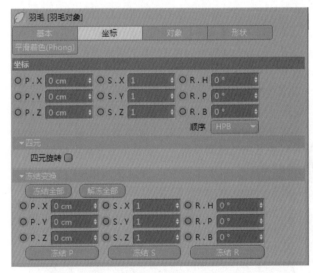

图 18-44

2. 【对象】属性

【对象】属性用于设置羽毛对象的参数，包括羽毛的【生成】【间距】【置换】【旋转】和【间隙】等，如图 18-45 所示。

- 编辑器显示：选中该复选框后，可以在视图中显示羽毛效果。
- 编辑器细节：设置在视图中显示羽毛疏密的程度，默认数值为 50%，如图 18-46 所示。
- 生成：设置样条在视图窗口中显示的效果。

  生成：分为【毛发】和【样条】两种方式，如图 18-47 所示。

图 18-45

翻转：选中该复选框后，可以翻转羽毛。

段数：设置最终渲染的毛发数量。

- 间距：可以设置羽毛的【间距】【羽轴半径】【羽支间距】【羽支长度】等数值。

  间距：分为【固定】和【适应】两种方式。

  羽轴半径：设置羽毛轴向的数值，如图18-48所示。

(a)【羽轴半径】为0cm　　　(b)【羽轴半径】为50cm

图　18-48

开始/结束：设置羽毛起止的位置。

羽支间距/变化：设置羽毛的稀疏程度，当【间距】为【适应】时设置羽支数量。

羽支长度：设置羽毛的长度。

- 置换：需要结合曲线来设置。

- 旋转：设置羽毛的【枯萎步幅】【旋转】【羽轴枯萎】等数值，如图18-49所示。

图　18-49

- 间隙：设置羽毛的间隙，对羽毛的设置进行随机变化，如图18-50所示。

图　18-50

3.【形状】属性

【形状】属性可通过对曲线的编辑来对羽毛的【梗】【截面】【曲线】进行设置，如图18-51所示。

(a)【编辑器细节】为0%　　　(b)【编辑器细节】为30%

(c)【编辑器细节】为50%　　　(d)【编辑器细节】为100%

图　18-46

(a) 生成为毛发　　　　　(b) 生成为样条

图　18-47

图 18-51

技巧提示

在【形状】卷展栏下，选择左或右后面的▶按钮，可以对曲线进行详细的设置，如图 18-52 所示。

图 18-52

18.1.4 绒毛

可以为模型添加绒毛效果，也可以为模型的一部分添加绒毛。

01 在视图中创建一个球体，选择该球体，然后在菜单栏中执行【模拟】|【毛发对象】|【绒毛】命令，可以为该物体添加绒毛，如图 18-53 和图 18-54 所示。

 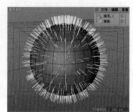

图 18-53　　　　　图 18-54

02 选中创建的球体，将其转为可编辑多边形，使用框选工具选择球体上方的多边形，然后在菜单栏中执行【模拟】|【毛发对象】|【绒毛】命令，这时只有选择的部分被添加了绒毛，如图 18-55 所示。

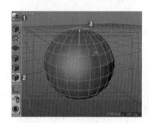 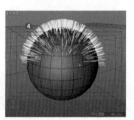

图 18-55

重点参数讲解：

1.【基本】属性和【坐标】属性

【基本】属性和【坐标】属性可用于设置绒毛的【名称】【图层】【编辑器可见】和【物体坐标】等参数。

2.【对象】属性

【对象】属性用于设置绒毛的【对象】【数量】【长度】等参数，如图 18-56 所示。

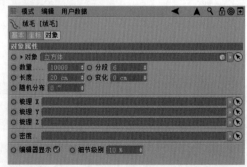

图 18-56

● 对象：将模型拖曳到对象通道后，为其添加绒毛。

- 数量：设置绒毛的数量。
- 分段：设置绒毛的细分效果。
- 长度：设置绒毛的长度。
- 变化：设置绒毛的长度变化。
- 随机分布：设置绒毛随机分布的效果。

- 梳理X、Y、Z：通过顶点权重设置X、Y、Z轴上的绒毛梳理方向。
- 密度：通过顶点权重设置绒毛的密度。
- 编辑器显示：选中该复选框，可在视图中显示绒毛效果。
- 细节级别：设置绒毛在视图中的稀疏程度。

技巧提示

控制绒毛的分布：

（1）在视图中创建一个球体，单击 ![icon]（转为可编辑对象）按钮，并在菜单栏中执行【模拟】|【毛发对象】|【绒毛】命令，为其添加绒毛。

（2）在【对象/场次/内容浏览器/构造】面板中选择球体，单击界面左侧的 ![icon]（点）按钮，选择球体上方的点，如图18-57和图18-58所示。

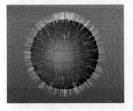
图 18-57

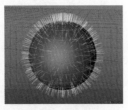
图 18-58

（3）在菜单栏中执行【选择】|【设置顶点权重...】命令，在弹出的【设置顶点权重】窗口中设置【数值】为50%，如图18-59和图18-60所示。

图 18-59

图 18-60

（4）在【对象/场次/内容浏览器/构造】面板中按住球体后面的【顶点贴图标签】按钮，并将其拖曳到【梳理X】后面的通道上，这时绒毛会沿着X轴进行梳理，如图18-61和图18-62所示。

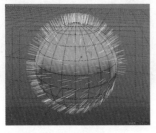
图 18-61

图 18-62

（5）如果将【顶点贴图标签】拖曳到【密度】通道，那么绒毛只会在被选择点的位置上显示，如图18-63和图18-64所示。

图 18-63

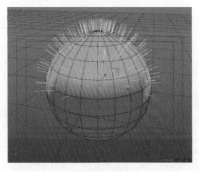
图 18-64

18.2 毛发模式

可以设置毛发的模式，在菜单栏中执行【模拟】|【毛发模式】命令，可以看到7种模式，分别为【发梢】【发根】【点】【引导线】【顶点】【下一顶点】和【上一顶点】，如图18-65所示。

图 18-65

1. 发梢

在毛发的发梢位置出现点，如图18-66所示。

2. 发根

在毛发的发根位置出现点，如图18-67所示。

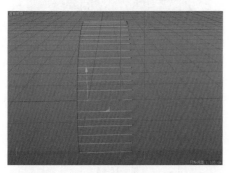

图 18-66

图 18-67

3. 点

在毛发上均匀地分布点，如图18-68所示。

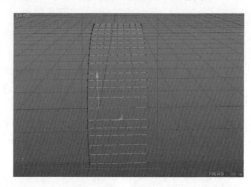

图 18-68

4. 引导线

起到引导毛发生长的效果，如图18-69所示。

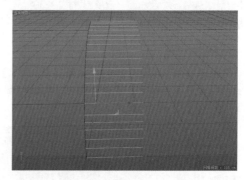

图 18-69

5. 顶点

设置毛发顶点的位置，如图18-70所示。

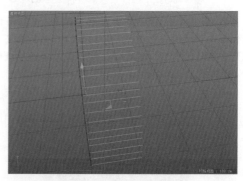

图 18-70

6. 下一顶点/上一顶点

设置并调整毛发顶点的位置，如图18-71所示。

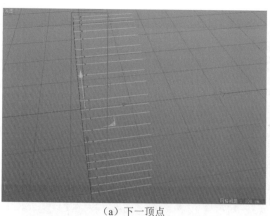
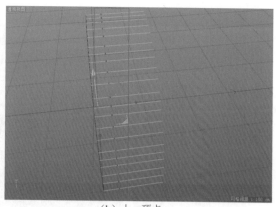

（a）下一顶点　　　　　　　　　　　　　　（b）上一顶点

图 18-71

18.3 毛发编辑

选择毛发模型，在菜单栏中执行【模拟】|【毛发编辑】命令，可以对毛发进行编辑，对引导线进行剪切、复制、粘贴、删除，也可以将毛发转为样条或将样条转为毛发，如图 18-72 所示。

- 毛发转为样条 / 样条转为毛发：在毛发与样条之间相互转化。
- 分离引导线：可以将选择的毛发部分进行分离，分离后会在【对象 / 场次 / 内容浏览器 / 构造】面板中出现一个新的毛发层，如图 18-73 所示。

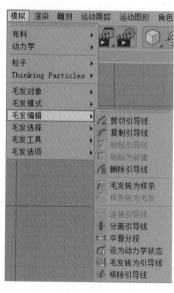

图　18-72

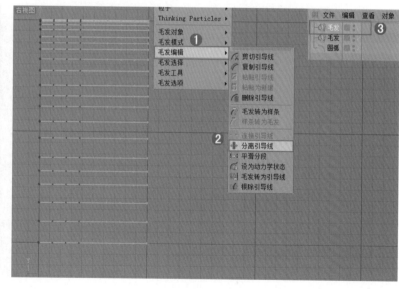

图　18-73

18.4 毛发选择

选择毛发模型，在菜单栏中执行【模拟】|【毛发选择】命令，可以对场景中毛发上的点、样条元素进行选择，如图 18-74 和图 18-75 所示。

图 18-74　　　　　　　　　　　　　　　图　18-75

18.5　毛发工具

　　选择毛发模型，在菜单栏中执行【模拟】|【毛发工具】命令，可以对毛发进行【移动】【修剪】【旋转】【毛刷】等操作，如图 18-76 和图 18-77 所示。

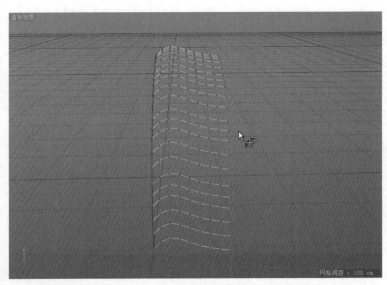

图　18-76　　　　　　　　　　　　　　　图　18-77

18.6　毛发选项

　　在菜单栏中执行【模拟】|【毛发选项】命令，即可应用【对称】【软选择】等操作，如图 18-78 所示。

图 18-78

图 18-81

重点参数讲解:

- 对称: 需要使用【毛发选择】中的【实时选择】对毛发进行选择, 这时会看到选择点的对称点, 需与对称管理器结合使用, 如图 18-79 所示。

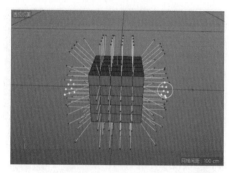

图 18-79

- 软选择: 对毛发进行区域选择, 可以结合【毛发工具】进行移动、缩放等操作, 红色部分效果最为明显, 蓝色相对较弱, 黑色则没有变化, 如图 18-80 所示。

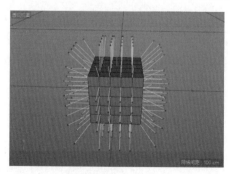

图 18-80

- 交互动力学: 可以看到毛发的动力学效果。
- 软选择管理器 / 对称管理器: 对【软选择】和【对称】进行详细设置, 其窗口如图 18-81 和图 18-82 所示。

图 18-82

技巧提示

选择毛发后需要在菜单栏中执行【模拟】|【毛发选择】中的工具, 这样才可以对毛发的细节进行选择, 如图 18-83 所示。

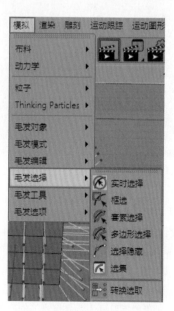

图 18-83

毛发材质需要结合毛发对象、羽毛对象和绒毛一起使用，当给对象模型添加毛发时，会在材质窗口中出现相应的毛发材质或绒毛材质，如图 18-84 所示。

在材质窗口中双击一个毛发材质球，在弹出的【材质编辑器】窗口中可以设置相关的材质参数，如图 18-85 所示。

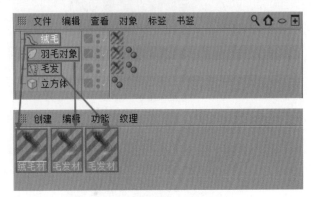

图　18-84

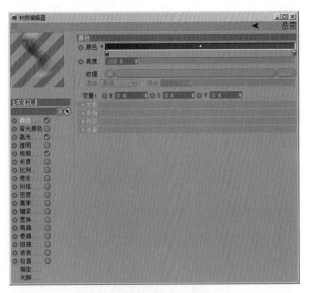

图　18-85

重点参数讲解：

- 颜色：设置毛发材质的颜色，发根、发梢和色彩可以通过加载纹理进行设置，表面则通过不同的混合方式进行颜色的设置。单击颜色后面的 ▶ 按钮，可以设置详细的颜色参数，如图 18-86 和图 18-87 所示。

- 背光颜色：设置毛发处于背光模式下的颜色，如图 18-88 和图 18-89 所示。

图　18-86

图　18-87

图　18-88

图 18-89

● 高光：设置毛发的高光效果，分为【主要】和【次要】
部分，包含【颜色】【强度】【锐利】【纹理】等参数，
如图 18-90 所示。

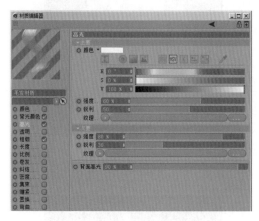

图 18-90

● 透明：设置毛发发根到发梢的透明度变化，可以通过
拖动滑杆进行透明度的设置，也可以单击【透明】后
面的 ▶ 按钮设置【强度】数值，如图 18-91 图 18-92
所示。

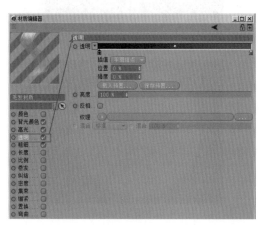

图 18-91

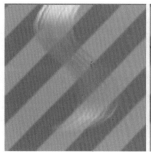

（a）【强度】为10%　　　　（b）【强度】为100%

图 18-92

● 粗细：设置发根与发梢的粗细程度，可通过曲线来调整
毛发材质的粗细，如图 18-93 所示。

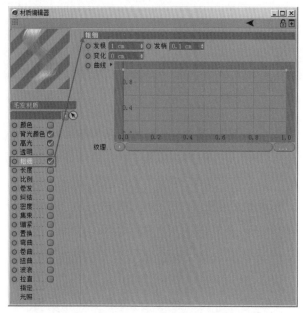

图 18-93

● 长度：设置毛发的长短程度，如图 18-94 所示。

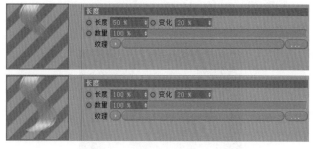

图 18-94

● 比例：用于设置毛发整体的比例大小，如图 18-95 所
示。【变化】值越大，毛发随机变化效果也越明显，如
图 18-96 所示。

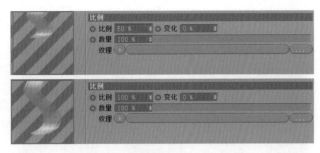

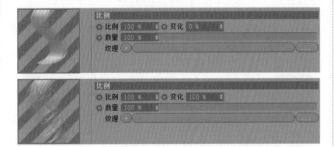

图 18-95

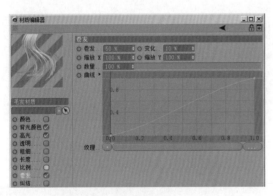

图 18-96

● 卷发：设置毛发卷曲的程度，如图18-97和图18-98所示。

● 纠结：设置毛发的纠结程度，【纠结】会使毛发更加杂乱，如图18-99和图18-100所示。

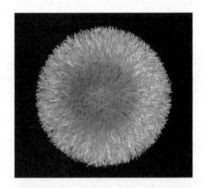

图 18-97

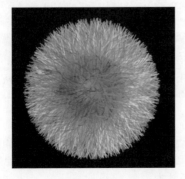

图 18-98

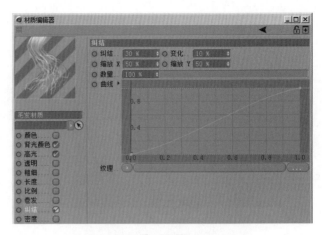

图 18-99

图 18-100

● 密度：设置毛发的稀疏程度，如图18-101所示。

（a）【密度】为10%

（b）【密度】为100%

图 18-101

● 集束：是将毛发的发梢进行集束，如图 18-102 和图 18-103
所示。

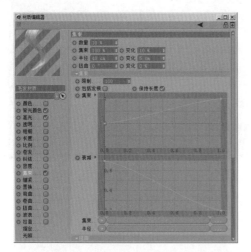

图　18-102

图　18-103

● 绷紧：设置毛发的绷紧程度，数值越大，绷紧的效果越
明显，如图 18-104 和图 18-105 所示。

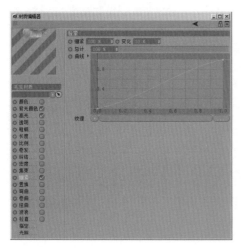

图　18-104

图　18-105

● 置换：沿着 X 曲线、Y 曲线、Z 曲线分别设置毛发的偏
移方向，如图 18-106 和图 18-107 所示。

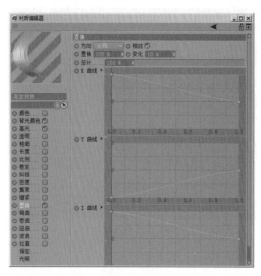

图　18-106

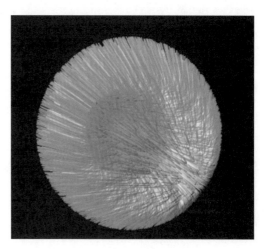

图　18-107

● **弯曲**：设置发梢的弯曲效果，如图 18-108 和图 18-109 所示。

图　18-108

图　18-109

● **卷曲**：设置毛发的卷曲效果，如图 18-110 和图 18-111 所示。

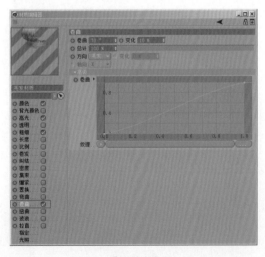

图　18-110

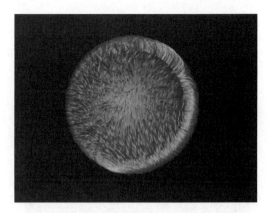

图　18-111

● **扭曲**：设置毛发的扭曲程度，轴向分为【标准】【根对象】和【引导线】3 种方式，如图 18-112 所示。

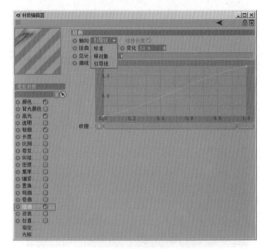

图　18-112

● **波浪**：可以使毛发呈现波浪的效果，波浪数值越大，效果越明显，如图 18-113 和图 18-114 所示。

图　18-113

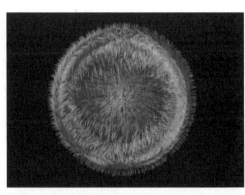

图 18-114

○ **拉直**：将毛发拉直，朝向分为【标准】【根对象】和【引导线】3种方式，当【强度】为100%时，毛发呈直线状态，如图18-115和图18-116所示。

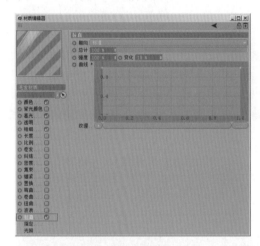

图 18-115

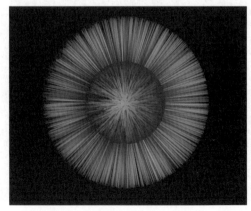

图 18-116

○ **指定**：可以看到场景中使用该材质的模型，从而快速在场景中找到该模型。也可以在对象面板中看到材质，如图18-117所示。

○ **光照**：用于设置场景中的光照参数，如图18-118所示。

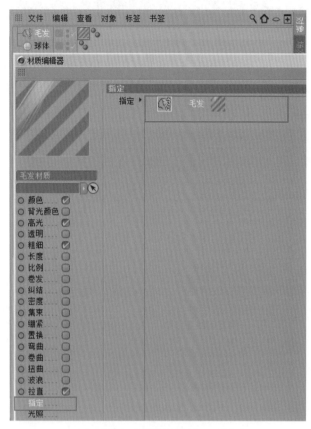

图 18-117

图 18-118

在【对象/场次/内容浏览器/构造】面板中选择模型，右击，在弹出的快捷菜单中选择【毛发标签】命令，可以给物体添加毛发标签。或者在面板中选择【标签】|【毛发标签】进行添加，如图18-119和图18-120所示。

图　18-119

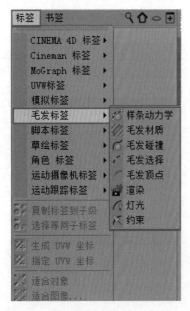

图　18-120

○ **样条动力学**：添加该标签后，样条线具有动力学属性。

○ **毛发材质**：给样条添加毛发材质标签，可以使样条作为毛发渲染出来。

○ **毛发碰撞**：该标签可以使样条线和几何体产生碰撞的效果。

○ **毛发选择**：执行【模拟】|【毛发选择】|【实时选择】命令，选择毛发的点，对毛发添加毛发选择标签后，可以对选择的点进行【选择】【取消选择】【锁定】等操作，如图18-121所示。

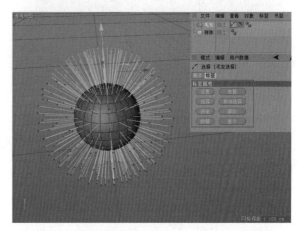

图　18-121

○ **毛发顶点**：当毛发为顶点模式时，选择顶点并添加此标签，可将所选的顶点当作顶点贴图来应用。

○ **渲染**：为样条添加该标签，可以使样条作为毛发渲染出来，如图18-122所示。

图　18-122

○ **灯光**：为灯光添加该标签后，灯光会对毛发产生作用。

○ **约束**：在约束属性面板中添加多边形或样条线，可以对毛发中被选择的点进行设置，从而对毛发中所选的点起到约束作用。

 **18.9 毛发实例**

★ **实例——利用毛发制作毛毯**

场景文件	场景文件\Chapter18\01.c4d
案例文件	案例文件\Chapter18\实例：利用毛发制作毛毯.c4d
视频教学	视频教学\Chapter18\实例：利用毛发制作毛毯.mp4

扫码看视频

实例介绍：

通过本例来学习使用毛发制作毛毯效果，如图18-123所示。

扫码看步骤

图 18-123

★ **实例——利用毛发制作草地**

创建文件	创建文件\Chapter18\02.c4d
案例文件	案例文件\Chapter18\实例：利用毛发制作草地.c4d
视频教学	视频教学\Chapter18\实例：利用毛发制作草地.mp4

扫码看视频

实例介绍：

通过本例来学习使用毛发制作草地效果，如图18-124所示。

扫码看步骤

图 18-124

第18章 毛发

399

第19章

角色

本章学习要点：
- 掌握角色的创建方法。
- 了解关节的建立与调整。
- 使用角色工具制作动画。

19.1 认识角色工具

Cinema 4D 中的角色是一个强大且复杂的动画制作工具，主要用来制作三维角色动画效果。制作过程相对于其他三维软件来讲较为简单。国外的三维动画电影非常精彩，很大的原因是将人物、角色的个性进行了放大，使趣味性更强，更容易激发观看者的兴趣，如图 19-1 所示。

图　19-1

19.1.1　什么是角色动画

角色动画主要包括【关节】【蒙皮】和【肌肉】等元素，通过对这些元素的学习，我们可以制作角色动画、人物动画等，如图 19-2 所示。

图　19-2

19.1.2　高级动画都需要掌握哪些知识

1. 骨骼结构

人体的骨骼起着支撑身体的作用，是人体运动系统的一部分。成人有 206 块骨骼，骨与骨之间一般用关节和韧带连接起来。通俗地讲，骨骼就是人体的基本框架。如图 19-3 所示为人体骨骼的分布图。

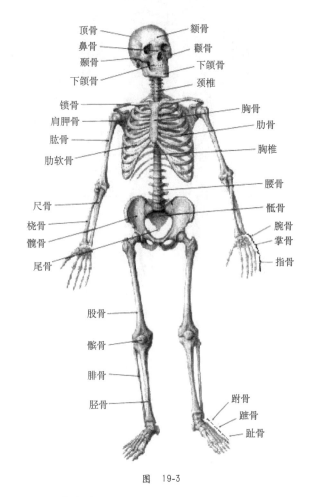

图　19-3

2. 肌肉分布

肌肉（muscle）主要由肌肉组织构成。骨骼肌是运动系统的动力部分，在神经系统的支配下，骨骼肌收缩时，牵引骨骼产生运动。人体的骨骼肌共有 600 多块，分布广，约占体重的 40%。肌肉收缩牵引骨骼而产生关节的运动，其作用犹如杠杆装置，有 3 种基本形式：（1）平衡杠杆运动，支点在重点和力点之间，如寰枕关节进行的仰头和低头运动；（2）省力杠杆运动，其重点位于支点和力点之间，如起步抬足跟时踝关节的运动；（3）速度杠杆运动，其力点位于重点和支点之间，如举起重物时肘关节的运动。如图 19-4 所示为肌肉分布图。

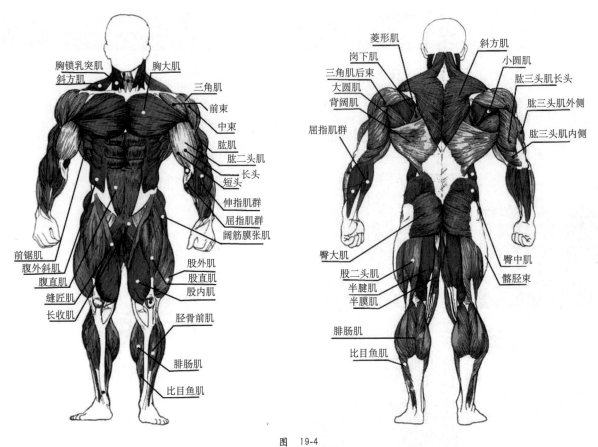

图 19-4

3. 运动规律

动画运动规律是研究时间、空间、张数、速度的概念及彼此之间的相互关系，从而处理好动画中运动节奏的规律，如图 19-5 所示。

图 19-5

19.2 管理器、命令、转化、约束

【角色】菜单包括【管理器】【命令】【转化】【约束】【角色】【CMotion】【角色创建】【关节工具】【关节对齐工具】【镜像工具】【绘制工具】【权重工具】【关节】【蒙皮】【肌肉】【肌肉蒙皮】【簇】【点缓存】【添加点变形】【添加 PSR 变形】和【衰减】，如图 19-6 所示。

图　19-6

19.2.1 管理器

执行【角色】|【管理器】命令，如图 19-7 所示。会在下拉列表中出现 4 个选项，分别是【权重管理器】【顶点映射转移工具（VAMP）】【自动重绘】和【运动记录（Cappucino）】，如图 19-8 ～图 19-11 所示。

图　19-7

图　19-8

图　19-9

图　19-10

图　19-11

19.2.2 命令

执行【角色】|【命令】命令,可以在弹出的下拉列表中选择相应的操作,该列表主要是针对关节的设置,例如,可以通过【创建IK链】命令来设置关节子父级的关系,也可以通过【绑定】命令将创建好的关节与相应的角色或对象绑定在一起,如图19-12所示。

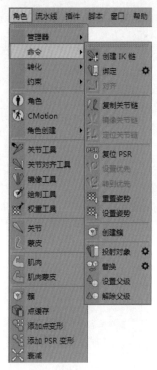

图 19-12

01 创建IK链:加选创建好的关节,执行【角色】|【命令】|【创建IK链】命令,可以使子物体控制父物体,当子物体被移动时,父物体也会跟着移动。

① 在视图中创建关节,然后在右侧的【对象/场次/内容浏览器/构造】面板中加选刚刚创建的所有关节,如图19-13所示。

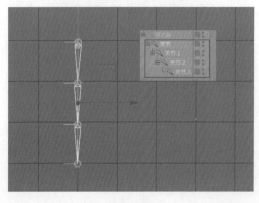

图 19-13

② 执行【角色】|【命令】|【创建IK链】命令,此时在【对象/场次/内容浏览器/构造】面板中会出现 图标,单击该图标,将【关节.3】拖曳到【结束】栏的后方,如图19-14所示。

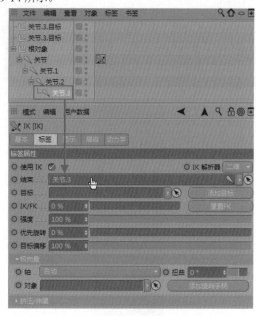

图 19-14

③ 单击【添加目标】按钮,如图19-15所示。

图 19-15

④ 设置完成后在场景中选择【关节.3】,将其沿Z轴向上移动,此时可以看到在移动子物体时,父物体也跟着移动,如图19-16所示。

02 绑定:加选关节和创建好的角色对象,执行【角色】|【命令】|【绑定】命令,可以将二者绑定在一起,使这两个元素成为一个整体。

① 在视图中创建一个立方体。设置该立方体的【尺寸.X】为30cm,【尺寸.Y】为400cm,【尺寸.Z】为30cm。【分段X】为10,【分段Y】为10,【分段Z】为10,如图19-17所示。

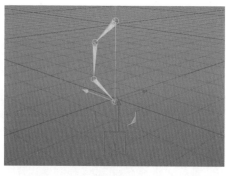

图 19-16

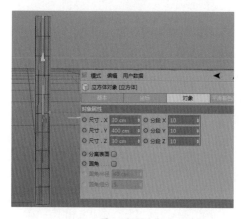

图 19-17

② 创建完成后单击【可编辑对象】按钮 将其转换为可编辑对象，接着执行【角色】|【创建关节】命令，在正视图中按住 Ctrl 键创建如图 19-18 所示的关节。

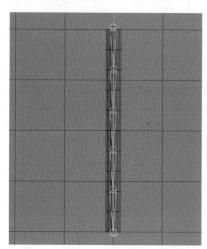

图 19-18

③ 在右侧的【对象 / 场次 / 内容浏览器 / 构造】面板中加选所有的关节和立方体，然后执行【角色】|【命令】|【绑定】命令，绑定完成后选择其中的一个关节进行移动或旋转。可以看到，此时的关节和立方体被绑定在一起进行旋转，如图 19-19 所示。

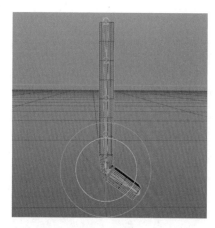

图 19-19

19.2.3 转化

【转化】可以根据不同的命令将对象由一种形式转换为另一种形式，如图 19-20 所示。

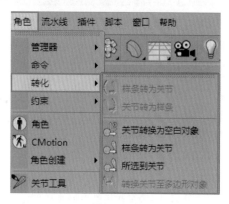

图 19-20

样条转为关节：在场景中绘制一条样条线，如图 19-21 所示。执行【角色】|【转化】|【样条转为关节】命令，如图 19-22 所示。

图 19-21

关节转为样条：在场景中创建多个关节并进行加选，如图 19-23 所示。执行【角色】|【转化】|【关节转为样条】命令，然后将关节元素移开，可以在相同的位置看到由关节转换的样条，如图 19-24 所示。

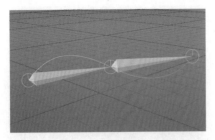

图 19-22

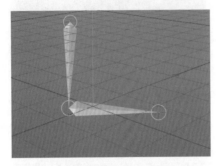

图 19-23

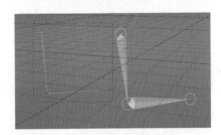

图 19-24

○ 关节转换为空白对象：在场景中创建多个关节，并进行
加选，执行【角色】|【转化】|【关节转换为空白对象】
命令。此时可以在右侧的【对象/场次/内容浏览器/
构造】面板中看到由关节转换的空白对象，如图19-25
所示。

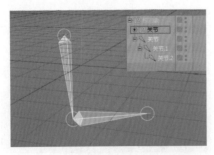

图 19-25

○ 样条转为关节：在场景中创建如图19-26所示的样条，
执行【角色】|【转化】|【样条转为关节】命令，如
图19-27所示。此时可以看到刚刚创建的样条被转换为
一个关节，如图19-28所示。

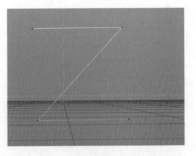

图 19-26

图 19-27

图 19-28

○ 所选到关节：在视图中创建一个圆环，单击【可编辑对
象】按钮将其转换为可编辑对象，进入【点】级别，
加选如图19-29所示的点，执行【对象】|【转化】|【所
选到关节】命令。此时可以看到刚刚加选的两个点被
转化成为一个关节，如图19-30所示。

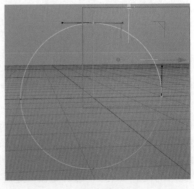

图 19-29

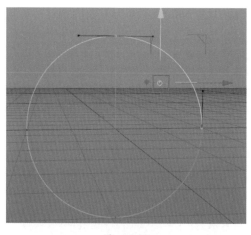

图 19-30

⚛ 转换关节至多边形对象：在视图中创建关节并进行加选，执行【角色】|【转化】|【转换关节至多边形对象】命令，此时可以在右侧的【对象/场次/内容浏览器/构造】面板和视图中看到被转化而成的多边形，如图19-31所示。

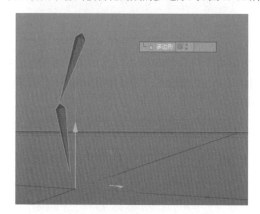

图 19-31

19.2.4　约束

　　【约束】命令能够将两个或两个以上的对象针对相互之间的运动关系进行管理和关联。执行【角色】|【约束】命令，在下拉列表中将出现多个约束命令，如图19-32所示。

图 19-32

19.3 角色、CMotion、角色创建

19.3.1　角色

　　角色对象的创建过程为【建立】→【调节】→【绑定】→【动画】。

　　01 执行【角色】|【角色】命令，如图19-33所示。在右侧的属性面板中选择【对象】选项卡，选择【建立】，并单击【模板】后方的 ⏷ 按钮，在弹出的下拉列表中会出现多种角色对象，分别为 Advanced Biped（人物）、Advanced Quadruped（高级四足动物）、Biped（两足动物）、Bird（鸟类）、Fish（鱼类）、Insect（昆虫类）、Mocap、Quadruped（四足走兽）、Reptile（爬行动物）、Wings（鸟类翅膀），如图19-34所示。

图 19-33

图 19-34

02 选择好想要创建的骨骼后，可以在【组件】卷展栏中依次选择需要添加的骨骼对象，如图 19-35 所示。

图 19-35

03 创建完成后进入【调节】选项卡，此时画面中会出现对应每个关节的点，如图 19-36 所示。单击选择点可以针对点进行调节。

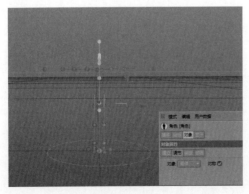

图 19-36

- 对象：设定所调节的对象为【组件】或【控制器】。
- 对称：选中该复选框，可以调节两个相对对称的点。

04 调节完成后需要进入【绑定】选项卡，将需要绑定的对象进行绑定。在右侧的【对象/场次/内容浏览器/构造】面板中将人偶拖动到【绑定】选项卡下方的【对象】栏中，即可完成绑定操作，如图 19-37 所示。

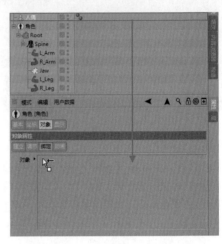

图 19-37

05 绑定完成后可以进行动画的制作，在右侧的属性面板中进入【动画】选项卡，通过改变控制器的位置来设置动画，如图 19-38 和图 19-39 所示。

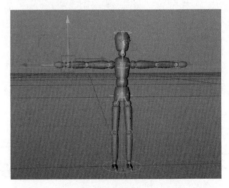

图 19-38

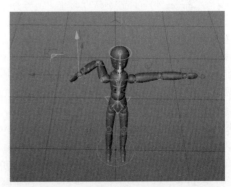

图 19-39

19.3.2 CMotion

执行【角色】|【CMotion】命令，如图 19-40 所示。CMotion 是一项强大的制作循环动画的功能，它可以使角色永无止境地进行循环运动，在创建完角色之后，可以为角色添加 CMotion 命令，如图 19-41 所示。

图 19-40

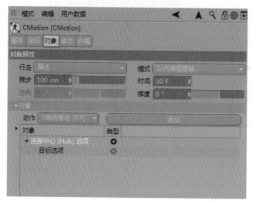

图 19-41

重点参数讲解：

⊙ 行走：设置行走的方式，分为【静态】【线】和【路径】3 种方式。

静态：在原地行走，没有位移。

线：沿着直线行走。

路径：首先需要在视图中绘制样条线，使角色对象沿着绘制的样条线行走，如图19-42所示。绘制完成后在右侧的属性面板中选择【对象】选项卡，设置【行走】为【路径】，接着在【对象/场次/内容浏览器/构造】面板中选择【样条】，将其拖曳到【路径】栏中，如图19-43所示。设置完成后单击【向前播放】按钮 ▷ 播放动画，此时可以看到角色对象沿着刚刚绘制的路径进行行走，如图19-44所示。

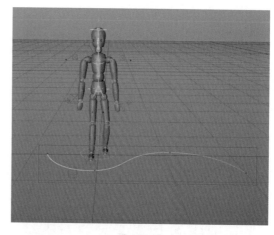

图 19-42

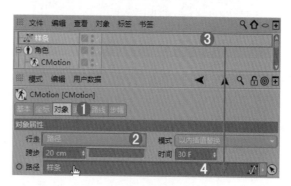

图 19-43

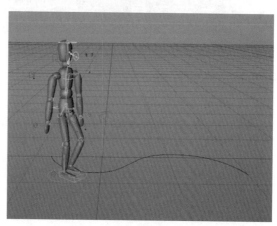

图 19-44

⊙ 模式：可以设置角色对象循环时间的方式，分为【以内差值替换】和【自适应】。

以内差值替换：使角色对象以相同的时间频率进行行走。

自适应：可以更改角色对象在行走过程中的时间频率，使角色对象以不同的速度行走。

⊙ 跨步：调整角色行走每一步的距离，数值越大，距离就越长，行走的步子就越大。如图 19-45 和图 19-46 所示分别为【跨步】为 20cm 和 100cm 的对比效果。

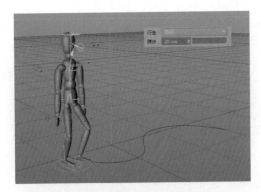

图 19-45

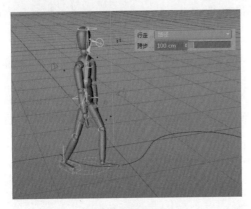

图 19-46

○ 时间：角色动画循环的时间，数值越小，循环得越快。

19.3.3 角色创建

执行【角色】|【角色创建】命令，可以在下拉列表中选择多种角色创建的方式。在该命令下可以进行角色模板的载入、保存和刷新等操作，如图 19-47 所示。

图 19-47

19.4 关节工具、关节对齐工具、镜像工具、权重工具

19.4.1 关节工具

关节工具顾名思义就是针对模型或者角色对象创建关节，在使用关节工具创建关节之前，首先需要创建一个模型或者一个角色对象。然后在左侧的编辑模式工具栏中单击【转为可编辑对象】按钮，将其转化为可编辑的对象，如图 19-48 所示。接着执行【角色】|【关节工具】命令，如图 19-49 所示。在视图中合适的位置按住 Ctrl 键创建关节，如图 19-50 所示。

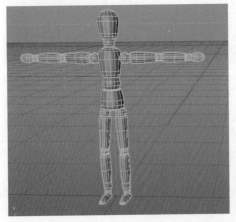

图 19-48

图 19-49

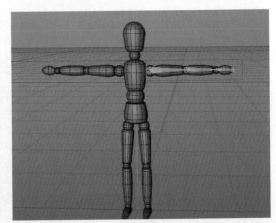

图 19-50

创建完成后在右侧的属性面板中选择【对象】选项卡，可以针对关节进行设置，如图 19-51 所示。

图 19-51

19.4.2 关节对齐工具

使用关节工具创建完关节之后，若关节的轴方向不是统一的，可以使用【关节对齐工具】将关节的轴向进行统一。

创建完关节后，在右侧的【对象/场次/内容浏览器/构造】面板中选择第一个关节，如图 19-52 所示。执行【角色】|【关节对齐工具】命令，接着单击【对齐】按钮，如图 19-53 所示。此时轴向不同的关节就会对齐，如图 19-54 所示。

图 19-52

图 19-53

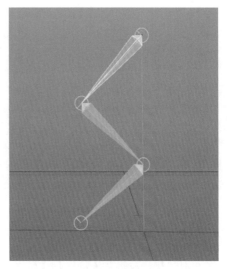

图 19-54

19.4.3 镜像工具

在使用【关节工具】创建好关节后，可以在右侧的【对象/场次/内容浏览器/构造】面板中加选所创建的所有关节，如图 19-55 所示。然后执行【角色】|【镜像工具】命令，接着在下方的属性面板中选择【工具】选项卡，并单击【镜像】按钮，如图 19-56 所示。此时可以看到，刚刚选中的关节在视图中被镜像并复制，如图 19-57 所示。

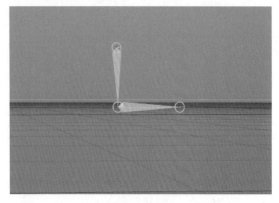

图 19-55

图 19-56

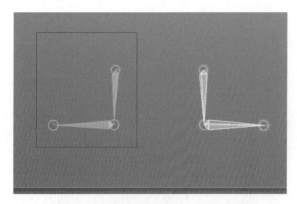

图 19-57

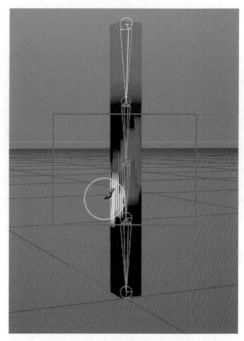

图 19-59

19.4.4 权重工具

将关节和对象绑定后执行【角色】|【权重工具】命令，接着在右侧的【对象 / 场次 / 内容浏览器 / 构造】面板中选择其中一个关节，可以在视图中看到选中关节的颜色发生了变化，显示颜色的区域代表该关节所管理的区域，如图 19-58 所示。如果想增加权重的范围，可以在视图中合适的位置按住鼠标左键拖动，鼠标滑过的地方，颜色均会发生改变，如图 19-59 所示。如果想减少权重的范围，可以按住 Ctrl 键涂抹想要减少的部分，可以看到鼠标经过的地方权重范围减少了，如图 19-60 所示。

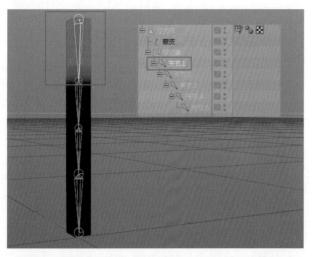

图 19-58

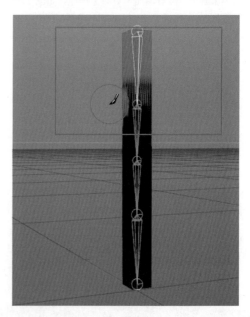

图 19-60

19.5 关节与蒙皮

19.5.1 关节

执行【角色】|【关节】命令，如图 19-61 所示，可以在视图中创建单独的关节，如图 19-62 所示。

19.5.2　蒙皮

在创建完模型后，需要为模型添加关节，但是由于模型和关节是两个独立的个体，为了使二者之间能够相互关联并且产生的运动合理化，则需要执行【角色】|【蒙皮】命令，如图 19-63 所示。

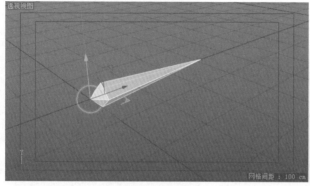

图　19-61　　　　　　　　　　　　图　19-62　　　　　　　　　　　　图　19-63

19.6　肌肉与肌肉蒙皮

19.6.1　肌肉

01　使用【关节工具】创建好关节后，如果想为骨骼添加肌肉，则可以执行【角色】|【肌肉】命令，如图 19-64 所示。在视图中创建肌肉，并将肌肉调整到合适的位置，如图 19-65 所示。

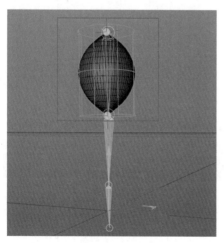

图　19-64　　　　　　　　　图　19-65

02　在右侧的【对象 / 场次 / 内容浏览器 / 构造】面板中

选择【肌肉】，然后在下方的属性面板中选择【对象】选项卡，接着回到【对象 / 场次 / 内容浏览器 / 构造】面板中，分别选择【关节】和【关节.1】并拖曳到下方的合适位置。拖曳完成后单击【设置】按钮，系统会自动计算出【长度】，如图 19-66 所示。

03　设置完成后选择【关节.1】并将其移动，在移动关节时，注意观察肌肉和骨骼的走势，如图 19-67 所示（此时虽然肌肉可以跟随骨骼进行移动，但是并没有任何形状的改变）。

图　19-66

413

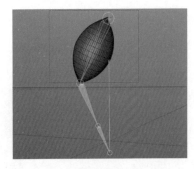

图 19-67

04 再次进入【对象】选项卡，取消选中【自动对齐】复选框，并再次单击【设置】按钮，如图 19-68 所示。接着再次选择【关节 .1】并将其移动，可以看到肌肉随着骨骼的移动有了形状的变化，如图 19-69 所示。

图 19-68

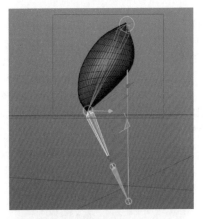

图 19-69

19.6.2 肌肉蒙皮

【肌肉蒙皮】工具可以为肌肉设置蒙皮参数，如图 19-70 所示为其参数面板。

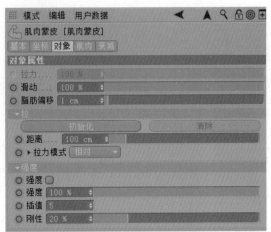

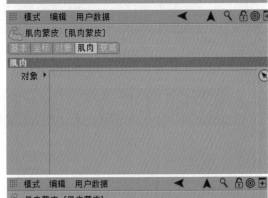

图 19-70

19.7 簇、变形

19.7.1 簇

在人物模型的场景文件中进入【点】级别，并在人物模型上选择多个控制点。执行【角色】|【命令】|【创建簇】命令，然后在【对象 / 场次 / 内容浏览器 / 构造】面板中会出现一个空白的对象，如图 19-71 所示。在右侧的属性面板中选择【对象】选项卡，在其中可以设置簇的【显示】形式，以及显示形式的【半径】【宽高比】和【方向】，如图 19-72 所示。

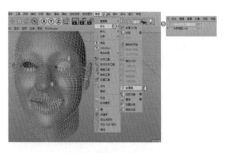

图　19-71

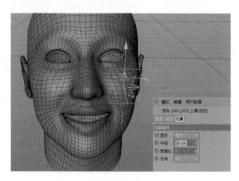

图　19-72

例如，设置【显示】为【星形】，【半径】为19cm，【宽高比】为1，【方向】为【XY】，设置完成后的效果如图19-73所示。

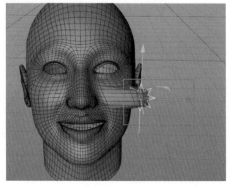

图　19-73

创建完成后，刚刚加选的点变成了一个组，可以针对该组进行移动和旋转操作，如图19-74和图19-75所示。

图　19-74

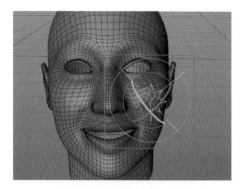

图　19-75

在【对象/场次/内容浏览器/构造】面板中选择簇对象，如图19-76所示。在下方的属性面板中选择【对象】选项卡，参数如图19-77所示。

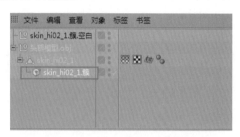

图　19-76

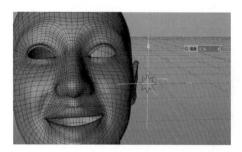

图　19-77

重点参数讲解：

- 强度：控制修改的强度，数值越大，强度越大，如图19-78和图19-79所示。

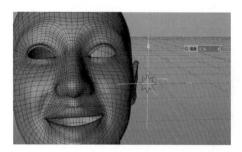

图　19-78

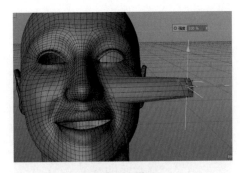

图 19-79

19.7.2 添加 PSR 变形

PSR变形又叫姿态变形，针对多个不同姿态的角色对象进行编辑，使多个姿态的角色对象连接成一个连贯的运动状态，如图19-80所示。

图 19-80

★ 实例——人偶动作

案例文件	案例文件\Chapter19\实例：人偶动作.c4d
视频教学	视频教学\Chapter19\实例：人偶动作.mp4

扫码看视频

实例介绍：

本例使用【人偶】工具创建人偶模型，并执行【当前状态转对象】命令，设置相应参数，制作人偶的不同动作，渲染效果如图19-81所示。

图 19-81

扫码看步骤

★ 实例——老虎行走动画

场景文件	场景文件\Chapter19\01.c4d
案例文件	案例文件\Chapter19\实例：老虎行走动画.c4d
视频教学	视频教学\Chapter19\实例：老虎行走动画.mp4

扫码看视频

实例介绍：

本例使用【角色】和【绑定】制作老虎的行走动画，渲染效果如图 19-82 所示。

图 19-82

扫码看步骤

第20章

综合实例：时尚动感音乐播放器

本章学习要点：

本章主要讲解时尚动感音乐播放器的制作。制作的过程大致可分为4个部分，分别为设置渲染器、创建区域灯光、设置材质和创建摄影机。需要注意的是，场景中的灯光是从左、右和正面3个方向照射而来，要注意调整灯光的位置和角度。接着在制作材质时需要注意，对于立方体材质，需要为材质球添加贴图文件，以完成文字部分的效果。

本案例主要讲解【区域灯光】和【材质】的制作。在调节各项材质之前，首先要进行【渲染器】的设置，接着在场景的左侧、右侧和前方创建三盏区域灯光，然后为场景中的模型添加材质，材质制作完成后为材质添加贴图文件，最后在场景中合适的位置添加摄像机，并进行参数设置，案例的最终渲染效果如图20-1所示。

图　20-1

20.1　设置渲染器

01　执行【文件】|【打开】命令，打开本案例的场景文件，如图20-2所示。

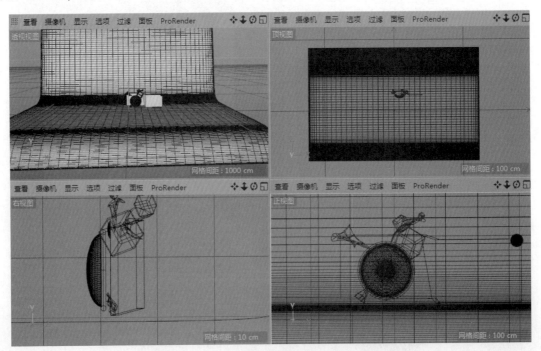

图　20-2

02 单击工具栏中的 （编辑渲染设置）按钮，开始设置渲染参数。首先设置【渲染器】为【物理】，如图 20-3 所示。然后单击【效果】按钮，添加【全局光照】，如图 20-4 所示。

图 20-3

图 20-4

03 单击【输出】，设置输出尺寸，如图 20-5 所示。然后单击【抗锯齿】，设置【过渡】为 Mitchell，如图 20-6 所示。

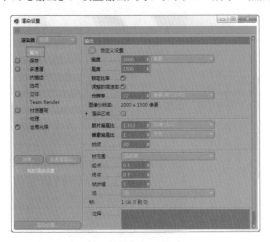

图 20-5

图 20-6

04 单击【物理】，设置【采样器】为【递增】，如图 20-7 所示。然后单击【全局光照】，设置【预设】为【自定义】，【二次反弹算法】为【辐照缓存】，如图 20-8 所示。

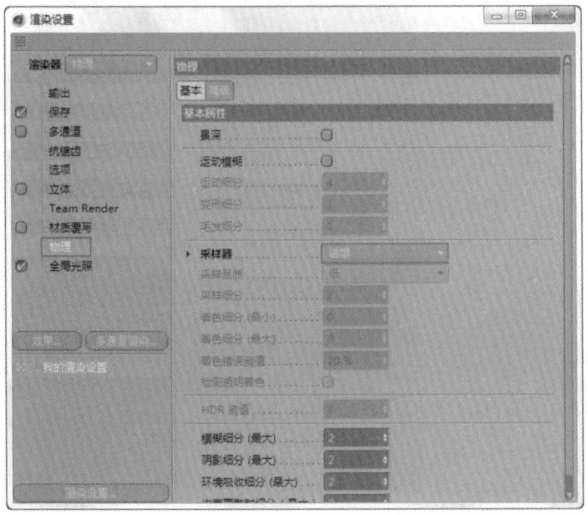

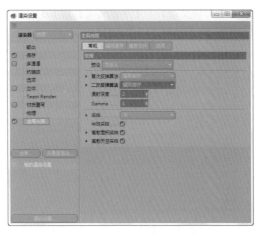

图 20-7

图 20-8

20.2 创建灯光

20.2.1 创建左侧区域灯光

01 在工具栏中长按 （灯光）按钮，在灯光工具组中选择【区域光】，如图20-9所示。

02 选择【基本】选项卡，设置【编辑器可见】为【开启】，如图20-10所示。

图 20-9

图 20-10

03 在前视图中创建一盏【灯光】，在【对象/场次/内容浏览器/构造】面板中选择【灯光】，再选择【常规】选项卡，设置【强度】为70%，【投影】为【区域】，如图20-11所示。

04 选择【细节】选项卡，设置【外部半径】为117.5cm，【水平尺寸】为235cm，【垂直尺寸】为703cm，【衰减】为【平方倒数（物理精度）】，【半径衰减】为1031cm，选中【仅限纵深方向】复选框，如图20-12所示。

图 20-11

图 20-12

05 选择【可见】选项卡，设置【衰减】为100%，【内部距离】为7.991cm，【外部距离】为7.991cm，【采样属性】为99.886cm，如图20-13所示。

06 选择【投影】选项卡，设置【密度】为99%，如图20-14所示。

图 20-13

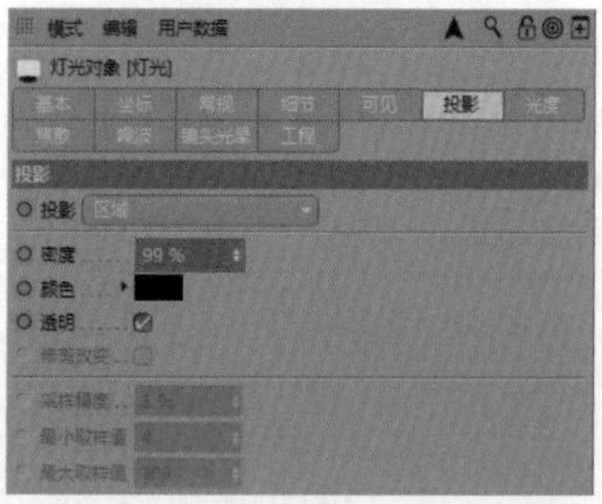

图 20-14

07 参数设置完成后将灯光调整到合适的位置，如图 20-15 和图 20-16 所示。

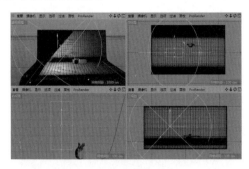

图 20-15

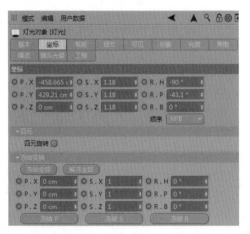

图 20-16

08 在工具栏中单击 ![icon]（渲染到图片查看器）按钮，如图 20-17 所示。

图 20-17

20.2.2 创建右侧区域灯光

01 再次创建一盏区域光，并命名为【灯光】，选择【基本】选项卡，设置【编辑器可见】为【开启】，如图 20-18 所示。

02 选择【常规】选项卡，设置【强度】为30%，【投影】为【区域】，如图 20-19 所示。

图 20-18

图 20-19

03 选择【细节】选项卡，设置【外部半径】为117.5cm，【垂直尺寸】为1000cm，【衰减】为【平方倒数（物理精度）】，【半径衰减】为2316cm，接着选中【仅限纵深方向】复选框，如图 20-20 所示。

04 选择【可见】选项卡，设置【内部距离】为7.991cm，【外部距离】为7.991cm，【采样属性】为99.886cm，如图 20-21 所示。

图 20-20

421

图　20-21

05　选择【投影】选项卡，设置【密度】为99%，如图 20-22 所示。

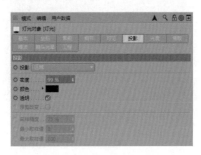

图　20-22

06　参数设置完成后将灯光调整到合适的位置，如图 20-23 和图 20-24 所示。

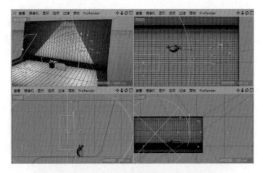

图　20-23

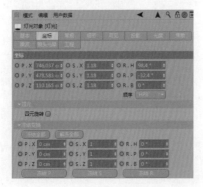

图　20-24

07　在工具栏中单击█（渲染到图片查看器）按钮，如图 20-25 所示。

图　20-25

20.2.3　创建正面的区域光

01　再次创建一盏区域光，并命名为【灯光】，接着选择【基本】选项卡，设置【编辑器可见】为【开启】，如图 20-26 所示。

02　选择【常规】选项卡，设置【投影】为【区域】，如图 20-27 所示。

图　20-26

图　20-27

03 选择【细节】选项卡，设置【外部半径】为117.5cm，【水平尺寸】为235cm，【垂直尺寸】为703cm，【衰减】为【平方倒数（物理精度）】，【半径衰减】为1031cm，选中【仅限纵深方向】复选框，如图20-28所示。

04 选择【可见】选项卡，设置【内部距离】为7.991cm，【外部距离】为7.991cm，【采样属性】为99.886cm，如图20-29所示。

图 20-28

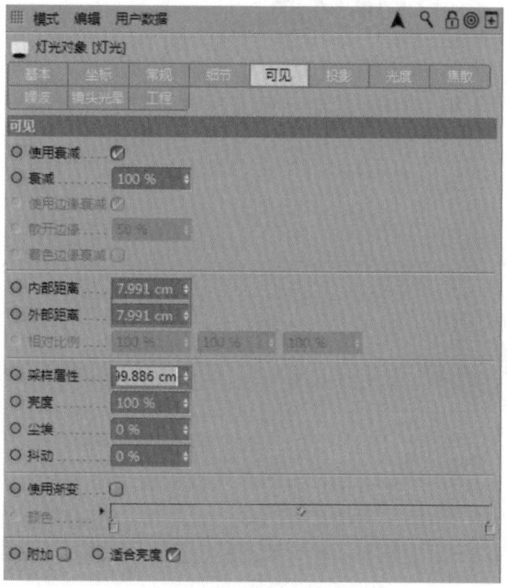

图 20-30

06 参数设置完成后，将灯光调整到合适的位置，如图20-31所示。

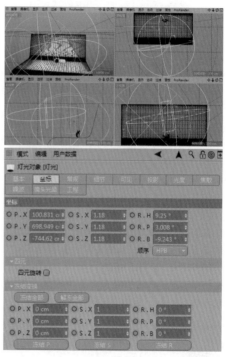

图 20-31

07 在工具栏中单击 （渲染到图片查看器）按钮，如图20-32所示。

图 20-29

05 选择【投影】选项卡，设置【密度】为99%，如图20-30所示。

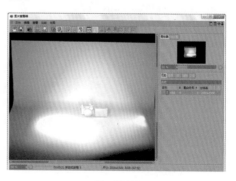

图 20-32

20.3 设置材质

20.3.1 平面材质

01 在【材质管理器】面板中执行【创建】|【新材质】命令，如图20-33所示。然后在空白区域会出现一个材质球，如图20-34所示。

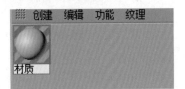

图 20-33

图 20-34

02 双击材质球，在弹出的【材质编辑器】窗口中将其命名为【平面材质】，选中【颜色】复选框，设置H为60°，S为6.667%，V为5.882%，如图20-35所示。接着选中【反射】复选框，在【默认高光】下设置【类型】为【高光-Phong（传统）】，如图20-36所示。

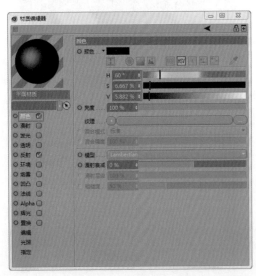

图 20-35

图 20-36

03 设置完成后，将材质赋予场景中的模型，如图20-37所示。

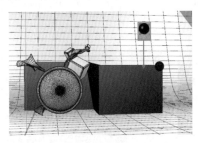

图 20-37

20.3.2 球体材质 .1

01 再次创建新的材质球，双击该材质球，在弹出的【材质编辑器】窗口中将其命名为【球体材质 .1】，选中【颜色】复选框，设置H为339.643，S为83.582%，V为60%，如图20-38所示。

图 20-38

02 选中【反射】复选框，单击 添加... 按钮，选择【反射（传统）】选项，双击 层1 按钮，将名称更改为【默认反射】，接着设置【默认反射】下的【粗糙度】为15%，【高光强度】为0%，单击【纹理】后方的 按钮，选择【菲涅耳（Fresnel）】，设置【亮度】为0%，【混合强度】为25%，如图20-39所示。设置完成后，将材质赋予场景中的模型，如图20-40所示。

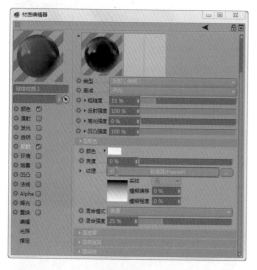

图 20-39

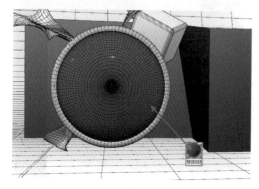

图 20-40

20.3.3 球体材质 .2

01 再次创建材质球，双击该材质球，在弹出的【材质编辑器】窗口中将其命名为【球体材质 .2】，接着选中【颜色】复选框，设置H为339.783，S为66.187%，V为71%，如图20-41所示。

02 选中【反射】复选框，单击 添加... 按钮，选择【反射（传统）】选项，双击 层1 按钮，将名称更改为【默认反射】，接着在【默认反射】下设置【粗糙度】为20%，【高光强度】为0%，单击【纹理】后方的 按钮，选择【菲涅耳（Fresnel）】，设置【亮度】为0%，【混合强度】为20%，【数量】为0%，如图20-42所示。

图 20-41

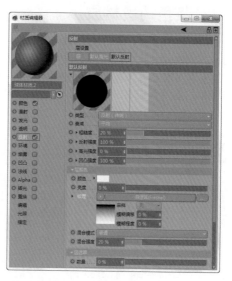

图 20-42

03 选择【默认高光】，设置【宽度】为45%，【衰减】为-10%，【高光强度】为100%，如图20-43所示。设置完成后，将材质赋予场景中的模型，如图20-44所示。

图 20-43

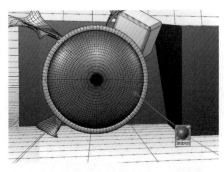

图 20-44

20.3.4 灰色场景材质

01 再次创建材质球，双击该材质球，在弹出的【材质编辑器】窗口中将其命名为【灰色场景材质】，接着选中【颜色】复选框，设置 H 为 339.783，S 为 0%，V 为 86%，如图 20-45 所示。最后取消选中【反射】复选框，如图 20-46 所示。

图 20-45

图 20-46

02 设置完成后，将材质赋予场景中的模型，如图 20-47 所示。再次执行刚刚的操作步骤，使场景模型的效果更加明显，如图 20-48 所示。

03 再次创建一个新的材质球，并将其命名为【渐变场景材质】，双击该材质球，打开【材质编辑器】，选中【颜色】复选框，设置 H 为 340.63°，S 为 90.714%，V 为 54.902%，然后取消选中【反射】复选框，如图 20-49 所示。

图 20-47

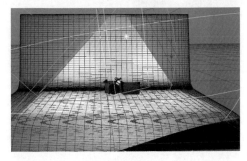

图 20-48

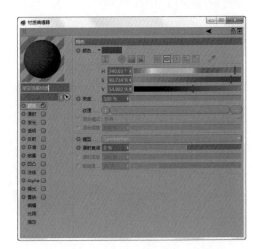

图 20-49

04 设置完成后，将材质赋予场景中的模型，如图 20-50 所示。

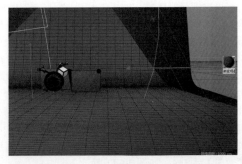

图 20-50

20.3.5　粉色立方体材质

01 为材质赋予贴图。再次创建一个新的材质球，然后双击该材质球，在弹出的【材质编辑器】窗口中将其命名为【粉色立方体材质】，选中【颜色】复选框，设置 H 为 344.039，S 为 82.52%，V 为 96.471%，设置完成后单击【纹理】后方的按钮，在弹出的【打开文件】窗口中选择 01.jpg，单击【打开】按钮，如图 20-51 所示。

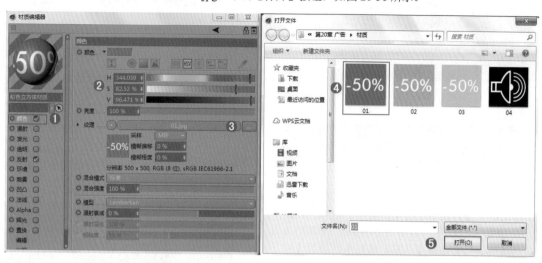

图　20-51

02 选中【反射】复选框，单击 添加... 按钮，选择【反射（传统）】选项，双击 层1 按钮，将名称更改为【默认反射】，接着在【默认反射】下设置【粗糙度】为 15%，【高光强度】为 0%，单击【纹理】后方的 按钮，选择【菲涅耳（Fresnel）】，设置【亮度】为 0%，【混合强度】为 25%，如图 20-52 所示。

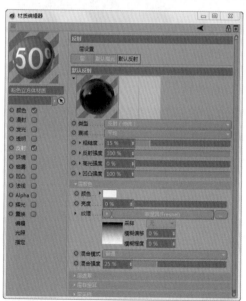

图　20-52

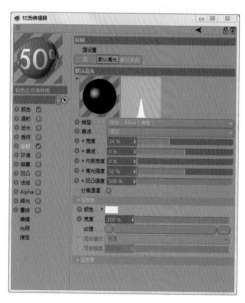

图　20-53

03 选择【默认高光】，设置【宽度】为 34%，【高光强度】为 50%，如图 20-53 所示。设置完成后，将材质赋予场景中的模型，如图 20-54 所示。

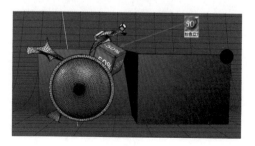

图　20-54

04 使用同样的方法继续制作其他的材质，如图 20-55 所示。

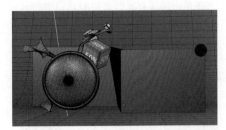

图 20-55

20.4 创建摄像机

01 为画面添加摄像机。在工具栏中按住【摄像机】按钮📷，在弹出的下拉列表中选择【摄像机】选项，在画面中创建一个摄像机，并将其命名为 Camera，创建完成后在右下方的属性面板中选择【对象】选项卡，设置【焦距】为 60，【视野范围】为 33.398°，【视野（垂直）】为 25.361°，如图 20-56 所示。

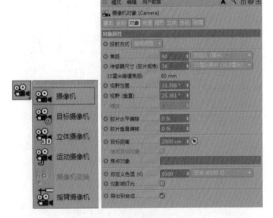

图 20-56

02 设置完成后，将摄像机放置在合适的位置，如图 20-57 和图 20-58 所示。

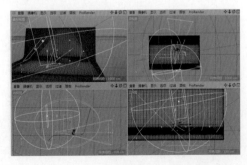

图 20-57

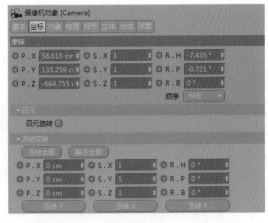

图 20-58

03 单击工具栏中的【渲染到图片查看器】按钮📷，渲染完成后案例的最终效果如图 20-59 所示。

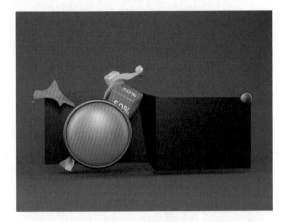

图 20-59

04 将文件保存并导入 Photoshop 中进行合成，最终效果如图 20-60 所示。

图 20-60

第21章

综合实例：
手机产品宣传广告

本章学习要点：

· 本章主要讲解手机产品宣传广告的制作。渲染参数设置完成之后，在场景的左侧、右侧和前方分别创建3盏区域灯光。接着制作【灰色场景材质】【渐变场景材质】和【手机材质】。材质制作完成后为手机屏幕添加贴图。最后在场景中适当的位置添加摄影机。

本案例主要讲解【区域灯光】的创建和【材质】的制作，在场景的左侧、右侧和前方分别创建三盏区域灯光，然后制作【灰色场景材质】【渐变场景材质】和【手机材质】，接着为手机屏幕添加贴图。最后在场景中适当的位置添加摄像机，案例最终的渲染效果如图 21-1 所示。

图　21-1

 ## 21.1　设置渲染器

01　执行【文件】|【打开】命令，打开本案例的场景文件，如图 21-2 所示。

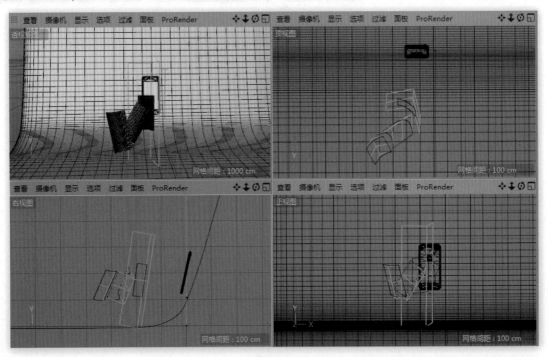

图　21-2

02 单击工具栏中的 （编辑渲染设置）按钮，设置渲染参数。首先设置【渲染器】为【物理】，如图 21-3 所示。然后单击【效果】按钮，添加【全局光照】，如图 21-4 所示。

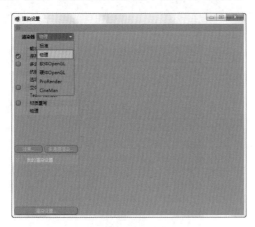

图 21-3

图 21-4

03 单击【输出】，设置输出尺寸的【宽度】为 2000，【高度】为 1250，如图 21-5 所示。单击【抗锯齿】，设置【过渡】为 Mitchell，如图 21-6 所示。

图 21-5

图 21-6

04 单击【物理】，设置【采样器】为【递增】，如图 21-7 所示。单击【全局光照】，设置【预设】为【自定义】，【二次反弹算法】为【辐照缓存】，如图 21-8 所示。

图 21-7

图 21-8

21.2.1 区域灯光 1

01 在工具栏中长按 ◐ （灯光）按钮，在灯光工具组中选择【区域光】，如图 21-9 所示。

02 选择【基本】选项卡，设置【编辑器可见】为【开启】，如图 21-10 所示。

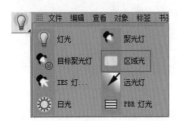

图 21-9

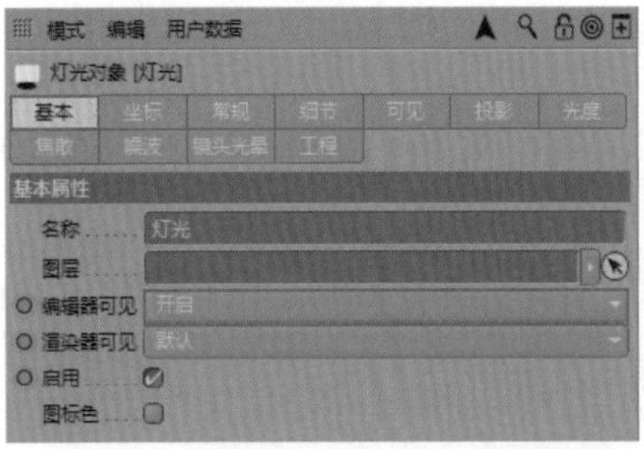

图 21-10

03 选择【常规】选项卡，设置【强度】为 70%，【投影】为【区域】，如图 21-11 所示。

04 选择【细节】选项卡，设置【外部半径】为 117.5cm，【水平尺寸】为 235cm，【垂直尺寸】为 703cm，【衰减】为【平方倒数（物理精度）】，【半径衰减】为 1031cm，选中【仅限纵深方向】复选框，如图 21-12 所示。

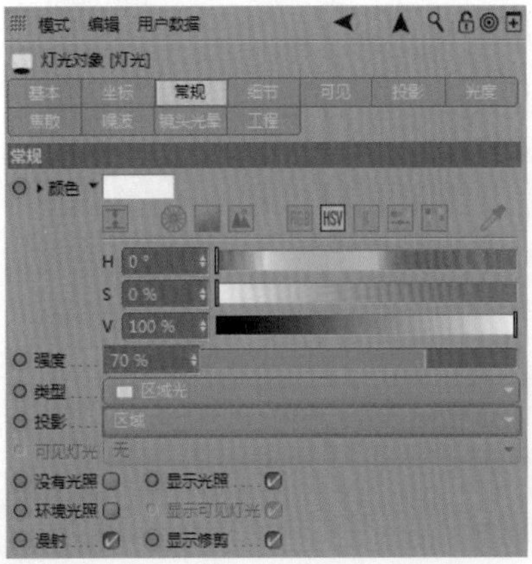

图 21-11

图 21-12

05 选择【可见】选项卡，设置【内部距离】为 7.991cm，【外部距离】为 7.991cm，【采样属性】为 99.886cm，如图 21-13 所示。选择【投影】选项卡，设置【密度】为 99%，如图 21-14 所示。

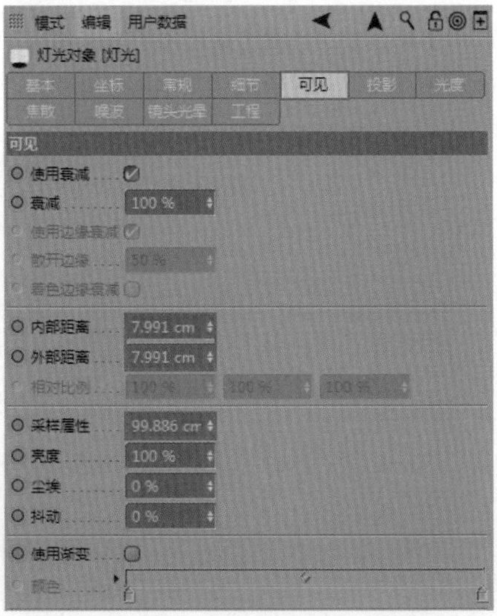

图 21-13

Cinema 4D R19从入门到精通

图 21-14

06 将灯光调整到合适的位置，如图 21-15 和图 21-16 所示。

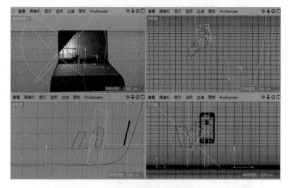

图 21-15

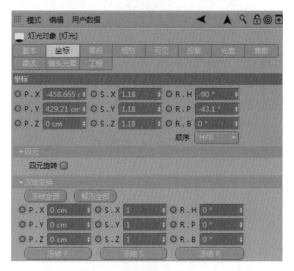

图 21-16

07 在工具栏中单击 🔲（渲染到图片查看器）按钮，如图 21-17 所示。

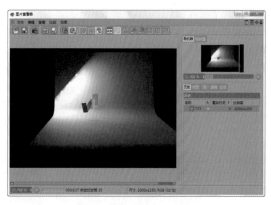

图 21-17

21.2.2 区域灯光 2

01 再次创建一盏区域灯光，选择【基本】选项卡，设置【编辑器可见】为【开启】，如图 21-18 所示。选择【常规】选项卡，设置 H 为 0°，S 为 0%，V 为 100%，【强度】为 30%，【投影】为【区域】，如图 21-19 所示。

图 21-18

图 21-19

02 选择【细节】选项卡，设置【外部半径】为117.5cm，【垂直尺寸】为1000cm，【衰减】为【平方倒数（物理精度）】，【半径衰减】为2316cm，选中【仅限纵深方向】复选框，如图21-20所示。

03 选择【可见】选项卡，设置【内部距离】为7.991cm，【外部距离】为7.991cm，【采样属性】为99.886cm，如图21-21所示。选择【投影】选项卡，设置【密度】为99%，如图21-22所示。

图 21-20

图 21-21

图 21-22

04 将灯光调整到合适的位置，如图21-23和图21-24所示。

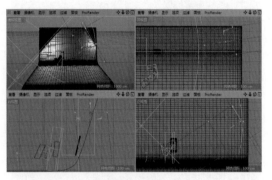
图 21-23

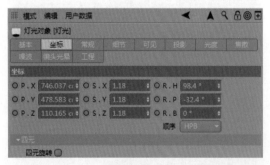
图 21-24

05 在工具栏中单击 （渲染到图片查看器）按钮，如图21-25所示。

图 21-25

21.2.3 区域灯光3

01 再次创建一盏区域灯光，选择【基本】选项卡，设置【编辑器可见】为【开启】，如图21-26所示。选择【常规】选项卡，设置H为0°，S为0%，V为100%，【强度】为100%，【投影】为【区域】，如图21-27所示。

图 21-26

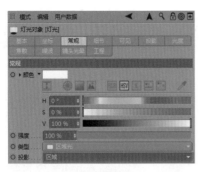

图 21-27

02 选择【细节】选项卡，设置【外部半径】为117.5cm，【垂直尺寸】为703cm，【衰减】为【平方倒数（物理精度）】，【半径衰减】为1031cm，选中【仅限纵深方向】复选框，如图21-28所示。选择【可见】选项卡，设置【内部距离】为7.991cm，【外部距离】为7.991cm，【采样属性】为99.886cm，如图21-29所示。

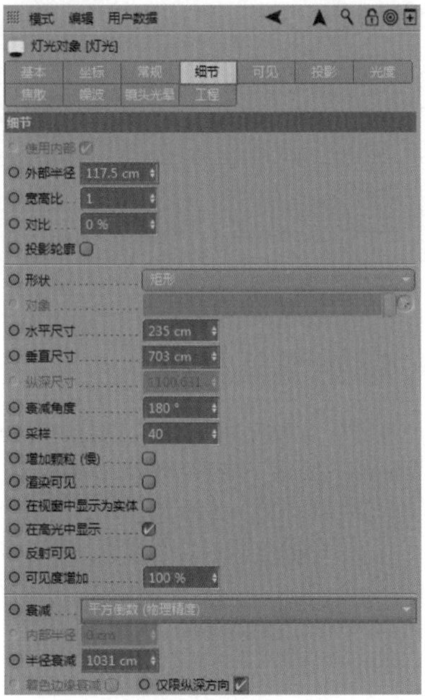

图 21-28

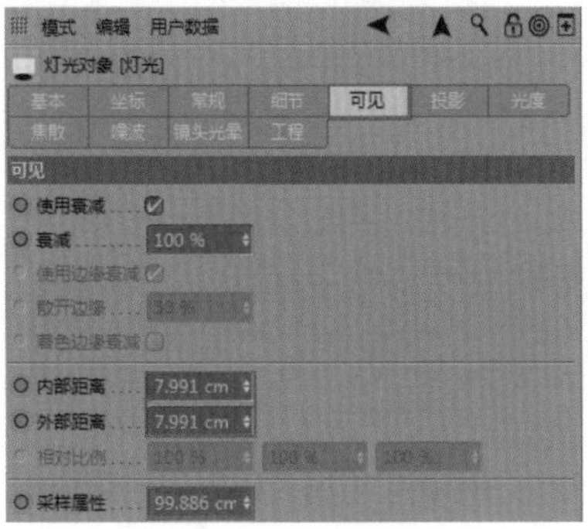

图 21-29

03 选择【投影】选项卡，设置【密度】为99%，如图21-30所示。

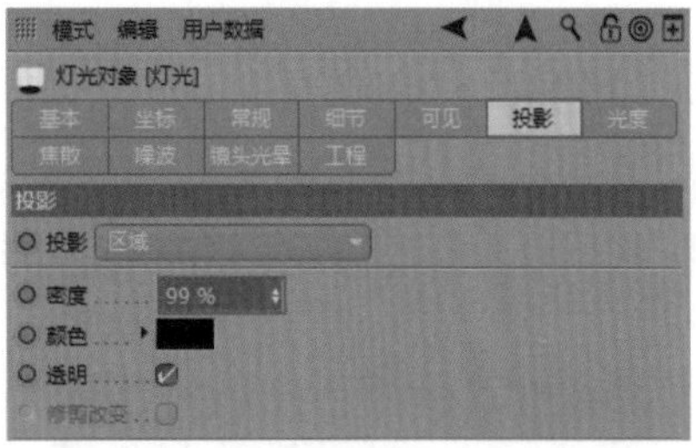

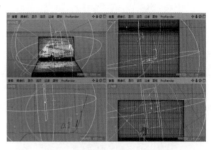

图 21-30

04 将灯光调整到合适的位置，如图21-31和图21-32所示。

图 21-31

图 21-32

05 在工具栏中单击 （渲染到图片查看器）按钮，如图21-33所示。

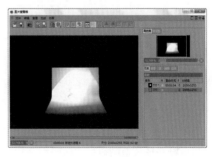

图 21-33

21.3.1 灰色场景材质

01 在材质管理器面板中执行【创建】|【新材质】命令，如图 21-34 所示，随即在空白区域出现一个材质球，如图 21-35 所示。

图 21-34

图 21-35

02 双击刚创建的材质球，打开【材质编辑器】窗口，将其命名为【灰色场景材质】，选中【颜色】复选框，设置 H 为 0°，S 为 0 %，V 为 86 %。接着取消选中【反射】复选框，如图 21-36 所示。

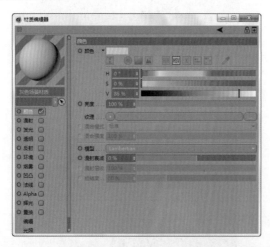

图 21-36

03 将材质赋予场景中的模型，如图 21-37 所示。接着重复刚刚的赋予操作，效果如图 21-38 所示。

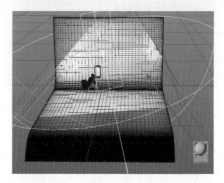

图 21-37

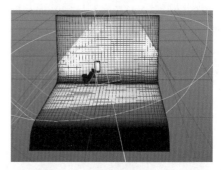

图 21-38

21.3.2 渐变场景材质

01 再次创建一个材质球，双击该材质球打开【材质编辑器】，设置名称为【渐变场景材质】。接着选中【颜色】复选框，设置 H 为 340.63°，S 为 90.714 %，V 为 54.902 %，单击【纹理】后方的 按钮，选择【渐变】，再单击下方的色块，如图 21-39 所示，进入【着色器】，单击【渐变】后方的 ▶ 按钮，单击色标滑块，设置 H 为 44.051°，S 为 63.2%，V 为 98.093%。最后设置【类型】为【二维 - 圆形】，如图 21-40 所示。

图 21-39

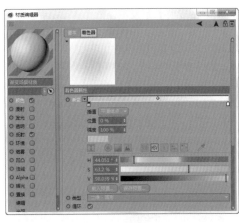

图 21-40

02 将白色的色标滑块滑动到合适的位置，接着单击该滑块，设置 H 为 15.577°，S 为 87.764%，V 为 92.941%，【类型】为【二维 - 圆形】，如图 21-41 所示。

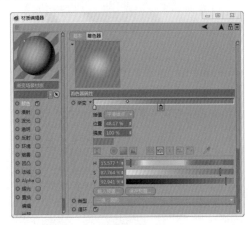

图 21-41

03 将材质赋予场景中的模型，如图 21-42 所示。

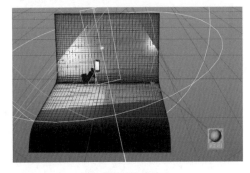

图 21-42

21.3.3 手机材质

01 再次创建一个材质球，双击该材质球并将其命名为【手机材质】，选中【颜色】复选框，设置 H 为 48.8°，S 为 32.893%，V 为 89.41%，如图 21-43 所示。

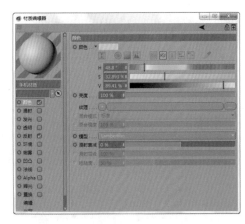

图 21-43

02 选中【反射】复选框，设置【宽度】为 68%，单击【颜色】后方的 ▼ 按钮，设置 H 为 0°，S 为 0%，V 为 35%，如图 21-44 所示。接着选中 Alpha 复选框，如图 21-45 所示。

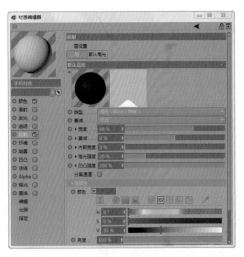

图 21-44

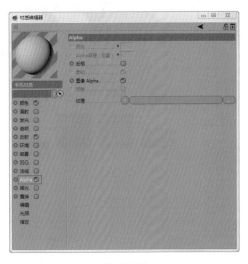

图 21-45

03 将材质赋予场景中的模型，如图21-46所示。

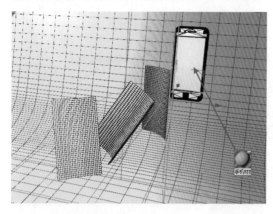

图 21-46

21.3.4 手机屏幕材质

01 为模型添加贴图。创建一个新的材质球，双击该材质球，打开【材质编辑器】，将其命名为【手机屏幕材质】，选中【颜色】复选框，设置H为143.333°，S为99.387%，V为80%，接着单击【纹理】后方的 ▣ 按钮，选择素材【ios-10.jpg】，如图21-47所示。

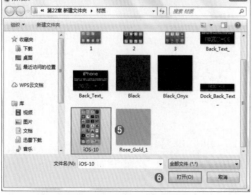

图 21-47

02 选中【反射】复选框，单击 添加... 按钮，选择【反射（传统）】选项，接着双击 🔲 层1，将其命名为【默认反射】，选择 🔲 默认高光，并单击 移除 按钮。

03 选择【默认反射】，设置【反射强度】为200%，【高光强度】为0%，【凹凸强度】为0%，【亮度】为5%，单击【纹理】后方的 ▣ 按钮，选择【菲涅耳（Fresnel）】，设置【混合强度】为23%，如图21-48所示。

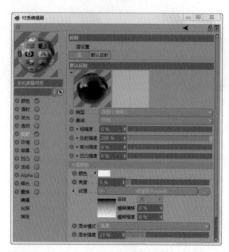

图 21-48

04 将贴图材质赋予模型，效果如图21-49所示。

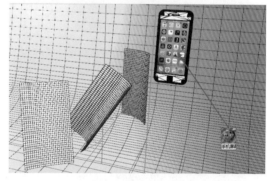

图 21-49

05 使用同样的方法继续为模型添加材质与贴图，效果如图21-50所示。

图 21-50

21.4 创建摄像机

01 为画面添加摄像机。在工具栏中按住【摄像机】按钮 ██，在弹出的下拉列表中选择【摄像机】选项，如图 21-51 所示。在画面中创建一台摄像机并将其命名为 Camera。然后在右下方的属性面板中选择【对象】选项卡，设置【焦距】为60，【视野范围】为33.398°，【视野（垂直）】为21.239°，如图 21-52 所示。

图 21-51

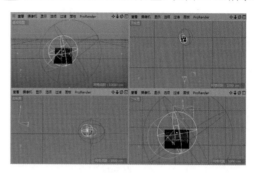

图 21-53

02 将摄像机放置在合适的位置，如图 21-53 所示。

03 单击工具栏中的【渲染到图片查看器】按钮 ██，渲染完成后的案例效果如图 21-54 所示。

04 将文件保存并导入 Photoshop 中进行合成，最终效果如图 21-55 所示。

图 21-52

图 21-54

图 21-55